低碳生态城市规划编制
总体规划与控制性详细规划

叶祖达　　龙惟定　/编著

中国建筑工业出版社

图书在版编目（CIP）数据

低碳生态城市规划编制 总体规划与控制性详细规划 / 叶祖达，龙惟定编著.—北京：中国建筑工业出版社，2016.5

ISBN 978-7-112-19240-3

I.①低… II.①叶… ②龙… III.①城市规划—生态规划—研究 IV.①X32

中国版本图书馆CIP数据核字（2016）第059112号

责任编辑：焦　扬
版式设计：叶祖达　岳　晨
责任校对：陈晶晶　张　颖

低碳生态城市规划编制
总体规划与控制性详细规划
叶祖达 龙惟定 编著
＊
中国建筑工业出版社出版、发行（北京西郊百万庄）
各地新华书店、建筑书店经销
北京顺诚彩色印刷有限公司印刷
＊
开本：889×1194毫米　1/16　印张：26½　字数：604千字
2016年9月第一版　2016年9月第一次印刷
定价：**128.00**元
ISBN 978-7-112- 19240-3
　　　　（28481）

目录

前言（后语） ·· 011

第一篇 背景与目的 ··· 013

第1章 本书的目的、编写内容与结构 ··· 014

1.1 编写背景：低碳生态城市发展进入法定规划建设管理体系 ············ 014
1.2 本书的目的与内容 ··· 015
    1.2.1 低碳生态城市的基本理念 ··· 015
    1.2.2 绿色生态城区建设的开展 ··· 016
1.3 应对低碳生态城市政策：从"要做什么"到"如何去做" ············ 018
1.4 本书的内容结构 ··· 018
1.5 编著分工 ··· 020

第二篇 低碳生态城市建设与法定城市规划 ····································· 023

第2章 低碳生态城市理念与法定城市规划体系 ······························· 024

2.1 低碳生态城市的理论基础 ··· 024
    2.1.1 生态文明建设在新型城镇化中的体现 ······································ 024
    2.1.2 生态城市的理论基础 ··· 025
    2.1.3 低碳城镇化应对全球气候变化 ·· 026
2.2 低碳生态城市规划建设技术研究综述 ·· 028
2.3 法定城市规划与低碳生态规划建设技术体系 ······································ 031
2.4 低碳生态空间与法定城市规划 ··· 033

第三篇 基础知识I：低碳生态城市——跨维度的空间规划 ⋯⋯⋯⋯ 037

第3章 低碳生态城市的空间结构 ⋯⋯⋯⋯ 040

3.1 低碳城市的空间结构模式 ⋯⋯⋯⋯ 040

3.2 城市节能潜力与城市形态 ⋯⋯⋯⋯ 042

    3.2.1 伦敦政治经济学院和欧洲能源研究所的研究成果 ⋯⋯⋯⋯ 043

    3.2.2 美国麻省理工学院的研究成果 ⋯⋯⋯⋯ 045

    3.2.3 法国建筑科学技术中心城市形态实验室的研究成果 ⋯⋯⋯⋯ 047

    3.2.4 加拿大多伦多大学/康戈迪亚大学的城市生命周期建筑能耗研究 ⋯⋯⋯⋯ 049

3.3 构建低碳城市空间的政策手段 ⋯⋯⋯⋯ 052

3.4 小结 ⋯⋯⋯⋯ 056

第4章 低碳生态城市专题研究与规划内容 ⋯⋯⋯⋯ 057

4.1 建议低碳生态专题研究与专项规划框架 ⋯⋯⋯⋯ 057

4.2 生态资源承载力评估 ⋯⋯⋯⋯ 059

    4.2.1 生态足迹在城市总体规划中的应用 ⋯⋯⋯⋯ 061

    4.2.2 参考案例：武汉市城市总体规划生态足迹研究 ⋯⋯⋯⋯ 065

    4.2.3 参考案例：苏州市域城镇体系规划生态足迹研究 ⋯⋯⋯⋯ 067

4.3 生态空间安全格局分析 ⋯⋯⋯⋯ 069

    4.3.1 总体规划应用生态安全格局的技术路线 ⋯⋯⋯⋯ 071

    4.3.2 参考案例：北京南部地区区域生态空间研究 ⋯⋯⋯⋯ 075

    4.3.3 生态红线规划：国家生态保护红线 ⋯⋯⋯⋯ 079

    4.3.4 参考案例：南京市生态红线保护规划 ⋯⋯⋯⋯ 082

4.4 建筑节能设计与绿色建筑 ⋯⋯⋯⋯ 085

    4.4.1 绿色建筑发展回顾与现况 ⋯⋯⋯⋯ 085

    4.4.2 我国绿色建筑发展的政策历程 ⋯⋯⋯⋯ 086

    4.4.3 绿色建筑标准与参考资料 ⋯⋯⋯⋯ 090

    4.4.4 法定城市规划中的建筑节能与绿色建筑专项规划方法 ⋯⋯⋯⋯ 093

    4.4.5 绿色生态城区：建设政策与总体规划专项研究方法 ⋯⋯⋯⋯ 095

    4.4.6 参考案例：北京市绿色建筑与绿色生态示范区建设路径图 ⋯⋯⋯⋯ 100

4.4.7　参考案例：中新天津生态城绿色建筑建设与实施标准 104

4.4.8　参考案例：湖北省绿色生态城区示范技术指标体系 106

4.5　绿色交通 108

4.5.1　低碳生态城市规划与绿色交通体系 108

4.5.2　公交引导开发（TOD） 109

4.5.3　总体规划内绿色交通专项研究规划内容 113

4.5.4　参考案例：中新天津生态城总体规划绿色交通规划 118

4.5.5　参考案例：深圳市详细规划实施绿色交通 120

4.5.6　参考案例：北川新县城——小城镇绿色交通规划 123

4.5.7　参考案例：昆明呈贡新区公交引导开发（TOD）规划 125

4.6　水资源管理 127

4.6.1　低碳生态城市规划的水资源系统 127

4.6.2　低碳生态城市雨洪管理规划 128

4.6.3　生态雨洪调蓄系统规划方法 130

4.6.4　参考案例：中新生态城水环境规划 132

4.6.5　参考案例：四川开江县城市总体规划实施低冲击理念 136

4.6.6　参考案例：深圳光明新区详细规划实践低冲击发展项目 138

4.7　绿色市政与生活垃圾管理规划 141

4.7.1　绿色市政的理念 141

4.7.2　生活垃圾管理规划 142

4.7.3　参考案例：南京市的城市生活垃圾处置规划 143

4.8　低碳产业规划 146

4.8.1　低碳产业的定义 146

4.8.2　低碳产业：行业的碳排放强度核算 148

4.8.3　低碳产业专项研究与规划方法 152

4.8.4　参考案例：北戴河新区总体规划 154

4.9　循环经济规划 156

4.9.1　低碳循环经济理念 156

4.9.2　城乡规划实施循环经济的三个空间尺度 157

4.9.3　参考案例：北京市循环经济建设节约型城市规划纲要 160

4.9.4　参考案例：天津子牙循环经济产业区规划 162

第四篇 基础知识Ⅱ：低碳生态城市——城市能源与节能减排 ·············· 169

第5章 新型城镇化与节能减排 ·············· 171

5.1 能源的基础理念 ·············· 171
5.2 中国新型城镇化对城市能源利用的挑战 ·············· 173
　5.2.1 中国城市能源使用与能源系统 ·············· 173
　5.2.2 城市生产性与消费性能耗的节能减排 ·············· 174
　5.2.3 城市发展规模与能耗总量控制 ·············· 176
　5.2.4 城市生产与消费活动对城市规划建设管理的影响 ·············· 177
5.3 城市节能减排的常用评价指标 ·············· 180
　5.3.1 单位产值能耗（t标准煤/万元） ·············· 180
　5.3.2 地均能耗指标（t标准煤/km^2） ·············· 183
　5.3.3 公共建筑能耗定额指标 ·············· 185
　5.3.4 人均日常生活能耗指标 ·············· 186
5.4 城市交通与出行能耗 ·············· 188
　5.4.1 公交出行率的目标 ·············· 188
　5.4.2 新能源汽车的普及产生的城市规划问题 ·············· 191
5.5 低碳生态城市规划中的区域能源系统 ·············· 193
　5.5.1 低碳生态城的区域能源系统概念 ·············· 193
　5.5.2 热电联产与城区现场发电 ·············· 195

第6章 新能源应用与区域建筑能源规划 ·············· 198

6.1 我国可再生能源利用情况 ·············· 199
6.2 城市可再生能源技术应用综述 ·············· 199
　6.2.1 太阳能利用 ·············· 199
　6.2.2 风能利用 ·············· 202
　6.2.3 生物质能利用 ·············· 204
　6.2.4 热泵技术利用 ·············· 207

6.3　城市规划中的可再生能源利用专题规划 ································· 210

　　6.3.1　可再生能源资源的系统评价方法 ································· 210

　　6.3.2　参考案例：北京市延庆县可再生能源开发与利用规划 ····· 214

6.4　城市规划建设可再生能源利用面对的挑战 ························· 216

6.5　区域建筑能源：需求侧能源规划 ·· 217

　　6.5.1　为什么要进行需求侧能源规划？ ································· 217

　　6.5.2　区域建筑能源规划：需求侧能源规划方法 ·················· 218

6.6　城市新能源利用范围与目标 ··· 226

　　6.6.1　低碳生态城市的新能源利用 ····································· 227

　　6.6.2　城市新能源利用的基本政策保障 ······························ 228

6.7　总体规划新能源专题规划编制大纲 ···································· 228

第五篇　基础知识Ⅲ：城市温室气体排放清单与碳排放量评估 ······· 231

第7章　城市规划的温室气体排放清单与碳排放量评估 ············ 233

7.1　温室气体排放清单编制的基础定义 ···································· 233

7.2　城乡规划：建立城市温室气体排放清单的综合管理平台 ····· 234

　　7.2.1　与国家温室气体清单编制框架接轨 ··························· 235

　　7.2.2　城乡空间系统边界对排放源头位置的问题 ················· 240

　　7.2.3　排放测算时间与总体规划周期匹配 ··························· 242

　　7.2.4　与低碳城市规划建设政策匹配 ································· 242

7.3　生态空间的碳汇贮存功能 ··· 243

7.4　总体规划温室气体排放清单框架 ······································ 244

　　7.4.1　参考案例：江苏省温室气体排放清单现况 ················· 247

　　7.4.2　参考案例：郑汴新区规划温室气体排放评估 ·············· 248

　　7.4.3　参考案例：北京市碳排放情景设计与分析研究 ·········· 253

　　7.4.4　参考案例：北京市的行业碳排放强度指引 ················· 256

　　7.4.5　参考案例：广东省中山市小榄镇温室气体排放清单 ····· 256

第六篇　规划编制 -- 261

第8章　低碳生态城市与总体规划编制 -- 263

8.1　总体规划：低碳生态指标体系 -- 263
　　8.1.1　可持续发展与低碳城镇化：国家层面的宏观战略目标 -------------------- 264
　　8.1.2　城乡规划体制下总体规划指标与评估体系 ------------------------------ 270
　　8.1.3　参考案例：《深圳市城市总体规划（2010—2020）》指标体系 ---------- 273
8.2　法定城市总体规划的低碳生态任务 -- 277
　　　　　总体规划的生态建设目标与要求 -------------------------------------- 277
8.3　低碳生态总体规划：定位与内容深化 -- 278
　　8.3.1　低碳生态城市总体规划的定位 -------------------------------------- 278
　　8.3.2　总体规划的低碳生态规划内容梳理 -------------------------------- 284
　　8.3.3　参考案例：《北京城市总体规划（2014—2020年）》分析 ------------ 286
　　8.3.4　参考案例：《武汉城市总体规划（2010—2020年）》分析 ------------ 292
　　8.3.5　参考案例：《昆山市城市总体规划（2009—2030）》分析 ------------ 297
8.4　总体规划的低碳生态内容编制：技术路线图 ------------------------------------ 304
　　8.4.1　总体规划编制中低碳生态内容的工作流程 ---------------------------- 304
　　8.4.2　基础资料收集与调查框架 -- 307
　　8.4.3　城市总体规划纲要：低碳生态城市目标框架 ------------------------ 310
　　8.4.4　市域城镇体系规划文本：低碳生态规划内容框架 -------------------- 310
　　8.4.5　中心城规划文本：低碳生态内容框架 ------------------------------ 312

第9章　低碳生态城市与控制性详细规划编制 ------------------------------------ 314

9.1　控制性详细规划编制与低碳生态内容要求 -------------------------------------- 314
　　9.1.1　目前法定控制性详细规划内容的不足 ------------------------------ 314
　　9.1.2　确定低碳生态内容在控制性详细规划体制内的定位 ------------------ 317
　　9.1.3　参考案例：江苏省控制性详细规划编制导则 ------------------------ 322
9.2　绿色生态城区与控制性详细规划 -- 324
　　9.2.1　绿色生态城区通过控制性详细规划的实施 -------------------------- 324
　　9.2.2　参考案例：北京市绿色生态示范区规划 ---------------------------- 326
　　9.2.3　参考案例：重庆市《重庆市绿色低碳生态城区评价指标体系》 -------- 329

9.3　低碳生态控制性详细规划指标体系 330

9.3.1　低碳生态控制性详细规划的指标框架 330

9.3.2　低碳生态控制性详细规划指标体系研究参考 332

9.3.3　对低碳生态控制性规划指标基本框架的建议 340

9.3.4　参考案例：北京市长辛店生态城：控制性详细规划指标体系 341

9.3.5　参考案例：长沙市梅溪湖新城控制性详细规划指标体系 343

9.3.6　参考案例：上海世博会城市最佳实践区后续发展 —— 低碳生态建设指标体系 345

9.3.7　国家绿色生态城区评价标准的编制工作 351

9.4　控制性详细规划的低碳生态内容编制：技术路线图 352

9.4.1　低碳生态控制性详细规划编制主要阶段 353

9.4.2　参考案例：石家庄市正定新区低碳专题研究与控规指标 360

9.4.3　参考案例：无锡中瑞低碳生态城示范区控规图则 366

第七篇　低碳生态城市治理机制与经济成本 369

第10章　低碳生态城市规划管理治理问题 371

10.1　低碳生态城市治理模式框架：参与主体与法律环境 371

10.1.1　低碳城市治理制度设计 371

10.1.2　低碳生态城市管理的法律环境 372

10.2　利用地方法令与行政手段来建设低碳生态城市 375

10.2.1　参考案例：《无锡市太湖新城生态城条例》 375

10.2.2　参考案例：《中新天津生态城管理规定》 378

10.3　低碳生态控制性详细规划的管理问题 381

参考案例：无锡太湖生态城项目控规实践研究 382

第11章　低碳生态城市建设的经济考虑 386

11.1　建筑节能减排经济激励政策分析 386

11.1.1　绿色建筑节能减排激励政策效率 386

11.1.2　我国绿色建筑和节能经济激励政策体系 387

11.1.3　地方政府绿色建筑发展的激励政策 387

11.1.4　建筑节能减排经济激励措施分析 397

11.2　低碳生态城区的经济成本效益分析 -- 400

　　11.2.1　成本效益分析理论基础 -- 401

　　11.2.2　低碳控制性详细规划：规划设计指标的成本分析 ------------------------- 404

　　11.2.3　参考案例：石家庄正定新区低碳生态详细规划成本分析 ----------------- 406

　　11.2.4　低碳生态控制性详细规划成本效益评估的意义 --------------------------- 410

总结 --- 413

附件：有关低碳生态城市规划培训与教材内容需求调查、

　　　教材内容大纲意见调查问卷分析 --- 414

感谢语 -- 419

作者简介 --- 421

前言 （后语）

我写书的习惯是把前言留在最后：书稿的主要章节和其他内容都完成后，我再把书稿看一遍后才动笔写前言。所以可以说"前言"其实是"后语"。前言后语的背后其实是写书的过程中个人的感受与思维的综述，事实上，我在写本书的两年历程中，对书的内容、结构、表达方式等都进行了自我的反复质疑，在编写中期对文稿进行了大大小小的修改，因而耽误了原定的出版时间，深感歉意。

写本书的构想源于2013年中，当时发改委与住房城乡建设部公布的《绿色建筑行动方案的通知》指出"在城镇新区建设、旧城更新和棚户区改造中，以绿色、节能、环保为指导思想，建立包括绿色建筑比例、生态环保、公共交通、可再生能源利用、土地集约利用、再生水利用、废弃物回收利用等内容的指标体系，将其纳入总体规划、控制性详细规划、修建性详细规划和专项规划，并落实到具体项目"。我听到这一政策表述心情有点激动，这是中央政府第一次在政策文件中明确地把低碳生态城市建设目标与我国法定城乡规划体制挂钩，对规划体制内总体规划、控制性详细规划、修建性详细规划和专项规划的编制实施赋予清晰的目标和任务。

当时我的第一个反应是：好消息！城市规划的专业领域通过把低碳生态内涵纳入法定规划编制与管理，进入崭新而广阔的发展空间！

其后，在编写本书过程中，国家应对气候变化的政策又有了重大的发展，2014年11月12日，在《中美气候变化联合声明》中，中国提出了计划在2030年左右达到二氧化碳排放的峰值，向全球做出重大的承诺。国家在迈向排放峰值的路径上，低碳城市化的发展模式是决定性的选择。

我国在低碳生态城市规划建设的实践经验不多，真正的规划建设可能只是大概从2007年起启动，当年的天津中新生态城在渤海岸边上马，牵起不少城市要建设生态城项目的诉求，虽然这些诉求不一定都能兑现。而在短短的五年内，低碳生态城市规划建设已从示范试点项目跃过时空，到达全国的政策目标，并有具体的实施要求出台。在我国高速度城镇化的现实下，这个跳跃有其必然性和必要性：挑战是严峻的，而我们需要尽快在地方普及低碳生态建设模式。

然而，激动的心情马上转化为疑虑：我们这一代的规划师准备好去接受这些任务了吗？

如果我们深信低碳生态城市建设是我国城镇化的必然而不是偶然，那我们专业面对的任务就有一定的挑战。挑战是规划师对不少非传统规划课程内的技术知识感到陌生，需要通过持续教育和培训来提升自我能力，同时这些技术如何纳入我们目前法定城乡规划体制内，当前相关研究或论述是比较缺乏的。城市规划专业就必须要在理念、技术知识、规划编制方法、规划实施管理等方方面面重新装备。基于这一刻的激动，我提出了编写本书的计划。

希望本书可以初步回应不少规划工作者对低碳生态城市规划能力提升的诉求，尝试建立一套"如何做"的基础知识体系，对当前我国低碳生态规划建设理念和实践做出梳理，对规划师应有的基础知识、规划管理相关问题、编制办法、规划任务书内容、规划成果、技术路线等提出一个基本框架，并在现有公开与可以获得的资料中选出参考资料和案例。

由于自己工作与其他研究的耽误，又经过内容的大幅度延伸，书稿一直到2015年年底才完成，在这里要向两个合作方——美国能源基金会城市可持续项目与中国城市规划学会道谢，它们对我的容忍和耐性实在使我汗颜。也要就出版日期的延误，对本书的另外一位作者龙惟定教授表达歉意。

叶祖达

2016年春
北京 光华路

第一篇 背景与目的

生态文明建设是我国未来新型城镇化发展的基本指导思想。从近年出台的相关法律与政策文件，可以看到低碳生态城市建设已成为国家的发展目标。城市规划工作者作为参与我国城乡规划编制与决策的专业人员，在应对低碳生态规划建设的发展趋势时，要关注的是低碳生态规划建设内容如何进入我国的法定的规划体制。图1.1是本篇的内容简介。

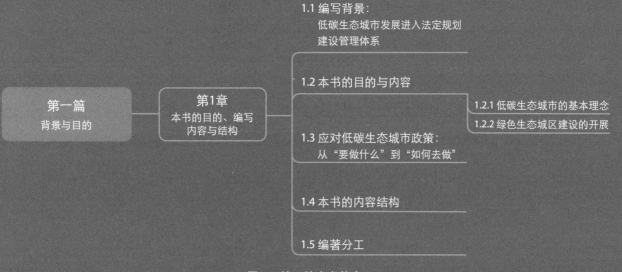

图1.1 第一篇内容简介

第1章　本书的目的、编写内容与结构

1.1　编写背景：
低碳生态城市发展进入法定规划建设管理体系

生态建设作为我国城乡规划管理的目的，在2007年通过的《中华人民共和国城乡规划法》中已有相关的表述，指出要"制定和实施城乡规划，应当遵循城乡统筹、合理布局、节约土地、集约发展和先规划后建设的原则，改善生态环境，促进资源、能源节约和综合利用……的需要"[1]。我国的城乡规划体制是引导和调控我国城市发展、保护和管理城市空间资源的重要依据和手段。住房城乡建设部2007年发布的《关于贯彻落实城市总体规划指标体系的指导意见》文件，对于进一步完善城市总体规划指标体系，改进城市总体规划编制和实施工作提出方向[2][3]，建议要求总体规划反映一个城市资源节约利用的状态和水平。在本来资源总量指标的基础上，增加水资源平衡、水资源利用率、单位GDP能耗水平和使用结构、节约集约用地等结构性、效率性指标和均值性指标。同时也在环境治理目标的基础上，增加节能减排、循环利用的指标，促进建设生态文明，基本形成节约能源资源和保护生态环境的产业结构、增长方式、消费模式目标的实现。

住房城乡建设部于2012年5月以建科〔2012〕72号印发《"十二五"建筑节能专项规划》。专项规划的目标包括到"十二五"期末，建筑节能形成1.16亿t标准煤节能能力。其中重点任务之一是"积极推进绿色规划。以绿色理念指导城乡规划编制，建立包括绿色建筑比例、生态环保、公共交通、可再生能源利用、土地集约利用、再生水利用、废弃物回用等内容的指标体系，作为约束性条件纳入区域总体规划、控制性详细规划、修建性详细规划和专项规划的编制，促进城市基础设施的绿色化，并将绿色指标作为土地出让转让的前置条件"[4]。

《"十二五"建筑节能专项规划》同时也提出推动建筑节能和绿色建筑工作要依靠体制机制的创新。规划期内要着重建立和完善体制与机制，"在城市规划审查中增加对建筑节能和绿色生态指标的审查内容，在城市的控制性详规中落实相关指标体系，各级政府对不符合节能减排法律法规和强制性标准要求的规划不予以批准。在新建建筑的立项审查中增加建筑节能和绿色生态的审查内容，对不满足节能减排法律法规和强制性标准要求的项目不予立项。将建筑节能标准、可再生能源利用强度、再生水利用率、建筑材料回用率等涉及建筑节能和绿色建筑发展的指标列为土地转让规划的重要条件"。

到2012年年底，中央经济工作会议提出要积极推进城镇化，着力提高城镇化质量，首要任务是要把生态文明理念和原则全面融入城镇化全过程，走"集约、智能、绿色、低碳的新型城镇化道路"[5]。

[1] 摘自《中华人民共和国城乡规划法》（2007年10月28日第十届全国人民代表大会常务委员会第三十次会议通过）

[2] 建设部.完善规划指标体系研究[M].北京:中国建筑工业出版社，2007

[3] 建设部.关于贯彻落实城市总体规划指标体系的指导意见（建办规〔2007〕65号）

[4] 住房和城乡建设部.关于印发《"十二五"建筑节能专项规划》的通知（建科〔2012〕72号）[EB/OL].（2012-05-09）[2012-6-1]. http://www.gov.cn/zwgk/2012-05/31/content_2149889.htm

[5] 中国证券报.中央经济工作会议闭幕 积极推进城镇化 [N/OL]. (2012-12-17) [2012-12-30]. http://finance.sina.com.cn/china/hgjj/20121217/021914019761.shtml

2014年3月,《国家新型城镇化规划（2014—2020年）》发布,成为指导我国未来5年城市发展的政策方向。规划文件指出提高城镇化质量的新要求,明确未来城镇化的发展路径、主要目标和战略任务,统筹相关领域制度和政策创新,是指导全国城镇化健康发展的战略性规划。《国家新型城镇化规划（2014—2020年）》文件的具体内容包括:规划背景、指导思想和发展目标、有序推进农业转移人口市民化、优化城镇化布局和形态、提高城市可持续发展能力、推动城乡发展一体化、改革完善城镇化发展体制机制、规划实施等[6]。其中指导思想的基本原则之一是"生态文明,绿色低碳",要求"把生态文明理念全面融入城镇化进程,着力推进绿色发展、循环发展、低碳发展,节约集约利用土地、水、能源等资源,强化环境保护和生态修复,减少对自然的干扰和损害,推动形成绿色低碳的生产生活方式和城市建设运营模式"。

2014年11月12日,中美双方在北京共同发表了《中美气候变化联合声明》[7],宣布了两国各自2020年后应对气候变化的行动目标。中国计划2030年左右二氧化碳排放达到峰值且将努力早日达峰,并计划到2030年非化石能源占一次能源消费比重提高到20%左右。碳排放峰值的提出,预示着我国宏观碳排放目标从强度目标向总量目标的转变,这个要求相信未来会在城市建设中进一步体现。

这些具体的国家政策目标和要求值得城市规划工作者关注。实施政策的手段是清晰的:要通过法定城乡规划体制实施绿色建筑、生态环保、公共交通、可再生能源利用、土地集约利用、再生水利用、废弃物回收利用等低碳生态技术手段。

在这个政策背景与发展大趋势下,本书指出要在法定城乡规划落实低碳生态文明要求,需要通过跨越不同学科与专业的思维,建立创新的空间规划理念、方法、技术和工具。城乡规划决策与工作者要应对这个新的要求,通过能力提升、专业领域的开拓,把有关的理念融进法定规划管理方法、手段及规划编制流程中。

1.2 本书的目的与内容

1.2.1 低碳生态城市的基本理念

低碳生态城市发展模式是当前规划建设管理工作人员关注的热点,而"低碳"与"生态"是两个与核心内涵密切相关的理念,但同时"低碳城市"与"生态城市"在核心思想上是相同的,它们都是以可持续发展理念推动的城市发展模式。有关这方面的论述文献不少[8][9],这里只把低碳城市与生态城市之间基本的理念和关系做一简单说明。

[6] 中央政府门户网站.国家新型城镇化规划(2014-2020年)[EB/OL]. (2014-03-16) [2014-5-1].http://www.gov.cn/zhengce/2014-03/16/content_2640075.htm

[7] 新华网.中美气候变化联合声明（全文）[EB/OL]. (2014-11-13) [2014-12-04]. http://news.xinhuanet.com/energy/2014-11/13/c_127204771.htm

[8] 沈清基,安超,刘昌寿.低碳生态城市的内涵、特征及规划建设的基本原理探讨[J].城市规划学刊,2010（5）:48-57

[9] 叶祖达.低碳生态空间:跨维度规划的再思考（第二版）[M].大连:大连建工大学出版社,2014

从城市发展角度看，绿色生态发展建设就是在城市空间中，实施生态生产和生活方式的基本理念。也就是跟从"生态"概念改变传统的城市发展方式——采用"循环城市"(Circular City)原则，即减量化(Reducing)、再利用(Reusing)和再循环(Recycling)。大力推动发展城市内资源的良性循环，有利于建设节约型社会及有效地保护地球有限量之资源，在实现生态城市建设过程中是必然的选择。同时，高速度的城镇化带来高速度的能源消耗，产生温室气体包括二氧化碳，导致人类面对有史以来最大的环境问题：气候变化。目前建筑能耗占我国全社会终端能耗的比例约为27.5%，低于发达国家40%以上的水平。随着我国城镇化进程的进一步发展，建筑总量将不断增加，建筑能耗总量和占全社会能耗比例都将持续增加。因此，推动绿色建筑和低能耗建筑，倡导节能减排，降低建筑能耗与温室气体排放，对我国实现二氧化碳排放下降40%~45%的目标有着至关重要的意义。

但"低碳城市"与"生态城市"之间也存在实践手段重点不同的地方：生态城市关注自然环境、维持生态平衡等目标，提出城市发展要与自然生态系统取得平衡，以生态系统内资源投入排放（如能源、水、空气、土地）达到最低甚至零影响的均衡为目的，手段包括循环经济、生态保护、资源节约等。而低碳城市则主要关注全球气候变化，特别是城市发展带来的温室气体排放问题，重点在于如何建立一个可以减缓与适应气候变化的城市发展模式，而其中如何控制能源使用与减低碳排放量是核心的减缓手段。

1.2.2   绿色生态城区建设的开展

在国家推动低碳生态城市发展模式的大环境下，为了可以通过城市规划建设管理实践低碳生态建设，近年的政策大力鼓励地方城市规划建设"绿色生态城区"，探索相关的建设理念和实施要求。

发改委与住房城乡建设部公布的《绿色建筑行动方案的通知》(国办发〔2013〕1号，2013年1月1日)表述了有关的重点任务[10]："在城镇新区建设、旧城更新和棚户区改造中，以绿色、节能、环保为指导思想，建立包括绿色建筑比例、生态环保、公共交通、可再生能源利用、土地集约利用、再生水利用、废弃物回收利用等内容的指标体系，将其纳入总体规划、控制性详细规划、修建性详细规划和专项规划，并落实到具体项目。做好城乡建设规划与区域能源规划的衔接，优化能源的系统集成利用。建设用地要优先利用城乡废弃地，积极开发利用地下空间。积极引导建设绿色生态城区，推进绿色建筑规模化发展"。

地方管理部门要落实全过程监督管理，"在城镇新区建设、旧城更新、棚户区改造等规划中，地方各级人民政府要建立并严格落实绿色建设指标体系要求，住房城乡建设部门要加强规划审查，国土资源部门要加强土地出让监管。对应执行绿色建筑标准的项目，住房城乡建设部门要在设计方案审查、施工图设计审查中增加绿色建筑相关内容，未通过审查的不得颁发建设工程规划许可证、施工许可证；施工时要加强监管，确保按图施工。对自愿执行绿色建筑标准的项目，在项目立项时要标明绿色星级标准，建设单位应在房屋施工、销售现场明示建筑节能、节水等性能指标"。

[10] 国务院办公厅. 关于转发发展改革委住房城乡建设部《绿色建筑行动方案》的通知（国办发〔2013〕1号）[EB/OL]. (2013-01-01) [2013-2-1]. http://www.gov.cn/zwgk/2013-01/06/content_2305793.htm

文件又提出的保障措施也包括政策激励要求："国土资源部门要研究制定促进绿色建筑发展在土地转让方面的政策，住房城乡建设部门要研究制定容积率奖励方面的政策，在土地招拍挂出让规划条件中，要明确绿色建筑的建设用地比例"。

住房城乡建设部于2013年4月关于印发《"十二五"绿色建筑和绿色生态城区发展规划的通知》中，指出"十二五"时期具体目标之一包括实施100个绿色生态城区示范建设，会选择100个城市新建区域（规划新区、经济技术开发区、高新技术产业开发区、生态工业示范园区等）按照绿色生态城区标准规划、建设和运行。在发展路径中，"统筹规划城乡布局，结合城市和农村实际情况，在城乡规划、建设和更新改造中，因地制宜纳入低碳、绿色和生态指标体系"。在推进绿色生态城区建设方面具体要求是确定100个左右不小于1.5km²的城市新区，按照绿色生态城区的标准因地制宜进行规划建设[11]：

- 一是结合城镇体系规划和城市总体规划，制定绿色生态城区和绿色建筑发展规划，因地制宜确定发展目标、路径及相关措施。
- 二是建立并完善适应绿色生态城区规划、建设、运行、监管的体制机制和政策制度，以及参考评价体系。
- 三是建立并完善绿色生态城区标准体系。
- 四是加大激励力度，形成财政补贴、税收优惠和贷款贴息等多样化的激励模式。进行绿色生态城区建设专项监督检查，纳入建筑节能和绿色建筑专项检查制度，对各地绿色生态城区的实施效果进行督促检查。
- 五是加大对绿色环保产业的扶持力度，制定促进相关产业发展的优惠政策。

地方政府也于近期积极推动展开相关的绿色生态城区建设。以北京市为例，为全面推进北京市绿色生态示范区建设，北京市发布《北京市发展绿色建筑推动绿色生态示范区建设实施方案》[12]，依据《北京市发展绿色建筑推动绿色生态示范区建设奖励资金管理暂行办法》文件[13]，北京市规划委员会于2014年启动"北京市绿色生态示范区"评选工作。北京市绿色生态示范区评审条件包括：

- 示范区规划范围原则上应在3km²以上，城市更新地区可适当放宽。
- 已按绿色、生态、低碳理念编制控制性详细规划、城市设计以及建筑、市政、能源、交通等专项规划，并获得正式批复。建立相应的指标体系，指标赋值应符合当地的资源禀赋、经济发展、人文特色、工作现状等。
- 示范区内新建和改造建筑达到绿色建筑星级标准(其中二星及以上绿色建筑占比超过40%)，已批准的开工规模不少于30万m²。
- 有完善的组织机构，有健全的工作机制，例如成立权责相符的领导与组织协调机构，给予资金与制度方面的支持和保障。

[11] 住房城乡建设部.关于印发"十二五"绿色建筑和绿色生态城区发展规划的通知（建科[2013]53号）[EB/OL].（2013-04-03）[2013-4-11].http://www.mohurd.gov.cn/zcfg/jsbwj_0/jsbwjjskj/201304/t20130412_213405.html

[12] 中国城市科学研究会.中国低碳生态城市发展报告 2013 [M]. 北京:中国建筑工业出版社，2013

[13] 中国城市科学研究会.中国绿色建筑 2013 [M]. 北京:中国建筑工业出版社，2013

1.3   应对低碳生态城市政策：从"要做什么"到"如何去做"

在目前的新型城镇化规划和绿色生态城区建设政策环境下，城乡规划建设管理与决策工作者面对新的挑战。作者在参与不同城市的低碳城市、绿色生态城区规划建设过程中，感觉到地方的城市规划管理人员在推动低碳生态城市建设的过程中，往往都有能力提升的需要。地方的规划师在尝试启动或在城乡规划编制时推动低碳生态规划理念时，经常提出的问题包括：对于建筑节能减排、新能源、资源节约等目标，他们要知道的基础知识是什么？如何整合有关内容到规划文件和图则中？规划文件要求包括哪些专题内容？具体的编制办法、规划任务书内容、规划成果、技术路线/流程应该如何制定？可以参考哪些详细的案例？这些都是"如何去做"的问题。

然而，目前国内低碳生态城市的研究和讨论主要集中和停留在"要做什么"的问题，推动低碳生态城市理念的必要性和技术领域等相关书籍、论文、研究课题、论坛等都不少，读者可以参考[14][15]，这方面的内容只在本书内综述，不再详细复述。但对在目前的城乡规划体制下，研究"要做什么"的问题却十分缺乏[16]。本书的核心目的就是希望提供比较完整的参考教材和培训资料，协助地方规划管理人员把低碳生态政策要求与技术内容纳入法定规划编制与管理工作中，从而提升能力应对新城镇化政策带来的法定城市规划编制内容与办法的要求。

所以本书的重点不在于"要做什么"，而是在于"如何去做"。

[14] 张泉 等.低碳生态与城乡规划 [M].
北京:中国建筑工业出版社，2011

[15] 叶祖达.生态城市：从概念到规划管理实施[J].城市规划，2008（32）：15-20

[16] 叶祖达.城市规划管理体制如何应对全球气候变化？ [J]. 城市规划，2009(9)：31-51

1.4   本书的内容结构

作者认为要把低碳生态理念纳入具体规划编制与管理体制，地方城乡规划管理人员面对的能力提升可以包括三方面：

(1) 相关专业知识：低碳、生态、节能规划建设内容（如绿色建筑、生态环保、绿色交通、可再生能源利用、再生水利用、废弃物回收利用等）并非传统规划专业知识，不在一般传统城市规划教育课程范围内，因此，我国的规划工作者普遍没有深入接触相关的知识。

(2) 实践经验借鉴：我国也只是近期才有个别城市对相关的规划编制做过探索和实践，展开低碳生态城市或绿色生态城区试点项目，地方的规划编制单位和管理人员对低碳生态规划技术要求缺乏累积的经验。

(3) 规划编制参考工具与案例：目前行业内缺乏有关专题的编制办法、技术路线、规划指引、编制办法等参考工具。

本书希望可以在上述三方面的需求上提供相关的分析、研究成果和资料整理，基于两位作者长期在编制低碳生态城市规划、绿色生态城区与相关的城市能源规划研究和实践工作中总结出的一些经验，提供给城市规划工作者作为参考。本书尝试把低碳生态法定规划编制主要需要的参考资料、技术领域、技术框架等内容做出全面介绍，重点放在总体规划与控制性详细规划两方面，提供一套低碳生态规划编制的参考技术路线。

本书的结构包括七篇共11章（图1.2）：

第一篇 背景与目的
第1章介绍本书的目的、编写内容与结构。

第二篇 低碳生态城市建设与法定城市规划
第2章讨论低碳生态城市理念与法定城市规划体系。

第三篇 基础知识I：低碳生态城市——跨维度的空间规划
第3章讨论低碳生态城市的空间结构，综述两者之间的关系和相关国内外研究成果。
第4章重点介绍低碳生态城市规划中的专题研究与规划。主要内容是提出一个整体的技术框架，解释有关的技术专题。

第四篇 基础知识II：低碳生态城市——城市能源与节能减排
第5章介绍新型城镇化与城市节能减排的问题。
第6章包括对新能源应用与区域建筑能源规划的基本概念做出综述。

第五篇 基础知识III：城市温室气体排放清单与碳排放量评估
第7章指出低碳生态城市规划需要建立城市规划的温室气体排放清单与碳排放量评估方法，并解释不同排放量测算的基本概念。

第六篇 规划编制
第8章讨论低碳生态城市规划建设要求如何纳入法定总体规划编制工作。
第9章讨论低碳生态城市规划建设要求如何纳入控制性详细规划编制工作。

第七篇 低碳生态城市治理机制与经济成本
第10章提出低碳生态城市规划管理治理问题。
第11章通过成本效益分析方法，讨论低碳生态城市建设的经济考虑。

总结

1.5   编著分工

本书的编写由两位作者分工而成。叶祖达博士负责全书的策划与统筹。在编写工作方面，全书共七篇11章，第三篇第3章部分内容和第四篇（第5章和第6章）的作者为龙惟定教授，其余书稿（第1章和第2章、第3章部分内容、第4章、第7章到第11章）的作者为叶祖达博士。

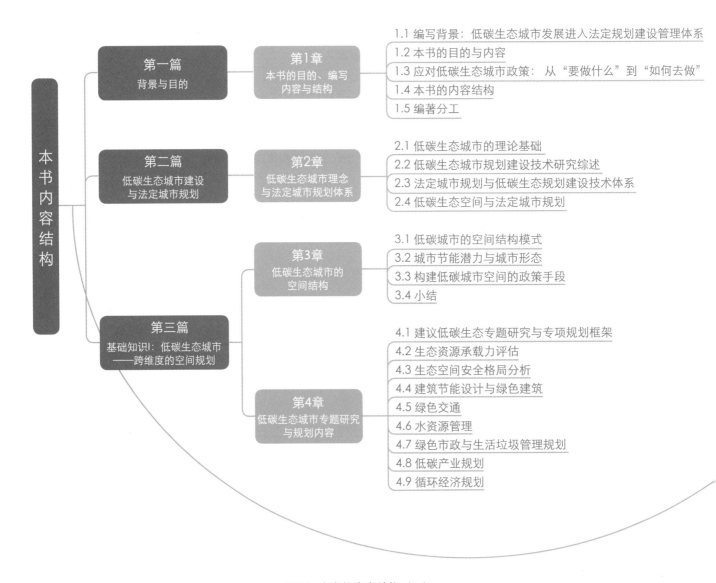

图1.2 本书的内容结构（一）

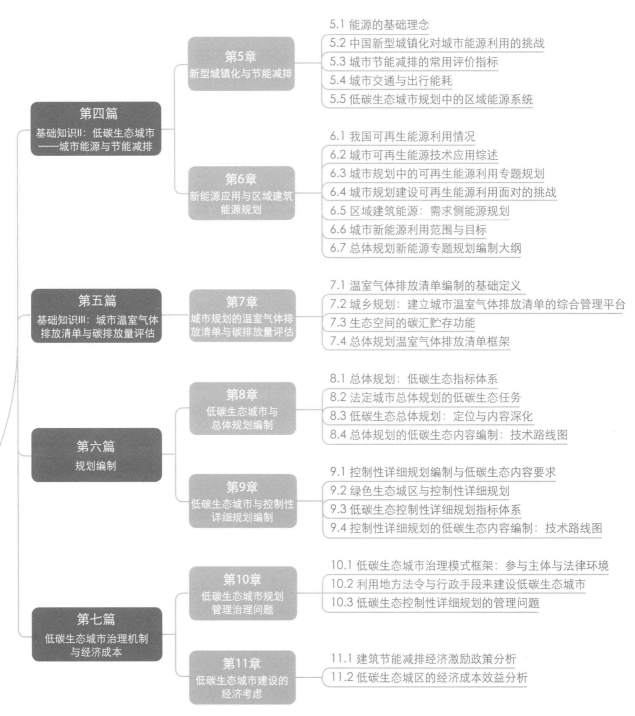

图1.2　本书的内容结构（二）

第二篇
低碳生态城市建设与法定城市规划

要 在现有法定城乡规划法的体制上引入低碳生态城市规划建设的内涵，首先要了解低碳生态城市规划建设的理论背景和应用技术框架，再梳理相关内容与总体规划和控制性详细规划编制内容上的对接。本篇首先对低碳生态城市的理论基础框架做出介绍，然后再解读低碳生态城市规划建设技术体系，并对我国低碳生态规划的理论基础、整体的战略目标以及技术框架做出简单的综述（图2.1）。

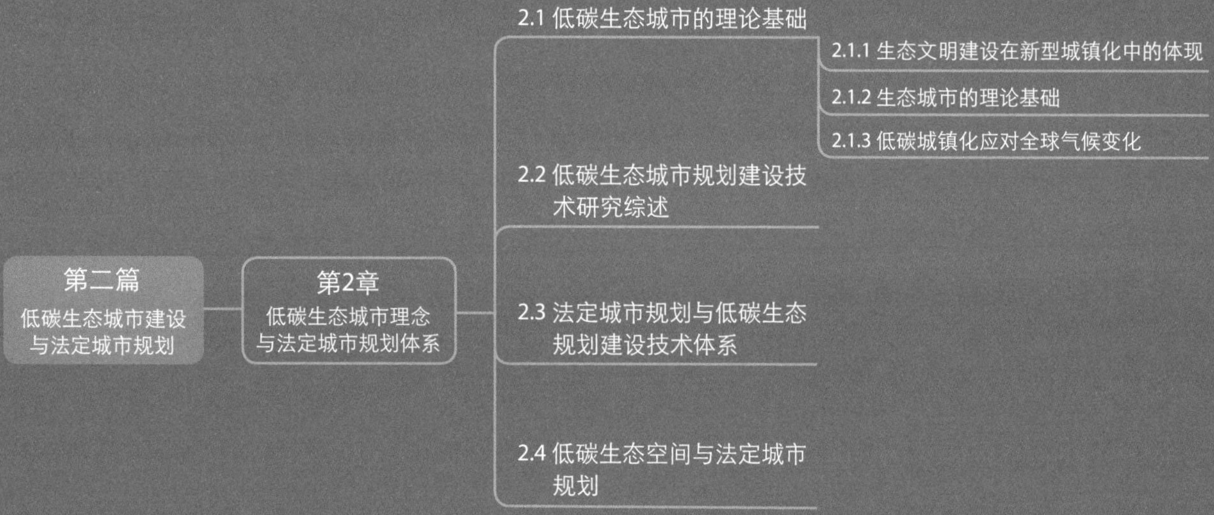

2.1 低碳生态城市的理论基础

2.1.1 生态文明建设在新型城镇化中的体现

2.1.2 生态城市的理论基础

2.1.3 低碳城镇化应对全球气候变化

2.2 低碳生态城市规划建设技术研究综述

第二篇 低碳生态城市建设与法定城市规划

第2章 低碳生态城市理念与法定城市规划体系

2.3 法定城市规划与低碳生态规划建设技术体系

2.4 低碳生态空间与法定城市规划

图2.1 第二篇内容简介

第2章   低碳生态城市理念与法定城市规划体系

2.1   低碳生态城市的理论基础[1]

2014年3月，《国家新型城镇化规划（2014—2020年）》发布，其中指导思想的基本原则之一是"生态文明，绿色低碳"。这个规划原则是要把生态文明理念全面融入城镇化进程，着力推进绿色发展、循环发展、低碳发展，节约集约利用土地、水、能源等资源，强化环境保护和生态修复，减少对自然的干扰和损害，推动形成绿色低碳的生产生活方式和城市建设运营模式[2]。

要把低碳生态城市理念纳入法定城市规划体系，城镇化规划建设的发展模式立足于两个重要的理念：生态文明建设与应对气候变化。

2.1.1   生态文明建设在新型城镇化中的体现

生态文明倡导以人和自然、人和人、人与社会的和谐共生、良性循环为基本宗旨。杨培峰等指出，在生态文明价值观背景下，即从人类中心主义转向生态中心主义，这种关系以循环、开放为标志[3]。从城镇化的角度看，生态文明建设就是在城市空间中，实施生态生产和生活的基本理念。也就是跟从"生态"概念改变传统的城市发展方式，采用3R原则，即减量化（Reducing）、再利用（Reusing）和再循环（Recycling）。城市要与自然生态体系共生的理论基础是"循环经济"发展模式。在全球资源消耗高的情况下要推动生态文明建设，在城乡空间载体内发展循环经济有其必要性及紧迫性。大力推动发展循环经济有利于建设节约型社会及有效地保护地球有限量之资源，在实现生态文明过程中是必然的选择。

但无论从人类文明史和我国的城镇化历程来看，生态文明建设是全新的城市发展模式，这对规划建设管理工作者而言是挑战。仇保兴指出中国式的现代生态城市规划要摈弃西方现代主义对城市规划的不良影响。通过重建"人类 — 城市 — 自然"的共生关系，以绿色低碳技术超越工业技术占主导的实践发展模式[4]。对城市规划决策者而言，这理念是极为重要的：无论是其将3R解析为梳理生产者、消费者、再生者和外部环境四大关系，还是直接引导工业、农业、企业、社区、个人之间资源和废物等关系的做法，如果这种结构反映到城市上，就成为城市空间结构，也就是我们的城镇体系规划、城市总体规划和详细规划的内涵。

[1] 本章部分内容源于本书第一作者叶祖达在2013-2014年参与住房和城乡建设部执业资格注册中心注册城市规划师管理办公室统筹的注册城市规划师第三注册周期继续教育必修课教材《生态文明建设》部分提交的编写工作，再进一步整理编写纳入本书。

[2] 中央政府门户网站.国家新型城镇化规划(2014-2020年)[EB/OL].(2014-03-16)[2014-5-1].http://www.gov.cn/zhengce/2014-03/16/content_2640075.htm

[3] 杨培峰，易劲."生态"理解三境界——兼论生态文明指导下的生态城市规划研究[J].规划师，2013（1）：5-10

[4] 仇保兴.传承与超越——中西方原始生态文明观的差异及对现代生态城的启示[J].城市规划，2011(5):9-19

生态文明建设在新型城镇化过程的体现是通过城乡规划政策和技术手段，建设可以与自然生态"共生共存"的"生态城市"。作为推动生态文明建设，这理念对城乡规划有重大意义：要落实生态文明理念，就要把循环经济整合到城市规划决策过程中，特别是把有关的概念和理论融进法定规划管理方法、手段及规划编制流程中。

2.1.2　生态城市的理论基础

目前对于有关生态城市的理论研究十分丰富，本书这里不再复述所有的学术研究论点。为了提供给城乡规划工作者一个基本的理论介绍，本文按李景源等研究，主要从生态学理论、人本主义理论、循环经济理论、可持续发展理论和三种生产理论等五个方面对生态城市的理论基础作梳理[5]。

[5] 李景源，孙伟平，刘举科.中国生态城市发展报告[M]. 北京，社会科学文献出版社，2012

(1) 生态学理论：生态学理论把城市看作一个人工生态系统，其组成要素可分为经济、社会、自然三个子系统。自然生态子系统以生物结构和物理结构为主体，包括植物、动物、微生物等生物群体，城市气候、城市地质地貌、城市水文、土地资源等自然环境，以及人工设施环境。社会生态子系统以城市人口为主体，以高密度的人口和高强度的生活消费为特征，以城市人口结构、规模、居住、交通、教育、生活、社会组织等有序发展为内容。经济生态系统则是以城市生产为核心，以物质资源要素转化和流动以及能源消耗为特征，由农业、工业、服务业等三大产业体系组成。

(2) 人本主义理论：人本主义的核心在于关注人的需求和价值，尊重人的自我选择，促进人的全面发展。生态城市发展的人本化理念是指城市建设和发展要尊重人的生理与心理欲求，以宜人居住为目标，体现人文关怀，吸纳市民参与，强调公共服务，呼唤情感认同，使人们在城市生活得更加安全、健康、舒适、自由和和谐。

(3) 循环经济理论：循环经济是一种以资源的高效利用和循环利用为核心，以"减量化、再利用、资源化"为原则，以低消耗、低排放、高效率为基本特征，符合可持续发展理念的经济增长模式，是对"大量生产、大量消费、大量废弃"的传统增长模式的根本变革。循环经济是把清洁生产和废弃物的综合利用融为一体的经济，强调资源的节约和高效利用，着力构造整个社会的物质循环流程，本质上是一种生态经济。循环经济理论应用在生态城市建设中，主体体现在城市产业发展要特别强调清洁生产和绿色制造两个方面。

(4) 可持续发展理论：1987年，世界环境与发展委员会向联合国大会提交了研究报告《我们共同的未来》。报告在系统探讨了人类面临的一系列重大经济、社会和环境问题之后，明确提出了"可持续发展"的概念。可持续发展是"既满足当代人的需求，又不损害后代人满足需求能力的发展"。换句话说，就是指经济、社会、资源和环境协调发展，它们是一个密不可分的系统，既要达到发展经济的目的，又要保护好人类赖以生存的自然资源和环境。从生态经济学的角度而言，可持续发展就是追求建立在保护地球自然生态系统基础上的持续经济发展，经济发展要与生态保护相统一，经济效益、社会效益和生态效益相统一。

(5) 三种生产理论：人与环境组成的世界系统本质上是一个由人类社会与自然环境组成的复杂的巨大系统，它在基本的物质运动层次上，可以抽象为三种"生产活动"——物质生产、人口生产和环境生产——呈环状链接在一起的结构。三种生产理论指明了城市生态文明建设的主要目标和任务。若要三种生产能够和谐运行，就必须使物质在这个系统中的流动畅通，使每一种生产环节的物质输入输出均衡。将人类在生活和生产中排泄的"废弃物"，或者以与环境亲和的形态进入环境，或者重新转变为物质生产子系统可以利用的资源，将自然资源的开发强度、废弃物的排放强度和环境生产力匹配起来。三种生产理论在最基础的物质层次上揭示了人与环境关系的实质，揭示了人类社会系统与自然环境系统相互作用的本质。

综合以上的理论基础讨论，生态城市建设的理论依据主要源自可持续发展理念，需要把城市生态学原理落实到城市规划、设计及建设管理中。生态文明建设在城镇化过程中的体现，就是要通过不同的生态城市规划建设手段，协调人与环境关系的良性平衡，保障当代人和后代人的需要，使我们未来城市的居民有所选择。生态文明建设着重强调协调城市之规模、人口、经济生产、空间、社会结构、平等、资源节约、环境友好等发展元素。若要具体把生态文明建设理念纳入我国的城乡规划，需要强调以下三个规划原则[6]：

[6] 叶祖达.生态城市：从概念到规划管理实施[J].城市规划，2008（32）：15-20

- 城市本身为一个综合社会、经济、资源、环境的生态系统，有资源投入产出的过程，亦有新陈代谢之循环。
- 城市本身同时为地球整体生态系统的一部分，它对自然生态之影响可以是相辅相成的。但亦可能会产生不可回转之负面效应。
- 由于城市是生态系统的一部分，有关应用在生态学之概念如承载力、生态价值、多样性、生态链、资源使用及供应、生态足迹等都可应用在城市规划和管理。

2.1.3　低碳城镇化应对全球气候变化

全球气候变化问题出现是基于全球二氧化碳浓度的增加，而主要原因是由于化石燃料的使用，目前全球碳排放量影响因素的研究主要集中在能源使用，特别是城市化与城市增长导致能源消耗的碳排放量影响。全球过去200年的发展导致人类目前面对有史以来最大的环境问题：气候变化。在建设生态文明的同时，我国高速度的城镇化带来高速度的能源消耗，产生温室气体，包括二氧化碳。从城乡规划建设的角度来看，推动低碳城市发展，倡导节能减排，降低城市能耗与温室气体排放，对我国实现2020年单位GDP二氧化碳排放下降40%~45%的目标，和计划在2030年左右二氧化碳排放达到峰值的目标，有着至关重要的意义[7][8]。

因此，在我国法定城乡规划管理体系中，低碳城市的发展模式应该是规划的核心目标之一。对于城市如何应对全球气候变化，国内外都有不少理论研究，在此不再复述。本书作者认为我们要从城乡规划中的法定规划内容开始，界定碳排放的源头与减碳排放的手段，使应对气候变化的规划原则可以明确地与法定规划对接。由于一个城市的碳排放量主要是由能源使用规模、能源使用效率、能源碳排放强度三个主要的驱动因素决定[9]，我们可以针对这些排放驱动力，界定控制碳排放量的规划建设内涵，纳入城乡规划的编制与管理内容：

（1）控制能源使用规模：城镇化带来人口规模扩大，城市建设用地范围与其他建设规模会因此随着城镇化率提升而增加，同时人均收入上升使人均能耗相对也上升，导致城市耗能水平不断升高。城乡规划需要引入在城镇化过程中对城市发展的总量控制，通过空间资源协调，在法定规划中控制土地利用规模、建筑面积总量、交通出行总距离等碳排放驱动力。

（2）提高能源使用效率：城市在特定的发展规模下，可以通过提高耗能效率来减低能耗水平。能提高城市能耗效率的手段包括清洁工业生产、建筑耗能设计与运营、绿色交通、绿色市政等节能手段与管理，也可以包括建立城市绿地碳汇能力的植林建设。

（3）减低能源的碳排放强度：在城镇化期间，城市发展的能耗会增加，但科技发展与应用会减低能源的碳排放量，包括提高城市可再生能源与清洁能源的使用比例、采用低排放燃料的交通、在电力生产端采用碳碳捕获与封存等能源科技等。

这三个主要的碳排放驱动因素基本上就是低碳城市的建设战略。表2.1把这三个战略延伸出来的低碳城镇化政策内容进行整理，提供了一个在城市层面的低碳政策手段体系，供读者参考[10]。

[7] 中国新闻网. 2020年单位GDP二氧化碳排放比05年降40%-45% [EB/OL]（2009-11-26）[2009-12-04]. http://www.chinanews.com/cj/cj-hbht/news/2009/11-26/1986490.shtml

[8] 新华网. 中美气候变化联合声明（全文）[EB/OL].（2014-11-13）[2014-12-04]. http://news.xinhuanet.com/energy/2014-11/13/c_127204771.htm

[9] 有关城市碳排放量的驱动因素理论分析已有不少文献可以参考。本书作者建议参考由著名的Kaya恒等式提出的能源使用规模、能源使用效率、能源碳排放强度三个主要的驱动因素。可以参考：Yoichi Kaya. Impact of Carbon Dioxide Emission Control on GNP Growth: Interpretation of Proposed Scenarios [M]. Paris: P resented at the IPCC Energy and Industry Subgroup, Response Strategies Working Group, 1989

[10] 叶祖达. 低碳城镇化政策对总体规划编制的要求[J]. 北京规划建设，2014（5）：22-27

主要的碳排放驱动因素延伸出来的低碳城镇化政策内容　　　　　　　表 2.1

主要的碳排放驱动因素/ 控制碳排放战略	相关低碳城镇化政策内容
控制能源使用规模	· 城市发展规模总量控制 · 城市建设空间用地规划 · 土地资源节约
提高能源使用效率	· 城市公交主导空间用地规划 · 城市生态空间用地规划 · 低碳产业结构 · 清洁生产 · 绿色交通 · 水资源管理 · 绿色市政 · 建筑节能 · 生态绿地规划 · 环境污染综合治理
减低能源的碳排放强度	· 区域可再生能源利用 · 清洁能源使用

因此，低碳城镇化的政策要求是为降低能源需求、减低城市碳排放、支持城市低碳化运作、改善城市与自然环境的能源资源供求关系的政策。政策需要通过具体手段和技术的应用来达到目标。本章下面对我国当前低碳生态城市规划建设的技术应用做出综述。

2.2　低碳生态城市规划建设技术研究综述

在国家整体宏观战略发展目标推动下，近年引发不同规划工作者和研究学者关注我国在城市规划建设领域如何应对气候变化、如何引入低碳生态规划建设技术等研究。有关低碳生态城市规划建设的个别专题内容，　本书于第三篇与第四篇有比较全面的介绍，这里先把目前我国主要低碳生态城市规划建设的应用技术体系研究做出综述。

对城市规划管理体制如何应对全球气候变化的问题，叶祖达建议在传统城市规划决策过程中，利用新的思维、目的和手段去建立"无碳化"的城市规划。"无碳化"（de-carbonize）就是把城市规划现有的决策程序优化，达到使决策成果配合推进低碳经济发展思维，具体引导新规划管理工具、手段的产生和应用[11]。他建议城市发展战略及政策要从城市低碳经济愿景和减排目标出发，通过引导城市的土地利用、工业、电力、建筑及交通，达到城市整体减排目标，应该建立综合的应对气候变化城市规划政策，以跨界、跨政策、跨部门的思维和体制去实施。相关具体的政策内

[11] 叶祖达. 城市规划管理体制如何应对全球气候变化？[J]. 城市规划，2009(9)：31-51

容可以包括：可再生能源及清洁能源使用，综合供暖、供冷及发电系统，工业结构调整，清洁工业生产，紧密城市发展形态，公共交通导向发展，高能源效能建筑法规，消费者警觉性，教育及产品标签，生活方式，碳税及其他经济政策，食物及农业政策，生态多样性保护，城市现有基建受气候变化影响的评估和社区的适应能力等。

要把低碳、绿色、生态规划技术应用到低碳生态城市发展模式，主要的理解是要认识从自然系统输入城市系统的能源、资源利用过程。而在城市化进程中，城市承载的生产与生活对用地、交通、建筑、环境产生投入需求，同时，主要破坏自然生态环境的是城市系统输出的废弃物、温室气体和污水等。低碳、绿色生态规划技术的实施是为"降低城市碳排放、支持城市低碳化运作、改善城市与自然环境的生态关系。技术的内容可以包括土地利用、温室气体排放评估、政策管理体系、能源、建筑、水资源利用、生态环境保护、水资源利用、垃圾废弃物处理等"。沈清基等把我国低碳生态城市实践过程中的相关技术做出综述，主要的技术领域包括：规划与土地利用、温室气体排放评估、绿色建筑、能源规划和利用、资源利用、交通、生态环境保护等[12]。

仇保兴也对我国低碳生态城市发展模式和政策导向有比较全面的阐述，我国在促进低碳生态城市发展和生态城改造分级关键技术的政策方面，他的框架包括的政策手段可分为：建筑节能、绿色交通、水生态、垃圾处理、城市绿化、城市规划六大方面[13][14]。

张泉等整理了5大类应用在城市规划中的低碳生态技术：交通、建筑、能源、污染治理、资源利用等。其中又包含了不同的技术：轨道交通、新能源汽车、建筑形体、建筑材料、立体绿化、核能、太阳能、地源热泵、人工湿地、初期雨水控制、再生水、雨水利用、固体废物利用等[15]。

周岚等在研究低碳时代的生态城市规划与建设的著作中，有体系地梳理相关的技术内容，突出城市建筑节能与绿色建筑、城市绿色基础设施建设、城市节水与水资源综合利用、城市绿色交通系统、城市垃圾减量与资源化利用等5个主要领域[16]。

叶祖达根据不同的实践案例与有关绿色建筑的研究，通过参考现有政策和法规，分析相关问题后，指出了在城区规划层面，绿色建筑的应用规划技术可以包括6个主要低碳生态手段的绿色建筑建设技术要求：绿色空间、环境污染控制、绿色交通、能源、水资源、废弃物等[17]。他也提出低碳生态发展框架是能源与资源的综合管理框架，可以以综合资源管理模型为主要技术手段，将碳排放及气候变化的影响减到最小。综合资源管理模型是以综合资源管理体系作为绩效评估的主要内容，在模型中将规划技术解决方案的结果与低碳生态目标结合起来，将空间规划方案与资源管理参数（如能源与碳排放水平）互动整合，并且将不同的技术准则添加到模型中，如：城市

[12] 沈清基等.低碳生态城市技术体系[M]//中国城市科学研究会.中国低碳生态城市发展报告2010.北京：中国建筑工业出版社，2010

[13] 仇保兴. 我国城市发展模式转型趋势 [J]. 城市发展研究，2009(8): 1-6

[14] 仇保兴. 从绿色建筑到低碳生态城 [J]. 城市发展研究.2009(7): 1-11

[15] 张泉 等.低碳生态与城乡规划 [M].北京:中国建筑工业出版社，2011

[16] 周岚 等.低碳时代的生态城市规划与建设[M].北京:中国建筑出版社,2010

[17] 叶祖达.低碳绿色建筑：从政策到经济成本效益分析 [M].北京:中国建筑出版社,2013

形态、密度、交通方案、能源使用、水资源、废弃物管理、生态治理等。这种空间规划、技术手段、资源利用参数相互关联的评估工具在项目规划初期可以引导提出规划重点解决的问题，在规划过程中可以促进项目绩效优化和方案的持续改进[18]。

李迅等提出低碳生态城市规划可以完善传统城市规划编制方法的缺陷，将有关的理念融入规划编制的不同层面的城市规划[19]。在城镇体系规划的空间资源配置手段，可以促进区域联系与合作，实现区域资源和设施共享，对城镇发展布局、基础设施建设和生态环境保护的协调具有重要作用。同时，城市总体规划可以根据承载能力，合理确定城市的性质、规模；综合确定土地、水、能源等各类资源的使用标准和控制标准，节约和集约利用资源。

从上面的综述回顾可以看到，近年对低碳生态城市规划建设技术内容的分析提出了一系列的低碳、绿色和生态的应用手段和技术，逐渐形成一个体系。虽然各个研究的关注重点与分析角度不尽相同，但可以看到建议的技术体系有基本的共通性：就是通过引进不同学科的技术与决策工具，把气候变化、节能减排、资源利用、生态承载力和其他相关内容等纳入传统城乡规划的专业领域内。低碳生态规划建设的主要技术领域和重要技术手段可以概括为图2.2。

作者认为对低碳生态技术体系相关知识的认知是重要的，但如果要协助地方城乡规划管理部门与规划编制工作人员全面推广低碳生态城市规划建设，我们必要立足于现有的法定城乡规划体制，把低碳生态城市规划建设技术体系与法定规划编制工作内容接轨。这个角度是重要的：要达到全面把生态文明理念融入我国的城镇化管理决策，需要有一个有法定效力、全国已有效在运作的体制平台，而我国的城乡规划管理体制是推进我国低碳城镇化最适合的规划建设管理和实施平台。

[18] 叶祖达，施卫良等.北京长辛店低碳社区控制性详细规划 [M] // 中国城市科学研究会，低碳生态城市发展报告2010.北京：中国建筑工业出版社，2010: 537-545

[19] 李迅，徐文珍.规划与土地利用方法技术[M] //中国城市科学研究会.中国低碳生态城市发展报告2011，北京：中国建筑工业出版社，2011

图2.2 低碳生态规划建设技术体系
(资料来源：叶祖达，2013)

2.3 法定城市规划与低碳生态规划建设技术体系

我国《城乡规划法》建立的建设规划管理体制是一个多方面、多层次的规划编制、审批、管理系统。《城乡规划法》所称城乡规划，是指"城镇体系规划、城市规划、镇规划、乡规划和村庄规划。城市规划、镇规划分为总体规划和详细规划。详细规划分为控制性详细规划和修建性详细规划"[20]。图2.3是城乡规划体系的简介。

[20]《中华人民共和国城乡规划法》，中华人民共和国主席令第74号，于2007年10月28日通过，现予公布，自2008年1月1日起施行

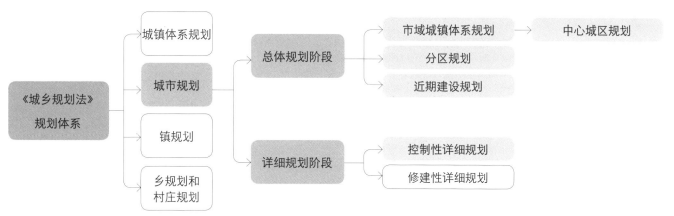

图2.3 城乡规划体系简介

当前我国法定城乡规划编制方法的核心指导文件是《城市规划编制办法》[21]（下称"办法"）。在办法的总则已说明要"坚持中国特色的城镇化道路，坚持节约和集约利用资源，保护生态环境……促进城市全面协调可持续发展"，而城市规划编制要求要"体现布局合理、资源节约、环境友好的原则，保护自然与文化资源、体现城市特色，考虑城市安全和国防建设需要"。办法明确说明节约和集约利用资源与保护生态环境等是编制城市规划的原则，这要求与低碳生态城市规划建设的技术内容是一致的。但《城市规划编制办法》作为一个法定文件，没有具体把"低碳生态城市"的技术内容如何与法定规划内容对接做出比较详细的表述。部分城市规划工作者和学者近年针对这个问题提出如何把低碳生态城市规划的内容与规划决策编制内容接轨。

[21] 中华人民共和国建设部. 城市规划编制办法[S]. 中华人民共和国建设部令第146号,于2005年10月28日通过,自2006年4月1日起施行.

叶祖达从应对气候变化的目标出发，提出以应对气候变化为发展目标的城市规划综合决策框架。他建议以一个包含5个阶段的城市规划决策流程为框架，在每一阶段明确说明应对气候变化的考虑和行动。城市规划决策流程内的5个阶段包括宏观、中观、微观的规划决策管理步骤：(1)城市发展远景和减排目标；(2)城市发展战略及低碳发展政策；(3)总体规划与气候变化专题规划；(4)详细规划及低碳生态控制指标；(5)绿色城区与绿色建筑认证；(6)能源管理和持续研究[22]。图2.4是按照他的原建议整理而成的应对气候变化的城市规划决策行动流程。

[22] 叶祖达. 城市规划管理体制如何应对全球气候变化？[J]. 城市规划, 2009(9)：31-51

图2.4 应对气候变化的城市规划：综合决策行动流程

(来源：叶祖达，2009；作者再整理)

中国城市规划与生态城市规划设计内容的比较　　　　　　　　　　表2.2

城市规划内容			生态城市规划设计主要内容
城镇体系			生态城镇体系
			生态功能区划
城市土地使用	规模预测		生态容量控制
	空间布局、功能分区		生态结构规划
			生态园区
	土地使用性质		土地混合利用与利用多样性
			土地恢复/旧区复兴
	居住人口分布		生态社区规划
	公共服务设施		公共空间/公共设施
	绿地系统		生态绿地景观规划
	开发强度（高度、密度、容积率）		开发强度控制
基础设施	交通		公共交通体系
			人行友好的非机动交通体系
			机动交通安静化设计
			可达性改善
			停车空间供应
			道路设施生态化
	市政设施		再生能源供应利用
			能源资源供应量节约化控制
			分区分质供水
			雨污分流
自然历史保护	自然保护		城市与自然的衔接设计
			自然保护区
			生物多样性保护
			整合流域规划
	历史文化保护		历史建筑与地区的保护
环境卫生与城市防灾	环境卫生		资源回收利用中心规划
			资源再生利用产业
			环境卫生规划

(来源：沈清基、吴斐琼，2008)

沈清基与吴斐琼提出国内生态城市规划与传统的规划体系之间往往存在着不兼容的问题，难以得到传统城市规划相关系统的支持响应，以至于对生态城市的规划建设造成了一定的负面影响。他们指出国内生态城市的规划在内容架构上与城市总体规划较为一致（表2.2），今后加强我国的生态城市规划设计内容与城市规划内容的结合具有一定程度的可能[23]。

[23] 沈清基 吴斐琼. 生态型城市规划标准研究 [J]. 城市规划. 2008(4)：60-70

2.4　低碳生态空间与法定城市规划

除了上述把低碳生态城市建设技术体系与城市规划内容对接外，我们也需要了解低碳生态城市规划在不同空间尺度的具体表述，把不同空间尺度的低碳生态规划与法定城市规划的总体规划和详细规划相对应，再加入在地块与单体建筑层面的绿色建筑建设，形成一个包括宏观、中观、微观的低碳生态空间体系。

由于我国与行业内目前还没有形成一套法定的低碳生态规划编制办法，这成为推动低碳生态城市发展的一个制度障碍。目前各类低碳生态城市规划方案与绿色生态城区规划项目都在制订中，但却未有可以供地方城市规划编制与管理人员参考的基本编制办法或指引。当前的形势是不同的规划设计单位对个别项目逐步形成自有的技术体系，以应用技术为低碳生态规划编制的核心内容。这些技术体系的项目针对性强，但基本没有形成客观的、可以推广的、完整的法定规划体系。

另外由于我国的绿色建筑建设在近期发展迅速，也有部分研究尝试从绿色建筑技术角度去建立适合城市规划的技术体系，但内容侧重微观技术应用或指标构建[24][25]。本书强调低碳生态规划的应用技术具有体系的结构分层性，在不同空间层次有不同的主要内容与核心技术应用的特点，绿色建筑科技应用在城市规划层面有不足与局限。

[24] 马素贞，孙大明. 绿色生态城区规划建设模式和项目实践 [J]. 建设科技，2013（16）：42-45

[25] 孙桦，韩继红，汤鹏. 绿色生态城区中绿色建筑专项规划研究与实践 [J]. 建设科技，2013（16）：51-53

[26] 中华人民共和国建设部. 城市规划编制办法[S]. 中华人民共和国建设部令第146号,于2005年10月28日通过自2006年4月1日起施行.

[27] 作者在著作《低碳生态空间：跨维度规划的再思考》（大连理工大学出版社，2011第一版、2014第二版）中首先提出"低碳生态空间"的概念，指出低碳生态技术需要在空间层面与规划编制结合。

按照《城市规划编制办法》，法定城市规划编著分为总体规划和详细规划两个阶段[26]，而从低碳生态规划建设的角度来对比，在不同空间尺度可以把低碳生态空间分为低碳城镇体系规划、低碳生态中心城区、绿色生态城区、绿色建筑等四个空间尺度[27]（图2.5）。不同尺度的空间所承载的经济、社会、环境条件有所不同，而相对的控制、引导管理等要求也不一样，因而可以应用的低碳生态规划建设技术会有一定的差异性。这四个低碳生态空间层次是：

（1）　低碳城镇体系

低碳城镇体系的空间范围以建设部令第146号《城市规划编制办法》内的市域城镇体系规划为依据。市域城镇体系规划基本包含整个城市行政区，主要的规划重点是提出市域城乡统筹的发展战略，协调中心城市与相邻行政区域在空间发展布局、重大基础设施和公共服务设施建设、生态环境保护、城乡统筹发展等方面进行的规划。市域城镇体系规划作为一个上层次的法定规划，是推动低碳生态城镇化的重要规划环节， 提供了中心城与下层次详细规划的宏观规划依据。 市域城镇体系规划的内容明确要包括生态环境、土地和水资源、能源等方面的保护与利用； 又要确定市域交通发展策略、能源、供水、排水、防洪、垃圾处理等重大基础设施。 低碳城镇体系规划就是要通过这些法定规划要求与空间管制措施达到低碳生态规划的目的。

在这个空间尺度，相对的主要低碳生态规划手段和建设技术可以考虑包括：

- 市域生态承载力与生态红线
- 发展规模总量控制
- 市域城镇布局、产业、功能定位
- 城乡统筹
- 市域生态绿地
- 市域可再生能源利用
- 绿色交通
- 水资源管理
- 废物处理
- 区域环境治理

（2） 低碳生态中心城区

低碳生态中心城的空间范围可以按照《城市规划编制办法》内的中心城区规划定义。中心城是市域内人口、经济、建设高度集聚的城镇密集地区的中心城市地区。中心城区规划需要确定建设用地的空间布局，提出土地使用强度管制区划和相应的控制指标（建筑密度、建筑高度、容积率、人口容量等）。规划的内容包括交通发展战略和城市公共交通的总体布局、各种功能绿地与河湖水面的保护范围（绿线与蓝线）、供水、排水、供电、燃气、供热、环卫发展目标及重大设施总体布局。规划又要确定生态环境保护与建设目标，提出污染控制与治理措施。这些相关的规划建设内容也是低碳生态理念实施的核心内涵。中心城区规划同属于法定总体规划的一部分，相对的主要低碳生态规划手段和建设技术可以考虑包括：

- 城市发展规模总量控制
- 城市建设用地布局
- 低碳产业发展
- 城市生态绿地规划
- 城市可再生能源利用

- 绿色交通
- 水资源管理
- 废物处理
- 绿色市政
- 环境治理
- 建筑节能规划

（3） 绿色生态城区

上述的低碳生态空间规划主要是针对市域和城市整体宏观层面的低碳生态目标而制定，但最能够具体体现生态建设和节能减排要求的是位于中微观空间尺度的"城区"空间。本书的绿色生态城区空间定义是参考目前国家推动的绿色生态城区理念。2012年4月27日，国家绿色建筑财建[167号文]发布《关于加快推动我国绿色建筑发展的实施意见》[28]，指出推进绿色生态城区建设，规模化发展绿色建筑，对满足条件的绿色生态城区给予资金定额补助。结合低碳生态试点建设情况，为规范低碳生态试点申报工作。2011年6月4日公布的《住房和城乡建设部低碳生态试点城（镇）申报管理暂行办法》（建规[2011]78号）[29]，指出申报低碳生态试点城（镇）应有的基本条件，其中包括规划建设控制范围原则上应在3平方公里以上。2012年9月，为了进一步加强对低碳生态试点城（镇）的支持力度，住房城乡建设部对低碳生态试点城（镇）和绿色生态城区工作进行了整合，并联合财政部鼓励、支持绿色生态示范城区建设。2013年4月，住房城乡建设部发布《"十二五"绿色建筑和绿色生态城区发展规划》[30]，明确实施绿色生态城区示范建设，并给予财政奖励支持。这些政策都有明确的目标：规划建设绿色低碳城区是我国城镇化的主要方向。

由于绿色生态城区的建设要求十分强调实施工作机制，包括资金与制度方面的保障和建设实施方案，本书建议把绿色生态城区规划在法定总规划内做出明确定位，通过法定详细规划具体实施管理。相对的主要低碳生态规划手段和建设技术可以考虑包括：

- 公交导向建设用地
- 混合用地
- 绿色建筑与建筑节能
- 建筑可再生能源利用
- 节水/非传统水利用
- 雨水管理
- 绿色交通
- 废物处理
- 绿地空间
- 微气候环境

[28] 财政部，住房和城乡建设部关于加快推动我国绿色建筑发展的实施意见（国家绿色建筑财建167号文）[EB/OL]. (2012-04-27) [2012-5-1]. http://www.mohurd.gov.cn/zcfg/xgbwgz/201205/t20120510_209831.html

[29] 住房和城乡建设部. 住房和城乡建设部低碳生态试点城（镇）申报管理暂行办法（建规[2011]78号）[EB/OL]. (2011-06-04) [2011-7-1]. http://www.mohurd.gov.cn/zcfg/jsbwj_0/jsbwjcsgh/201107/t20110711_203738.html

[30] 住房和城乡建设部."十二五"绿色建筑和绿色生态城区发展规划（建科[2013]53号）[EB/OL]. (2013-04-03) [2013-5-1]. http://www.mohurd.gov.cn/zcfg/jsbwj_0/jsbwjjskj/201304/t20130412_213405.html

（4）　绿色建筑

在单体建筑与开发地块空间层次，低碳生态理念的实施是通过对建筑设计和运营的法定与政策要求来落实。对建筑节能设计的法定要求是通过一系列的法规而构成，其中全国性的主要是《公共建筑节能设计标准》GB 50189-2005[31]与《民用建筑热工设计规范》GB 50176-93[32]。从政策手段来说，最主要的是由建设部发布，于2006年6月1日起实施的《绿色建筑评价标准》GB/T50378-2006[33]。该标准2008年起实施，给我国绿色建筑发展订立了一个评价标准，对引导社会大力发展低碳绿色建筑，促进节能省地型建筑的发展有十分重要的意义。该标准适用于住宅建筑与公共建筑。绿色建筑评价指标体系是由节地与室外环境、节能与能源利用、节水与水资源利用、节材与材料资源利用、室内环境质量和运营管理六类指标组成。绿色建筑评价标准经过五年的实施，住房城乡建设部于2014年5月发布新的《绿色建筑评价标准》，编号为GB/T50378-2014，自2015年1月1日起实施。原《绿色建筑评价标准》GB/T50378-2006同时废止[34]。新标准将标准适用范围由住宅建筑和公共建筑中的办公建筑、商场建筑和旅馆建筑，扩展至各类民用建筑，同时在原有六类指标的基础上，增加"施工管理"类评价指标。

[31] 公共建筑节能设计标准GB 50189-2005 [S]. 2005-04-04发布，2005-07-01实施

[32] 民用建筑热工设计规范GB 50176-93 [S]. 1993-03-17发布，1993-10-01实施

[33] 国家标准绿色建筑评价标准GB/T 50378—2006[S]. 施行日期:2006年6月1日

[34] 国家标准绿色建筑评价标准GB/T 50378—2014[S]. 施行日期:2015年1月1日

上述提出的低碳城镇体系、低碳生态中心城区、绿色生态城区、绿色建筑四个低碳生态空间可以与现有法定城乡规划体制和绿色建筑建设政策整合对接，为未来在城市规划编制的总体规划和详细规划阶段的工作提供了一个接轨的工作框架（图2.5）。

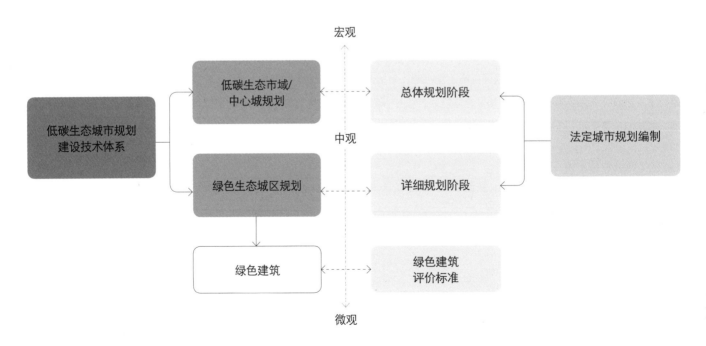

图2.5 低碳生态空间与法定规划编制接轨

第三篇
基础知识Ⅰ：
低碳生态城市——跨维度的空间规划

低碳生态城市规划建设基础知识是跨学科的，它们容纳了不同领域的知识，但却有一个共同的载体：我们的城市空间。要整理这些主要知识成为一个体系，不同的学者会有不一样的做法，各有不同的重点。本书第三篇与第四篇把低碳生态城市规划建设的基础知识分为四个主要的章节：一是低碳生态城市的空间结构；二是主要低碳生态城市专项研究与规划内容；三是新型城镇化与节能减排；四是新能源应用与区域建筑能源规划（图3.1）。第三篇介绍前面两部分，而第四篇则包含后面两个范围。

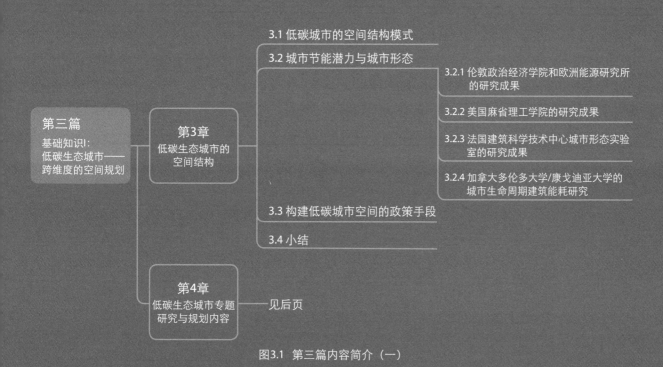

图3.1 第三篇内容简介（一）

4.1 建议低碳生态专题研究与
专项规划框架

4.2 生态资源承载力评估

4.2.1 生态足迹在城市总体规划中的应用

4.2.2 参考案例：
武汉市城市总体规划生态足迹研究

4.2.3 参考案例：
苏州市域城镇体系规划生态足迹研究

4.3 生态空间安全格局分析

4.3.1 总体规划应用生态安全格局的技术路线

4.3.2 参考案例：
北京南部地区区域生态空间研究

4.3.3 生态红线规划：国家生态保护红线

4.3.4 参考案例：
南京市生态红线保护规划

见前页

第3章
低碳生态城市的
空间结构

第三篇
基础知识I：
低碳生态城市——
跨维度的空间规划

第4章
低碳生态城市专题
研究与规划内容

4.4 建筑节能设计与绿色建筑

4.4.1 绿色建筑发展回顾与现况

4.4.2 我国绿色建筑发展的政策历程

4.4.3 绿色建筑标准与参考资料

4.4.4 法定城市规划中的建筑节能与绿色建筑专
项规划方法

4.4.5 绿色生态城区：
建设政策与总体规划专项研究方法

4.4.6 参考案例：
北京市绿色建筑与绿色生态示范区建设路径图

4.4.7 参考案例：
中新天津生态城绿色建筑建设与实施标准

4.4.8 参考案例：
湖北省绿色生态城区示范技术指标体系

4.5 绿色交通

4.5.1 低碳生态城市规划与绿色交通体系

4.5.2 公交引导开发（TOD）

4.5.3 总体规划内绿色交通专项研究规划内容

4.5.4 参考案例：
中新天津生态城总体规划绿色交通规划

4.5.5 参考案例：
深圳市详细规划实施绿色交通

4.5.6 参考案例：
北川新县城——小城镇绿色交通规划

4.5.7 参考案例：
昆明呈贡新区公交引导开发（TOD）规划

图3.1 第三篇内容简介（二）

4.6 水资源管理

4.6.1 低碳生态城市规划的水资源系统

4.6.2 低碳生态城市雨洪管理规划

4.6.3 生态雨洪调蓄系统规划方法

4.6.4 参考案例：
中新生态城水环境规划

4.6.5 参考案例：
四川开江县城市总体规划实施低冲击理念

4.6.6 参考案例：
深圳光明新区详细规划实践低冲击发展项目

4.7 绿色市政与生活垃圾管理规划

4.7.1 绿色市政的理念

4.7.2 生活垃圾管理规划

4.7.3 参考案例：
南京市的城市生活垃圾处置规划

4.8 低碳产业规划

4.8.1 低碳产业的定义

4.8.2 低碳产业：行业的碳排放强度核算

4.8.3 低碳产业专项研究与规划方法

4.8.4 参考案例：
北戴河新区总体规划

4.9 循环经济规划

4.9.1 低碳循环经济理念

4.9.2 城乡规划实施循环经济的三个空间尺度

4.9.3 参考案例：
北京市循环经济建设节约型城市规划纲要

4.9.4 参考案例：
天津子牙循环经济产业区规划

第3章 低碳生态城市的空间结构

到底一个低碳城市的空间形态应该如何界定？低碳生态城市内的低碳生活、生产、出行、资源等都有一个共同的空间载体，而空间载体的形态会对这些活动的耗能和生态资源使用有决定性的影响。分析研究低碳生态城市的理想空间一直都是城乡规划管理工作者与研究学者极为关注的课题。本章从三个角度来讨论低碳生态城市空间形态，包括：

· 低碳城市的空间结构模式
· 城市节能潜力与城市形态
· 构建低碳城市空间的政策手段

3.1   低碳城市的空间结构模式

城市的空间结构是城市发展的内在动力，合理的空间结构模式有利于城市可持续发展。城市空间形态、布局与结构可以引导以低能耗、低污染、低排放为基础的城市发展模式。在推动低碳城镇化的理念的目标下，周潮等分析我国城市，结合各自的经济社会性和自然条件，归纳为三种空间结构模式，包括紧凑多中心、公交主导和生态主导模式，但同时也指出这三种模式可以单独存在[1]：

[1] 周潮，刘科伟，陈宗兴. 低碳城市空间结构发展模式研究 [J]，科技进步与对策，2010（11）：56-59

（1）紧凑多中心城市空间模式：紧凑多中心空间结构模式是有效地限制城市蔓延的结构模式。在低碳经济时代，紧凑性是城市空间结构可持续发展的一种重要的规划设计理念，多中心是城市空间结构发展的一种趋势。紧凑的空间结构模式，在遵循以短路径出行为目标的土地混合使用、适合行人与自行车使用的地块尺度、以公共交通的可达性水平来确定开发强度原则的基础上，在城市总体空间层面，改变建成区用地规划过分强调分区而导致能源大量消耗、土地规划缺乏绿色交通体系支撑的局面；积极引导城市各项功能的合理分区，完善基础设施布局，避免城市规模过度扩张和功能的单一化。

（2）公交主导城市空间模式：从城市发展过程可以看出，城市的空间结构形态在很大程度上是由城市的交通体系决定的，城市交通体系合理构建绿色公共交通城市空间结构模式是实现城市发展与交通碳排量脱钩方案的主要途径，特别是在大城市或特大城市中。通常在构建公交主导的城市空间结构模式时，有一些相同的主导空间形态原则，包括以绿楔间隔的公共交通走廊型的城市空间扩张方式为主导，将新的开发区域集中于公共交通枢纽；大型公共设施的建设与公共交通枢纽相结合，有利于公共交通的组织；城市发展首先保证重要公共交通走廊的优先性，大力发展高服务水平的公共交通；控制小汽车的发展；尽量减少出行的需求和出行距离，实现交通能耗的碳排放量脱钩。

（3）生态主导城市空间模式：生态主导空间结构模式的城市基于生态城市的理念与内涵，在城市建设与发展中，要求城市空间结构具有生态属性、体现生态思想、建造生态交通，使之具有"生态文化"的内涵，实现城市低碳目标。对于具有带头开放空间(河流、基础设施走廊、古遗迹带)的城市或组团型城市，在进行城市空间规划布局时，采用生态主导空间结构模式更为合理。生态主导空间结构模式的建成，强化了自然空间人工空间的融合，将市区外围一定范围内的永久性绿地或农田等自然空间纳入到城市空间结构体系中，结合市区的"绿环"、"绿楔"、"绿带"、"绿心"等人工空间布局，加强对二氧化碳的捕捉和对碳汇的吸收。同时，结合城市交通体系规划，通过绿色交通廊道和绿化通道规划布局，加快市内外空气的流通，降低空气中二氧化碳的含量，促进城市低碳化建设。

黄斌和吕斌在对低碳城市空间形态优化路径研究中指出学界对低碳城市形态的研究已经达成了初步的共识，但目前对低碳城市的空间形态实证研究是不足的，在不同问题上还存在争议。他们指出[2]：

[2] 黄斌，吕斌. 低碳视角的城市空间形态优化路径研究[J]. 城市规划与管理，2013（1）：51-56

（1）目前的实证研究主要集中于建筑群空间布局研究：建筑群空间布局研究对气候的适应性，尤其是热环境的模拟，影响到城市和建筑的能耗，进而影响碳排放。也有研究对各种建筑布局形式、建筑密度、容积率、空间组合、道路结构和绿化水体等影响因素的多因子分析。但这类研究一般只能指导特定地区的小范围城市社区、街区布局，对整体的形态和空间布局的指导作用是有局限性的。

（2）城市的能源供给与碳汇对城市空间形态影响：从能源供给上来看，集中式与分散式相结合的布局方式已经得到认可，今后城市需要在提升生产工艺以减少污染物排放的条件下，大力发展与社区规模相适应，与主干电网相配套的小微型热电联产设施。从提升城市碳汇总量的角度来看，在城市中及周边形成良好的以本地树种为主的植林体系，并推动城市农业，能有助于扩大城市碳汇。

（3）低碳城市的规模：尽管城市规模与热岛效应的关系明显，但大城市的碳排放强度往往远远小于中小城市。这主要是因为大城市的人口密度一般远大于中小城市，而城市人口密度和碳排放强度呈现出明显的负相关关系。但城市密度究竟多高为宜则尚无统一结论。虽然较高的城市密度可以容纳更多的城市发展活动，从而保护郊区开敞空间，缩短交通距离，保障公交系统的利用效率提高基础设施效率，但高密度城市也会导致市内开放空间减小，以及中心区严重的交通拥堵等问题。

（4）交通出行碳排放对城市空间的影响机制：一般认为虽然高的密度和用地混合度有助于减少出行距离和小汽车出行，但社会经济要素对于出行方式的影响要远大于城市空间形态的影响，密度和混合度也并非城市空间形态中唯一的影响因素，还需要良好的公共交通系统和交通换乘系统，以及较好的非机动车出行环境（包括路网、路权等）。

黄斌和吕斌总结低碳城市空间形态一般应符合以下特征：
- 较大的城市规模
- 较高的人口和用地密度
- 公交导向发展模式
- 紧凑而多样化用地布局
- 各个子系统(能源、公共设施等)均能形成有效的网络化空间结构
- 完善的公共交通系统
- 适宜于非机动出行的城市道路系统
- 良好的交通接驳换乘系统
- 良好的城市防护林体系
- 保留有一定程度的城市农业
- 与气候相适应的路网与建筑群布局形式

3.2　城市节能潜力与城市形态

城市是温室气体内二氧化碳排放的最主要源头，而二氧化碳的排放是由于城市的化石能耗所致。低碳城市的形态与结构反映了城市整体的节能效应上的潜力。

城市空间形态对节能的实证影响研究，特别是在建筑和交通方面，目前比较成熟的研究是通过路网结构设置和停车点布局规划的调整而降低交通能耗。而对建筑能耗带来的城市/城区形态的实证影响还是一个在研究中的课题。从发表的文献来看，国内这方面的研究尚在起步阶段。因此，本书只能对建筑能耗带来的城市/城区形态的实证提供趋势性的建议，将国际有关团队的研究成果归纳出来供读者参考。

目前对城市形态与建筑能耗的关系研究，基本上遵循以下的研究路线：

- 在不同城市按一定尺度的网格划分成区块
- 用航拍图与遥感等工具，确定典型区块的城市形态参数（如建筑类型、容积率、高度、覆盖率、体形系数等）

- 挑选典型区块（主要依据建筑类型和建筑密度即容积率两大因素）
- 固定建筑各项参数（例如围护结构、窗墙比、供暖系统效率等因素）
- 建立建筑形态模型
- 根据当地气候进行能耗模拟
- 归纳分析结果说明城市形态与建筑节能的关系

国际上这方面主要的研究集中在供暖能耗。这是因为在中欧、北欧，住宅建筑能耗以供暖为主，居住建筑能耗中约70%用在供暖上，而几乎所有住宅都没有供冷设施。所以，必须注意到国际上对城市形态的能耗影响研究都有特定的气候背景， 以下的实证研究成果只可以作为参考， 中国应针对自己的气候特点和城市特点，深入研究城市形态的节能潜力。

3.2.1 伦敦政治经济学院和欧洲能源研究所的研究成果

伦敦政治经济学院（The London School of Economics and Political Science）与欧洲能源研究所（EIFER—The European Institute for Energy Research）联合完成的《城市与能源——城市形态与热能需求》（City and Energy—Urban Morphology and Heating Energy Demand）研究报告[3][4]，针对伦敦、巴黎、柏林、伊斯坦布尔4座欧洲大城市，选择5大类共20种城市形态类型，基于统一的建筑参数建立模型（图3.2），再通过模拟得出城市形态与节能关系的研究结果（图3.3a、图3.3c-e）如下：

(1) 容积率与供暖能耗呈负相关关系。图3.3a显示，容积率与供暖能耗呈负相关关系，即容积率越高，供暖能耗越低。图中容积率最高和能耗最低的是位于巴黎Courcelles大街的街区，这里是典型的巴黎庭院围合式建筑（图3.3e）。欧洲把这种类型的建筑布局视为紧凑型城市的典范。

(2) 建筑高度（楼层数）与供暖能耗呈负相关关系。从图3.3b可以看出，建筑高度（楼层数）与供暖能耗呈负相关关系，即楼层数越多，单位建筑面积供暖能耗越低。

(3) 建筑体形系数（建筑表面积与体积之比）与供暖能耗呈正相关。体形系数越大（即建筑外表面积越大），单位建筑面积供暖能耗也越大（图3.3c）。

(4) 建筑密度（即覆盖率）与供暖能耗呈负相关关系。建筑密度越大，单位建筑面积供暖能耗越低（图3.3d）。

[3] LSE Cities & EIFER. City and Energy—Urban Morphology and Heating Energy Demand Final Report [M/OL]. [2014/12/10]. http://lsecities.net/publications/reports/cities-and-energy-urban-morphology-and-heat-energy-demand/

[4] Rode P, Keim C, Robazza G et al. Cities and energy: urban morphology and residential heat-energy demand [J]. Environment and Planning B: Planning and Design, 2014(41): 138－162

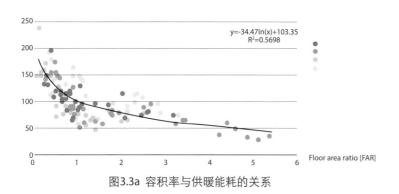

图3.3a 容积率与供暖能耗的关系

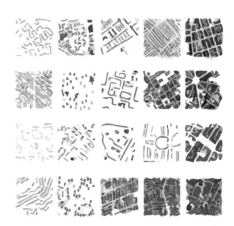

图3.2 欧洲城市20种城市形态类型

(来源： Rode P, Keim C, Robazza G et al., 2014)

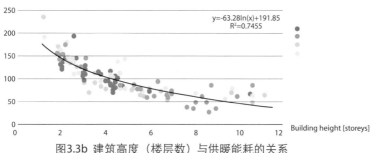

图3.3b 建筑高度（楼层数）与供暖能耗的关系

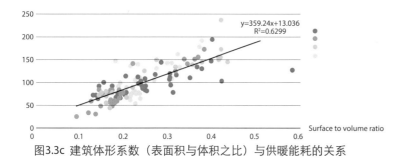

图3.3c 建筑体形系数（表面积与体积之比）与供暖能耗的关系

图3.3e 巴黎典型的庭院式围合建筑

资料来源：http://photovide.com/paris-from-birds-eye-view/

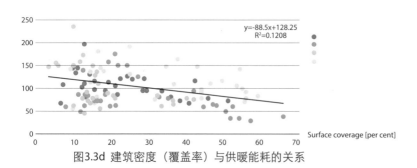

图3.3d 建筑密度（覆盖率）与供暖能耗的关系

3.2.2 美国麻省理工学院的研究成果

美国麻省理工学院（Massachusetts Institute of Technology）的"Making the Clean Energy City in China"（在中国建造清洁能源城市）研究项目是由美国能源基金会资助完成[5]。MIT的中方合作单位是清华大学、山东大学和北京师范大学。该项目主要工作是探索邻里（neighborhood）尺度的能源消耗和城市形态之间的关系，应用能源分析工具Energy Performa，开发用于分析、设计以及制订能源使用相关政策的工具。

[5] Massachusetts Institute of Technology，Department of Urban Studies and Planning. Making the Clean Energy City in China [EB/OL]. [2013-4-11]. http://energyproforma.mit.edu/

课题组在济南市选取23个邻里街区，并归纳成4种小区形态[6]（图3.4）：

[6] Frenchman, D, Zegras C. The Energy Proforma in Practice and Policy [R], Presentation to The Energy Foundation, Beijing, 2013.10

- 20世纪初叶的传统结构建筑（四合院）
- 20世纪二三十年代形成的以道路划分的网格化街区
- 20世纪80年代之后的多层单元式住宅小区
- 20世纪90年代之后大规模建造的高层建筑大型社区

课题组在济南的典型街区里做了调研，并用能源分析工具Energy Proforma做了分析。分别针对以下4种能耗形式：

- 建筑运行能耗。包括供暖、供冷、照明、电梯、水泵等系统能耗。
- 建筑材料隐含能耗。包括建筑材料生产、运输，以及建筑施工直到拆毁的全生命周期能耗。
- 交通能耗。包括居民日常生活中为满足上班、上学、购物和休闲需要的交通能耗。
- 可再生能源利用潜力。将光电、光热、小型风电以及地源热泵等作为城市形态功能的一部分。但在建筑能耗中并未扣除这一部分由可再生能源所产生的能量。

从图3.4可以看出，90年代之后大量兴建的大型高层社区，无论运行能耗还是生命周期能耗都是最高的。针对这种情况，课题组也提出了城市设计和控规指标中的解决方案（图3.5），包括11项以能源效率为目标的规划设计导则。根据研究的测算，在采取这些措施以后，能够降低总能耗50%以上（包括运行、交通、隐含能耗，也包括可再生能源产能）。这11项导则为：

- 建筑多孔率（建筑立面让气流可以流通的密度）
- 建筑体型系数
- 建筑覆盖率
- 绿地覆盖率
- 街道里面连续率

- 底层商业比例
- 平均建筑底面积
- 出入口间距设置
- 交叉口密度设置
- 停车库
- 太阳能板覆盖率

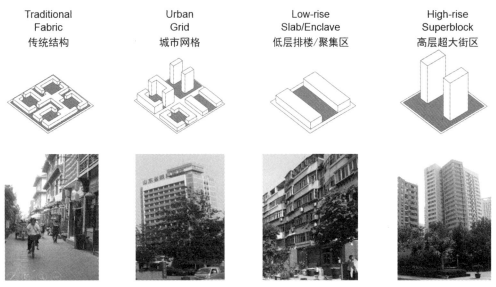

图3.4a 济南市4种典型社区的城市形态
（来源：D. Frenchman, D, Zegras C, 2013）

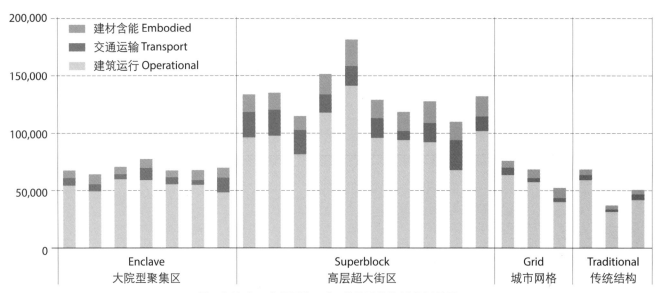

图3.4b 济南23个邻里街区分4种类型的能耗分析结果
（来源：D. Frenchman, D, Zegras C, 2013）

	原有设计规划、控规指标	**基于能源的导则**
建筑多"孔"率	容积率-3	容积率>3；多"孔"率<75%；限高
建筑体型系数	无	减少5个百分点
建筑覆盖率	建筑覆盖率<20%（塔楼）	建筑覆盖率>30%
绿地覆盖率	建筑覆盖率>35%	小型公园须设置在步行5分钟可达范围内
街道立面连续率	无	街道立面连续率>50%
底层商业比例	900平方米/1000住户	底层商业比例>50%
平均建筑底面积	无	每500平方米的建筑底层应设置1条公共走廊
出入口间距设置	无	出入口间距>100米
交叉口密度设置	无	每10公顷>6交叉口
停车率	>2/住户	<1.5/住户
太阳能板覆盖率	无	发5%电/热水

图3.5 针对大型高层住宅区的改进方案
（来源：D. Frenchman, D, Zegras C, 2013）

3.2.3 法国建筑科学技术中心城市形态实验室的研究成果

法国建筑科学技术中心（French Center for Building Science，CSTB）和城市形态实验室（Urban Morphology Laboratory，UML）的萨拉特（Serge Salat）发表《关于可持续城市化的研究——城市与形态》一书，对城市形态与节能和可持续发展的关系做了深入研究[7]。萨拉特认为，城市形态很大程度上决定了建筑的热舒适性、空气质量和能耗。而主动式节能和被动式利用自然能的实现，也在很大程度上取决于城市形态。

萨拉特针对规划中的建筑能源性能研究，建立了新的指标体系。其中主要有两方面：

（1）体形系数的分解。从体形系数程式推出建筑物尺寸因子和形态因子：

$$\frac{S}{V} = \frac{1}{V^{1/3}} \times \frac{S}{V^{2/3}}$$

式中：
*S*是建筑物表面积
*V*是建筑物体积
*S/V*是体型系数

[7] 萨拉特. 关于可持续城市化的研究——城市与形态(中译本)[M]. 北京：中国建筑工业出版社，2012

体形系数是建筑物表面面积与体积的比例。 分解出来的 $\frac{1}{V^{1/3}}$ 定义为建筑物的尺寸因子，建筑物越大，尺寸因子越小；而 $\frac{S}{V^{2/3}}$ 作为一个描述建筑物的形态因子。

（2）提出被动空间概念。被动空间是指建筑物内距围护结构6米以内的可以利用自然通风和昼光照明的区域。被动空间占比（被动空间占整个空间的比例）是建筑物被动获取太阳能、自然通风和天然采光潜力的一个重要参数。根据研究，柏林的平均被动空间占比为61%，伦敦为77%。根据估算，上海陆家嘴地区的超高层建筑群的被动空间占比可能不到50%。这表明，有相当大的内区的超高层建筑，其室内环境基本上完全要靠电气照明、机械通风和空调来解决，能耗需求远高于被动空间占比大的建筑。

萨拉特针对巴黎4种类型城区形态：奥斯曼式（Haussmann）街区[8]、摩天大楼、外墙折线缩进式建筑、格式单元楼等进行研究。表3.1把四类建筑空间关系不同的城区比较，分析它们的供暖需求、体形系数、形态因子与被动太阳能利用系数。

[8] 巴黎奥斯曼式建筑定义可以参考：维基百科，Haussmann's renovation of Paris [NB/OL]. [2014-12-1]. http://en.wikipedia.org/wiki/Haussmann's_renovation_of_Paris

可以看出，尽管高层摩天大楼体形系数比较小，但其供暖需求仍比较大，因为它利用太阳能是最少的。站在被动式节能的立场，体形系数不一定需要太小，但形态因子却应该小一些，这样会有较大的被动空间占比。研究指出对巴黎的始建于十九世纪中叶的奥斯曼式建筑（图3.6）是最节能的城区形态。

研究进一步分别比较了4种风格城市形态的体形系数（形态因子）、容纳人口密度、容积率、自然光可利用率、被动空间占比，以及街区的可达性和连接性，所有结果都表明奥斯曼式街区是最好的，其布局是理想的布局。而超高层建筑能耗高，也并不节约土地（覆盖率仅20%）。奥斯曼式街区的形态特色包括：

- 围合庭院式形态空间
- 容积率在5~6
- 楼层数5~7层
- 覆盖率（建筑密度）60%以上

图3.6 巴黎奥斯曼式建筑

（来源：Salat S, 2012; 维基百科, http://en.wikipedia.org/wiki/Haussmann's_renovation_of_Paris）

巴黎4种类型城市形态的建筑能耗　　　　　　　　　　　　　　　　　　　表3.1

	奥斯曼式巴黎建筑	摩天大楼	外墙折线缩进式 建筑	格式单元楼
平均传热系数2.93W/(m²K) 全年单位面积供暖能耗kWh/(m²·a)	129	141	129	285
平均传热系数0.87W/(m²K) 全年单位面积供暖能耗kWh/(m²·a)	39	51	43	50
体形系数S/V	0.17	0.16	0.16	0.37
形态因子$S/V^{2/3}$	9.32	19.66	15.59	24.13
被动太阳能利用系数i	0.42	0.36	0.38	0.38

（注：i-萨拉特的被动太阳能利用系数定义为"每平方米实际建筑立面中相当于朝南的立面比例"）
（来源：萨拉特，2012）

3.2.4　加拿大多伦多大学/康戈迪亚大学的城市生命周期建筑能耗研究

多伦多大学土木工程系的诺曼(Jonathan Norman)、麦克林（Heather L. MacLean）与肯尼迪（Christopher A. Kennedy）于2006年发表的对高密度社区和低密度社区生命周期能耗比较论文在业内受到高度重视，也是探讨城市形态与节能关系的主要文献[9]。

[9] Norman J，MacLean H L, Kennedy C A. Comparing High and Low Residential Density: Life-Cycle Analysis of Energy Use and Greenhouse Gas Emissions [J]. Journal of Urban Planning and Development，2006(1): 10-21

高密度社区和低密度社区生命周期能耗比较　　　　　　　　表3.2

	单位土地面积能耗 (MJ/km².a)		人均能耗 (MJ/p.a)	
	低密度社区	高密度社区	低密度社区	高密度社区
建筑材料 隐含能耗 （50年寿命）	91.5	109.3	7365	4678
建筑运行能耗	619	643	49800	27500
私人汽车能耗	341	175	27500	7490
公共交通能耗	16.5	9.1	1300	390

（来源：Norman J，MacLean H L, Kennedy C A, 2006）

诺曼等选择了多伦多市中心的共有产权的15层公寓式住宅楼（居住密度约为150户/公顷）作为高密度住宅的样板；又选择了靠近多伦多城市边界的市郊161套独立式住宅（居住密度约为19户/公顷）作为低密度郊区化住宅的样板。高密度的高层住宅采用北美通行的高层建筑结构，低密度独立式住宅则采用木结构和砖墙。因此，这两类建筑都具有典型性和代表性。

他们考虑了城市建筑产生碳排放的3个源头：建筑材料（包括建筑本体、公用设施和道路）、建筑运行、交通（私家车和公共交通）等的能耗，并估算了不同样板的能耗（表3.2）。研究清楚表明高密度社区的人均建筑能耗是低密度社区的55%，而人均交通能耗只有低密度社区的27%。

另外，加拿大康戈迪亚大学（Concordia University）和多伦多大学的研究学者奥柏仁（WT O'Brien）、肯尼迪（C A Kennedy）、阿凡尼（A K Athienitis）与科斯（T J Kesik）合作的一个平行研究，用建筑运行能耗、交通能耗和太阳能可利用率等3个因素，对能耗与城市密度的关系做了权衡计算[10]。研究成果见图3.7。

图3.7中横坐标表示建筑（人口）密度(Housing Density)，在纵坐标上，原点位置表示净零能耗(Net Zero Energy)，原点以上表示能源的净产出，原点以下表示能源的净消耗。图中也显示交通能耗(Transportation Energy Use)和家居能耗(Household Energy Use)的转变。可以看出几点与城市形态相关的实证结论：

- 建筑密度越高，可以使用的太阳能会减低
- 同时建筑密度越高，交通能耗和家居能耗会减低
- 由于几个因素的互相带动，建筑密度过大或过小，都会引起净能耗的增加。

研究也针对3种城市形态（低、中、高密度的建筑群）的3个能源特性进行了研究，并对基准常规建筑和节能建筑的设计进行了比较。其中建筑能耗特性见表3.3。

从表3.3可以看出，建筑密度越大，能耗越低，这一规律十分清楚。但也可以看出，详细的分析研究指出在节能建筑设计方案中，由于不同参数间的互相带动，只用单位面积能耗强度来衡量能效并不能准确反映建筑群与使用特性。

[10] O'Brien W T, Kennedy C A, Athienitis A K, Kesik T J. The relationship between net energy use and the urban density of solar buildings[J]. Environment and Planning B: Planning and Design，2010(6)：1002–1021

3种城市建筑群形态的建筑能耗特性　　表3.3

建筑群类	低密度	中密度	高密度
	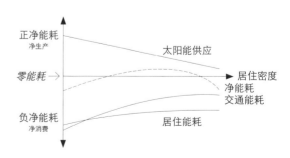		
每单元建筑面积（m²）	200	130	100
每单元人口	3.3	2.8	2.1
容积率（约数）	0.64	1.28	7.18
基准常规建筑能耗			
单位面积能耗（kWh/m²）	246	237	184
每户能耗（kWh）	49200	30800	18400
人均能耗（kWh）	14900	11000	8800
节能建筑能耗 （采用围护结构节能措施，利用平均COP=3的地源热泵，采用1.9m²光伏发电）			
单位面积能耗（kWh/m²）	112	114	98
每户能耗（kWh）	22480	14823	9787
人均能耗（kWh）	6812	5294	4661

（来源：O'Brien W T, Kennedy C A, Athienitis A K, Kesik T J, 2010）

上面综述的国外城市空间形态对节能的实证影响研究提供了对基本城市形态和能耗关系的分析，指出要避免简单化城市形态与低碳排放效应的关系，必须要继续累计更多数据，针对当地气候和建筑特色分析两者间的因果关系。在这个前提下，基本归纳出来供参考的原则可以包括：

· 建筑密度越大，整体能耗趋于越低

· 但建筑密度越高，可以使用的太阳能会减低

图3.7　建筑密度与能耗的关系
（来源：O'Brien W T, Kennedy C A, Athienitis A K, Kesik T J, 2010）

- 同时建筑密度越高，交通能耗和家居能耗会减低
- 由于几个因素的互相带动，建筑密度过大或过小，都会引起净能耗的增加
- 小区的建筑形态和具体节能设计标准对能耗有一定的影响，不可以单从容积率、人口等数值确定能耗的高低

了解这些低碳城市空间形态的原则，我们需要进一步建立可以纳入城乡规划的低碳城市空间公共政策手段。本章下一部分会集中讨论有关的研究和建议。

3.3   构建低碳城市空间的政策手段

正如上面的综述指出，城市空间形态、布局与结构优化对于城市减少碳排放有长期、结构性的作用，是通过城乡规划管理实现低碳城市的重要途径。城乡规划决策者需要以构建低碳城市空间布局为目标，建立一套政策手段。

秦波和邵然通过一个城市中的碳流动分析相关的低碳城市政策原则[11]。图3.8从城市的能源输入角度分析油、煤、气等碳基能源，除了转化为二次能源电力外，主要作为生产部门与交通部门的动力和工业、公共建筑以及住宅使用的燃料；水、核、风、太阳能等非碳基能源则大部分转化为二次能源电力，用于生产、交通和建筑。因此按照碳排放终端统计，城市中碳排放的三大来源是工业、交通和建筑。此外，城市中的森林、草地、湿地有着固碳、汇碳的能力，也可以利用碳捕捉技术封存碳排放。他们根据这个框架，从碳流动角度指出低碳城市的实施路径包括三个维度，而每一个维度，都包括相应的非空间政策和空间政策（表3.4）。

[11] 秦波，邵然.低碳城市与空间结构优化：理念、实证和实践[J].国际城市规划，2011（3）：72-77

(1) 能源输入低碳化。一次能源中的碳基能源是城市中最大的碳输入源，而碳一旦输入则要么被固化、要么被排放。因此源头控制是减排的重要途径，应积极推动碳基能源向清洁能源和可再生能源转变，比如水能、核能、风能、地热、太阳能、生物能源等。相对达到减碳效益的空间规划政策包括：合理配置能源基础设施；配合能源技术的发展规划城市（比如适应能源生产分散化、就地化等新趋势的分布式规划）、设计建筑（积极运用新建材、新技术）等。

(2) 碳能利用高效化。一次能源和一次能源转化而来的电力是城市正常运行和发挥职能的基本保障。采取各种方法提高能源利用效率是减排的重要手段，要提升产业能源利用效率，积极调整整个城市的产业结构，实现工业向服务业的转变和重化工业化向新型工业化的转变；要采取各种措施鼓励和促使人们改变高能耗的生活方式和消费方式；构建合理的城市结构，减少市民

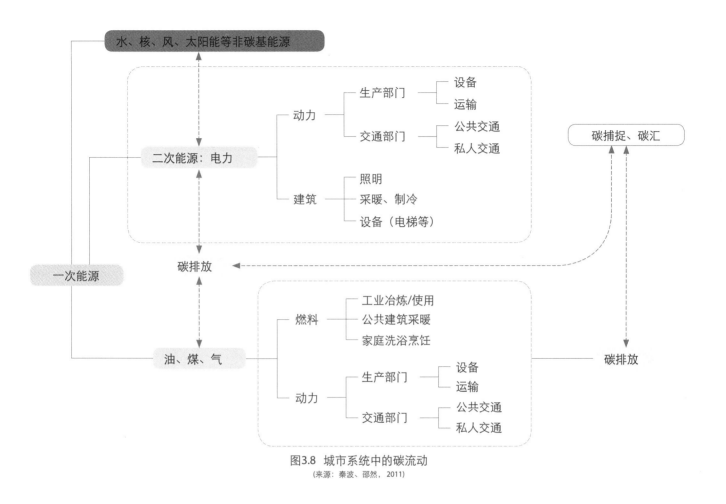

图3.8 城市系统中的碳流动
(来源：秦波、邵然，2011)

低碳城市建设途径及其空间政策

表3.4

低碳城市	非空间政策	空间政策
能源输入低碳化	鼓励新能源和可再生能源产业发展（水、核、风、太阳、生物能源等）；发展煤炭清洁利用技术等	合理配置能源基础设施：配合能源技术的发展规划城市（比如适应能源生产分散化、就地化等新趋势的分布式规划）、设计建筑（积极运用新建村、新技术）等
碳能利用高效化	提升城市产业结构；促进工业清洁生产；大力发展循环经济；推动节能建筑、节能汽车发展等	合理规划城市人口、产业和建筑密度，紧凑利用土地空间；科学安排交通系统，提高公共交通和低碳交通方式使用率；提倡土地混合利用，减少职住不平衡和日常出行距离及需求等
碳排吸收彻底化	发展碳捕捉和封存（CCS）技术；提高森林绿化覆盖率，改善区域生态系统等	保证城市和居住区、商业区、工业区绿化率；保护区域内森林、农田、湿地、草地等生态资源等

(来源：秦波、邵然，2011)

出行距离，提高低碳交通方式利用率；同时也要大力倡导节能型建筑，减少建筑碳排。相对达到碳能利用高效化的空间规划政策包括：合理规划城市人口、产业和建筑密度，紧凑利用土地空间；科学安排交通系统，提高公共交通和低碳交通方式使用率；提倡土地混合利用，减少职住不平衡和日常出行距离及需求等。

(3) 碳排吸收彻底化。在碳流动的末端，利用碳捕捉和储存以及植物碳汇等手段处理碳排放，争取更彻底地、尽可能多地将碳固化，而不是以气体形式造成温室效应。低碳城市退一步便是"节能减排"。空间规划对提高碳吸收作用的手段包括保证城市和居住区、商业区、工业区绿化率；保护区域内森林、农田、湿地、草地等生态资源等。

低碳城市规划的最终目的就是要通过空间与非空间手段达到减低碳排放的效果。秦波和邵然建议的空间政策直接与碳排放的控制管理对接很有参考价值。然而目前有不少冠名为低碳生态规划的编制并没有很明确地把这个因果关系以科学客观的理论框架体现，缺乏定量的评估方法。

如果根据上面3.1和3.2的综述，低碳城市的空间形态应当有的基本特征包括：防止城市的低密度蔓延式开发，提高居住、就业与商业服务等活动的邻近度与可达性以减少出行需求，鼓励公共交通和非机动化出行以控制机动车出行。世界银行2010年发布的《城市与气候变化》报告中提出了城市降低碳排放的空间规划政策措施，其核心是城市土地利用规划、交通规划、城市设计与建筑设施设计规范五个政策领域之间的结合（表3.5）[12][13]。世界银行的报告提出的政策目标集中在降低温室气体排放和提高城市建筑物的能源效率两个目的，并具体实施在交通、建筑、能源三方面，包括：

（1）目的1——降低温室气体排放
- 提高密度/改善城市空间结构及防止城市蔓延
- 提高可达性（公交、商业与就业机会）
- 支持公共交通
- 鼓励非机动出行
- 提高燃油效率和推广新能源

（2）目的2——提高城市建筑物的能源效率
- 提高建筑能效
- 增加可再生能源使用比例

[12] The World Bank. Cities and Climate Change: An Urgent Agenda [M]. The World Bank, 2010.

[13] 刘志林，秦波. 城市形态与低碳城市：研究进展与规划策略[J]. 国际城市规划，2013（2）：4-11

城市降低碳排放的空间规划政策措施 表3.5

政策目标	规划策略与措施	政策领域	补充规划与政策工具
目的1：降低温室气体排放			
提高密度/改善城市空间结构及防止城市蔓延	土地利用规划管理应提高开发密度规定，改革土地功能分区，修订容积率规定	土地利用	增加公交出行率
	利用城市增长边界/绿带政策/规划建成区边界等限制城市扩张	土地利用	激励引导开发重点转向建成区
			限制农田开发/鼓励都市农业或休闲农业以提高农田经济效益
	实行混合功能的分区制，加强职住平衡并控制单一住宅功能的郊区建设	土地利用	控制机动车出现；支持非机动车出行
提高可达性（公交、商业与就业机会）	鼓励已有居住区或棕地再开发及空置建筑的维修再利用，以充分利用已有基础设施	土地利用	要求新开发项目为社区服务设施供给做出贡献
	改变单一功能分区并鼓励混合用地分区	土地利用	公交导向开发及相应激励
	鼓励公交导向型开发	土地利用	警惕郊区的公交导向开发可能加剧城市扩张
支持公共交通	扩大公共交通服务范围：改善公共交通服务质量：加强多种交通方式的换乘	土地利用	执行交通管理措施
	实行公交导向开发分区：对公交站点附近开发项目提供激励	土地利用	增加公交出行
	改进公交服务质量	交通	控制机动车出行
鼓励非机动出行	特定地区限制机动车行驶或停车	交通	改进公交服务质量
	设置机动车减速装置并增加步行道和自行车道	交通	控制机动车出行
	规定社区道路连接度和街区最大规模等	土地利用	
提高燃油效率和推广新能源	确立新能源汽车和混合动力汽车的停车优先权	交通	特定地区限制机动车行驶或停车
	增加节能型、混合动力或新能源汽车	交通	
目的2：提高层数建筑物的能源效率			
提高建筑能源	区划规定鼓励多户住宅或其他非独栋住宅	规划	增加高密度社区的吸引力；提供多种交通方式的便捷换乘；扩大公共交通服务范围
	建筑法规增加对能效的规定	建筑规范	协调存量建筑的更新改造
	协调存量建筑的更新改造	建筑规范	
增加可再生能源使用比例	建筑规范增加可再生能源使用比例的规定	建筑规范	对开发商的技术支持
	建立区域供暖或制冷系统	建筑规范	
	建立废物能源转换系统	废物循环	

（来源：世界银行，2010；刘志林，秦波，2013）

3.4   小结

本章指出低碳生态城市是低碳生活、生产、出行、资源利用等的一个共同空间载体，而空间载体的形态会对这些活动的耗能和生态资源使用有决定性的影响。无论是从低碳城市的空间结构模式，或者从不同城市形态的节能潜力来看，城乡规划决策和规划方案都需要对相关的因果关系有比较明确的说明，再在城乡规划中的内容采纳构建低碳城市空间的政策手段。这些有关低碳城市建设的空间政策手段是重要的：它们对规划管理工作人员在编制法定总体规划时提供了一个明确的低碳城市规划政策框架，加强应对气候变化与低碳城镇化目标在法定总体规划编制体制内的定位。

第4章 低碳生态城市专题研究与规划内容

城市专题研究是指在法定城市规划的目标和纲要下，为了更有效地实施规划而对城市规划建设中的要素进行的有系统、科学和有实施导向的专题研究。专题研究是极具针对性的专业研究，根据不同情况，专题研究也会成为指导专项规划的依据，在需要时，专题研究也可以与专项规划整合为一个规划编制任务。

根据《城乡规划法》[1]，"城市总体规划、镇总体规划的内容应当包括：城市、镇的发展布局，功能分区，用地布局，综合交通体系，禁止、限制和适宜建设的地域范围，各类专项规划等"。根据《城市规划编制办法》[2]，"城市总体规划应当明确综合交通、环境保护、商业网点、医疗卫生、绿地系统、河湖水系、历史文化名城保护、地下空间、基础设施、综合防灾等专项规划的原则"。同时，"编制城市控制性详细规划，应当依据已经依法批准的城市总体规划或分区规划，考虑相关专项规划的要求，对具体地块的土地利用和建设提出控制指标，作为建设主管部门（城乡规划主管部门）做出建设项目规划许可的依据"。

因此，专项规划或相关的研究是我国法定规划体系的一部分，为总体规划与控制性详细规划提供了科学技术依据，在低碳生态城市规划编制过程中，相关的低碳生态专题研究和专项规划的作用是十分重要的。

4.1 建议低碳生态专题研究与专项规划框架

本书前面第2章分析了城市碳排放的驱动力，指出一个城市的碳排放量主要是由能源使用规模、能源使用效率、能源碳排放强度三个主要的驱动因素决定的，也就是控制城市碳排放量的主要战略。本章把这几个驱动因素延伸，包括对城市建设规模和生态资源利用的考虑，同时又建议支持低碳城镇化政策的有效实施，要建立对碳排放总量进行监控评估的方式，然后再把相关战略引申出4个低碳生态城市规划建设战略：

- 控制建设与能源使用规模
- 提高能源与生态资源使用效率
- 减低能源的碳排放强度
- 建立碳排放总量监控

[1] 《中华人民共和国城乡规划法》，（2007年10月28日第十届全国人民代表大会常务委员会第三十次会议通过）。

[2] 《城市规划编制办法》，中华人民共和国建设部令第146号，于2005年10月28日通过，自2006年4月1日起施行。

城市规划要引导低碳城镇化路径，相关的低碳生态专题研究和专项规划就必须成为法定规划的一部分，针对上述4个低碳生态城市规划建设战略，建议以下11个配对的低碳生态城市专题研究与专项规划（表4.1）：

低碳生态城市建设战略与相关的低碳生态专项研究和规划   表4.1

低碳生态城市规划建设战略	相关城镇化政策内容	低碳生态城市规划相关专项研究与规划	本书章节
控制建设与能源使用规模	• 城市发展规模总量控制 • 城市建设空间用地规划 • 土地资源节约	• 生态资源承载力评估 • 生态空间安全格局	本书第4章：4.2、4.3
提高建设能源与资源使用效率	• 城市公交主导空间用地规划 • 城市生态空间用地规划 • 低碳产业结构 • 清洁生产 • 绿色交通 • 水资源管理 • 绿色市政 • 建筑节能 • 生态绿地规划 • 环境污染综合治理	• 建筑节能设计与绿色建筑 • 绿色交通 • 水资源管理 • 绿色市政 • 低碳产业规划 • 循环经济规划	本书第4章：4.4、4.5、4.6、4.7、4.8、4.9
减低能源的碳排放强度	• 区域可再生能源利用 • 清洁能源使用	• 新能源应用 • 区域建筑能源规划	本书第5、6章
建立碳排放总量监控	• 控制碳排放量指标	• 温室气体排放清单编制	本书第7章

另外，由于别的专项研究或规划会对不同层次的法定城市规划（总体规划、详细规划）有不同程度的引导作用，所以图4.1和表4.2把建议的低碳生态城市专题研究和专项规划内容与法定总体规划和控制性详细规划的编制内容对接，提供一个可以供规划编制工作人员参考的框架。由于不同地区具体的规划尺度规模可以有很大的差异，因此表4.2只能作为一般参考，协助了解在不同的法定规划编制时可以考虑进行的研究和专项规划工作范畴。

对于11个专项中部分相关知识（表4.2的1~8）由于已有不少论文著作可供参考，本书不会详细介绍讨论，只以综述方法介绍。对于部分比较新的知识领域（表4.2的9~11），本书会有相对详细的解释与讨论。这11个专项的基础知识分别在本章与第5、6、7章介绍。

低碳生态城市专题研究与专项规划　　表4.2

低碳生态专题研究与专项规划	总体规划		控制性详细规划
	市域城镇体系	中心城	绿色生态城区
1.　生态资源承载力评估	●		
2.　生态空间安全格局	●		
3.　建筑节能设计/绿色建筑		●	●
4.　绿色交通	●	●	●
5.　水资源管理	●	●	●
6.　绿色市政	●	●	●
7.　低碳产业规划	●	●	
8.　循环经济规划	●	●	
9.　新能源应用	●	●	●
10.　区域建筑能源规划	●	●	●
11.　温室气体排放清单	●	●	●

4.2　生态资源承载力评估

生态资源承载力是指在一定时期内，在维持相对稳定的前提下，环境资源所能容纳的人口规模和经济规模的大小。地球的资源是有限的，而它的承载力也是有限的。因此，人类的活动必须保持在地球生态环境承载力的极限之内。按此基本概念，"生态资源承载力"主要强调我们地球生态环境的容纳能力。它是指在某一时期、某种生态环境状态下，某一空间范围内环境对人类社会、经济活动的支持能力的限度。由于生态环境系统的组成物质在数量和空间上具有一定的分布规律，所以它对人类社会的活动支持能力有一定的临界限度。

与生态环境承载力相关的一个概念是"生态环境人口容量"。人类的生存基本依赖于自然资源的支持。所以在自然资源数量有限的情况下，某一个地区的人口是不能无穷增长的，否则会导致社会生活质量下降甚至社会灭亡。因此，决策者需要一个定量指标来确定在某地区内，应当将人口规模保持在什么样的范围内，才能保证合理的生活质量和可持续发展能力。这就是生态环境人口容量的概念。联合国教科文组织对环境人口容量的定义是："一个城市或地区的环境人口容量，是在可预见到的时期内，利用本地资源及其他资源和智力、技术等条件，在保证符合社会文化准则的物质生活水平条件下，该城市或地区所能持续供养的人口数量。"

然而，"承载力"的概念是动态的。它有演化的本质，因为我们对生态环境的认识并不是完全的。"承载力"概念的改变体现了人类社会对自然界的认识不断深化，在不同的发展阶段和不同的资源条件下，产生了不同的承载力概念和相应的承载力理论[3]。

[3] 王宁，刘平，黄锡欢. 生态承载力研究进展[J]. 中国农学通报，2004，20(6)：278-281

把以上概念应用到低碳生态城市规划，生态环境系统的承载能力则体现在它能对城市发展活动的需要提供支持（提供资源投入，分解废物产出）。当城市经济活动对生态环境的影响超过了临界极限时，城市建设是不可持续的，因为城市所依赖的生态环境资源会被消耗而减少。城市化过程导致资源短缺、环境污染、生态破坏等不可持续性行为。这些变化引起了人们对资源消耗与供给能力、生态破坏与可持续发展问题的思考[4]。

[4] 陈华. 水资源承载力与水资源可持续利用[J]. 大众科技，2007(8): 105-106

低碳生态城市规划的理念就是避免生态系统的完整性遭到损害，在城市发展的同时保持生态环境的良性循环，从而使生存于生态系统之内的人和各种动植物不会面临生存危险。从空间规划的角度来看，生态资源承载力分析是城市总体规划的重要研究内容，与城市总体规划方法密切相关的是两个基本的理论：生态学中生态系统学和景观生态学中的生态安全格局分析（这部分在本书第4.3节再详细讨论）。考虑总体规划的编制技术路线，要达到指导城市总体规划的空间布局，为低碳生态城市规划提供科学依据（图4.1），有两个可以采用的技术分析方法：

（1）通过生态系统承载力分析进行城市空间总量规模限定；

（2）根据景观生态安全格局分析确定城市的生态空间结构。

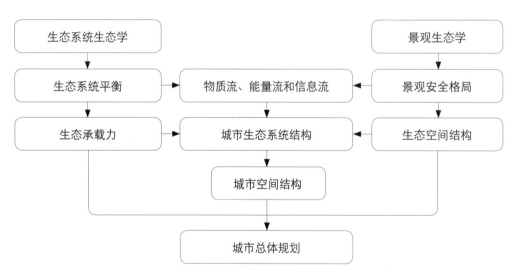

图4.1 总体规划空间结构：生态系统承载力与景观生态安全格局分析

然而，目前在资源环境科学研究领域有很多不同的生态环境承载力理论和分析方法，都可以转移应用到城市规划编制中[5][6]。生态环境承载力分析方法以清晰的概念有效地评估、解释了不同的发展规模对生态承载力的影响，从而成为总体规划编制分析工具，是低碳生态城市规划编制不可缺少的基本专题研究任务。本书下面以生态足迹分析为例，建议把相关分析广泛应用到城市总体规划编制工作中。

4.2.1 生态足迹在城市总体规划中的应用

目前在国内乃至全球范围内，对于承载力理论应用在规划方面的探讨，比较受关注的方法是运用"生态足迹"分析法。生态足迹理论是由加拿大生态经济学家里斯（Rees, W）和他的学生瓦克纳格尔（Wackernagel, M）于20世纪90年代初提出的用于度量全球可持续发展程度的一种新方法。其作用在于先将人类消耗的各种资源和能源项目折算为耕地、林地、水域、牧草地、化石能源用地和建筑用地六大类生态生产性土地面积，再与现有的生态土地容量进行比较来评价研究对象的可持续发展状况[7]。生态足迹的计算是基于以下理论假设的：

- 人类可以测定其自身消费的资源和消费之后产生的各种废弃物；
- 消耗的这些资源与产生的各种废弃物可以通过某种方法被转换成相应的生产面积；
- 已知人口的一个地区的生态足迹是指生产这些人口所需的各种消费品以及吸纳这些人口所产生的所有废弃物所需要的相应的全部生产面积。

生态足迹在城镇化过程中是指城镇发展带来人口所消费的所有资源和吸纳这些人口所产生的所有废弃物所需要的生物生产总面积（包括陆地和水域）。生态足迹分析法将地球表面的生物生产性土地分为化石能源用地、耕地、牧草地、林地、建筑用地、水域这六大类进行核算。它基于六项基本前提：对六类相互排斥的生物生产性土地通过均衡因子和产量因子进行调整后汇总在一起，并采用标准化面积表达结果，考查对象一般以行政区划为界，时间核算单位为一个年度。

均衡因子和产量因子的定义如下：

均衡因子是某一类土地潜在的生物生产力与世界上所有土地的平均潜在的生物生产力的比值，它体现了不同土地类型的生物生产能力的差异。根据不同文献研究对各国生态足迹的估算结果，各种土地类型的均衡因子为[8][9]：

[5] 王印传, 闫巧娜. 生态理念指导下的城市总体规划探析 [J]. 江西农业学报2012(2) : 150-152

[6] 陈敏建. 水循环生态效应与区域生态需水类型 [J]. 水利学报，2007(3): 282-288

[7] 中国环境与发展国际合作委员会, 世界自然基金会. 中国生态足迹报告 [M]，2003.

[8] Wackernagel M, , Rees W. Our Ecological Footprint: Reducing Human Impact on the Earth[M] . Philadelphia: New Society Publishers, 1996： 2~17

[9] Wackernagel M, Onisto L, Callejas L, , et al． Ecological Footprint of Nations: How much nature do they use how much nature do they have[R]. Commissioned by the Earth Council for the Rio+ 5 Forum． Toronto: International Council for Local Environmental Initiatives，1997．

- 耕地和建筑用地 2.8；
- 化石燃料用地和林地 1.1；
- 牧草地 0.5；
- 水域 0.2。

产量因子描述的是给定国家某一类土地面积的生产力与世界平均水平的差异，产量因子体现了当地和全球平均实际生产能力的差异，主要反映土地管理和技术方面的差异。根据文献[10]，可以选取已有研究中得到的土地类型的产量因子，大小分别为：

[10] 梅艳，何蓓蓓，刘友兆，等.江苏省动态生态足迹的测度与分析.贵州农业科学，2008（5）：47-50

- 建筑用地 1.66；
- 耕地 2.3；
- 牧草地 0.39；
- 水域 1；
- 林地 0.91 。

生态赤字／盈余用来衡量一个区域的可持续发展程度。如果在一个地区，自然生态系统所提供的生态足迹大于人类对生态足迹的需求，则为生态盈余；如果自然生态系统所提供的生态足迹小于人类对生态足迹的需求，则为生态赤字。

因此，生态足迹方法通过测定现今人类为维持自身生存而对自然界索取的物质的量来评估人类对生态系统的影响。生态足迹通过空间（面积）表述为：某地域的生态系统为了满足这个地域内人类的生产与生活以及吸纳人类产生的各种废弃物和垃圾所需要的生产面积。生态足迹计算技术路线如下所述共有三步：

(1)　计算各种消费项目的人均生态足迹分量计算。计算公式为：

$$A_i = \frac{C_i}{Y_i} = \frac{P_i + I_i - E_i}{Y_i N}$$

其中，

i：消费项目的类型；

Y_i：生产第 i 种消费项目的生物生产性土地年平均产量；

C_i：第 i 种消费项目的人均消费量；

A_i：第 i 种消费项目折算的人均占有的生物生产性面积（人均生态足迹分量）；

P_i：第 i 种消费项目的年生产量；

I_i：第 i 种消费项目年进口量；

E_i：第 i 种消费项目的年出口量；

N：人口数。

(2) 计算生态足迹。人均生态足迹为：

$$f_e = \sum r_j A_j = \sum r_j \left(P_i + I_i - E_i \right) / \left(Y_i N \right)$$

其中，

f_e：人均生态足迹；

r_j：均衡因子；

A_j：第 j 种消费项目折算的人均占有的生物生产面积（人均生态足迹分量）。

(3) 计算生态承载力。人均生态承载力为：

$$C_e = a_j r_j y_j$$

其中，

C_e：人均生态承载力；

a_j：人均生物生产面积；

y_j：产量因子。

根据以上模型，可以将生态足迹法应用到总体规划内的市域城镇体系规划。相关的应用可以分为两个方面[11]：

[11] 熊鸿斌, 李远东, 谷良平. 生态足迹在城市规划环评中的应用[J]. 合肥工业大学学报（自然科学版），2010（6）：897-910

· 计算规划前市域生态足迹，评价环境承载力的现状水平，预测规划实施后生态足迹、生态环境承载力的变化，并分析变化原因，掌握市域的生态承载力现状和变化的规律；

· 通过关联分析找出影响市域生态足迹和生态承载力变化的主要因素，包括建设规模与城市生产和消费模式，提出市域的建设规模、总量控制和建设用地规划建议。

这两方面的专题分析，可以以定量的方法评估城市总体规划特别是市域城镇体系规划的生态资源使用合理性，是低碳生态城市规划在总量控制层面的分析工具。相关的专题分析可以引入不同建议的规划建设手段，再测算有关生态足迹的量值，例如：

· 控制建设用地规模和范围，控制非农建设用地的占用，控制耕地面积的结构性减少；利用先进的科学技术手段，对现有农田环境、基础设施、土壤肥力与利用方式进行监测和管理，维护耕地功能完整性，通过以上措施实现耕地的可持续利用。

· 在市域城镇体系规划空间结构与功能空间布局上提倡紧凑城市发展，提高中心城市的容积率。

· 在城市市域综合运输体系中可以发展大运量的轨道交通，减少交通能耗和机动车尾气的排放，降低能源用地的生态赤字。

· 规划在改变人们的消费模式方面提出了明确的目标。倡导可持续消费及生产模式，鼓励清洁生产、建筑节能、节水、新能源汽车，推动节地型城市建设模式，合理及高效使用各类能源和生态资源。

生态足迹模型本身就是一个与空间尺度密切相关的模型，以全球公顷为标准进行生态足迹核算适于国家层面的分析和比较，但在城市总体规划或市域城镇体系规划的编制中要做生态足迹比较和结果分析时，不能简单采用全球统一的平均数据，而是需要根据城市所在区域的生产与发展数据进行生态足迹计算。

4.2.2 参考案例：武汉市城市总体规划生态足迹研究

汪勰在《低碳视角下城市总体规划编制技术应用探讨》的论文中介绍了武汉市城市总体规划对生态足迹研究方法的运用，也展示了总体规划在"低碳城市"建设方面的应用[12]。有关的专题研究运用"生态足迹"研究方法，确定总体规划的人口规模，以生态足迹方法分析生产人口所消费的所有资源和吸纳这些人口所产生的所有废弃物所需要的生物生产总面积（包括陆地和水域）。

[12] 汪勰. 低碳视角下城市总体规划编制技术应用探讨——以武汉市总体规划为例 [J]. 规划师，2010（5）：16-20

武汉市城市总体规划生态足迹研究的生态足迹的计算方法如下：

(1) 人均生态足迹分量的计算为：

$$A_i = C_i / Y_i = (P_i + I_i - E_i)/(Y_i \times N)$$

其中，

i：消费项目的类型；

A_i：第 i 种消费项目折算的人均生态足迹分量（hm²/人）；

C_i：第 i 种消费项目的人均消费量；

Y_i：生物生产土地生产第 i 种消费项目的世界年均产量（kg/hm²）；

$P_i、I_i、E_i$：第 i 种消费项目的年生产量、年进口量和年出口量；

N：人口数。

(2) 人均生态足迹的计算为：

$$E = \sum e_i = \sum r_j A_i = \sum r_j (P_i + I_i - E_i)/(Y_i \times N)$$

其中，

E_f：人均生态足迹（hm²/人）；

e_i：人均生态足迹分量；

r_j：均衡因子。

(3) 人均生态承载力的计算为：

$$E_c = \sum c_j = \sum a_j \times r_j \times Y_j$$

其中，

E_c：人均生态承载力（hm²/人）；

c_j：人均生态承载力分量；

a_j：人均生物生产面积；

r_j：均衡因子；

Y_j：产量因子。

通过对数据的收集和分析，研究按上面的程序计算了总体规划范围的人均生态足迹分量、人均生态足迹、人均生态承载力。根据武汉总体规划的生态足迹分析，可以看到2003年在武汉总体规划范围内，按照消费模式测算的人均均衡面积是0.9311hm²，代表了要满足目前消费所需的人均生态足迹。

另外一方面，根据武汉市的生态承载力分析和产量因子，人均均衡面积却是0.3496hm²，再减去生物多样性保护面积12%，可利用的人均生态承载力面积为0.3076hm²，生态赤字为人均-0.6235hm²（0.3076hm²-0.9311 hm²= -0.6235 hm²）见（表4.3）。按照目前生态压力缓解25%测算，规划建议到2020年武汉市总人口应控制在1200万人以内，规划实际采用的人口规模方案为1180万人。

武汉市2003年生态足迹与承载力计算结果   表4.3

生态足迹			
生物生产 面积类型	人均占用 （hm²/人）	均衡因子 （r）	均衡面积 （hm²/人）	消费调整后的均衡面积 （hm²/人）
耕地	0.1101	2.8	0.3083	0.1197
牧草地	0.4763	0.5	0.2381	0.0925
森林	0.0282	1.1	0.0310	0.0120
化石燃料用地	1.2124	1.1	1.3336	0.5178
建筑用地	0.0552	2.8	0.1546	0.0600
水域	1.6614	0.2	0.3323	0.1290
人均生态足迹	-		2.3980	0.9311

生态承载力			
土地类型	总面积（hm²）	人均面积 （hm²/人）	产量因子 （y_1）	均衡面积 （hm²/人）
耕地	389157.75	0.0498	1.94	0.0966
牧草地	6892.12	0.0009	26.41	0.0233
森林	119656.51	0.0153	11.36	0.1740
化石燃料用地	0.00	0.0000	0.00	0.0000
建筑用地	124842.45	0.0160	1.66	0.0265
水域	214360.00	0.0274	1.06	0.0291
人均生态承载力			0.3496	
减去生物保护多样性保护面积12%			0.0419	
可利用的人均生态承载力			0.3076	
人均生态赤字（hm²/人）			- 0.6235	

（来源：汪勰，2010）

4.2.3 参考案例：苏州市域城镇体系规划生态足迹研究

本案例的生态足迹评价对象是苏州市域城镇体系规划（2000—2020年）。在评价过程中探讨在规划环评的早期融合生态足迹评价，介入城市规划编制过程中[13]。苏州市域城镇体系规划的规划面积为8471.457km²。规划以1999年为基准年，人口为576万人，规划到2020年户籍人口为625万人。

根据生态足迹的概念和计算方法，以苏州市2000年的统计资料为数据源，对苏州市1999年的生态足迹需求进行了计算。生态足迹计算主要由生物资源的消费（主要包括粮食、食用油、猪肉、家禽类、蛋类、蔬菜、水果、酒类、糖类、牛羊肉、奶制品、水产品和木材）和能源的消费（主要包括煤炭、煤油、液化石油气、煤气和电力的消费）组成。由于苏州市没有留出专门的牧草地和吸收二氧化碳的土地，土地类型主要有耕地、园林地、水域和建设用地。

苏州市域城镇体系规划生态足迹具体的计算结果见（表4.4）。

在苏州1999年的消费水平下，预测到2020年维持规划人口生存和发展所必需的生物生产面积，也就是规划年末的生态足迹。在不改变苏州1999年人均生态盈亏的基础上，估算出2020年苏州市的生态承载力和各类型土地面积，以此作为空间利用规划编制的底线。从分析中可以总结出：

- 1999年，苏州城市的消费模式产生的生态足迹为510.53×10⁴hm²，但苏州的生产面积提供的生态承载力为458.35×10⁴hm²，生态盈亏为 -52.18×10⁴hm²，人均生态盈亏是 -0.09hm²。

- 2020年，苏州城市的消费模式产生的生态足迹为554.43×10⁴hm²，反映了城市生产和消费规模有所改变，但苏州的生产面积提供的生态承载力基本停留不变为458.10×10⁴hm²，生态盈亏为 -96.33×10⁴hm²，人均生态盈亏是 -0.154hm²。

[13] 寇刘秀，包存宽，蒋大和. 生态足迹在城市规划环境评价中的应用——以苏州市域城镇体系规划为例 [J]. 长江流域资源与环境，2008（1）：119-123

苏州市域城镇体系规划前后的生态盈亏（1999年和2020年）　　　　表4.4

土地类型	规划前生态盈亏（1999年）					规划后生态盈亏（2020年）			
	各类土地面积（hm²/cap）	生态足迹（10⁴hm²）	生态承载力（10⁴hm²）	生态盈亏（10⁴hm²）	人均生态盈亏（hm²/cap）	生态足迹（10⁴hm²）	生态承载力（10⁴hm²）	生态盈亏（10⁴hm²）	人均生态盈亏（hm²/cap）
耕地	0.273 741	346.78	139.86	-206.93	-0.359	376.35	140.18	-236.17	-0.378
牧草地	0.009 328	2.65	0.00	-2.65	-0.005	2.94	0.00	-2.94	-0.005
林地	0.067 977	50.79	6.13	-44.66	-0.078	55.20	7.23	-47.97	-0.077
建筑用地	0.007 818	9.10	60.17	51.07	0.089	10.09	64.17	54.08	0.087
水域	0.270 131	62.54	252.19	189.65	0.329	67.55	246.52	179.97	0.286
能源用地	0.051 018	38.66	0.00	38.66	-0.066	41.49	0.00	-41.49	-0.066
总量		510.53	458.35	-52.18	-0.090	554.43	458.10	-96.33	-0.154

（来源：寇刘秀、包存宽、蒋大和，2008）

从表4.4也可以看出，无论是规划前还是规划后，耕地的生态赤字都是造成苏州市生态赤字的主要原因，所以为了降低苏州市2020年的生态赤字，研究建议：

- 苏州市域城镇体系规划应以缩减非农建设用地、保护耕地为原则，合理规划城市布局，发展紧凑型城市，促进城市的可持续发展；
- 未来城镇空间发展应提倡集聚发展，对城镇发展空间进行优化，提高中心城市的容积率；
- 逐步复垦为耕地，降低耕地的生态赤字；
- 能源用地和建设用地的生态足迹与能源消费密切相关，而交通用能又是能源消费的主要部分。因而建议苏州市域综合运输体系应发展大运量的轨道交通和水路运输，减少交通能耗和机动车尾气的排放，降低能源用地的生态赤字。

4.3 生态空间安全格局分析

生态空间安全格局强调区域或城市生态空间存在的形式对生态系统整体安危的影响，正如上面的图4.2所示，生态空间安全格局分析源于景观生态学，为确定城市建设空间规模与布局提供技术支撑。从空间规划的角度来说，城市生态安全格局是一个空间模型：城市生态安全格局是城市复合生态系统中的空间格局，由一些点、线、面的生态用地及其空间关系组合构成，对维护城市生态系统的安全水平和重要生态过程起关键性作用。

在编制总体规划的生态空间规划时，比较常应用的分析技术就是生态安全格局分析。生态安全格局是指生态景观中存在一个生态系统空间格局，它由景观中不同局部所处的位置、形态、大小、关联和空间联系共同构成。生态安全格局对维护或控制特定地段的某种自然生态过程有十分重要的意义。个同区域的生态安全格局具有不同的特征，对它的研究与设计依赖于对其空间结构的分析结果，以及研究者对其生态过程的了解程度。总体规划的生态空间布局应该是根据生态安全格局分析而建议的。

俞孔坚等提出基于景观安全格局理论的城市生态安全格局网络和城市发展空间格局。通过对城市水文、地质灾害、生物多样性保护、文化遗产和游憩过程的系统分析，运用GIS和空间分析技术，判别出维护上述各种生态安全的关键性空间格局，再综合、叠加各单一过程的安全格局，构建具有不同安全水平的综合生态安全格局，形成保障城市和区域生态安全的生态基础设施和空间布局，为未来城镇空间发展预景和土地利用空间布局的优化提供了科学的空间分析与依据[14]。

欧定华等总结了我国在生态安全格局研究与应用方面的历程[15]，提供了一个应用模型：依据现阶段比较成熟的景观生态学理论、景观生态规划原理，综合集成现行空间规划决策技术方法，将区域生态安全格局规划技术流程概括为景观生态分类、景观格局演变分析、景观生态适宜性评价、景观格局演变动态模拟、生态安全预测预警、生态安全需求预测、多情景模式构建和总体规划目标确定、生态安全格局规划、多种规划方案比选、方案试点效果监测与评价、规划实施与执行监管等14个步骤（图4.2）。

把他们提出的生态安全格局应用在规划方案中的理想步骤可以总结为：

(1) 景观生态分类。构建规划范围内景观生态分类体系，将区域自然要素综合体划分为具有等级体系的景观类型，制作景观生态类型分布空间图。

[14] 俞孔坚，王思思，李迪华，等. 北京市生态安全格局及城市增长预景[J]. 生态学报，2009（3）：1189-1204

[15] 欧定华，夏建国，张莉，等. 区域生态安全格局规划研究进展及规划技术流程探讨[J]. 生态环境学报 2015, 24(1): 163-173

（2）景观格局演变分析。分析一定时期规划范围内景观格局的演变过程、规律和特征，再运用景观格局分析模型，对规划范围内景观格局及其影响因素进行空间自相关性分析和空间统计分析，从而确定景观格局变化驱动因子。

（3）景观生态适宜性评价。综合运用GIS空间分析技术和人工智能方法，对规划范围内不同景观类型的适宜性进行评价，形成不同景观类型适宜性分级空间布局数据和图集。

（4）景观格局演变模拟。在前面成果基础之上，对规划范围内景观格局演变趋势进行预测，可以根据不同规划方案得到规划目标年景观格局模拟预测。

（5）生态安全预测预警。建立生态安全动态评价指标体系，目前运用生态安全格局被认为是实现区域或城市生态安全的基本保障和重要技术分析途径。

（6）生态安全需求预测。通过对区域人口规模、经济发展、生态环境敏感性、生态系统服务功

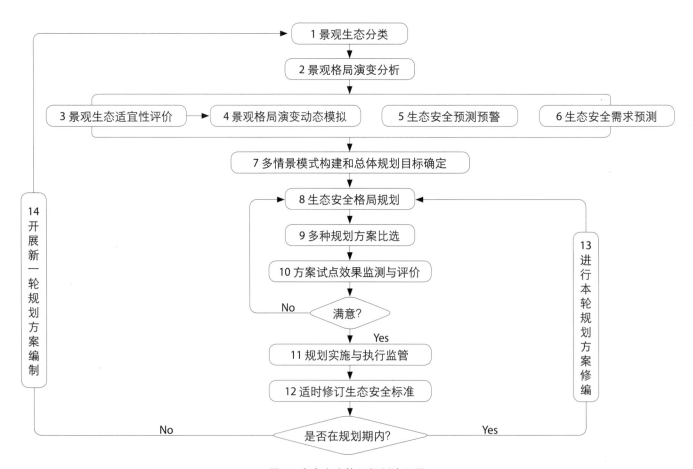

图4.2 生态安全格局规划流程图
（来源：欧定华，夏建国，张莉等，2015）

能等方面的综合分析，提出确保规划目标年生态安全所需的各景观生态类型面积，包括可以建设面积的总量上限，为进行生态安全格局规划提供基础数据。

(7) 规划多情景模式构建。结合不同规划方案与发展路径如区域经济发展、城镇总体规划、土地利用规划、产业发展规划、政策调控措施等方案，合理构建多种情景预案，并确定不同情景下生态安全格局规划目标。

(8) 生态安全格局空间规划方案。结合的方法对区域不同情景下生态安全格局进行优化配置，得到不同情景生态安全格局优化规划方案。

(9) 多种规划方案比选。从生态环境安全、社会经济发展等多个角度对不同情景的区域生态安全格局优化规划方案进行比选。

(10) 方案试点效果监测与评价。对确定的规划方案进行试点，动态监测方案实施效果。

(11) 规划实施与执行监管。从政府管理、政策制定、公众参与等角度提出生态安全格局规划执行方案和监管意见。

(12) 适时修订生态安全标准。生态安全格局规划目标不是静止的，随着生态安全新问题的产生和社会经济发展新需求的提出，需要重新制定生态安全标准。

(13) 进行本轮规划方案修编。以新标准为规划目标，按照前面步骤的流程开展区域生态安全格局规划修编。

(14) 开展新一轮规划方案编制。按照前面的流程开展新一轮区域生态安全格局规划方案编制。

近年我国学者对生态安全格局的定义、理论基础和构建方法等方面已有不少研究[16][17]。下面主要对基本技术路径应用到总体规划做出简介。

[16] 任西锋，任素华. 城市生态安全格局规划的原则与方法[J]. 中国园林，2009（7）：73-77

[17] 龙宏，王纪武. 基于空间途径的城市生态安全格局规划[J]. 城市规划学刊，2009（6）：99-104

4.3.1　总体规划应用生态安全格局的技术路线

生态系统安全依赖于"结构—过程—功能"的有机结合。城市用地增长产生的生态干扰具有累计性，并可直观地反映在城市生态系统的空间结构上。外显的空间结构是城市规划易于把握和熟悉的内容。因此，存在这样一种可能的研究逻辑和规划途径：以城市生态系统的空间结构为研究对象，通过空间格局的优化，建立可持续的系统空间格局，保护城市生态系统的生态过程及其服务功能，作为总体规划建设空间控制的基础依据。

将以上理论与景观安全格局途径相结合，可以构建一个应用在法定总体规划编制的生态安全格局研究框架（图4.3）。

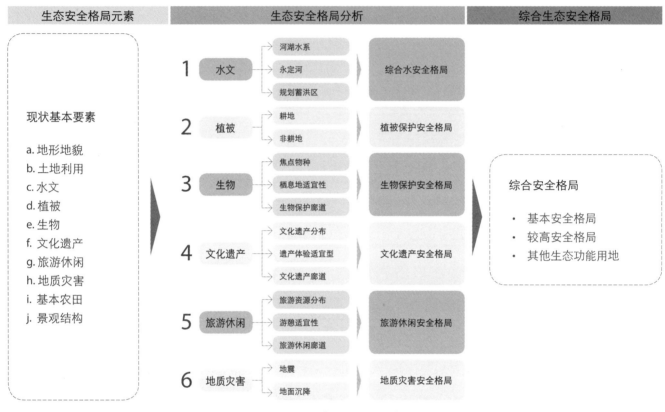

图4.3 总体规划应用生态安全格局研究：分析框架

基本的技术分析是通过收集现状基本要素（包括地形地貌、土地利用、水文、植被、生物、文化遗产、旅游休闲、地质灾害、基本农田、景观结构等资料），利用地理信息系统或者遥感技术分析它们的位置、规模、布局等空间特征。基于这些分析，针对六个方面的安全格局进行空间上的确定，包括：

- 综合水安全格局
- 植被保护安全格局
- 生物保护安全格局
- 文化遗产安全格局
- 旅游休闲安全格局
- 地质灾害安全格局

生态安全格局研究建议标准划分依据是建立在对各种自然、生物和人文过程的研究基础之上的，如洪水风险频率的通用等级划分、河流廊道宽度的景观生态学依据、生物保护中的最少面积和最小种群等[18]。本书以北京市的情况为例，建议其中可以建立六类生态安全格局的空间划分标准（表4.5）。

[18] 朱强, 俞孔坚, 李迪华. 景观规划中的生态廊道宽度[J]. 生态学报, 2005（9）: 2406-2412

然后可以综合这六个格局建立综合生态安全格局。在综合生态安全格局内对主要的生态空间特征有所考虑，把生态过程、连接、保护空间要求等划分为不同的综合安全水平生态安全格局，可以包括以下三类水平：

（1）基本安全格局：保障生态安全的最基本格局，使区域生态环境在短期内保持稳定，是城市发展建设中不可逾越的生态底线。这一安全格局内的用地必须严格保护原有的用地性质和功能，并禁止进行任何开发建设。

（2）较高安全格局：较高层次的区域生态安全保护目标，使区域生态环境逐步得到恢复。在这一安全格局内主要是重要的缓冲区，同时也可以有部分对于基本安全格局起到保护和修复作用的建设存在。

（3）其他生态功能用地：达到维护区域生态安全的理想状态，通过对区域生态系统的完整保护，使区域生态环境得到恢复并保持长期稳定。在这一安全格局内，可以进行有条件的开发建设，具体的开发限制条件需要通过进一步的生态研究来确定。

通过对这三类不同的生态安全水平进行分析，可以建立一个生态安全的空间格局，为总体规划的空间战略提供依据。下面以北京市南部地区为案例解释有关的应用。

不同安全水平生态安全格局的划分标准   表4.5

生态安全格局元素			基本安全格局	较高安全格局	其他生态功能用地
1	综合水安全格局	河湖水体	主要河流主支流及其缓冲区60m，其他河流及其缓冲区30m	主要河流主支流及其缓冲区60～150m，河流、水塘及其缓冲区30～100m	主要河流主支流及其缓冲区150～200m，河流、水塘及其缓冲区100～150m
		永定河	—	主要河堤坝内保护区、永定河泛区（可调蓄百年一遇的洪水）	—
		规划蓄洪区	—	—	规划蓄洪区
2	植被保护安全格局	耕地	—	基本农田	一般农田
		非耕地	林地	园地	草地
3	生物保护安全格局	大白鹭	河流、水塘及其周边7000～15000m范围内的林地	基本安全格局周边100m范围内	基本安全格局周边100～200m范围内
		绿头鸭	河流、水塘及其周边800m范围内的林地	基本安全格局周边60m范围内	基本安全格局周边60～200m范围内
4	文化遗产安全格局	文物保护单位	文物保护单位及其核心保护范围	建设控制地带	各文物保护单位之间的联系廊道
5	旅游休闲安全格局	景区景点		A级景区	其他景点	相互连接的廊道
		乡村旅游	农业休闲观光	市级农业观光园	—	
				省级农业观光园		
			市级民俗旅游村	市级民俗旅游村	—	
6	地质灾害安全格局	地裂缝	—	—	地震断裂带所在地
		地面沉降	—	—	地面沉降大于300mm

4.3.2 参考案例：北京南部地区区域生态空间研究

本研究的范围包括北京大兴区的南部地区，面积为1200km²（图4.4）。专题研究的目的是确定北京南部地区和河北廊坊地区生态专题的研究范围、分析现状、机遇与挑战、区域土地适宜性分析和生态安全格局分析，确定南部地区的宏观空间发展框架[19]。图4.5是整个区域生态空间安全格局研究的技术路线。

[19] 奥雅纳工程顾问.北京南部地区生态空间安全格局研究[Z]. 奥雅纳工程顾问，2013（内部技术报告）

本案例按照前面图4.3的分析方法，对11类空间用地活动进行分析研究，了解相关的空间与生态影响程度，它们包括：

- 地形地貌
- 土地利用
- 水文
- 植被
- 生物
- 文化遗产
- 旅游休闲
- 地质灾害
- 基本农田
- 基础建设
- 景观结构

再基于不同景观生态元素的保护空间要求分析，确定三个层次的安全格局空间：基本安全格局、较高安全格局、其他生态功能用地。然后按前面表4.5的划分准则，从六个主要空间格局考虑去整合用地活动的保护标准、缓冲距离和体量形态的要求：

- 综合水安全
- 植物保护安全
- 生物保护安全
- 文化遗产安全
- 旅游休闲安全
- 地质灾害安全

图4.6与图4.7表示了北京市南部地区应用综合生态安全格局分析在空间上的基础分析成果，作为对总体规划的生态安全布局的技术支撑和引导。基本安全格局和较高安全格局的构成要素主要如下。不同的安全格局及其他建设用地的初步估算见表4.6。

不同安全格局及其他建设用地的初步估算   表4.6

类型	面积（km²）	比例（%）
基本安全格局	74	10%
较高安全格局	329	46%
其他生态功能用地	153	21%
机场用地	50	7%
其他建设用地	107	15%
合计	713	100%

图4.4 北京南部地区区域生态空间研究范围
(来源：奥雅纳工程顾问，2013)

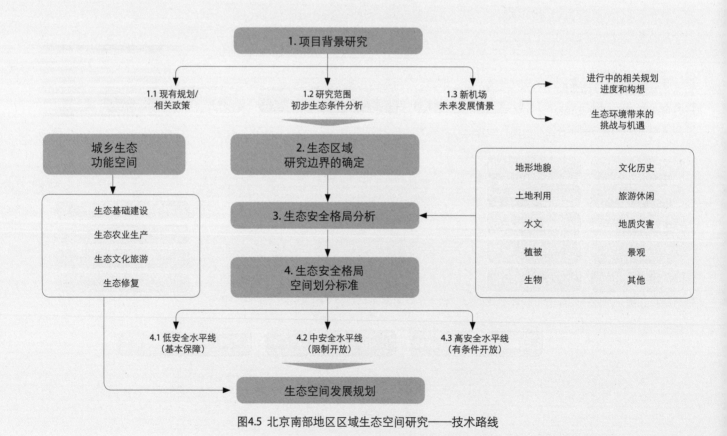

图4.5 北京南部地区区域生态空间研究——技术路线

图4.6 北京市南部地区：基本安全格局和较高安全格局的构成

(来源：奥雅纳工程顾问，2013)

图4.7 北京市南部地区综合生态安全格局

(来源：奥雅纳工程顾问，2013)

- 河流、水塘及其缓冲区
- 永定河堤坝保护区
- 林地
- 园地
- 基本农田
- 文物保护单位及其核心保护区和建设控制地带
- 景区景点
- 农业观光园
- 市级民俗旅游村

根据生态安全格局的原则，建议保护403km²"基本安全格局地区"和"较高安全格局地区"，就是有56%的规划范围禁止建设。建议可以把153km²"其他生态功能用地"作为有条件的建设用地，占规划范围内的21%。本案例在景观安全格局和生态基础设施理论指导下，对北京市南部地区提出了城市生态安全格局的研究框架。运用空间分析等技术，对区域关键的生态过程进行空间分析，判别维护生态过程安全的关键性空间要求，并整合为具有综合功能的生态安全格局。生态安全格局的研究成果可以直接指导城乡空间布局和生态建设，也可以将生态安全格局与城市总体规划、土地利用规划、限建区规划、生态红线规划相结合，作为它们的科学基础和核心内容。也支撑了低碳生态城市规划建设的基本原则之一：在有限的土地资源条件下，实现保护与发展和谐同步的可能性。

生态安全格局分析为低碳生态城市提供了一个空间分析工具，从景观生态学的角度对要保护的生态地区和用地进行界定。在城市整体的生态保护空间规划管理政策体系中，有同样理念的专项研究与规划是城市"生态红线"的划分。

4.3.3 生态红线规划：国家生态保护红线

生态安全格局分析作为一个空间分析的规划工具，它与生态红线规划有共同的目标：把国土的空间根据需要受保护的不同程度明确划分，成为永久的发展限制边界。事实上，红线的概念最早源于城市规划管理领域，是指城市建设用地的控制边界，长期以来城市规划领域一直将建设用地和发展空间作为关注重点，在城市总体规划体系内的市域城镇体系规划与城市中心区规划的编制与管理中，都有需要保护生态用地、确定城市建设用地边界的基本概念。关键是"国家生态保护红线"的理念近年已提升为国家未来迈向可持续发展的重要保障政策，为城市与地方在进行生态安全格局空间分析时提供了重要的政策参考依据。

2011年，《国务院关于加强环境保护重点工作的意见》（国发[2011]35号）明确提出，在重要生态功能区、陆地和海洋生态环境敏感区、脆弱区等区域划定生态红线[20]。这是我国首次在国务院文件中出现"生态红线"概念并提出划定任务。国家提出划定生态保护红线的战略决策，目的是构建和强化国家生态安全格局，遏制生态环境退化的趋势，力促人口资源环境相均衡、经济社会和生态效益相统一。把划定生态红线实行永久保护作为国家发展政策之一，作为空间控制手段意义重大，显示了通过强制性手段保护生态空间是构建国家生态安全格局的政策导向。

2014年1月，环保部印发了《国家生态保护红线—生态功能基线划定技术指南（试行）》（下简称《指南》），成为中国首个生态保护红线划定的纲领性技术指导文件[21]。《指南》规定，2014年，中国要完成"国家生态保护红线"划定工作。生态保护红线是指"在自然生态服务功能、环境质量安全、自然资源利用等方面，需要实行严格保护的空间边界与管理限值，以维护国家和区域生态安全及经济社会可持续发展，保障人民群众健康"。

《指南》定位就是为国家生态功能红线划定提供技术支撑，其适用范围是国家层面的生态功能红线划定，核心目标是保障国家生态安全。《指南》也为省级以下行政区的生态功能红线划定工作提供了参考依据。参照《指南》，地方政府可因地制宜开展地方级红线划定，保障区域生态安全。《指南》的主要内容包括对生态功能红线的定义、类型及特征界定，生态功能红线划定的基本原则、技术流程、范围、方法和成果要求等。

（1）生态保护红线的概念

生态保护红线的概念是以"红线"为基础的，自提出至今，其概念和内涵逐步由国土空间生态保护扩展到资源利用及环境质量改善等方面。对这个文件各方都有解读[22]。《指南》中首先界定了

[20] 中华人民共和国国务院. 国务院关于加强环境保护重点工作的意见（国发[2011]35号）[EB/OL]. (2011-10-17) [2011-12-1]. http://www.gov.cn/zwgk/2011-10/20/content_1974306.htm

[21] 环境保护部. 国家生态保护红线——生态功能基线划定技术指南（试行）[S]

[22] 编辑部解读《国家生态保护红线——生态功能基线划定技术指南（试行）》[J]. 中国资源综合利用，2014（2）：13-17

生态保护红线的定义及其构成。生态保护红线是指对维护国家和区域生态安全及经济社会可持续发展、保障人民群众健康具有关键作用，在提升生态功能、改善环境质量、促进资源高效利用等方面必须严格保护的"最小空间范围与最高或最低数量限值"，具体包括：

a. 生态功能保障基线。生态功能红线是指对维护自然生态系统服务、保障国家和区域生态安全具有关键作用，在重要生态功能区、生态敏感区、脆弱区等区域划定的最小生态保护空间；

b. 环境质量安全底线。环境质量红线是指为维护人居环境与人体健康的基本需要，必须严格执行的最低环境管理限值；

c. 自然资源利用上线。资源利用红线是指为促进资源节约，保障能源、水、土地等资源安全利用和高效利用的最高或最低要求。

《指南》适用于国家层面的生态功能红线划定，核心目标是保障国家生态安全。但《指南》也为省级及以下行政区的生态功能红线划定工作提供了参考依据，给地方划定生态功能红线留有发挥空间，因地制宜地开展地方级红线划定，其目标是保障地区生态安全。

（2）生态功能红线的主要类型与属性特征

《指南》界定了生态功能红线的主要类型与属性特征。通过系统分析与研究，生态功能红线的主要保护目标可归结为保障生态系统服务、减轻自然生态灾害、维持生物多样性，因此，《指南》将生态功能红线的类型划分为以下三类：

a. 一是生态服务保障红线，主要指提供生态调节与文化服务，支撑经济社会发展的必需生态区域；

b. 二是生态脆弱区保护红线，主要指保护生态环境敏感区、脆弱区，维护人居环境安全的基本生态屏障；

c. 三是生物多样性保护红线，主要指保护生物多样性，维持关键物种、生态系统与种质资源生存的最小面积。

目前，我国在国家层面生态保护领域已经建立了各类点状和面状保护区域，分别隶属于不同的部门，错综复杂，生态功能红线的划定需要对各类保护区域进行科学整合。我国生态保护区域类型多、面积大、覆盖广，但是一方面布局和管理的科学性、系统性、协调性明显不足；另一方面缺乏严格的生态保护标准和管理措施，各级政府相关的生态环境保护投入也难以支撑对现有保护区域的有效管护。划定生态保护红线是科学整合各类保护区域、强化各类保护和管理手段、明确各级政府责任与义务、提高生态保护水平的方法。

因此，《指南》将重要生态功能区，生态敏感区、脆弱区，禁止开发区确定为划定生态功能红线的主要范围。

a. **重要生态功能区**：指在涵养水源、保持水土、防风固沙、调蓄洪水、保护生物多样性等方面具有重要作用，关系到国家或区域生态安全的地域空间。我国重要生态功能区包括《全国生态功能区划》中的国家重要生态功能区、《全国主体功能区规划》中的国家重点生态功能区和海洋重要生态功能区。在《全国生态功能区划》中，国家重要生态功能区包括水源涵养、土壤保持、防风固沙、生物多样性保护和洪水调蓄等五类共50个[23]。在《全国主体功能区规划》中，国家重点生态功能区包括水源涵养、水土保持、防风固沙和生物多样性维护等四类共25个[24]。海洋重要生态功能区主要包括水产种质资源保护区、国家级海洋特别保护区和海洋公园等。

b. **生态敏感区、脆弱区**：指对外界干扰和环境变化反应敏感、易于发生生态退化的区域。生态敏感区、脆弱区在我国陆地和海洋均有分布。其中，陆地生态敏感区、脆弱区主要包括降水、积温、地表土壤基质等条件较难保障植被快速自然恢复需求，频繁受大风、干热等不利气候影响，受洪水、风浪等强烈冲蚀以及受人类活动影响的区域。2008年环境保护部发布的《全国生态脆弱区保护规划纲要》[25]，明确提出了东北林草交错区、北方农牧交错区、西北荒漠绿洲交接区、南方红壤丘陵山地区、西南岩溶山地石漠化区、西南山地农牧交错区、青藏高原复合侵蚀区、沿海水陆交接地区等是我国主要的陆地生态脆弱区类型。参照《全国海洋功能区划》及海洋生态环境保护相关文件，海洋生态敏感区、脆弱区主要包括海洋生物多样性敏感区、海岸侵蚀敏感区、海平面上升影响区和风暴潮增水影响区等四类区域。

c. **禁止开发区**：是《全国主体功能区规划》中四大主体功能区之一，指依法设立的各级各类自然文化资源保护区域，以及其他禁止进行工业化城镇化开发、需要特殊保护的生态区域。国家层面禁止开发区域，包括国家级自然保护区、世界文化自然遗产、国家级风景名胜区、国家森林公园和国家地质公园。省级层面的禁止开发区域，包括省级及以下各级各类自然文化资源保护区域、重要水源地以及其他省级人民政府根据需要确定的禁止开发区域。禁止开发区红线划定后，将进一步明确具有重要生态保护价值的已建保护区，在原有保护与管理机制上进一步强化管控。

[23] 环境保护部.关于发布<全国生态功能区划>的公告（中华人民共和国环境保护部中国科学院公告 2008年第35号）[EB/OL]. （2008-7-18）[2008-8-1]. http://www.zhb.gov.cn/info/bgw/bgg/200808/t20080801_126867.htm

[24] 国务院.国务院关于印发全国主体功能区规划的通知（国发[2010]46号）[EB/OL]. （2010-12-21）[2010-12-31]. http://www.gov.cn/zwgk/2011-06/08/content_1879180.htm

[25] 环境保护部.环境保护部关于印发《全国生态脆弱区保护规划纲要》的通知（环发[2008]92号）[EB/OL]. （2008-9-27）[2008-12-31]. http://www.gov.cn/gongbao/content/2009/content_1250928.htm

4.3.4 参考案例：南京市生态红线保护规划

南京市政府2013年9月决定编制《南京市生态红线区域保护规划》（下简称《规划》）。《规划》在坚持以科学发展观为指导、全面分析和把握南京自然生态本底和特点的基础上，明确了生态红线区域规划的指导思想、基本原则、分类标准、责任主体和监管体制。《规划》划定了104块生态红线区域，总面积1630.04km²，占全市国土面积的24.75%[26]。

[26] 南京市人民政府. 市政府关于印发南京市生态红线区域保护规划的通知（宁政发[2014]74号）[EB/OL]. (2014-3-20) [2014-5-1]. http://www.njaf.gov.cn/26603/26615/26616/201404/t20140422_2795130.html

《规划》的总体目标是在充分认识区域生态系统结构、过程及生态服务功能空间分异规律的基础上，划分对保障地区生态安全具有重要意义的区域，形成满足生产、生活和生态空间基本需求，符合地区实际的生态红线区域空间分布格局，确保具有重要生态功能的区域、重要生态系统以及主要物种得到有效保护，提高生态产品供给能力，为南京市生态保护与建设、自然资源有序开发和产业合理布局提供重要支撑。

《规划》的区域分类是在《江苏省生态红线区域保护规划》的基础上划分出的12种生态红线区域类型。同时，根据南京市自然地理特征和生态保护需求，提出了第13类生态红线区域类型——"生态绿地"。各类生态红线区域定义及划分标准见表4.7。

《规划》提出在各生态红线区域内进行分级分类管控措施。在生态红线区域实行分级管理，划分为一级管控区和二级管控区。一级管控区是生态红线的核心，实行最严格的管控措施，严禁一切形式的开发建设活动；二级管控区以生态保护为重点，实行差别化的管控措施，严禁有损主导生态功能的开发建设活动。

各相关部门依照各自职责及相关法律法规，对主管的生态红线区域依法进行管理、监督和考核。自然保护区、饮用水水源保护区由环保部门负责；城市湿地公园由住建部门负责；森林公园、湿地公园（不包括城市湿地公园）、重要湿地、生态公益林、重要渔业水域由农业部门负责；地质遗迹保护区（包括地质公园）由国土部门负责；洪水调蓄区、重要水源涵养区、清水通道维护区由水利部门负责；风景名胜区、生态绿地由园林部门负责。各生态红线区域具体管理机构负责生态红线区域的日常管理和保护工作。

《规划》也公布了区域名录。南京市共划定104块生态红线区域，生态红线区域总面积1630.04km²，占全市国土面积的24.75%，其中，一级管控区面积341.09km²，占全市国土面积的5.18%；二级管控区面积1288.95km²，占全市国土面积的19.57%。图4.8是南京市生态红线区域保护规划总图。

南京市生态红线区域保护规划：区域分类 表4.7

	生态红线区域分类	区域特点	具体划入地区
1	自然保护区	指有代表性的自然生态系统、珍稀濒危野生动植物物种的天然集中分布区、有特殊意义的自然遗迹等保护对象所在的陆地、陆地水体或者海域，依法划出一定面积予以特殊保护和管理的区域。	国家级、省级、市级、县级自然保护区划入生态红线区域。
2	风景名胜区	指具有观赏、文化或者科学价值，自然景观、人文景观比较集中，环境优美，可供人们游览或者进行科学、文化活动的区域。	国家级、省级、市级风景名胜区划入生态红线区域。
3	森林公园	指森林景观优美，自然景观和人文景物集中，具有一定规模，可供人们游览、休息或进行科学、文化、教育活动的场所。	国家级、省级、市级森林公园划入生态红线区域。
4	地质遗迹保护区	指在地球演化的漫长地质历史时期，由于各种内外动力地质作用，形成、发展并遗留下来的珍贵的、不可再生的地质自然遗产。	国家级、省级、市级地质遗迹保护区（含地质公园）划入生态红线区域。
5	湿地公园	指以保护湿地生态系统、合理利用湿地资源为目的，可供开展湿地保护、恢复、宣传、教育、科研、监测、生态旅游等活动的特定区域。	国家级、省级、市级湿地公园和城市湿地公园划入生态红线区域。
6	饮用水水源保护区	指为保护水源洁净，在江河、湖泊、水库、地下水源地等集中式饮用水源一定范围内划定的水域和陆域，需要加以特别保护的区域。	日供水万吨以上的饮用水水源保护区，以及备用水源地划入生态红线区域。
7	洪水调蓄区	指对流域性河道具有削减洪峰和蓄纳洪水功能的河流、湖泊、水库、湿地及低洼地等区域。	《国家蓄滞洪区修订名录》中的洪水调蓄区，以及具有洪水调蓄功能的流域性河道和区域性骨干河道划入生态红线区域。
8	重要水源涵养区	指具有重要水源涵养、河流补给和水量调节功能的河流发源地与水资源补给区。	海拔100m以上，具有重要水源涵养功能的山体划入生态红线区域。
9	重要渔业水域	指对维护渔业水域生物多样性具有重要作用的水域，包括经济鱼类集中分布区、鱼虾类产卵场、索饵场、越冬场、鱼虾贝藻养殖场、水生动物洄游通道、苗种区和繁殖保护区等。	国家级水产种质资源保护区划入生态红线区域。
10	重要湿地	指在调节气候、降解污染、涵养水源、调蓄洪水、保护生物多样性等方面具有重要生态功能的河流、湖泊、沼泽、沿海滩涂和水库等湿地生态系统。	省管湖泊和市管湖泊划入生态红线区域。
11	清水通道维护区	指具有重要水源输送和水质保护功能的河流、运河及其两侧一定范围内予以保护的区域。	向重要水源地供水的骨干河道划入生态红线区域。
12	生态公益林	指以生态效益和社会效益为主体功能，以提供公益性、社会性产品或者服务为主要利用方向，并依据国家规定和有关标准划定的森林、林木和林地，包括防护林和特种用途林。	国家级、省级、市级生态公益林划入生态红线区域。
13	生态绿地	指具有净化空气、涵养水源、防风固沙、防治污染、调节气候等生态调节与防护作用的绿地生态系统。	在城乡规划中具有重要生态服务功能的绿地生态系统划入生态红线区域。

（来源：南京市人民政府，2014）

图4.8 南京市生态红线区域保护规划总图

(来源: 南京市人民政府, 2014)

4.4 建筑节能设计与绿色建筑

建筑节能与绿色建筑规划以低碳生态城市发展模式理念为基础、以节能减排为目标、于法定城市规划中突出节能建筑与绿色建筑建设的内容。建筑节能与绿色建筑规划关注建筑耗能目前和未来状况，指导城市规划范围内建筑节能新技术、新材料、新体系和可再生能源的推广应用，以及规划不同建筑的绿色建筑评价标识目标。

4.4.1 绿色建筑发展回顾与现况

中国的城镇化率在2013年达到了53.73%，且继续呈稳步上升的趋势。自改革开放以来城镇化率年均增长高达0.98%。目前，我国多数大城市正在大量规划和建设新区，预计"十二五"期间，全国城乡每年新建建筑面积将达到20亿平方米。这一时期是我国建筑节能和绿色建筑工作快速推进的阶段。城镇化的快速发展为推动绿色建筑的发展提供了基础、平台和重要机遇，促进城乡建设模式的转型。

高速度的城镇化带来高速度的能源消耗。目前建筑能耗占我国全社会终端能耗的比例约为27.5%，低于发达国家40%以上的水平。随着我国城镇化进程的进一步发展，建筑总量将不断增加，建筑能耗总量和占全社会能耗比例都将持续增加。因此，推动绿色建筑和低能耗建筑、倡导节能减排、降低建筑能耗与温室气体排放，对我国实现2020年单位GDP二氧化碳排放下降40%~45%的目标有着至关重要的意义。

国家一直都有序地提升建筑节能的强制性设计标准及在多方面推动建筑节能减排。截至2011年年底，新建建筑施工阶段执行强制性标准的比例达到96%；组织实施低能耗、绿色建筑示范项目217个；完成了北方采暖区既有居住建筑供热计量及节能改造1.82亿m²；推动政府办公建筑和大型公共建筑节能监管体系建设及改造；开展了386个可再生能源建筑应用示范推广项目，210个太阳能光电建筑应用示范项目，47个可再生能源建筑应用城市和98个示范县的建设；在多个省市进行了农村建筑节能的示范，探索农村建筑节能工作；新型墙体材料产量占墙体材料总产量的60%，应用量占墙体材料总用量的70%。

建立"绿色建筑"标准是在我国整体推进建筑节能减排政策中重要的一部分。"十一五"期间，住房和城乡建设部制定了《绿色建筑评价标准》GB/T50378-2006[27]。2008年《绿色建筑评价标准》开始实施，当年有10个项目获得设计标识。至2011年年底，全国有353个项目获得了绿色建筑评价标识，建筑面积超过3488万m²。截至2013年年底，全国共评出1260项绿色建筑评价标识项目，其中一星级绿色建筑项目标识480个，二星级绿色建筑项目标识530个，三星级绿色建筑标识312个。

[27] 住房和城乡建设部. 绿色建筑评价标准 GB/T 50378-2006

有关我国绿色建筑目前发展的现况，住房和城乡建设部科技发展促进中心发表了统计数据[28]。截至2015年12月31日，全国共评出3979项绿色建筑评价标识项目，总面积为4.6亿m²。到2014年年底的2538项绿色建筑标识项目中，住宅建筑共计1303项，建筑面积为1.91亿m²；公共建筑1212项，建筑面积为0.97亿m²；工业建筑23项，建筑面积为480.27万m²。其中一星级绿色建筑项目标识965个（总面积为1.27亿m²），二星级绿色建筑项目标识1055个（总面积为1.19亿m²），三星级绿色建筑标识518个（总面积为0.4亿m²）（图4.9a、b）。同时，已有29个省市建立建筑节能和绿色建筑管理机构，开展了一、二星级绿色建筑评价标识。《绿色建筑评价标准》GB/T 50378-2014于2015年1月开始替代2006版[29]。

[28] 张川，宋凌，孙潇月. 2014年度绿色建筑评价标识统计报告[J]. 建设科技，2015（6）：20-23

从设计技术的采用分析来看，根据以往绿色建筑标识项目中提供了详细技术应用数据的项目进行统计（其中，住宅建筑483项，公共建筑411项），对绿色建筑标识项目中的技术应用情况进行分析可以看出：

[29] 住房和城乡建设部. 绿色建筑评价标准 GB/T 50378-2014

a. 在住宅类绿色建筑标识项目中，复层绿化、地下空间利用、节水器具、非传统水源利用、预拌混凝土、水电燃气分类分户计量等技术的使用率较高；旧建筑利用、废弃场地利用、余热利用、可调节外遮阳以及室内空气质量监控使用率较低；

b. 在公共建筑绿色建筑标识项目中，复层绿化、能耗分项计量、节水器具、非传统水源利用、分项计量水表、预拌混凝土、空调末端可调、无障碍设施等技术的使用率较高，废弃场地利用、旧建筑利用、蓄冷蓄热、余热利用、热电冷联供等技术使用率较低。

在2008~2014年所评的标识项目中，1700多个项目提供了增量成本与年节约运行费用信息，其中，在剔除部分明显不合理的数据后，共统计1746个项目的单位面积增量成本以及相应技术的单位面积增量成本。本报告对上述项目中不同星级的住宅建筑和公共建筑的增量成本进行了分析。其中，一星级住宅共统计351项，公建共统计295项，其增量成本均为29元/m²和36元/m²；二星级住宅共统计471项，公建共统计345项，增量成本分别为73元/m²和116元/m²；三星级住宅共统计110项，公建共统计174项，增量成本分别为135元/m²和295元/m²。

4.4.2 我国绿色建筑发展的政策历程

（1）国家绿色建筑政策发展

近年生态文明建设在城市规划建设的体现通过不同的政府政策明确地表达出来。以下的综述指出了低碳生态城市与绿色建筑两大政策范围在"十二五"期间的主要政策发展。

2011年住房和城乡建设部发布我国建筑业发展"十二五"规划，发展目标中提到的节能目标为：绿色建筑、绿色施工评价体系基本确立；建筑产品施工过程的单位增加值能耗下降10%，钢结构

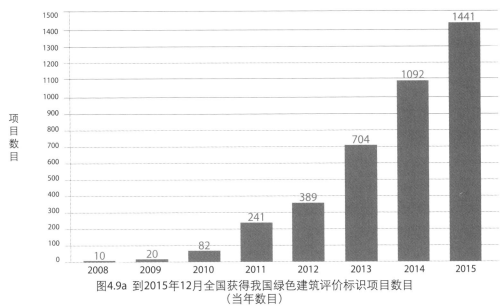

图4.9a 到2015年12月全国获得我国绿色建筑评价标识项目数目
（当年数目）

（来源：张川、宋凌、孙潇月，2015；作者根据住建部发报资料整理）

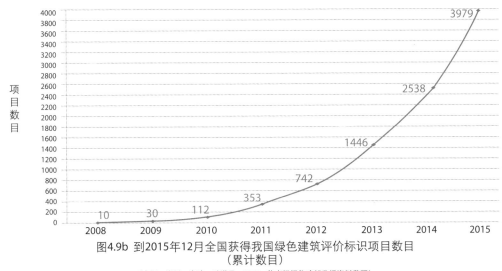

图4.9b 到2015年12月全国获得我国绿色建筑评价标识项目数目
（累计数目）

（来源：张川、宋凌、孙潇月，2015；作者根据住建部发报资料整理）

工程比例增加。新建工程的工程设计符合国家建筑节能标准要达到100%，新建工程的建筑施工符合国家建筑节能标准要求；全行业对资源节能型社会的贡献率明显提高。2012年的《关于加快推动我国绿色建筑发展的实施意见》（财建［2012］167号）（《意见》）[30]进一步推出了绿色建筑发展的主要目标及基本原则、高星级绿色建筑财政政策激励机制、规模化发展绿色建筑等内容。

《意见》内主要绿色建筑建设目标包括：①到2020年，绿色建筑占新建建筑比重超过30%，建筑建造和使用过程的能源消耗水平接近或达到现阶段发达国家水平；到2014年政府投资的公益性建

[30] 财政部，住房和城乡建设部. 关于加快推动我国绿色建筑发展的实施意见（财建［2012］167号）[EB/OL]. (2012-4-27) [2012-5-11]. http://jjs.mof.gov.cn/zhengwuxinxi/tongzhigonggao/201205/t20120507_648962.html

筑和直辖市、计划单列市及省会城市的保障性住房全面执行绿色建筑标准；力争到2015年，新增绿色建筑面积10亿m²以上。②对高星级绿色建筑给予财政奖励。对经过上述审核、备案及公示程序，且满足相关标准要求的二星级及以上的绿色建筑给予奖励。2012年奖励标准为：二星级绿色建筑45元/m²（建筑面积，下同），三星级绿色建筑80元/m²。

发改委与住房城乡建设部公布的《绿色建筑行动方案的通知》（国办发[2013]1号[31]，2013年1月1日）表述了有关工作的重点：科学做好城乡建设规划。行动方案指出"在城镇新区建设、旧城更新和棚户区改造中，以绿色、节能、环保为指导思想，建立包括绿色建筑比例、生态环保、公共交通、可再生能源利用、土地集约利用、再生水利用、废弃物回收利用等内容的指标体系，将其纳入总体规划、控制性详细规划、修建性详细规划和专项规划，并落实到具体项目。做好城乡建设规划与区域能源规划的衔接，优化能源的系统集成利用。建设用地要优先利用城乡废弃地，积极开发利用地下空间。积极引导建设绿色生态城区，推进绿色建筑规模化发展"。

[31] 国务院办公厅. 关于转发发改委与住房城乡建设部《绿色建筑行动方案》的通知. 国办发[2013]1号 [EB/OL]. （2013-01-01）[2013-2-1]. http://www.gov.cn/zwgk/2013-01/06/content_2305793.htm

这是值得城市规划工作者关注的：政策的目的是清晰地通过法定城乡规划体制实施绿色建筑比例、生态环保、公共交通、可再生能源利用、土地集约利用、再生水利用、废弃物回收利用等绿色生态技术手段。

住房城乡建设部公布的《"十二五"绿色建筑和绿色生态城区发展规划》（2013年3月）[32]指出要实施100个绿色生态城区示范建设，选择100个城市新建区域（规划新区、经济技术开发区、高新技术产业开发区、生态工业示范园区等）按照绿色生态城区标准规划、建设和运行。在自愿申请的基础上，确定100个左右不小于1.5km²的城市新区按照绿色生态城区的标准因地制宜进行规划建设，并及时评估和总结，加快推广。推进绿色生态城区的建设要切实从规划、标准、政策、技术、能力等方面，加大力度，创新机制，全面推进。具体工作包括：

[32] 住房城乡建设部. 关于印发"十二五"绿色建筑和绿色生态城区发展规划的通知（建科[2013]53号）[EB/OL]. （2013-04-03）[2013-4-11]. http://www.mohurd.gov.cn/zcfg/jsbwj_0/jsbwjjskj/201304/t20130412_213405.html

- 一是结合城镇体系规划和城市总体规划，制定绿色生态城区和绿色建筑发展规划，因地制宜确定发展目标、路径及相关措施；
- 二是建立并完善适应绿色生态城区规划、建设、运行、监管的体制、机制和政策制度以及参考评价体系；
- 三是建立并完善绿色生态城区标准体系；
- 四是加大激励力度，形成财政补贴、税收优惠和贷款贴息等多样化的激励模式。

住房城乡建设部于2013年12月16日出台了《关于保障性住房实施绿色建筑行动的通知》（建办[2013]185号）文件后，住房城乡建设部办公厅、发改委办公厅、国家机关事务管理局办公室于

2014年10月15日印发了《关于在政府投资公益性建筑及大型公共建筑建设中全面推进绿色建筑行动的通知》（建办科[2014]39号）[33]，进一步强调了推进绿色建筑行动的重要性，强化了建设各方主体的责任，通过加强建设全过程管理和完善实施保障机制，确保强制目标得到落实，并将该项工作推进情况纳入国家节能减排专项检查、大气污染防治专项检查的考核内容。

国家发改委和住房城乡建设部于11月27日发布了《党政机关办公用房建设标准》[34]，将绿色建筑的基本要求纳入其中，体现了政府带头落实绿色建筑标准要求的实际行动。2014年6月，住房城乡建设部发布了《关于实施绿色建筑及既有建筑节能改造工作定期报表的通知》（建科节函[2014]96号）[35]，开始对各地强制执行绿色建筑的情况进行季度报表统计[36]。

在国务院办公厅发布的《关于印发2014—2015年节能减排降碳发展行动方案的通知》（国办发[2014]23号）中[37]，住房城乡建设部建筑节能与科技司在2015年的工作要点中明确今年要全面推进绿色建筑规模化发展，政府投资的办公建筑和学校、医院、文化等公益性公共建筑，东中部地区有条件的地级城市政府投资的保障性住房要率先执行绿色建筑标准，鼓励各地城镇新建建筑全面强制执行绿色建筑标准。

（2）　地方执行绿色建筑标准的政策环境

根据分析，地方强制执行绿色建筑标准的政策环境为贯彻落实国家《绿色建筑行动方案》提出的强制性要求，截至2015年6月全国已有28个省市、自治区、直辖市和新疆生产建设兵团结合地方实际情况，在地方编制的绿色建筑实施方案中针对政府投资建筑、大型公共建筑、公益性建筑、保障性住房直至全部新建建筑提出了强制性要求，大多要求与国家《绿色建筑行动方案》提出的要求一致。其中包括：

- 江苏省提出2015年城镇新建建筑全面按一星级及以上绿建标准设计建造；
- 北京市要求自2013年6月1日起全市新建项目基本达到绿色建筑一星级以上标准；
- 重庆市要求2013年起主城区公共建筑率先执行一星级绿色建筑标准，2015年起主城区新建居住建筑和其他区县（自治县）城市规划区新建公共建筑执行一星级国家绿色建筑评价标准，2020年全市城镇新建建筑全面执行一星级国家绿色建筑评价标准；
- 上海市要求2014年下半年起新建民用建筑原则上全部按照绿色建筑一星级及以上标准建设。

[33] 住房城乡建设部. 关于保障性住房实施绿色建筑行动的通知（建办[2013]185号）

[34] 国家发改委，住房城乡建设部. 关于印发党政机关办公用房建设标准的通知（发改投资[2014]2674号）

[35] 住房城乡建设部发. 关于实施绿色建筑及既有建筑节能改造工作定期报表的通知（建科节函[2014]96号）

[36] 宫玮，马欣伯，宋凌. 我国强制执行绿色建筑标准实施情况[J]. 建设科技，2015（6）：33-37.

[37] 国务院办公厅. 关于印发2014—2015年节能减排降碳发展行动方案的通知（国办发[2014]23号）

在建筑节能要求方面，大部分省市都要求新建居住和公共建筑执行国家50%的建筑节能标准，部分省市根据当地实际情况提出了更高的节能要求。其中，

对于新建居住建筑：

- 北京和天津要求执行75%的建筑节能标准；
- 上海、重庆、江苏、山东、河北、河南、湖北、辽宁、吉林、黑龙江、内蒙古、山西、陕西、宁夏、青海、甘肃、新疆等省市要求执行65%的建筑节能标准；
- 福建和浙江要求执行60%的节能标准。

对于新建公共建筑：

- 上海、江苏、辽宁、山西等省市要求建筑节能率不得低于65%；
- 河南要求不得低于55%。

在可再生能源利用要求方面，建筑应用的相关技术已较为成熟，很多地区都对太阳能热水、太阳能光伏和浅层地热能的应用提出了要求，为绿色建筑评价标准中可再生能源应用目标的实现奠定了基础。其中：

- 上海、江苏、山东、广东、河北、河南、安徽、湖北、云南、山西、吉林、宁夏、青海、新疆、海南、厦门、武汉、长沙等省市要求12层或18层以下的居住建筑和宾馆、医院、学校、游泳馆、公共浴室等热水需求较大的建筑设置太阳能热水系统；
- 天津和浙江仅对12层的居住建筑提出了相关要求；
- 合肥和西安等城市要求具备条件的新建建筑应当配置太阳能光伏系统；沈阳要求具备应用地源热泵技术条件的新建、改建、扩建建设项目，以及耗能大的单位，均应当建设地源热泵系统。

4.4.3 绿色建筑标准与参考资料

本部分罗列目前主要的绿色建筑设计与评价标准，可以供规划编制人员参考。

（1）《绿色建筑评价标准》GB/T 50378-2014

《绿色建筑评价标准》GB/T50378-2014于2015年1月开始替代2006版，2014年版比2006年的版本要求更严、内容更广泛。该标准总结了近年来我国绿色建筑评价的实践经验和研究成果。

在2006版里，绿色建筑评价标准有六大指标。在每个指标下，满足一定的项数即可被评为一星级、二星级或三星级绿色建筑。在2014年版的标准里则是采用打分的方式，总分达到45~50分是一星级，60~80分是二星级，80分以上是三星级。重要的指标项就打8分、10分，有的虽然需要，但做起来相对容易和成本低，就4分，新版本反映了我国目前的具体发展情况，使绿色建筑标准更能产生推动提高建筑节能减排的作用。

在2013年年初国务院办公厅转发的发改委和住房城乡建设部《绿色建筑行动方案》中，明确提出了"十二五"期间，完成新建绿色建筑10亿m²，到2015年年末，20%的城镇新建建筑达到绿色建筑标准要求的目标。新版《绿色建筑评价标准》从2015年1月1日开始实施。该新标准主要体现以下特点：

- 将标准适用范围由住宅建筑和公共建筑中的办公建筑、商场建筑和旅馆建筑，扩展至各类民用建筑；
- 评价分为设计评价和运行评价；
- 绿色建筑评价指标体系在节地与室外环境、节能与能源利用、节水与水资源利用、节材与材料资源利用、室内环境质量和运行管理六类指标的基础上，增加"施工管理"类评价指标；
- 调整评价方法，对各评价指标评分，并以总得分率确定绿色建筑等级，相应地，将旧版标准中的一般项改为评分项，取消优选项；
- 增设加分项，鼓励绿色建筑技术、管理的创新和提高；
- 明确单体多功能综合性建筑的评价方式与等级确定方法；
- 修改部分评价条文，并为所有评分项和加分项条文分配评价分值。

（2）其他已颁布的国家/行业/协会标准：

- 《绿色建筑评价标准》GB/T50378-2014，自2015年1月1日起实施
- 《绿色工业建筑评价标准》GB/T50878-2013，自2014年3月1日起实施
- 《绿色办公建筑评价标准》GB/T50908-2013，自2014年5月1日起实施
- 《建筑工程绿色施工评价标准》GB/T50640-2010
- 《绿色医院建筑评价标准》CSUS/ GBC2-2011
- 《绿色校园评价标准》CSUS/GBC04-2013，自2013年4月1日起实施
- 《绿色保障性住房技术导则》（试行），自2014年1月1日起施行
- 《城市照明节能评价标准》JGJ/T307-2013，自2014年2月1日起施行
- 《绿色建筑检测技术标准》CSUS/GBC05-2014，自2014年7月1日起实施

（3）地方绿色建筑标准：

- 北京市《绿色建筑评价标准》DB11T825-2011

- 天津市《天津市绿色建筑评价标准》DB/T29-204-2010

- 河北省《绿色建筑评价标准》DB13（J）/T113-2010，J11753-2010

- 辽宁省《绿色建筑评价标准》DB21/T2017-2012

- 上海市《上海市工程建设规范绿色建筑评价标准》DG/TJ08-2090-2012

- 江苏省《江苏省绿色建筑评价标准》DGJ32/TJ76-2009

- 浙江省《绿色建筑评价标准》DB33/T1039-2007

- 福建省《福建省绿色建筑评价标准》DBJ/T 13-118-2010，J11573-2010

- 江西省《江西省绿色建筑评价标准》DB36/J001-2010，J11591-2010

- 山东省《绿色建筑评价标准》DBJ/T 14-082-2012，J11957-2011

- 河南省《河南省绿色建筑评价标准》DBJ41/T109-2011

- 湖北省《湖北省绿色建筑评价标准》（试行）

- 湖南省《湖南省绿色建筑评价标准》DB13（J）/T113-2010

- 广东省《广东省绿色建筑评价标准》DBJ/T 15-83-2011

- 广西壮族自治区《绿色建筑评价标准》DB45/T567-2009

- 海南省《海南省绿色建筑评价标准》DBJ46-024-2012

- 四川省《绿色建筑评价标准》DBJ51/T009-2012

- 贵州省《绿色建筑评价标准》（试行）DBJ52/T065-2013

- 云南省《绿色建筑评价标准》DBJ53/T-49-2013

- 陕西省《绿色建筑评价标准实施细则》

- 甘肃省《绿色建筑评价标准》DB62/T25-3064-2013

- 宁夏回族自治区《绿色建筑评价标准》DB64/T954-2014

- 《绿色建筑评价标准（香港版）》CSUS/GBC 1-2010

（4）绿色建筑评价标识项目评价工作依据：

- 《绿色建筑评价标识管理办法》（建科[2007]206号）

- 《绿色建筑评价标准》GB/T50378-2006

- 《绿色建筑评价技术细则》（建科[2007]205号）

- 《绿色建筑评价技术细则补充说明（规划设计部分）》（建科[2008]113号）

- 《绿色建筑评价技术细则补充说明（运行使用部分）》（建科函[2009]235号）

- 《绿色工业建筑评价导则》（建科[2010]131号）

4.4.4 法定城市规划中的建筑节能与绿色建筑专项规划方法

在国家推动绿色建筑建设的政策下，城乡规划管理者需要把这个重要的政策目标整合纳入到法定规划管理工作中，在规划编制阶段就需要有足够的专项技术分析，提出合理的规划建议。

在编制法定规划时，特别是在总体规划阶段，虽然城市整体的建设总量与容积率等宏观参数已有定量，但实际上在建筑具体建设的类型、体量、小区布局等上还没有确定，需要通过建设过程按市场与社会需求来落实。因此，建筑节能与绿色建筑规划实践过程及规划结果都是未知的，但为了可以在总体规划内涵中充分显示实施绿色建筑建设，支持低碳生态城市规划建设管理的目标，需要进行建筑节能与绿色建筑专项研究或规划，建立一个以科学数据为基础的专项规划编制流程。图4.10是建议的建筑节能与绿色建筑专项规划技术路线。专项研究与规划可以包括十个步骤。

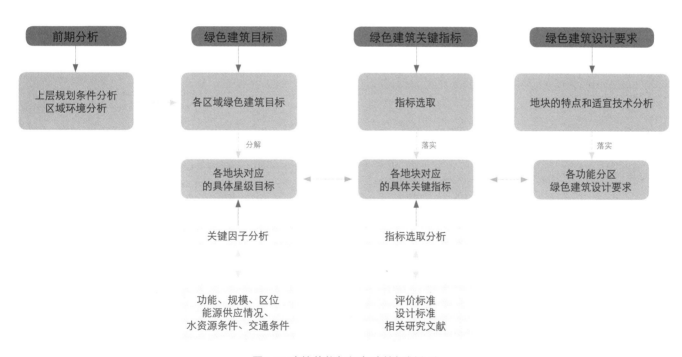

图4.10 建筑节能与绿色建筑规划方法

（1）规划背景概况。规划的概况包括说明规划范围/面积、城市/城区经济功能、建设用地、地理位置、建筑类型、建筑面积、使用功能、开发与建设周期等情况。

（2）城市建筑现状调查与分析。分析国家与地方政府在建筑节能与绿色建筑上的政策导向（强制性与鼓励性的要求）；分析城市概况、城市发展规模和社会经济情况；调查城市电网、气网和热网的资源量及状况。要强调规划的基础是在于对目前建筑能耗的了解，要对城市建筑建设各因素进行调查研究，要对居住与公共建筑等多类型的建筑用能量、用能结构、不同能源的供应来源等进行调查。城市建筑数据可以包括：

- 建筑面积；
- 单位建筑面积能耗；
- 建筑能源结构；
- 可再生能源使用量。

（3）区域内能源供应结构分析。分析目前区域内能源供应结构。分析可获得的可再生能源量，包括：太阳能、风能、地热能和生物能；建筑节能示范项目和节能技术推广情况。

（4）建筑能源需求预测。根据规划的未来发展总量与用地面积/容积率，预测未来能耗，要以保证规划的前瞻性和准确性为目标，分析建筑能耗与环境负荷的关系。

（5）设立低碳生态的建筑节能规划目标。基于建筑现状调查与分析，以当前法定建筑节能设计标准为基线，分析进一步节能的可行性，设定切实可行的城市建筑节能目标。建筑节能与绿色建筑规划目标及主要内容可以包括：

- 目前建筑能耗实况、法定标准与规划目标；
- 区域宏观节能量指标、各类建筑节能指标、各类建筑能效指标、主要耗能设备能效指标；
- 对能源供管理应包括可再生能源利用的目标、分散式与集中式能源体系、建筑一体化能源设计与应用目标等；
- 对绿色建筑评价标识的比例目标及区位分布。

（6）绿色建筑评价标识比例。针对国家与地方的绿色建筑评价标准，建议规划范围内绿色建筑不同星级标识认证比例目标。目前部分地方政府如北京市已强制要求所有新建住宅必须为一星级绿色建筑。

（7）各项设计技术性能指标。确定整体指标要求，包括按照《绿色建筑评价标准》的主要内容，对规划范围内建筑（新建与既有建筑）提出主要指标目标值。可以包括：节地与室外环境、节能与能源利用、节水与水资源利用、节材与材料资源利用、室内环境质量、运营管理。

（8）技术经济成本分析：提供初步绿色建筑增量成本投资概算，并建议政策激励（包括：贷款、容积率激励和政府专项资金支持）。

（9）效益分析：包括绿色建筑节能与减低碳排放效果预测分析、环境影响分析等。

（10）建设管理与实施。绿色建筑的设计标准及运营要求却不一定是目前的地方规划管理工作范围之内可以完全控制的，绿色建筑的实施要依赖建筑设计方案、施工图与施工和日后建筑的运营等管理。作为法定规划的一部分，目前的规划内容如何使绿色建筑在实施管理阶段能与规划管理对接，保障规划条件要求得以在后期实施等问题，可以是对我国城乡规划管理体制进一步深化的要求。

4.4.5　绿色生态城区：建设政策与总体规划专项研究方法

（1）绿色生态城区建设政策

住房和城乡建设部在大力推动绿色建筑的同时，提出了以城区空间尺度为基础的绿色建设概念：绿色生态城区。

住房和城乡建设部于2011年6月发布了《住房和城乡建设部低碳生态试点城（镇）申报管理暂行办法》[38]，规定申报低碳生态试点城（镇）应具备下列五个基本条件：新建城镇（新区）规划建设控制范围原则上应在3km²以上，不占用或少占用耕地；与中心城区距离不宜大于30km，在100km范围内应有可依托的大城市；靠近高速公路、铁路（或轨道交通站点），已有或已规划建设便捷的对外交通；如已建有道路系统，其路网建设基本符合"绿色交通"的原则；有健全的工作机制，包括：成立权责相符的领导与组织协调机构，并给予资金与制度方面的支持和保障，制订了低碳生态试点城（镇）规划纲要和建设实施方案。

2012年的《关于加快推动我国绿色建筑发展的实施意见》（财建〔2012〕167号）[39]鼓励城市新区按照绿色、生态、低碳理念进行规划设计，充分体现资源节约环境保护的要求，集中连片发展绿色建筑。中央财政支持绿色生态城区建设，申请绿色生态城区示范应具备相关条件的，给予定额补助，资金补助基准为5000万元，具体根据绿色生态城区规划建设水平、绿色建筑建设规模、评价等级、能力建设情况等因素综合核定。补助资金主要用于补贴绿色建筑增量成本及城区绿色生态规划、指标体系制定、绿色建筑评价标识及能效测评等相关支出。

[38] 住房和城乡建设部. 住房和城乡建设部低碳生态试点城（镇）申报管理暂行办法（建规〔2011〕78号）[EB/OL]. (2011-06-04) [2011-7-1]. http://www.mohurd.gov.cn/zcfg/jsbwj_0/jsbwjcsgh/201107/t20110711_203738.html

[39] 财政部，住房和城乡建设部. 关于加快推动我国绿色建筑发展的实施意见（国家绿色建筑财建〔167号文〕）[EB/OL]. (2012-04-27) [2012-5-1]. http://www.mohurd.gov.cn/zcfg/xgbwgz/201205/t20120510_209831.html

2013年4月，住房城乡建设部发布《"十二五"绿色建筑和绿色生态城区发展规划》[40]，明确实施100个1.5km²以上的绿色生态城区示范建设，并给予财政奖励支持。推进绿色生态城区的建设要切实从规划、标准、政策、技术、能力等方面，加大力度，创新机制，全面推进。

2012年年底至2013年年初，住房和城乡建设部批准了全国首批8个国家级绿色生态示范城区，包括贵阳市中天未来方舟生态新区、重庆悦来国际生态城、长沙梅溪湖生态城、深圳市光明新区、唐山湾生态城、天津中新生态城、昆明呈贡新区、无锡太湖新城生态城，这些都是地方政府展开规划建设绿色生态城区的先行者。表4.8对这一批国家级绿色生态示范城区的面积、情况、定位做出综述[41]。

（2）总体规划内的绿色生态城区专项研究方法

绿色生态城区的建设要求需要在总体规划体系中的市域城镇体系规划和中心城规划中明确提出，然后作为上层次规划指导详细规划编制和管理。在总体规划的编制过程中，规划编制单位需要对规划范围的发展建设要求、空间特点、气候、资源利用等做出分析，综合考虑空间形态，提出规划定位与绿色生态城区的理念，并根据城市的建设情况、技术经济可行性分析，提出绿色生态城区目标与规划布局和相关规划建设指标。

总体规划要对绿色生态城区建设提出目标与方向，可以通过专项研究或规划分析提出规划依据，下面是建议的专项规划编制内容框架，包括8个部分：

a. 总体规划内绿色生态城区内容

我国绿色生态城区的发展要求在法定总体规划中给予明确的政策定位，在控规单元规划层面，必须说明绿色生态城区的实施是如何兼具科学性、合理性和可行性的，是总体规划中低碳生态内容的一个重要部分，建议在总体规划内容中具体说明在规划范围内绿色生态城区的定位。

绿色生态城区建设在总体规划编制中还处于探索阶段，要在总体规划中给予政策定位，需要以中央政府已颁布的政策文件为依归，但同时在规划编制时要分析说明以下内容。

b. 绿色生态城区选址

绿色生态城区选址要符合城市整体生态发展原则，不占用耕地，不建在生态敏感地区和水源保护区，选址不能背离生态环境保护、防灾控灾等要求。项目选址在生态资源丰富和敏感的地区不仅破坏自然生态环境，而且影响整个城区生态安全格局。不合理的选址还会对城市交通、市政等基础设施造成负担，从而增加城区建设和运营的成本。

[40] 住房和城乡建设部. "十二五"绿色建筑和绿色生态城区发展规划（建科[2013]53号）[EB/OL]. (2013-04-03) [2013-5-1]. http://www.mohurd.gov.cn/zcfg/jsbwj_0/jsbwjjskj/201304/t20130412_213405.html

[41] 城市住宅编辑部. 以8个国家级绿色生态示范城区为例探索绿色生态城区规划建设[J]. 城市住宅，2014 (Z12) 177-179

首批国家级绿色生态示范城区情况　　　　表4.8

编号	城市	规划面积 (km²)	相关定位	生态建设特色
1	重庆悦来国际生态城	3.4	西部生态城市典范	1、以TOD模式（以公共交通为导向的开放模式） 2、以会展为龙头 3、以小街区为空间特色 4、以生态技术为支撑
2	长沙梅溪湖生态城	7.6	中国国家级绿色低碳示范新城	1、以高新技术产业为支撑 2、以景观、能源、水资源、固废管理、绿色交通、建筑设计等可持续发展生态技术为支撑 3、以5个统一进行开发
3	天津中新生态城	30	世界可持续发展示范城	1、以三和、三能、四要求、两原则选择土地和建立指标体系 2、第一个国家间合作开发建设的生态城市 3、以指标体系作为城市规划的依据，指导城市开发和建设的城市 4、以可再生能源利用为标志，加强节能减排，发展循环经济，构建资源节约型、环境友好型社会
4	太湖新城生态城	150	国家低碳生态城示范区	1、构建6大类、33个小类、62项指标 2、以创意产业、服务外包等现代服务业为主导产业 3、重点以雨水利用、再生水利用、净水设施、垃圾真空回收太阳能利用及地热能利用等资源综合利用为主
5	唐山市唐山湾生态城	12	一座以瑞典共生城市理念和方法为基础的绿色生态城	1、层次叠加的城市形态一用地，交通、绿化、水系等等 2、高密度紧凑型城市 3、混合土地利用 4、交通导向发展 5、公交和步行优先的交通体系 6、不占用农田
6	贵阳市中坦未来方舟生态新区	10	全国首个清洁能源低碳节能示范住区	1、采用新能源、新技术、新材料 2、山水之间的居住 3、世界最长，七公里滨河商业街 4、智能社区、智能化社区管理
7	深圳市光明新区	7.97	深圳绿色城市示范区	1、山、水、田园，漫步于美之中 2、生物和城市的多样性 3、资源循环型的生态模式 4、高效合理、快慢有序的交通系统 5、中心放射型生态绿地
8	昆明呈贡新区	107	全国低碳城市示范区	1、以现代花卉产业、体育培训产业、生物医药产业、国际行政办公等新型现代服务产业为支撑 2、与新型城镇化相结合 3、推行"四退三还一护"的环境策略，实现城市的绿色低碳

（来源：城市住宅编辑部，2014）

c. 绿色生态城区的功能定位

绿色生态城区的功能定位单一，会与低碳生态城市发展的基本理念违背，绿色生态城区的功能定位要多元化。虽然绿色生态城区可以宣称功能混合，但实际上规划图上可以是单一的商务区或单一的居住区，会给城市整体建设带来了很大的压力，不符合提升城市功能混合而达到减低不必要汽车出行率、推动绿色出行、平衡居住与工作机会。

d. 绿色生态城区的基础生态条件分析

绿色生态城区规划应体现在总体规划、控制性详细规划和各有关专项规划中，且对上层次规划如何指导下层次规划有清晰的说明，使后续管理工作可以操作和详细化编制。绿色生态城区的定位不应该以土地价值最大化来推动规划，只考虑土地价值对实施的推动力，而没有综合考虑当地社会、文化、历史及环境等因素。绿色生态城区的基础生态条件分析需要包括本地气候、生态资源、可再生能源条件、环境和文化等因素的考虑，城区的划定要基于科学有效的论证，采用合理的绿色生态技术体系。

e. 绿色生态城区的划定

按照具体总体规划编制安排与情况，在总体规划内可以考虑划定主要建议绿色生态城区的数目、位置与边界。在位置选择、规模、内容与划定方面可以参考：

- 新建城镇（新区）规划建设控制范围原则上应在3km²以上
- 不占用或少占用耕地
- 建设用地指标以节约用地为原则
- 职住用地比例合理
- 明确低碳绿色产业发展目标
- 有明确应对温室气体排放与减低碳排放的目标
- 有完整的水资源利用与管理支撑条件（供水、排水、中水、雨水、洪水）
- 保护绿色生态空间与生态敏感地区
- 有完善的公交与轨道交通联系
- 建设用地布局有明确的TOD发展理念
- 路网建设基本符合"绿色交通"原则
- 对有污染的土地提出清洁治理计划

f. 管理与实施保障

成立权责相符的领导与组织协调机构，并给予资金与制度方面的支持和保障，制订了低碳生态试点城（镇）规划纲要和建设实施方案。

g. 总体规划建立绿色生态城区指标框架

结合上述分析和论证，在总体规划内应该对绿色生态城区总体目标和发展策略进行说明，结合具体区域现状、资源条件及特色，建立生态指标体系框架，作为未来在详细规划时针对不同绿色生态城区编制详细控制指标的基础。

h. 规划实施与管理制度创新

绿色生态城区的规划很重要，但如何建立有效的事实与管理体制同样重要。本书作者在对国内实施中的低碳生态城区项目调研显示，由于现有法定规划管理体制在全面有效实施绿色生态城区方面仍存在一些制度问题，管理机构按照传统的规划管理思路进行绿色生态城区的管理，可能出现管治不明确、落实困难的现象。建议在总体规划内鼓励下层次规划在管理与制度上的创新，包括监管的体制机制、财政补贴、税收优惠和贷款贴息等，推动深化实施体制。

4.4.6 参考案例：北京市绿色建筑与绿色生态示范区建设路径图

对于北京市近年在推动绿色建筑建设方面有比较详细的解读，提供一个城市应对绿色建筑与绿色生态城区建设的参考案例。本节对北京市采纳的政策路线与体制做一介绍[42]，北京绿色建筑与绿色生态示范区规划实施框架主要包括五个方面。

[42] 叶大华. 北京绿色建筑指标体系及规划实施途径研究[J]. 北京社会科学，2012（2）：4-9

- 规划先导与标准引领
- 管理联动与示范带动
- 控规阶段指标体系
- 设计时间指标体系
- "六个绿色"实践

（1）规划先导与标准引领

北京绿色建筑规划实施的总体思路改变了以往直接关注绿色建筑本身的自下而上的研究方法，而是结合北京城市特点，以低碳为核心，以改善人居环境为目标，从规划入手，由宏观、中观到微观，从总体规划到控制性详细规划，自上而下、层层分解碳排放指标。目前，北京市正在进行低碳生态城镇规划的理论和技术体系、区域级绿色建筑发展模式的研究。通过有效继承国内外相关研究的理论与实践成果，并积极延续北京市过去十年绿色建筑既有研究的成果，共同构建指标体系，从而实现对绿色建筑的控制。

北京绿色建筑设计标准在国家标准的基础上进行创新，向上与规划衔接，向下与管理结合，分别在详细规划阶段和单体建筑设计阶段，按照绿色设计要求分别提取关键性指标，并基于整合设计过程形成集成优化。通过指标控制，加强对设计过程的优化引领。详细规划设计阶段的绿色要求，以空间环境优化为目标，在空间规划、交通组织、资源利用、生态环境四方面进行指标控制；单体建筑设计阶段在建筑、结构、电气、暖通、给排水、景观、室内这七个专业上进行指标控制。通过以上指标，为低碳生态规划的理念落实提供实现途径，也为行业设计人员提供明晰的技术指导。

（2）管理联动与示范带动

将绿色建筑规划设计关联指标与城市规划现行的规划管理实施机制进行对接，建立起控规设计审查、规划意见书核发、工程规划许可、建筑施工图审查、规划监督验收等实施途径，分阶段管控绿色建筑规划设计相关指标的落实，从而推动北京绿色建筑的实施。

开展北京一、二星级绿色建筑设计标识评价和示范项目的推广工作。示范内容主要包括对绿色建筑关键技术的研发、控规阶段空间规划策略的实施、执行绿色建筑设计指标、绿色建筑及区域的示范等内容。通过示范项目的推广，逐步摸索出一条适合绿色建筑的发展模式。

（3） 建立地方指标体系

北京绿色建筑设计标准的设立需要综合考虑建筑全寿命周期的技术与经济特性，采用有利于促进建筑与环境可持续发展的空间、建筑形式、技术、设备和材料，内容包括从前期的策划到常规设计包含的方案与初步设计、施工图设计以及后期的施工现场服务与运行阶段服务等各个设计相关阶段的绿色设计要求。指标体系分为控规阶段指标体系和设计阶段指标体系：

a. 控规阶段指标体系

为实现绿色建筑在资源节约和环境保护方面的综合效益，不仅需要在建筑设计阶段实现"四节一环保"的具体目标，更需要在城市规划阶段为绿色建筑的实施提供和创造良好的基础条件。

绿色建筑在总体规划层面，要实施以低碳理念为主导的规划定位及概念方案布局；以提高城市资源配置效率为根本目标的紧凑布局；满足居民在公交和步行距离内对通勤、生活的基本要求；保留并发展耕地、林地和湿地等自然资源，扩大城市碳汇，降低城市热岛强度。总体规划主要通过制定规划理念及发展策略，在区域发展方向上发挥引领性作用，具体的指标体系仍需与管理相融合，在控规方面进行落实。

绿色建筑在控制性详细规划层面，以碳减排为核心提出针对空间规划、交通组织、资源利用和生态环境四大板块的绿色设计要求，使低碳策略可执行、可量化、可评估，并增加相应的行政许可手段来保证规划层面的低碳生态目标的实现。控制性详规层面的指标体系着重从宏观角度确定一个区域或城镇的绿色指标，用于监控在社会发展过程中片区层面与碳减排相关的标准要求。

在空间规划方面，从规模控制、结构控制、土地利用效率三方面进行指标把控，运用"新都市主义"的邻里理论、"紧凑开发"理论，利用地块尺度和人均居住用地面积控制建设尺度；利用轨道站点1km范围内工作岗位数量流量比、公共设施可达性、城市开放空间可达性、无障碍住房所占比例强调通达性与开放性；通过设置地下建筑容积率，提升土地利用效率。在地块尺度方面采用小尺度街区设计，实现有利于鼓励人行与自行车的城市尺度。提出对于新城区域的建设，应将地块边长控制在150~250m的范围内。

在交通组织方面，引用TOD（公交优先发展）理论，在城市动态交通、慢行系统和静态交通系统组织上明确绿色建筑交通组织的方向。通过设定公交站点覆盖率，大力推进绿色出行。

在资源利用方面，运用"可再生能源"理论，结合北京能源特点，通过单位建筑面积能耗、可再生能源贡献率把控能源利用；在水资源利用方面设定平均日用水定额、雨水径流外排量、下凹式绿地率、透水铺装率等指标；在固废方面，设定生活垃圾分类收集率。

在生态环境方面，通过绿地率、屋顶绿化率保证绿化数量；通过林地比例和本地植物指数，提高绿化质量。绿地率是对项目用地范围内绿地数量的基本控制指标，是区域良好自然环境质量的基本保障。参照《绿色生态住宅小区建设要点与技术导则》，提出公共绿地指标取值为新城及中心城居住区不小于35%，旧城居住区不小于25%，公共建筑需根据项目及场地特点提出要求。

b. 设计阶段指标体系

绿色建筑在建筑设计层面主要研究建筑和景观需要达到的相关指标要求，主要依据建筑结构、暖通、给水排水、电气照明这四个专业方向分别提出相应的要求。同时，将景观设计相关内容划入建筑板块，从而在专业设计与碳减排核心之间建立起联系。从全寿命周期的角度考虑，绿色建筑设计的最终目标在于是否获得了良好的建筑运行效果，因此该部分指标实际是对绿色设计在实施层面所获得实际效果的评价，是对规划绿色设计指标的补充。建筑设计是建筑、结构、给水排水、暖通空调、电气与智能化、景观、室内装修等各专业整合设计的过程，应体现气候适应性和地域性的设计理念。北京市绿色建筑设计的自然前提是北京的气候与环境特点，空间的组织、技术策略的选择均应遵循气候适应性设计原则。同时，北京城市区域较大，文化多样，积淀厚重，不同区域的地方特点、文化传统也应在项目设计过程中得到充分的尊重。

（4）"六个绿色"的实践

同时，北京市的绿色建筑与绿色生态城区发展建立了"六个绿色"的实践路径图（图4.11）：

a. 绿色建筑：自2013年6月1日起，新建项目执行绿色建筑标准，鼓励建设二星级及以上绿色建筑。北京市发布了《北京市绿色建筑一星级施工图审查要点》，截至2013年12月底，共有约1200万平方米的240个新建项目通过了绿色建筑施工图审查。

b. 绿色生态示范区：在全市选取了14个功能区作为绿色生态示范试点区域；制定了《北京市绿色生态示范区评价标准》和《北京市绿色生态示范区规划设计导则》，并推进试点区域的规划建设工作。

c. 绿色居住区：修订《北京市居住区公共服务设施配置指标》，研究制定了《北京市绿色居住区规划设计导则》和《北京市绿色居住区评估体系》，并在海淀、丰台、大兴、房山、怀柔选取了5个绿色居住区作为试点示范，并编制《北京市住宅外部设计导则》。

d. 绿色基础设施：开展了《北京市生活垃圾能源化利用潜力与途径研究》，提出了绿色生态示范区垃圾资源化利用的基本指标体系。并在昌平北京科技商务区（TBD）、未来科技城、丽泽金融商务区等区域进行综合资源管理中心建设试点。

e. 绿色生态村镇：制定绿色生态试点镇规划纲要和建设实施方案，明确功能定位和主导产业，提出发展目标、发展策略和控制指标。目前已经在大兴梨花村开展试点，以不大拆大建为原则，充分利用原有水系建立雨水收集系统，实现了村庄的绿色产业升级和生态节能改造。

f. 绿色化改造：开展了大型公共建筑节能改造研究，并编制了《北京市大型公共建筑节能改造手册》。同时，在雁栖湖生态发展示范区开展既有建筑改造项目试点，让高水平的设计单位为既有宾馆改造项目提供技术支持，并总结出一套可推广的绿色化改造方案。

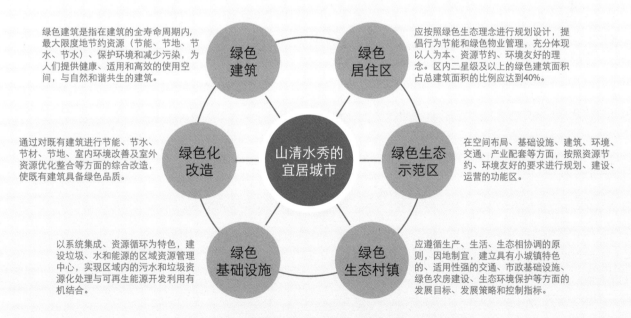

图4.11 北京市绿色建筑与绿色生态城区发展的路径图

（来源：叶大华，2012；作者根据叶大华于2014年国际绿色建筑与建筑节能大会的报告内容整理）

4.4.7 参考案例：中新天津生态城绿色建筑建设与实施标准

中新天津生态城绿色建筑建设与主要政策手段的实施是通过《中新天津生态城绿色建筑评价标准》完成的。《中新天津生态城绿色建筑评价标准》[以下简称为"《评价标准》"（SSTE-GBES）]是在学习借鉴国内外相关评价标准先进经验的基础上，依据绿色建筑的内涵，结合中新天津生态城的实际进行了大胆的创新，按照国际化、高标准的要求，构建了涵盖绿色建筑全寿命周期各个阶段的指标体系，并主要通过量化指标，对中新天津生态城绿色建筑的规划、设计、建设和管理起到规范的指导作用，推动绿色建筑理论和实践的探索与创新；将对滨海新区、天津城区乃至全国绿色建筑的评价工作起到示范和引领的作用[43]。

[43] 王建廷，文科军，肖忠钰，《中新天津生态城绿色建筑评价标准》解读[J]. 建设科技，2010(6)：42-47

《评价标准》包括评价标准、评价细则和评分表三部分。评价标准涵盖总则、术语、基本规定以及具体的条文说明；细则在评价标准的基础上，针对绿色建筑生命周期各个阶段提供具体的技术指导和解释说明；评分表的设计使评审工作更加简单易行。

为体现中新天津生态城内不同类型建筑的特点，将生态城内的建筑划分为住宅和公共建筑两个类别，并辅以不同权重进行评价。评价采用了措施得分法，将每个一级指标的评价项目划分成强制项和优选项两个部分。强制项是生态城内建筑的入门条件，即生态城内所有的永久性建筑都必须是绿色建筑。在优选项中涵盖了定性和定量两类措施。针对定性措施的评价结论为通过或不通过，对有多项要求的条款，各项均满足要求时方能认定通过，方可获得该项措施得分；而针对定量措施则按照计算公式连续计算得分。最后将各项目中的得分乘以该项的权重系数后进行累加得到总分，并依据总分划分成三个等级进行标识判定。

（1）《评价标准》指标体系

a. 节地与室外环境

《评价标准》主要涉及场地、灾害、污染源、通风、绿化、交通组织、地下空间利用等内容。该指标共包括强制项12项和优选项5项，优选项主要针对合理开发利用地下空间、改善住区风环境、提升绿化水平提出了更高要求。英、美的绿色建筑评价标准更重视受污染和被遗弃土地的开发和再利用。

b. 节能与能源利用

《评价标准》对节能与能源利用方面提出了很高的要求，并在权重上着重考虑。包括围护结构、空调采暖、照明、节能电气选用、可再生能源利用等内容。该指标共包括强制项6项和优选项4项，优选项主要强调对住宅建筑围护结构节能设计标准、暖通空调系统的节能特性、可再生能源使用等方面的要求。

c. 节水与水资源利用

天津市是资源型缺水城市，因此，结合中新天津生态城的特点，在水资源项目中，《评价标准》为该项分配了很高的权重系数。主要涵盖规划方案、水量平衡、管网、节水器具、非传统水源利用和节水计量等内容。该指标共包括强制项9项和优选项4项，优选项强化了对施工用水、雨水处理、非传统水源利用和住区景观用水方面的要求。

d. 节材与材料资源利用

主要包括材料有害性、建筑造型、材料来源、土建与装修一体化设计施工、可再循环材料使用和选用合理的建筑结构体系等内容。该指标共包括强制项5项和优选项6项，优选项根据中新天津生态城建设的需要设计了一些针对性较强的项目和标准，对建筑结构材料中混凝土和钢的强度、可再循环利用材料、废弃物重用的建筑材料比例、土建与装修一体化设计施工方面提出了更高的要求。

e. 室内环境质量

主要涉及日照、采光、隔声、自然通风、室内空气质量、建筑入口和交通活动空间设计、温度湿度控制的内容。该指标共包括强制项9项和优选项4项，优选项对采用可调节外遮阳装置，设置通风换气装置或室内空气质量监测装置，卧室、起居室（厅）使用蓄能、调湿或改善室内空气质量的功能材料，采用环保型空气净化设备来提高室内空气品质的问题提出了高要求。

f. 运营管理

《评价标准》的运营管理项主要包括管理制度、分类计量、运营管理、保洁措施、资质认证、智能系统、激励机制等内容。该指标共包括强制项8项和优选项4项，优选项体现了对垃圾分类和清运处理、栽种和移植的树木成活率和实施资源管理激励机制方面的高要求。

（2）绿色建筑评价的主要环节

《评价标准》中规定绿色建筑评价包括设计审查、符合性评价和投入使用一年后三个主要的评价环节。依据评价要求，中新天津生态城中所有新建、扩建与改建的住宅建筑和公共建筑设计完成后必须依据强制项指标进行设计审查，以确保其满足绿色建筑的基本要求。在竣工验收时，要进行符合性评价，确定实施结果与设计方案的符合程度。绿色建筑评价则在其投入使用一年后进行，以真实检验实施效果。

4.4.8 参考案例：湖北省绿色生态城区示范技术指标体系

湖北省住建厅组织编制并公布的《湖北省绿色生态城区示范技术指标体系（试行）》文件（以下简称"《指标体系》"）提供了一个城区层面指标体系的参考案例[44]。《指标体系》适用于规划面积不小于1.5km²的省级绿色生态城区示范项目，绿色生态城区示范区要按照不同类型城区，在规划设计、建设运营两个阶段满足《指标体系》所有控制项要求，并因地制宜满足一定量的一般项和优选项。同时，绿色生态城区可以按社会经济发展条件和自然环境等因素，分为资源开发型城区、工业主导型城区、综合性城区、旅游型城区等类型。各地可根据不同的特点选择适宜的类型。指标体系分为三个层级，其中一级指标4个：经济持续、资源节约、环境友好、社会和谐；二级指标14个：低碳排放、绿色工业、集约用地、绿色交通、绿色市政、绿色建筑、绿色照明、绿色能源、固体资源、水资源、生态环境、生活环境、民生保障、高效管理；三级指标：111项，其中控制项65项、一般项25项、优选项21项。这里只选出其中在低碳排放、绿色建筑、绿色能源、水资源、生活环境五部分的主要指标供读者参考。有关整个指标体系的内容可以参考相关文件。

[44] 湖北省住建厅. 关于印发《湖北省绿色生态城区示范技术指标体系（试行）》的通知（鄂建文[2014]21号）[EB/OL]. (2014-6-9) [2014-10-3]. http://www.hbzfhcxjst.gov.cn/Web/Article/2014/06/09/1730453437.aspx?ArticleID=b25cdbbd-6430-4c94-986f-dd24c-cb28de6

（1）低碳排放：

· 单位GDP二氧化碳排放强度：资源开发型城区不超过1.5t/万元，工业主导型城区不超过1.5t/万元，综合型城区不超过1.2t/万元，旅游型城区不超过1t/万元；
· 单位GDP水耗：资源开发型城区不超过90m³/万元，工业主导型城区不超过90m³/万元，综合型城区不超过75m³/万元，旅游型城区不超过70m³/万元。

（2）绿色建筑：

· 在国家和地方建筑节能标准上再节约20%的新建建筑，占总新建建筑比例不小于50%
· 绿色建筑比例：绿色建筑比例不小于80%，其中，二星级以上绿色建筑不小于30%

- 场地硬质铺装地面中透水铺装面积比例不小于50%
- 既有建筑改造达到国家和地方强制节能要求比例为100%
- 屋顶利用（采用太阳能光电、光热、冷屋顶、屋顶绿化、屋顶雨水收集等技术充分利用屋顶面积）比例不小于70%
- 绿色施工比例为100%
- 绿色建材比例不小于20%
- 本地建材比例：居住建筑不小于70%，公共建筑不小于60%

（3）绿色能源：

- 可再生资源占比不小于20%（可再生能源是指风能、太阳能、水能、生物质能、地热能、海洋能等非化石能源）

（4）水资源：

- 人均综合用水量低于同类地区国家标准的下限
- 场地综合径流系数不超过0.6
- 生活污水处理率为100%
- 节水器具和设备普及率为100%
- 再生水利用率不小于20%
- 非传统水源利用率不小于20%

（5）生活环境：

- 区域地表水环境质量达标率为100%
- 人行区风速不超过5m/s
- 区域热岛强度不超过1.5℃
- 慢行道路庇荫率不小于80%
- 建成区绿化覆盖率不小于30%
- 人均公共绿地面积不小于12m²/人
- 清洁能源公交比例不小于80%
- 清洁能源车辆专用停车位比例不小于10%
- 公园绿地服务500m半径覆盖率不小于90%

4.5   绿色交通

4.5.1   低碳生态城市规划与绿色交通体系

绿色交通是低碳生态城市规划编制和管理中不可缺少的重要专项规划。正如上述讨论绿色生态规划技术应用时指出的：如果通过城乡规划技术手段，引导城市的运作过程像自然界那样一切都可以再生循环利用，城市就不会破坏自然生态的平衡。如果我们的城乡规划的交通规划目标、战略、手段等内容应用绿色生态规划技术，我们的城市社区、家庭和生产单位自身就更能够减低能源消耗、产生微循环，城市对大自然的冲突就可消除或减少。

潘海啸指出，城市交通与城市环境问题的关系如图4.12所示，经济发展、城市化进程的加快，城市生活水平的提高都会对城市交通系统提出更高的要求，小汽车的过度发展必将会影响到城市的环境和能源消耗，从而影响城市的可持续发展[45]。

[45] 潘海啸.城市绿色交通体系整体技术和策略选择[J].建设科技，2011（17）：19-22

我国的城市，特别是大城市对交通问题一直保持高度的关注。城市交通建设的长期滞后，过低的城市道路建设水平和高等级城市道路的缺乏，使人们确信必须进行大规模和高强度的城市道路建设。当然这首先是方便了小汽车的使用，但城市交通拥挤问题依然是越来越严重。城市交通对我

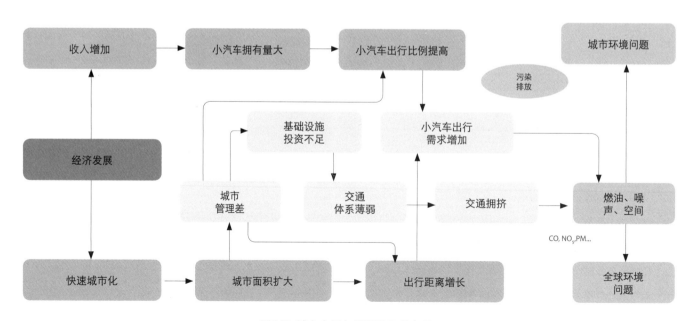

图4.12 城市交通与资源和环境问题

（来源：潘海啸，2011）

国城市环境质量的影响也是很多决策者所始料不及的。所以在法定城市规划编制时，必须首先从城市规划加以考虑，大力提倡绿色交通系统，实现城市空间布局与绿色交通体系的耦合、交通的畅通。人们在城市中能否及时到达上班、上学或业务活动的目的地，很大程度上取决于我们在规划布局和设计中，如何考虑不同交通出行方式的优先次序。为此，潘海啸提出了中国绿色城市交通5D模式，也就是POD>BOD>TOD>XOD>COD。

在这里第一是POD，以步行为导向的设计和规划，就是城市空间和步行环境的设计要大于以自行车为导向的设计和规划（BOD）。第三是TOD，今天很多城市都认识到TOD的重要性，进行轨道交通的建设和BRT的建设。第四是XOD，就是以形象工程为导向的规划设计，我们的规划建设很多时候都是考虑形象，但更重要的是要考虑与POD、BOD和TOD的关系。第五，最后才是COD，也就是以方便小汽车的使用为导向。

目前对城市规划工作者比较大的挑战在于如何通过法定规划体系内的总体规划和详细规划具体实施这些理念和技术。要达到低碳生态城市建设的目标，城市空间结构和交通体系间的关系是主要的课题，只有建立绿色交通体系，才能抑制小汽车的过度使用，提高绿色出行比例，减低化石燃料使用，达到减低排放的效果。潘海啸建议绿色交通在法定总体规划内的策略可以包括下面的内容[46]：

[46] 潘海啸.城市绿色交通体系整体技术和策略选择[J].建设科技，2011（17）：19-22

- 建立以绿色交通为导向的城市空间规划
- 步行和自行车环境的设计
- 改变智能交通系统的研究导向，建立透明交通体系
- 采取有效的措施提高城市公共交通竞争力
- 绿色交通的制度保障
- 清洁车辆技术和全生命周期污染评价
- 采取经济手段，控制小汽车车流，改善交通拥挤的状况

4.5.2 公交引导开发（TOD）

TOD公交引导开发为增强中国城市开发模式的可持续性、灵活性以及能耗效率提供了一套简明的导则和方法。它为城市开发构建了一个新的框架，使开发中的各个元素融合为混合度高、适于步行且以公共交通为导向的街坊和社区。它建议在居住区和重点商业区引入一种新的开发模式，为更多元的出行模式以及社会经济活动创建平台。

（1）公交引导开发规划设计

彼得•卡尔索普、杨保军、张泉等指出TOD规划设计方法涉及两个层面[47]：总体规划层面和控制性详细规划层面；牵涉两方面的内容：土地使用和交通系统。

[47]［美］彼得•卡尔索普，杨保军，张泉.TOD在中国：面向低碳城市的土地使用与交通规划设计指南 [M]. 北京：中国建筑工业出版社，2013

- 在总体规划层面，在重点公交站点、居住区以及商业中心区现有的土地使用规划上划分出"公交为导向片区"（Transit-Oriented Districts）。这些区域将会成为更适于步行、自行车出行且以公交为导向进行开发的城市区域。

- 在控制性详细规划层面，将会有详细的设计准则和土地使用模式，用以指导"公交为导向片区"的落实。

在总规和控规层面都需要一套不同的土地使用与城市设计标准来合理地混合业态，通过步行交通来激活街道，并围绕公交站点来安排开发强度。在土地使用以及城市设计上的改变，必须有一个新的交通系统来辅助。新的交通系统需要平衡非机动车出行需求与机动车效率，并同时强化公共交通。它应该能营造富有活力的交通网络、提供更丰富的街道类型和道路断面形式以支持各类出行模式。

在总体规划中，交通系统和建设土地使用虽然在内容上分为两个部分，但是不能将这两部分分开考虑——因为两者有着紧密的因果联系。街道的形式、交通网络必须根据城市环境的不同而做出改变，就好像土地使用强度与混合度必须根据交通系统的承载能力和技术的差异而进行调整一样。公交服务水平高的地区应该被设计成"公交为导向片区"，而高强度的混合使用地区应该配备有完善的公交服务（图4.13）。在总体规划层面，规划有高容量公交服务水平的重点片区将被指定为"公交为导向片区"（以下称"TOD片区"）。这里有着步行环境。那些没有公交服务，或者开发强度低、用途单一的片区（例如厂房、仓库、机关院校）不可作为TOD片区。因此，很多单一用途的用地会继续保留，而大多数新的居住区或者就业区将会被改造。接着，根据公交服务水平的不同，TOD片区内部进一步加入三种不同级别的"中心"。公交服务水平越高，"中心"的开发强度与商业容积率就越高。例如，有两条地铁线交汇的区域会安排区域内最高强度的城市开发，并布置写字楼、住宅塔楼以及区域性的零售商业。而只有一条BRT服务的片区主要面向居住区，配备有服务本地的商业功能（图4.14）。

a. 主中心
- 定义：主中心是密度最高的商业区域，采用混合使用形式，作为区域性就业、零售和民事文化中心，具有种类丰富的高密度住房；

- 选址标准：位于至少两个地铁站点交汇点或大型BRT枢纽方圆600m范围内；
- 最低密度标准：就业密度（岗位数/毛公顷）= 300；居住人口密度（人口数/毛公顷）=250；
- 最低土地配额（比例）：公园，10%；市政，5%。

b. 次中心

- 定义：次中心是高密度的混合利用片区，作为次区域就业、零售和市政/文化中心；具有种类丰富的中高密度住房；
- 选址标准：位于区域性公交站点方圆400m以内的区域，这里的区域性公交站点应是几条本地公交线路的枢纽；
- 最低密度标准：就业密度（岗位数/毛公顷）= 150；居住人口密度（人口数/毛公顷）=200；
- 最低土地配额（比例）：公园，10%；市政，5%。

c. 组团中心

- 定义：组团中心是高密度的住房区域，具有零售、市政和开阔的服务设施，具有中高层建筑物；
- 选址标准：位于一个区域性公交站点附近；
- 最低密度标准：就业密度（岗位数/毛公顷）=50，居住人口密度（人口数/毛公顷）=100；
- 最低土地配额（比例）：公园，10%；市政，5%。

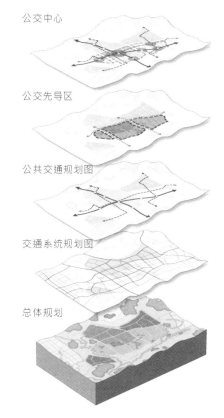

图4.13 城市总体规划到公交为导向片区规划的转变

（来源：彼得·卡尔索普、杨保军、张泉等，2013）

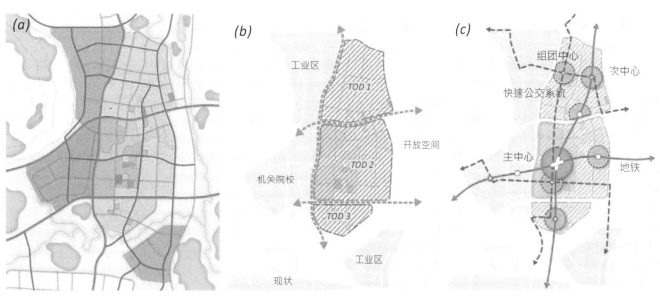

图4.14 现有城市总体规划内分出不同的公交中心

（来源：彼得·卡尔索普、杨保军、张泉等，2013）

在控规层面则会重新设计TOD片区——引入新的街道网络——使其更为适宜步行、自行车与公交。这一新的街道网络被称为"城市格网"，通常由小尺度而高密度的街道构成，在这种路网下，城市地块也会较小。此外，这些片区的城市设计和土地使用也会根据一套由"街区类型"构成的土地使用规划体系来修正。每一种街区类型都有一些特定的功能和强度，以及一套城市设计控制准则来确保街道空间可以成为活跃的公共空间。

（2） 公交引导开发规划的实施机制

彼得·卡尔索普、杨保军、张泉等建议按照前文提出的低碳城市空间规划原则，从城市规划编制内容、相关技术规范和技术导则等方面进行优化、细化，落实到规划编制成果上。他们提出的基于TOD的发展原则和方法，将对城镇总体规划及以下各层级规划编制内容体系产生影响，对照《城市规划编制办法》的各层级规划编制内容，主要可增加以下编制要求[48]：

[48]［美］彼得·卡尔索普，杨保军，张泉.TOD在中国：面向低碳城市的土地使用与交通规划设计指南[M].北京：中国建筑工业出版社，2013

a. 城镇总体规划层面，在TOD发展模式引导下，空间布局规划应切实贯彻交通引导发展的理念，与公共交通枢纽结合构建城市中心体系，以交通减量为目的，优化空间布局，提倡用地适度、混合布局，合理提升土地开发强度。在交通体系构建方面，切实贯彻"以人为本、交通引导"的发展理念，强调小街区路网，强化并充分落实公交优先原则，关注慢行交通，构建步行和自行车交通网络。结合交通网络和枢纽建设综合考虑用地布局，有需求的城市还应加强城市轨道交通系统的规划或研究。

b. 控制性详细规划层面，通过TOD发展模式引导，在空间布局优化方面，一是交通引导用地布局优化，即优化调整大运量公共交通沿线的用地功能，鼓励商业、居住等就业岗位多、人口密度大的用地布局，尤其是轨道站点或主要公交枢纽周边土地，应该紧凑利用、高强度开发；二是混合用地的设置，即在一定范围内混合布局居住、商业、办公以及其他功能，通过功能的适度混合，引导"慢行尺度"出行，有效减少出行距离，提升出行效率；三是各级中心体系（公共服务设施）、学校（尤其是幼儿园、小学）等的合理布局，基本公共服务体系应使居民能够在慢行尺度内方便到达，促进交通减量。在交通组织方面，落实城市总体规划中交通引导发展的要求，深化细化道路网络，促进小街区的形成，保障公交优先和慢行友好，合理布局停车场和公交首末站等交通设施，制定分区差别化的停车调控策略，积极引导小汽车"合理拥有，理性使用"，优化交通出行结构，是控规层面落实绿色交通体系构建的重要内容。

c. 修建性详细规划层面，通过TOD发展模式引导，空间布局应在满足建设项目功能布局、环境景观要求的基础上，结合当地的公共交通组织、周边建设影响等因素，综合考虑规划地块内的总平面布局、建筑密度、建筑朝向、建筑间距、建筑高度、建筑群体空间组合等内容，使规划方案与当地公共交通条件相适应，引导低碳出行。在交通流线组织方面，应在综合考虑规划范围外部交通和内部功能分区联系的基础上，结合内部交通流线组织，妥善布局出入口和地面、地下停车设施，同时应重视慢行空间的组织，为人行、车行创造安全、舒适的通行环境[49]。

[49] 张泉等. 低碳生态与城乡规划[M].
北京：中国建筑工业出版社，2011

4.5.3 总体规划内绿色交通专项研究规划内容

本书这里提出一个绿色交通专项研究内容框架，可以针对总体规划提出绿色交通目标与政策。建议的绿色交通规划主要内容大纲明确表述四个方面的内容：目标、原则、方案、指标（图4.15）。

（1）规划目标：

提倡绿色出行方式，建设可持续交通系统，组织与引导规划范围内交通出行，最大限度地降低交通系统能耗、减少对生态环境的影响，实现以绿色出行方式为主导的出行结构。

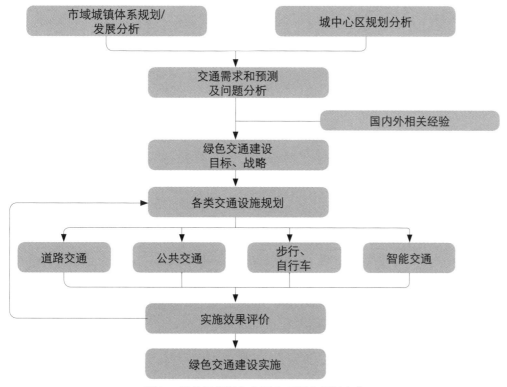

图4.15 总体规划绿色交通专项研究规划内容

（2）规划主要原则：

规划原则可以分为三个方面：

a. 绿色交通方式：

- 确立绿色出行交通方式的绝对主导地位，慢行交通方式是绿色级别最高的交通方式，在生态城市中应成为出行的绝对主导方式。确立公交车在机动化出行中的主导地位、公交出行比例在机动化方式中达到比例，控制小汽车出行比例、绿色交通方式占日常出行比例；
- 确定土地利用与交通相协调原则，结合绿色交通理念合理布局各类用地，强调TOD原则，办公、商业等应结合轨道交通站点布设，建立城市建设用地布局强度空间布局；
- 将居民出行的大部分目的地均布置在1km之内，以步行和自行车的出行方式到达，这使得居民的大部分日常出行都可以在合理的距离内完成，从而达到降低城市居民交通总能源消耗的规划目标。

b. 绿色交通系统布局：

- 控制机动车进入规划范围内的可达范围，控制机动车出入口的个数，控制机动车专用道路密度，实现机动车和慢行系统的空间分离；
- 实现慢行系统的全覆盖高可达性的网络建设；建立高可达性的公交网络，采用干线和密集支线的网络模式；
- 采用社区公用停车场的理念，遏制小汽车使用。

c. 交通组织管理：

鼓励交通新技术的采用、对交通组织方式进行探索，促进社区共享出行方式的实现、鼓励清洁能源的使用。

（3）绿色交通系统规划方案：

对绿色交通规划系统内容有具体说明，可以包括：外部交通系统、慢行系统、其他交通系统、TOD交通与建设用地布局规划等。

a. 公交系统（轨道交通系统、公交骨干系统、支线公交）可以包括：

- 公共交通系统采取公交枢纽引导的规划策略，结合用地开发策略与空间结构，合理布局公交枢纽，引导周边土地复合利用，促进交通与用地协调一体；
- 建立层次清晰、功能明确、衔接有序的多层次公交线网，满足对外联系与规划范围内出行；
- 在以上规划策略的指导下，形成外部交通系统连接、轨道交通、公交等多个层次构成的城区内外一体化公交线网。

b. 慢行交通系统：

- 慢行交通系统空间要安全连续，车行线路空间错位，保障行驶空间的连续性；
- 用地的功能为系统的导向，不同功能的慢行线路联系相应的慢行环境；
- 慢行交通与公共交通、小汽车停车交通有机衔接，慢行交通内部各交通设施之间有机衔接。

慢行网络系统包括：

- 通勤网络：通勤网络形成步行与公共交通的良好衔接环境，提供下车后200m范围内车站与目的地良好衔接设施，行人过街设施平均间距应小于100m；
- 休闲网络：主要服务于较长距离的休闲健身出行，以休闲、游览、观光功能为主，结合滨水绿地资源进行规划，并与绿地、广场休闲网络形成良好的衔接；
- 社区网络：功能上要连接居住区与商务区、绿地广场用地，综合考虑慢行网络的安全性与舒适性，与周边用地结合打造优质的慢行交通环境，行人过街以平面为主，平均过街间距应小于150m。

（4）绿色交通指标体系

《中新天津生态城绿色交通系统规划研究》建议的绿色交通评价建立了一套指标，可供参考[50]。绿色交通指标可以分为两个层次，第一层次为功能性指标，是规划低碳生态城绿色交通体系的根本出发点，其功能主要体现在对交通系统构建的指导作用上，并成为直接评判其是否低碳生态的标准（表4.9）；第二层次为结构性指标，和传统的城市交通系统指标相比，可以得出生态城的交通系统与传统模式的差异（表4.10）。

[50] 中国城市规划设计研究院. 中新天津生态城绿色交通系统规划研究[中新天津生态城总体规划专题研究(四)], 2008年4月

绿色交通指标：功能性指标   表4.9

目标层	准则层	指标层		单位
		一级子指标	二级子指标	
环境友好	温室气体排放	CO_2排放量		t
	污染物排放	机动车综合排放因子	HC排放因子	g/km
			CO排放因子	g/km
			NOx排放因子	g/km
			PM排放因子	g/km
	噪声	区域道路平均噪声	—	dB
		道路噪声达标百分比	—	%
资源节约	能源消耗	单位运输量油耗	—	L/t·km
		实际百公里油耗	—	L/100km
	土地资源利用	道路面积率	—	%
社会和谐	政治影响	与国家政策及地区经济发展规划的一致性	—	—
	经济影响	促进产业开发、经济增长的程度	—	—
	文化影响	社区传统	—	—
		社会公平	—	—
可持续发展	投资水平	交通投资占年GDP比重	—	%
	科技水平	科技贡献率	—	—

(来源：中国城市规划设计研究院，2008)

绿色交通指标：结构性指标　　　　　　　　　　　　　　　　　　　表4.10

目标层	准则层	指标层		单位
		一级子指标	二级子指标	
设施充分	交通网络建设水平	网络密度	道路网密度	km/km²
			轨道网密度	km/km²
			慢行专用网络密度	km/km²
			公交专用道网络密度	km/km²
		网络面积	人均道路面积	km/人
			平均道路面积	km²/车
		亿元产值道路长度	—	km
		停车	车均停车面积	km²/车
			百辆汽车停车泊位数	个
		各级道路相对比重	—	%
布局合理	交通与城市空间布局	一日出行总距离	—	km
		一日出行总时间	—	h
	公交服务水平	500m站点人口覆盖率	—	%
		公交线网密度	—	km/km²
	城市历史风貌和传统文化的保护	影响的保护区面积比例	—	%
网络通达	节点间最短路时间或距离	滨海核心区	—	h
		天津中心城区	—	h
		汉沽	—	h
车辆环保	机动车保有量	小汽车保有量	—	辆
		清洁能源车辆比例	—	辆
		公交车保有量	—	辆
		人均公交车拥有量	—	辆/人
结构协调	各交通方式分担率	慢行交通分担率	步行比例	%
			自行车比例	%
		公共交通方式分担率	清洁能源公交	%
			常规公交	%
			轨道交通	%
		小汽车分担率	—	%

（来源：中国城市规划设计研究院，2008）

4.5.4 参考案例：中新天津生态城总体规划绿色交通规划

本案例通过介绍实际的案例说明如何把绿色交通理念落实到城市总体规划的编制上。殷广涛、黎晴对中新天津生态城绿色交通规划的研究说明规划以绿色交通理念为基础。本章节引为案例并节录规划目标、功能规划与系统规划[51]等内容。

[51] 殷广涛，黎晴.绿色交通系统规划实践——以中新天津生态城为例[J].城市交通，2009（7）：58-65

（1）规划目标

规划提出环境友好、资源节约、出行距离合理、出行结构可持续和服务高效五项目标，分三个层次展开，在空间上体现了对绿色交通内涵、活动模式、交通系统服务等问题的解答，这三个层次是：

· 第一层次目标是对能源消耗和环境影响的控制。包括环境友好目标：减少机动车出行需求，降低交通运行排放；资源节约目标：提高交通设施用地效率，充分利用空间资源。

· 第二层次目标是针对空间布局考虑，在满足出行需求的前提下减少出行总消耗，即出行距离合理目标：步行200～300m可到达基层社区中心，步行400～500m可到达居住社区中心，80%的出行可在3km范围内完成。

· 第三层次目标是服务模式和服务标准，按照绿色交通的优先次序，明确提出步行和自行车是主导出行方式，公共交通是主要出行方式，小汽车作为严格控制对象。包括出行结构可持续目标：对外出行中公交出行占70%以上，内部出行中非机动出行占70%以上、公交出行占25%以上、小汽车出行占总出行量的10%以下；服务高效目标：对外实现快速通达目标，对内实现公交车站周边500m服务半径全覆盖。

（2）　功能规划策略

功能规划层面的关键在于土地利用和交通空间布局模式（图4.16），包括引导活动、协调公共服务中心与交通系统、综合交通系统组织三个策略。

· 以本地居住与就业平衡为主，公共服务中心布局实现就近服务。
· 公共服务中心与交通系统相协调引导出行行为。
· 以绿色交通系统为主导实现综合交通系统组织。

（3）系统规划内容

a. 慢行交通系统：结合生态城的空间布局，规划三种类型的慢行交通系统：

- 以中央生态核和生态链为中心的慢行交通系统，其特征表现为沿水岸及以水面为中心的向心式布局形态；
- 以各综合片区中心为核心的慢行交通系统，其特征表现为中心放射网络状态，满足居住人口自然向活动中心集聚的需求，系统呈现慢行空间从外围到中心逐渐扩大的态势，片区中心采取专用步行系统；
- 服务各居住区周围的慢行交通系统，其特征表现为均匀分布的小间距高密度网格，使居民走出家门就有方便的慢行交通系统，创造高可达性；
- 作为居民日常非机动出行的道路，线型相对顺畅，连通性和便捷性均高于机动车交通网络，红线宽度为18m，自行车路面宽度为5m以上（图4.17）。

b. 公共交通系统：生态城公共交通系统承载着三种不同类型的功能。

- 采用市域轨道交通系统以及一些联系外围地区的快速地面公交干线，为进出生态城的出行提供高速联系；
- 采用快速地面公交干线串联各片区中心的方式，为片区之间中等距离的出行提供快速、方便的服务；
- 采用高可达性的公交支线，满足片区内居民内部出行以及换乘至干线系统的需求，这类支线公交具有站距小、片区中心呈放射状、覆盖各居住单元与干线车站衔接紧密的特征。公共交通系统规划见图4.18。

c. 机动交通系统：

机动车交通系统规划提出控制普通机动车的可达性范围，同时保障紧急疏散、应急通道、特殊服务的高覆盖性。将道路等级分为干路和支路两类，干路承担普通机动车的对外联系和片区间的联系功能；支路A依托干路并与干路垂直相交，组成鱼骨状网络结构，支持机动交通组织，支路B用于鱼骨状网络中支路之间的联系，保障特殊服务车辆的进出。

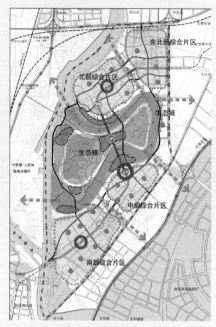

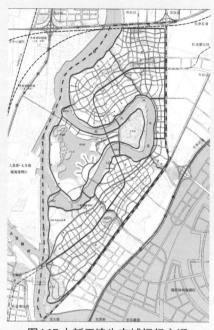

图4.16 中新天津生态城空间结构
（来源：殷广涛、黎晴，2009）

图4.17 中新天津生态城慢行交通
（来源：殷广涛、黎晴，2009）

图4.18 中新天津生态城公共交通
（来源：殷广涛、黎晴，2009）

4.5.5 参考案例：深圳市详细规划实施绿色交通

绿色交通理念也需要在详细规划的法定图则中落实。张晓春等对深圳市的经验有较好的分析，这里节录作为借鉴[52]。

[52] 张晓春，陆荣杰，吕国林，田锋. 绿色交通理念在法定图则中的落实与实践——以深圳市绿色交通规划设计导则研究为例[J]. 规划师，2010（9）：16-20

（1）法定图则定位及内容分析

在深圳市城市规划的日常管理操作中主要以法定图则为依据。法定图则在保留一定的调整灵活性的情况下，对用地性质、土地开发强度、道路交通、公共设施等控制性因素均做出了明确的规定，而且也是指导城市各层次分项规划包括各层次交通规划的主要依据性文件。根据《深圳市法定图则编制技术规定》及已完成的法定图则对交通方面的表述，法定图则层面主要落实本地区对外交通联系的主要出入口、道路系统功能构成及等级划分、社会公共停车场（库）和公交场站的控制要求，以及对步行街和自行车道的规划安排等内容。故法定图则层面的绿色交通落实不考虑城市交通系统的运营管理等属性，而是主要抓住交通设施的中观层面属性，包括类型、位置、面积等，体现城市发展和交通发展的空间战略要求。图4.19是深圳市绿色交通设计导则体系。

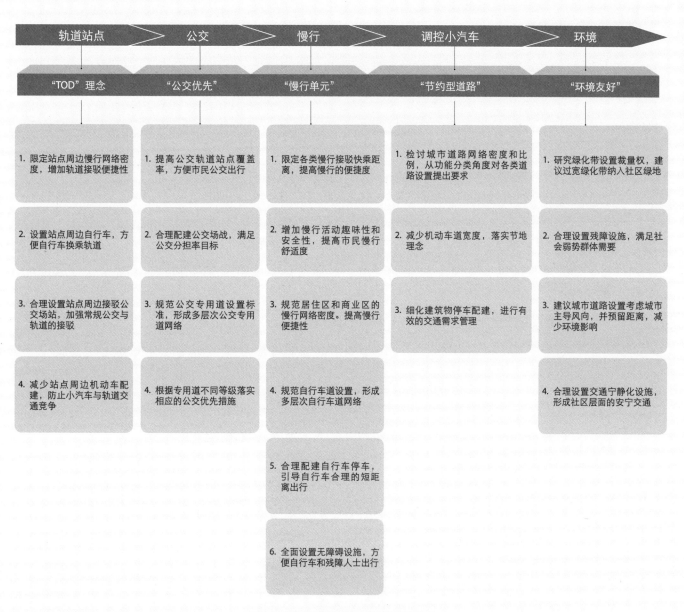

轨道站点	公交	慢行	调控小汽车	环境
"TOD"理念	"公交优先"	"慢行单元"	"节约型道路"	"环境友好"

1. 限定站点周边慢行网络密度，增加轨道接驳便捷性	1. 提高公交轨道站点覆盖率，方便市民公交出行	1. 限定各类慢行接驳快乘距离，提高慢行的便捷度	1. 检讨城市道路网络密度和比例，从功能分类角度对各类道路设置提出要求	1. 研究绿化带设置裁量权，建议过宽绿化带纳入社区绿地
2. 设置站点周边自行车，方便自行车换乘轨道	2. 合理配建公交场站，满足公交分担率目标	2. 增加慢行活动趣味性和安全性，提高市民慢行舒适度	2. 减少机动车道宽度，落实节地理念	2. 合理设置残障设施，满足社会弱势群体需要
3. 合理设置站点周边接驳公交场站，加强常规公交与轨道的接驳	3. 规范公交专用道设置标准，形成多层次公交专用道网络	3. 规范居住区和商业区的慢行网络密度。提高慢行便捷性	3. 细化建筑物停车配建，进行有效的交通需求管理	3. 建议城市道路设置考虑城市主导风向，并预留距离，减少环境影响
4. 减少站点周边机动车配建，防止小汽车与轨道交通竞争	4. 根据专用道不同等级落实相应的公交优先措施	4. 规范自行车道设置，形成多层次自行车道网络		4. 合理设置交通宁静化设施，形成社区层面的安宁交通
		5. 合理配建自行车停车，引导自行车合理的短距离出行		
		6. 全面设置无障碍设施，方便自行车和残障人士出行		

图4.19 深圳市绿色交通设计导则体系

(来源：张晓春等，2010)

（2）法定图则层面实现绿色交通

法定图则层面实现绿色交通的空间设计手段有两个：城市单元和步行单元。

a. 城市单元

单纯按照行政区划，往往存在发展不均衡、公共交通资源分布不均衡等问题，无法体现公共交通引导发展的理念，可操作性不强。故根据深圳市城市轨道交通等公共交通设施布局，将城市划分为若干个城市单元。城市单元是以大、中运量公交站点、公交枢纽及配套设施为核心，在步行可达范围内（半径为500m）综合配置多层次商业、办公、居住、活动等综合功能的城市区域。城市单元的形成尽可能依托原有社区。通过对深圳市已有的商业、居住等街块尺度的研究，得出深圳市典型的城市单元街块尺度如下：

- 中心商务办公区：5000～15 000m²，支路网间距为75～150m。
- 中心居住区：10 000～20 000m²，支路网间距为100～200m。
- 一般居住区：20 000～40 000m²，支路网间距为100～300m。
- 单一机构区：不大于62500m²（适宜步行最大范围），支路网间距为150～350m。
- 对有特殊要求的单一机构地区（如高校），当地块面积大于62500m²时，建议分区管理，并应提供穿越内部的人行或自行车通道。支路网和人行或自行车通道间距不大于500m。
- 对于可能占用多个街区的、以综合体形式存在的特殊建设项目，必须在项目内部提供连接周围街道和公共空间的室内或半室内的通廊。通廊可以内部街道或广场等方式存在，通廊连接密度必须高于周边街道密度，并且必须全天候向公众开放。

b. 步行单元

与城市单元相比，步行单元是在城市单元范围内的控制元素。步行单元概念的提出，是为了保证在城市单元内有限的主要吸引点都处于步行可达范围内。步行单元是以主要吸引点为中心，半径为200～300m（普通人可接受的步行距离的一半）的范围。以社区出入口为中心的步行单元可以保证社区最不利点至社区出入口、出入口至公交站点的叠加距离在步行可接受范围内。具体半径取值参考社区所在范围，建议市区取最低限200m，郊区取最高限300m。一个城市单元内可根据主要吸引点的多少划分若干个步行单元，通过步行单元可衔接六类距离，包括过街设施间距、同向和异向公交换乘距离、社区最不利点至社区出入口的距离、社区出入口至过街设施的距离、社区出入口至轨道公交站点的距离。以划分步行单元作为控制片区出入口、公共停车场及公交站点的主要控制手段，促进社区层面的城市尺度缩窄，带动慢行系统主导下的城市肌理的重塑。

4.5.6　参考案例：北川新县城——小城镇绿色交通规划

四川省绵阳市的北川县城是汶川"5.12"特大地震灾后重建项目中唯一整体异地重建的县城，也是全国唯一的羌族自治县，这两个唯一性使得北川新县城的建设备受关注。北川新县城的总体规划因其特殊的编制背景，在规划设计之初就将可持续发展的理念贯穿于规划建设的全过程，在可持续的城市发展模式方面进行了探索和实践[53]。在重建过程中，新县城的选址和快速新建两方面的问题对新县城的规划设计提出了重大挑战，对于一个在原先的自然农地上平地而起、从无到有的新城，在新县城总体规划中，如何合理利用原有自然环境，注重经济、社会与环境的协调发展，体现既满足当代人的需求、又不对后代人满足其需求的能力构成危害的可持续发展理念，达到建设"安全、舒适、生态友好之城"的目标，是规划设计的基本出发点。新县城规划作为城市规划，特别是小城镇规划的示范，其规划设计中对可持续发展理念的体现和落实对于中国可持续发展的城市建设提供了示范模式和实践经验（图4.20）。本案例只集中介绍规划的绿色交通部分。

[53]　[美] 彼得·卡尔索普，杨保军，张泉.TOD在中国：面向低碳城市的土地使用与交通规划设计指南[M]. 北京：中国建筑工业出版社，2013

重建规划贯彻"以人为本，安全主导"的原则，创建以绿色交通系统为主导的交通发展模式，以可达主导、慢行优先、分区限速、空间协调几个方面的交通发展策略，实现绿色交通、低能耗少占地、高效集约，创造良好的步行和自行车交通环境（图4.21）。在重建规划方案中，通过对居住、服务和就业功能区的合理布局，结合体系化的慢行交通系统，实现居民日常出行的非机动化，对于居住区内部的交通组织，利用路面铺装、街道设施和道路转角控制，有效降低居住区内部车速。在对道路广场进行规划控制时，强调小尺度和密路网的原则，降低道路红线宽度，从而在保证不增加道路用地的情况下，提高道路网密度，高密度的道路网络是对居民交通可达性的最大保证，同时也是减少机动车出行，降低能耗的重要措施。相关的标准包括：

- 规划新县城核心区干路间距平均为200m，外围地区300m左右
- 干路红线宽度以25m、20 m为主
- 干路网密度高达7.2 km/km²
- 干支路网整体密度高达14km/km²
- 支路宽度均控制在9m。

在道路资源分配上，优先考虑慢行交通的需求，人行道和非机动车道占道路总面积的35%以上，机动车道占45%以下。同时在道路断面设计中，采用慢行交通一体化设计方法，将自行车与步行道设置在同一个平面上，采用不同的铺装进行区别，保证了慢行交通的安全与灵活。在较大的交叉口设置中央行人过街安全岛，确保交叉口行人过街安全；在交叉口慢行交通通道端部设置阻车石，严格限制机动车进入慢行交通通道，避免机动车对步行和骑行环境的干扰。

在慢行交通系统布局上，规划建设了生活性慢行交通系统和独立慢行交通系统。生活性慢行交通系统沿干路布置，满足日常居民生活和出行需求，是常规的慢行交通通道，生活性慢行交通系统与机动车交通之间采用绿化带隔离，保证生活性慢行交通系统的安全。

此外，北川规划建设了独立慢行交通系统。独立慢行交通系统严格禁止机动车进入，仅仅提供给自行车、行人、轮滑等慢行交通方式通行，是为居民提供通勤、休闲、游憩、健身的连续慢行通道，并结合地形地貌特征、绿地、公园、水系、景观进行布局，从行人和自行车骑行者的角度设计道路横断面、标高等。

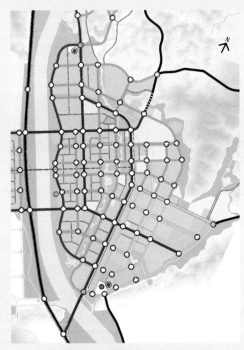

图4.20 北川新县城用地布局
(来源：彼得·卡尔索普、杨保军、张泉等，2013)

图4.21 北川新县城道路功能布局图
(来源：彼得·卡尔索普、杨保军、张泉，2013)

4.5.7 参考案例：昆明呈贡新区公交引导开发（TOD）规划

云南省昆明市呈贡新区是全国首批启动实施的八个绿色生态示范城区之一。项目特点是注重生态理念的城市规划引领作用，尤其是在网络化生态系统的构建、低碳交通模式的应用、小尺度混合开发等方面进行了新探索[54]。

[54] 中国城市规划学会，北京大学规划设计中心. 低碳生态城市详细规划实施指引（第一阶段技术报告）[R]. 2014

呈贡新区位于昆明市主城东南部，规划控制面积160km²，城市建设用地107km²，2015年人口预计将达到60万人。呈贡新区全域发展空间布局为"一核四片"。呈贡核心区位于呈贡新区的中部，用地北起北中央大道，南至春融西路—春融东路—一联大街，西至昆玉高速公路，东抵中央火车站，规划总用地面积12.03hm²。规划人口规模25万人。

核心区规划功能定位是以TOD模式为开发理念，以小街区为单元，提倡用地的混合开发，以商业、金融、办公、文化和居住为主要城市功能，带动城市其他地区多元化均衡发展，使之成为昆明乃至西南地区的"城市商务核心区、城市形象展示区、高级人才集聚区和低碳社区示范区"。

呈贡新区在新区整体层面的生态概念规划、核心区低碳城市设计等研究基础上，将低碳生态指标融入传统的控制性详细规划，再进一步编制低碳道路修建性详细规划等专项规划，来指导具体实施。规划改变了原有城市沿用传统巨型街区的设计理念，将彼此分割的城市格局，采用公交先导区和中心的理念，改造成小街区、混合开发为主的城市形态（图4.22，图4.23）。提炼的低碳城

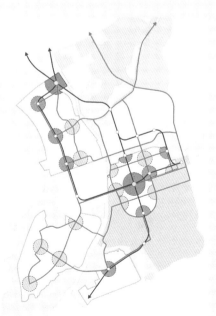

图4.22 呈贡新区用地规划图
（来源：中国城市规划学会、北京大学规划设计中心，2014）

图4.23 呈贡新区核心区用地规划图
（来源：中国城市规划学会、北京大学规划设计中心，2014）

市规划六项原则在新规划中充分融合，以创造多功能混合的宜居城市。这六项原则分别是多功能的小型街区、慢行专用道、单向二分路和减少宽度的主干道、适合步行的邻里社区、可步行到达的公园，以公交为导向的发展。目前10平方公里城市核心区已陆续按照低碳规划的理念实施建设。

随后由昆明市规划设计研究院编制完成了《昆明呈贡核心区控制性详细规划》，规划导则中提出了强制性控制指标，包括用地性质、用地面积、容积率、绿地率、建筑密度、建筑高度、停车位、商业/公寓建筑比例（混合用地）、公寓比（商业用地）、道路交叉口退线、建筑退线、机动车开口。另外有建议性控制指标，包括建筑贴线率、绿色建筑比例、太阳能屋顶比例、雨水利用率。另外控规文本中还提出了生活垃圾治理、再生水利用、公交站点覆盖率、职住平衡、配套服务设施、生态绿化等有关低碳生态的指导性指标。

表4.11是《昆明呈贡核心区控制性详细规划》内的控规文本和图则中有关低碳指标项。其中与绿色交通TOD理念相关的指标包括：混合用地的开发比例、公寓比（商业用地）、停车要求、公交站点覆盖率、职住平衡、配套服务设施等。

昆明呈贡核心区控制性详细规划指标　　　　　　　　　　　　　　　　　　表4.11

	指标项	指标值（可以是单一指标值或幅度值）	控制性要求	指导性要求
1	混合用地的开发比例	（20%、15%和10%） R/C(20%)是指混合用地中商业建筑面积占总建筑面积的比例上限为20%	●	
2	公寓比（商业用地）	40%	●	
3	停车要求	一般控制区：停车配建按规划技术管理规定执行； 过渡控制区：轨道站点 300~500m 范围，按一般控制区的0.75倍进行控制； 严格控制区：轨道站点 300m 范围，泊位按一般控制区的0.5倍进行控制。	●	
4	建筑贴线率	60%~70%		●
5	绿色建筑比例	100%		●
6	太阳能屋顶比例	100%		●
7	雨水利用率	100%		●
		保证至少50%的渗水面积/雨水停滞留空间		
8	生活垃圾治理	城市生活垃圾收集率达到100%，其中分类收集率达到80%，源头减量化率达到15%，生活垃圾清运密闭化率达到100%，生活垃圾无害化处理率达到100%，资源化率达到80%，医疗垃圾无害化处理率达到100%。		●
9	再生水利用	核心区再生水用量2.11万t/天		●
10	公交站点覆盖率	300m公交站点覆盖率为96.8%		●
11	职住平衡	公交枢纽3km范围内覆盖不少于其60%量的工作岗位		●
12	配套服务设施	以小尺度路网为骨架，通过用地的混合开发和大量公共绿地的建设，让人们在步行200m的范围内能享受到公园绿地和公共设施，降低人们对机动车的依赖，增加短距离绿色出行的比例。		●
13	生态绿化	新区层面城市地率达到50%,人均公共绿地达到20m²;核心区人均公园绿地面积14m²		●

(来源：中国城市规划学会、北京大学规划设计中心，2014)

4.6 水资源管理

城市水系统包含城市内存在的自然和人工水系统。其中自然系统包括河流、地下水、湿地、河口以及邻近的海口地区。人工系统包括给水厂、输配水系统、排水管道、污水处理厂以及雨（污）水回用系统。这两个系统是相互联系、密不可分的。而可持续性城市水系统将消除其中的消极方面，尽可能扩大积极方面的作用，应是一个能够长期提供所需服务、保护公共卫生和环境，以及最小化利用自然资源的系统[55]。然而，传统涉水规划中给水、污水、雨水、防洪工程、景观与湿地等专业规划分别进行，缺乏系统的协调和指导，致使社会水循环系统与自然水循环系统的联系中断，无法保证水生态系统的安全。为保障生态格局的安全，必须对城市水系统各项要素进行统筹安排，使城市用水、排水、防洪排涝和区域水资源综合利用相协调，对河流、湿地等生境的完整性与城市景观和开敞空间统筹考虑，实现高质量、高保证率的供水和高质量的水生态环境，实现人与自然的和谐相处[56]。

[55] 李树平，刘遂庆. 城市水系统可持续管理理论的研究进展[J]. 给排水，2007（11）：159-163

[56] 桂萍，孔彦鸿，刘广奇，等. 生态安全格局视角下的城市水系统规划[J]. 城市规划，2009（4）：61-64

4.6.1 低碳生态城市规划的水资源系统

我国生态城市建设面临的水问题主要包括：水资源短缺；产业结构和布局不合理；污水处理能力低；资源回收率低、污染物排放量大；城市雨洪问题越来越突出；排水模式落后。要整合自然与人工水系统，达到生态的水资源管理利用目的，水资源管理规划要按两个基本原则。

（1）节水减排原则：未来城市的水管理，应针对存在的问题，对城市水系统进行综合规划和系统管理，在合理充分进行城市规划分析研究的基础上，水系统管理应以节水、节能、减少污染物排放、提高污水循环利用为目标。

（2）生态循环原则：水是最重要的自然资源，它渗透到城市空间内生态环境的各个领域，是生态城市建设的重要载体。生态城市水系统不仅要能够保障对城市需水的供给，还要按水生态循环（雨水、地下水、地表水）原则，建立适合于城市生态可持续发展的水资源规划管理方案。

低碳生态城市水系统的构建需要建立水系统和城市综合水管理技术体系（图4.24）[57]。生态城市水系统应该满足以下几个方面的特点：控制和节约饮用水；减少产、排污水量；减少城市雨洪发生频率；有效利用污水中的有用物质；尽量减少对城市自然水系统水循环的破坏。控制和节约饮用水的需求量可以通过节水、雨水和污水的利用来实现；减少产、排污水量可以通过减少用水量和污水回用来实现；减少城市雨洪可以通过雨水的就地收集利用等措施；污水中有用物质如：氮、磷的回收利用，可以采用分流处理的方式实现。

[57] 李子富. 生态城市水系统的构建与展望[J]. 建设科技，2011（19）：32-35

因此，水资源管理在低碳生态城市规划中是一个重要的内容，而主要的理念是按照综合生态循环原理对供水、污水处理、再生水利用而至雨水洪水的管理等，达到减低资源消耗、循环利用和减低排放的目的。低碳生态城水资源规划建设就是以规划建设管理手段和技术等对水资源的分配、开发、利用、调度和保护进行管理，以求可持续地满足社会经济发展和改善环境对水的需求的各种活动的总称。

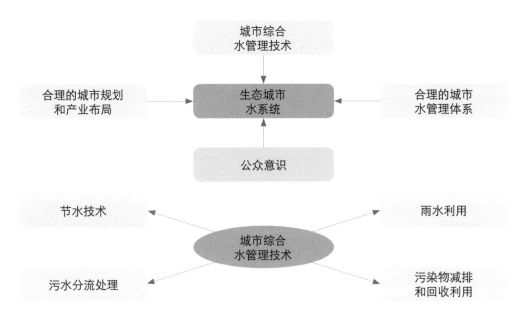

图4.24 低碳生态城市水体系与综合管理技术
(来源：李子富，2011)

4.6.2 低碳生态城市雨洪管理规划

低碳生态城市面对的一个水资源管理问题是雨洪管理。在城镇化的过程中，城市建设规模不断扩张。城市地表覆盖变化的一个重要特征是不透水地面取代了透水良好的林地、农田，导致自然水过程受到影响，水生态系统退化严重，同时，不透水地面的增加导致城市地表径流量增加，汇流时间缩短，在雨洪灾害的同时，城市却又面临着水资源短缺的问题。

生态雨洪规划包括以下五种原则：

（1）在设计中水文过程应该被视为一个整体来加以考虑。雨洪管理系统应该模拟自然水文过程，达到水量、水质以及自然资源保护的需求。

（2）通过微管理实现分散式控制。为了模拟自然过程，整个场地的管理应该被视为是由一系列相互连接和作用的小尺度设计组成的。这样的结构有助于为管理和控制提供灵活性，并形成自下而上的管理链条。

（3）源头控制。在径流产生的地方控制它们，以消除由于径流将污染物汇聚到下游的风险。

（4）整合利用自然生态的非结构性系统。用最简单的方法处理问题，低影响发展设计认可自然系统去除污染物的潜力，要充分利用土壤中的生物和化学过程。

（5）利用多功能的景观、建筑和基础设施。在规划和设计中有许多具体的低影响发展技术手段可供选择，首要的选择标准之一是既要满足设计需求又要实现调控的目标[58]。

[58] 赵晶，李迪华. 城市化背景下的雨洪管理途径——基于低影响发展的视角[J]. 城市问题，2011（9）:95-101.

生态雨洪规划中有传统雨水管网、最佳管理实践、低影响发展三个不同的技术与管理方法。

（1）传统方式是将雨水尽可能快地排入雨水管网，之后进入附近的水体。这样做虽然解决了场地的雨水问题，但是给下游水体的行洪带来了压力，径流中大量的污染物导致了下游水体的污染。

（2）"最佳管理实践"（Best Management Practices，BMPs）同样是雨洪管理的重要途径。最佳管理实践是通过收集、短时地储存或引导雨水按照设计流速渗透进土壤和下游的雨水设施，以达到减少径流、污染物及降低流速的目的，相对于传统的雨水管网系统有着明显的优势。

（3）"低影响发展"（Low Impact Development，LID）是在最佳管理实践基础上发展起来的新型的雨洪管理措施。在具体操作中，两者并不彼此独立，低影响发展中也会利用到最佳管理实践技术。两者都试图解决由于城市地区不透水面积的增加引起的额外径流和峰值流量猛增的问题。

最佳管理实践的首要目标是减少暴雨峰值流量，而低影响发展的首要目标是维持或模拟场地开发前的水文特征，使自然水循环不会因开发受到影响。最佳管理实践通常会在场地的末端位置设计较大型的集水设施，以解决对场地外流域的影响。低影响发展是通过分散的、小型的设施采用源头控制的手段将雨水吸纳在产生的地点，并且要求尽量多地利用场地中现有的景观。

场地开发前的自然水文状态是一个流量逐渐上升到达峰值后缓慢下降的过程。而在传统的雨水管网处理中，汇流时间很短，径流很快到达峰值，且峰值流量急剧增加。采用了最佳管理实践后，尽管峰值流量与自然状态相当，但是与自然状态下的水文过程略有出入。而与之相比，低影响发展最接近自然水文状态，峰值流量、径流总量都与自然状态相似。这也是低影响发展的最终目标：模拟自然的水过程（图4.25）。

	传统雨水管网	最佳管理实践	低影响发展
目标	将场地径流以最快速度排走	减少峰值流量	保持场地原始的水文特征
控制方式	直接排入管网	部分为场地末端控制	场地源头控制
流量控制	无法控制峰值流量，自然水过程遭到破坏	虽然很好地控制了流量，但与自然过程略有出入	不但控制了流量，水过程与自然过程相似
水质控制	无	可以净化水质	可以净化水质
模式	管网	集中的、大型的	分散的、小型的
所需空间	小	较大	较小
对场地的干扰	中度干扰或高度干扰	中度干扰或低干扰	无干扰或低干扰
与景观的结合	无	较低	较高
对自然资源的保护	无	中等	较高
维护	需要专业的维护	需要专业的维护	一部分可以作为日常的景观管理来维护
成本	较高	较高	较低
水文特征曲线	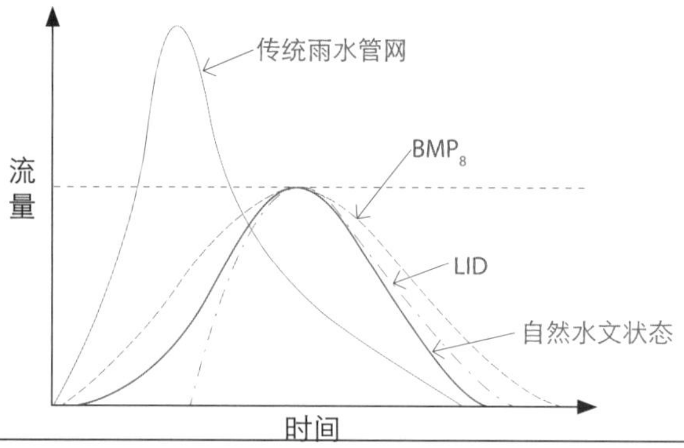		

图4.25 低影响发展、传统雨水管网、最佳管理实践三个方法的区别
(来源：赵晶，李迪华，2011)

4.6.3 生态雨洪调蓄系统规划方法

在低碳生态城市规划编制中进行生态雨洪调蓄系统规划，可以参考莫琳与俞孔坚建议以生态安全格局为基盘的流程[59]：

[59] 莫琳，俞孔坚.构建城市绿色海绵——生态雨洪调蓄系统规划研究[J].城市发展研究，2012（5）：4-8

（1）规划目标：

确定生态雨洪调蓄系统作为城市的"绿色海绵"，从雨水直接外排的传统排水模式向就地滞洪蓄水转变，利用透水铺装、植被渗沟、下凹绿地和湿地水体等景观要素，重建接近自然的水循环过程，将雨水分散蓄留、逐步净化和缓慢吸收，一方面增强城市对暴雨的适应能力，一方面利用雨洪水恢复湿地系统，营造具有多种生态服务的城市生态基础设施。

（2）规划技术路线：

规划先从场地的生态安全格局分析出发，判别在城市开发过程中需保护的斑块和景观廊道，再结合生态基础、设施布局，制定雨洪调蓄系统的空间框架；进一步配合城市道路定线和小区地块划分，逐层细化雨水管理区的结构和雨水控制指标，并对系统的雨水承载容量进行验证。

（3）雨洪规划空间格局构建：

从雨洪管理要求出发，以生态廊道为骨架，布置汇水廊道、水系和储水绿地，构建出场地雨洪管理设施空间格局。

（4）系统设计：

在生态雨洪调蓄系统中，设定以三个层次的雨洪管理区分别对应三个层级的雨水控制要求（表4.12）：三级管理区控制（一年一遇）降雨；二级管理区控制（两年一遇）暴雨；一级管理区控制（三年一遇）暴雨。在各级管理区配备相应设施，形成从地表径流源头开始层层滞蓄、逐级消减的雨洪调蓄体系。

本章下面以参考案例来解读在水资源规划方面的两个主要专题研究和专项规划：水资源节约和生态雨水处理。

三个层次的雨洪管理区 表4.12

管理区级别	雨水设施构成要素	作用	径流方向
三级管理区	小地块单元内依托小区绿化建设的下凹绿地	就地滞蓄小型降水，控制大雨初级阶段	设计标准内雨水尽量不外排，超标径流向二级管理区溢流
二级管理区	依托场地原有林网、小型沟渠改造建设的二级雨水廊道和蓄水坑塘	控制中型降水	容纳三级区溢流，超标径流向一级管理区溢流
一级管理区	依托区域大型沟渠、季节性湿地及带状防护绿地等建设的一级雨水廊道	调节大型暴雨，控制向下游排放速度	容纳二级区溢流，超标径流向区域自然水体排放

（来源：莫琳、俞孔坚，2012）

4.6.4 参考案例：中新生态城水环境规划

吴婷和胡雨村通过对中新生态城水环境规划的分析，提供了一个对生态城水资源节约利用实施的综述，这里引用作为参考[60]。

中新生态城的规划目标是以节水为核心，不断推进水资源的优化配置和循环利用，并构建安全、高效、和谐、健康的水系统。针对中新生态城水环境系统建设目标标准高以及生态城资源型缺水的特点，通过对雨水、再生水、海水淡化水等非常规水资源进行综合利用与合理配置，坚持分质供水和梯级利用的思想，从而达到中新生态城的规划目标，实现水资源利用的可持续发展。除了水环境系统建设目标，中新生态城还提出了高标准的水环境控制要求（表4.13）。

[60] 吴婷，胡雨村.中新天津生态城水资源节约利用研究[J].环境科学与技术，2012（6）：112-115

中新生态城水环境控制指标   表4.13

时限	控制性指标	指标
2020年	区内地表水环境质量	GB3838-2002第IV类水体水质要求
2020年	非传统水资源利用率	≥50%
即日开始	自然湿地净损失	0
即日开始	水龙头水达到直饮标准	100%
2013年	日人均生活耗水量	≤120 L·人$^{-1}$·d^{-1}
2013年	市政管网普及率	100%

（来源：吴婷、胡雨村，2012）

（1）中新生态城水资源利用模式

由于中新生态城对于水资源的利用有着高标准的要求，这也就意味着生态城不能采用传统的无度取用和随意排放污水的水资源利用方式。因此，根据中新天津生态城的总体规划，要对水资源进行可持续利用，建立科学合理的水资源循环利用模式，以达到建设环境保护、能源节约型社会的目的。中新天津生态城的水循环系统主要包括取水、用水、排水这三个子系统，各子系统又包括不同的内容。按照水源类型的不同，取水子系统主要包括地表水、地下水、外调水、再生水、雨水、海水等；按照用水对象的不同，用水子系统主要包括居民生活用水、工业用水、城市杂用水、生态环境用水等；根据用水对象排水方式不同，排水子系统又与取水、用水子系统有机结合形成一个网络，充分体现了生态城水资源多元化的合理配置（图4.26）。

(2) 中新生态城节水措施

a. 再生水利用

再生水又称中水，是指城市污水和废水经适当净化处理，水质改善后达到国家城市污水再生利用标准，满足某种使用要求，可以在一定范围内进行有益使用的水。再生水经过处理，有两种不同程度的回用：一种是将污水和废水处理到可以饮用的程度，另一种是将污水和废水处理到非饮用的程度。对于第一种，处理起来工艺复杂、投入成本高，因此一般只在极度缺水的地区采用。生态城污水设计达标处理率为100%，设计规划采用雨、污分流的排水系统，建立南、北两个污水收集系统，通过污水管道系统收集至营城污水处理厂集中处理，进行污水厂工艺改造，使出水同时执行城镇污水处理厂污染物排放标准（GB18918—2002）一级和污水综合排放标准（DB12/356—2008）一级标准。由于污水资源化具有投资相对较小、周期短、水量稳定、水源可靠以及不受气候影响等特点，这也使得再生水处理回用成为提高节水率和非传统水源利用率的重

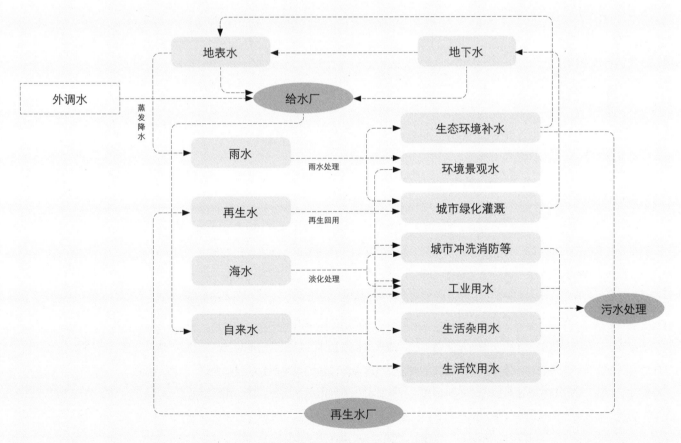

图4.26 中新天津生态城水循环系统

(来源：吴婷，胡雨村，2012)

要途径。再生水在生态城主要用于工业和城市杂用水，如绿化灌溉、道路广场浇洒、车辆冲洗、公建冲厕、区内水体的生态补水等。经过处理的再生水必须同时达到《城市污水再生利用城市杂用水水质》GB/T18920—2002的标准和绿化灌溉用水要求，并进行脱盐处理。

b. 雨水收集

雨水是城市生态环境用水的理想来源。雨水作为一种自然资源，具有污染轻、水中有机物较少、溶解氧接近饱和、钙含量低、总硬度小等特点，这也使得雨水的经济效益和生态效益都比较大。雨水经过收集处理后可用于生活杂用水、景观环境用水、工业用水等，但应达到相应的国家《城市杂用水水质》和《景观环境用水水质》标准。雨水的利用一般包括直接利用和间接利用两种技术措施。雨水的直接利用是指将渗透饱和后的雨水集中收集后进行社会循环，一般应用于降雨较充沛的地区；雨水的间接利用是指通过将雨水直接渗透到地下来增加土壤的相对含水量，主要是利用雨水的自然循环。根据生态城的地理环境、气候降水等特点，在进行生态城雨水利用系统规划时应将直接收集利用和间接渗透利用两种技术有机结合起来，考虑不同地区的具体情况和特点，采用经济合理的雨水利用方式。

根据生态城总体规划，生态城的设计规划采用是雨、污分流，这样能够经济有效地收集干净的雨水用于维持和改善城市生态环境。生态城分五个雨水排水分区，中部分区采用的是分散式排水的方式，其余四个分区则是通过雨水泵站将雨水排入蓟运河故道，设计每座雨水泵站的用地面积不超过$0.35hm^2$。这样通过采取一系列有效的雨水利用技术措施，生态城雨水利用率将达到70%，年可供雨水量将达到560万～700万m^3。

c. 海水淡化

海水淡化即海水脱盐，是指除去海水中的盐分而获得符合要求的淡水的过程。海水淡化主要分为蒸馏法（热法）和膜法两大类，其中多效蒸馏（MED）法、多级蒸馏（MSF）法和反渗透（RO）法是当今海水淡化的三大主流技术。除此之外，随着新技术的不断开发应用，尤其是纳米技术与仿生技术的发展，人们也开发出了许多比传统海水淡化技术更加节能环保的海水淡化新技术，如碳纳米管技术、正向渗透法、仿生学原理淡化海水等。海水淡化在技术上已被证明是可行的，于是其成本则成为人们最关心的问题……中新天津生态城位于渤海湾区域，拥有丰富的海洋资源，尤其是海水资源。海水可以直接作为工农业生产用水，也可以作为城市生活用水，如冲厕、马路洒水、消防、游泳等，其中以海水冲厕的应用最广、用水量最大。另一方面，海水淡化也是未来海水利用的发展趋势，将海水进行淡化利用，既适应生态城的区域特点，也体现了水资源的多元化配置……中新天津生态城作为生态示范城市，因地制宜地利用其优越的地理条件，开发海水资源为生态城提供优质的海水淡化水作为城市生活用水，这种方式不仅环保、能够节约资源、减少生态城区内供水设施的建设，同时也有利于生态城的供水管理，具有较强的生态性和示范性。

d. 优化景观绿地及其灌溉系统

由于生态城区内土壤盐碱化严重、可利用的淡水资源匮乏，因此在植被的选择上要优先考虑耐旱性和抗盐碱性强的植物物种。同时考虑受光度强弱、地势及地下水位高低、土层厚薄等因素选择不同的树种进行绿地种植结构的调配，使不同生物学特性的植物匹配不同的位置、高度、面积，从而营造出一个节水抗旱、自我调节能力强、结构稳定的生态植物群落。生态城区内以自然生态景观为主，通过植物种植、卵石散布等方式达到美化环境的目的，同时起到回收并且净化雨水的作用。

在景观用水方面，应尽量使用经过收集处理的雨水、废水等非传统水源，水质应达到景观用水标准。景观灌溉应采用喷灌、微灌、渗灌等比较节水的技术措施，根据气候的变化调节控制器或者采用温度传感器来节约景观灌溉喷水量，同时还应加强景观绿地灌溉节水管理措施，以规范景观绿地灌溉方式和灌溉时间的限制。

(3) 水资源管理规划导则

为了更好地规范管理生态城的各项节水措施，生态城编制完成了《中新天津生态城总体规划》、《给水专项规划》、《河道水环境专项规划》、《污水专项规划》、《雨水利用专项规划》、《再生水专项规划》等各专项规划。中新天津生态城管委会组织编制了"节水导则""安全供水与应急导则""非传统水资源管理导则"和"水环境管理导则"，这些导则构成了《中新天津生态城水务管理导则》，形成了一套具有生态城特色的、可以复制推广的水务综合管理体系，并将水务管理理念渗透到生态城节水措施的各个环节，体现了全面、系统、科学、合理、高效、可持续发展的节水理念。

生态城内建筑节水主要通过节水器具和节水装置来实现。节水型生活用水器具主要包括节水型水龙头、节水沐浴器、节水便器及节水便器系统、节水型洗衣机和自感应冲洗装置等。借鉴新加坡标准，结合生态城的实际情况，节水器具的使用应达到一定标准，如日人均生活耗水量不超过120L等。水价能最直观地反映水的重要性和水的价值，生态城能源投资建设有限公司对居民用水户人均日用水量超过120L的部分实行阶梯水价制度，从经济角度对居民节约用水起到一定的促进作用，提高居民节水的积极性。结合学校教育、社会教育，开展"节水宣传周"、"水资源教育"等宣传教育活动，强调水资源的重要性，提高居民的节水意识，养成良好的节水习惯。

4.6.5 参考案例：四川开江县城市总体规划实施低冲击理念

低冲击开发理念需要被引入城市总体规划之中，通过在场地竖向、道路系统以及绿地系统设计中的宏观控制，以期对后面的规划有所引导，从而更好地实现生态城市的建设目标。低冲击开发理念强调的是降低对一切原生态要素的冲击破坏，包括自然要素和人文要素。因此，如何在总体规划中降低对生态的破坏，延续生态雨水处理理念成为城市规划实践的重点。周智慧在四川开江县《城市总体规划中的低冲击开发理念运用策略研究》中有表述，这里节录作为参考[61]。

低冲击开发追求的是在城市开发建设中对各种自然生态要素以及人文要素最低程度的冲击破坏，根据开江县的具体情况，总体规划可以明确要求通过几个方面提出相应的设计策略，通过规划设计及技术手段保持、延续或恢复开发前的生态平衡状态。

- 场地竖向及安全
- 道路交通
- 绿地生态
- 城市空间

（1）场地竖向及安全策略

总体规划可以分别针对已建成区域和未开发建设区域提出不同的高差应对策略，关注场地开发前后雨水流量的峰值变化以及汇水的流速变化，通过划定雨洪管理分区、集水区域等保证地表水系统的安全，尽可能地保持生态系统中循环水量的平衡。针对不同区域，规划提出相应的雨洪高差应对及开发策略。对开发建设密度较低或还未开发建设的区域，尽量减少道路对空间、生态系统、水系统的硬性割断；对地势较低、遭遇洪水机会较大的场地，力争区域内实现土方平衡；对场地内部生态条件保留良好的绿地，结合现状的水系，构建区域内的生态水系统，道路两侧雨水可以就近直接排放至绿地，开发建设的用地雨水排放不依赖于道路系统；对地势较高、遭遇洪水概率相对较小的场地，其主要道路与干道进行衔接，区域内部实现土方平衡，保留干道周边的生态绿地，结合水系构建生态水系统，道路雨水就近直接排放至周边绿地；对已经开发建设的高密度区域，梳理该区域周边生态廊道，采取建筑底层全部架空或者局部架空的方式，创造抗风险能力较强的弹性空间。

[61] 周智慧. 城市总体规划中的低冲击开发理念运用策略研究——以开江县城市总体规划为例[J]. 室内设计，2013（2）：69-73

（2）道路交通策略

改变传统平原地区城市路网横平竖直的构建格局，顺应现状水渠河道以及浅丘地貌坡度，形成不同尺度的街区，适应不同功能的划分尺度和模式，降低道路对于空间、生态系统以及水系统的硬性割断，杜绝尺度过大的生活街区，营造紧凑型街区，满足各类用地需求；减少土方量，尽可能减少对地形地貌的破坏，形成线性优美的柔化路网；改变路面低于场地、连续路缘石的常规设计，使路面凸出，整体道路标高高于周边场地和绿化，取消路缘石的设置以便让路面水体快速排向周边场地和绿化地带；减少硬质路面面积，间隔设置绿化面积以配合排水需求，同时路面逐步替换为可透水沥青材料，既不破坏道路的原有功能，又可加强雨水入渗的效果。城市构建出良好的生态水系统以及绿化廊道，建立起多层次的雨水储存、缓存、延迟以及排放机制，以充分发挥其自身的生态功能；同时，将绿道向外延伸，对城区周边的……重要景观节点统筹考虑，纳入城市慢行系统规划。

（3）绿地生态策略

总体规划可以建议在规划区内运用水网络理念，借助建筑底部空间缓冲绿地等设置小型临时蓄水区域，顺应场地现有的水文肌理，构建水网调蓄和疏导排涝体系，使场地尽量保持开发前的保水功能，通过缓和及滞留用地，延长雨洪的滞留时间。规划区内丰富的水渠及山体形成的自然走廊为绿道建设提供了天然的线性空间，规划对中心城区道路两侧的绿化带进行拓宽，结合城市内部的开敞空间及规划的其他公园绿地、重要的商业步行空间等，将自然的线性廊道结合道路绿化带设置的绿道串接重要节点，构成城区的绿道网络。

（4）城市空间策略

总体规划内的城市空间布局应该顺应城市发展的客观规律。城市空间形态根据整体集聚、组团分散的空间结构模式，由紧凑集中型向组团型发展，规划结构性绿化廊道，使城市内部空间发展有边界，并实现有节奏的有机生长，而不是无节制的无限蔓延。各组团内部相对独立，由场地内部生态绿地、防护绿地及隔离带相隔，形成单元组团式的空间布局。组团之间由城市主干道相互联系。这种组团式结构可根据实际开发需求推进或叫停，实现有机增长，各自发挥不同的作用，共同完善城市职能，形成有机分散的组团式布局的空间整体。

4.6.6 参考案例：深圳光明新区详细规划实践低冲击发展项目

唐绍杰等针对深圳的低冲击发展（"低影响发展"LID）示范项目实施经验，把市政道路低冲击开发设计引入详细规划内容，对他们的实践有详细的介绍，下面节录该研究供参考借鉴[62]。

[62] 唐绍杰、翟艳云、容义平. 深圳市光明新区门户区——市政道路低冲击开发设计实践[J]. 建设科技，2010（13）：47-55

光明新区门户区是光明新区近期重点开发的片区，广深港客运专线光明火车站位于该片区。根据相关规划，该片区共有23条市政道路。为了将该片区打造成低冲击开发设计示范区，所有的道路均采用低冲击开发技术进行设计（图4.27）。

在深圳市实施低冲击开发设计需要遵循的法规及规划指引主要包括《深圳市光明新区雨洪利用规划指引》、《深圳市建设项目用水节水管理办法》、《深圳市雨水利用技术规范》（草稿）、《建筑与小区雨水利用工程技术规范》GB50400—2006，同时设计借鉴美国对传统暴雨管理（"最佳管理实践"BMPs）和最新的低冲击开发（"低影响发展"LID）的技术要求。这些指引的主要设计要求包括：

(1) 《深圳市光明新区雨洪利用规划指引》中对市政道路雨洪利用提出如下目标：市政道路（对应《深圳市城市规划标准与准则》S1类用地），开发建设后的综合径流系数为0.6。同时要求人行道应采用透水铺装地面。一般采用透水砖、草格等。路面雨水应引入两边绿地或隔离带绿地入渗，道路两边绿地和隔离带绿地宜低于路面100mm，并合理设计路牙，建设适当的引水设施以便雨水能自流入绿地入渗。

(2) 《深圳市建设项目用水节水管理办法》第九条规定建设项目应当采取以下雨水利用措施，使建设区域内开发建设后规定重现期的雨水洪峰流量不超过建设前的雨水洪峰流量；建设雨水收集系统时，应当有雨水处理措施，面源污染应当就地处理；绿地应当设计、建设雨水滞留设施，用于滞留雨水的绿地须低于周围地面。

(3) 《深圳市雨水利用技术规范》（草稿）中提出雨水综合利用目标包括削减洪峰流量、控制面源污染和对雨水进行收集利用。

(4) 《建筑与小区雨水利用工程技术规范》GB50400—2006标准中规定：雨水利用应采用雨水入渗系统、收集回用系统、调蓄排放系统之一或其组合。

表4.14为以上雨水综合利用技术标准、规范及法规目标的比较一览。

图4.27 深圳光明新区低冲击开发设计示范区

(来源：唐绍杰等，2010)

雨水综合利用技术标准、规范及法规目标的比较　　　　　　表4.14

标准、规范、法规	洪峰控制	综合径流系数	面源污染控制	雨水收集利用	综合雨水利用	技术体系
《深圳市光明新区雨洪利用规划指引》	●	●	●	●	●	
《深圳市建设项目用水节水管理办法》	●		●	●	●	
《深圳市雨水利用技术规范》（草稿）	●		●			●
《建筑与小区雨水利用工程技术规范》GB50400—2006		●		●		●

(来源：唐绍杰等，2010)

深圳光明新区详细规划实践低冲击发展项目的BMPs及LID技术主要包括：

· 滞留塘。滞留塘通过永久性池和延时滞留部分容纳径流污染控制量，从而降低洪峰流量和控制面源污染。滞留塘需要有足够的汇水面积或者地下水位以保证在旱季有基流可以维持塘内水位。

· 雨水湿地。雨水湿地是介于陆地生态系统和水生生态系统之间的一种特殊的生态系统，它具有地表多水、土壤潜育化和植物种类多等特点。湿地是自然环境中自净能力很强的区域之一，它利用自然生态系统中的物理、化学和生物的三重协同作用，通过过滤、吸附、共沉、等离子交换、植物吸收和微生物分解来实现对雨水的高效净化。

- 雨水过滤设施。雨水过滤系统是一种收集并临时储存雨水，之后通过砂、有机物、土壤等滤料对雨水进行过滤，从而达到净化雨水的目的的设施。雨水过滤系统与给水处理的过滤原理相似，都是通过各种滤料的拦截、吸附等作用对水中的各种非溶解物进行去除。雨水中的主要污染物是COD和SS，这些污染物通过过滤后一般都能大部分被去除。雨水过滤系统在过滤前设置了临时储存雨水的设施，滤料一般选择土壤、砂和有机质。

- 植被草沟。植被草沟宜用于道路、高速公路、居民区（干草沟）等用地。雨水在浅沟中是靠重力流输送的，所以浅沟的纵向坡度非常重要。取值偏小，则流速慢，污染物的去除效果相对较好，但渗透量增大，并且容易积水；取值偏大，流速随之变大，雨水损失量减少，但处理效果相对下降，甚至会造成冲蚀。

- 雨水入渗设施。雨水入渗一般采用如下形式：入渗沟、入渗洼地；渗透管沟及渗透井。入渗系统是采用天然或者人工的条件使得雨水渗透到地下的，这样既减少了雨水的排放，同时也能够涵养地下水。雨水入渗系统的设计需要详细考虑地下水（滞水层）的水位状况及土壤渗透系数。

- 植被滞留槽。生物滞留槽，又称作"雨水花园"，一般由预处理草沟（根据具体条件也可不设）、种植植物、浅层存水区、覆盖层、种植土壤层、沙滤层、砾石垫层、排水系统和溢流装置组成。生物滞留槽综合了目前大多数污染去除技术，包括存水区的固体沉淀作用、土壤层和沙滤层的物理过滤作用、植物吸附和离子交换作用及生物修复作用等。由于其功能的多样性，生物滞留槽已经成为城市面源污染低冲击设计技术中非常重要和最常用的BMPs之一。植物滞留槽可以应用于新开发区、现存开发区及高度开发区（可渗透面积为10%～20%），可结合城市景观需要广泛应用于购物中心、停车场、广场、学校、街道等公共区，同时也可以应用于一些可渗透性地区，如高尔夫球场等。

- 透水路面。透水路面是一种应用非常广泛的入渗形式，它既不破坏道路的原有功能同时也起到了雨水入渗的作用。

- 雨水收集装置。雨水收集装置在国内使用很普遍，其主要形式分为：天然水塘、地下收集池及各种收集桶。在《建筑与小区水利用工程技术规范》GB50400—2006中给出了雨水利用的设计规范。

- LID树池。树池是市政道路绿化一种非常常用的形式，将树池连接起来设计成LID树池是一种非常经济、景观性良好的雨水入渗方式。

4.7 绿色市政与生活垃圾管理规划

本书上面已讨论了低碳生态城市规划建设管理中的水资源管理。本章对绿色市政做出综述介绍，并介绍城市生活垃圾管理的专项研究。

4.7.1 绿色市政的理念

洪昌富等对绿色市政的内涵有比较完整的解读，本节引用他们的研究做出介绍[63]。"绿色市政"的基本内涵一般理解为：城市交通系统、城市水资源和供排水系统、城市能源系统、城市信息系统，它们具有系统性、基础性、先导性和公共性等特点。

"绿色市政"是指通过采用市政新技术，合理利用各种资源，构建创新型、环保型、知识型的现代化绿色市政设施体系，实现市政设施低碳化布局，同步实现市政设施的数字化管理，保障城市安全。市政系统的"绿色"建立于两个基本理念：第一，以更高效、优化、生态的系统实现节能减排。第二，以资源与能源的循环再生重建自然化的生产模式。作者整合洪昌富等的研究，对"绿色市政"理念内涵提出以下四个范畴：

[63] 洪昌富，高均海，郝天文，阙愿林. 北川新县城"绿色市政"规划技术方法与实践[J]. 城市规划，2011 (35)：71-75

(1) 雨水洪水管理：让建设开发对生态环境的影响减少到最低程度，城市与大自然共生。道路、竖向设计不影响基本的地形构造，不破坏主要的生态系统和碳汇林容积量，不影响城市的文脉及其周边的环境等。特别是在城市建设之后不影响原有自然环境的地表径流量。

(2) 水资源利用系统：构建多层次蓄水系统，减少开发对地表径流的影响；构建地块蓄水池、小区水塘、城市湖面三级蓄水系统；水系从中心区穿过，串联主要功能节点；建筑屋顶、道路雨水收集综合利用。

(3) 清洁能源系统：推广太阳能及其他新型能源的开发利用，将分布式能源站、新能源开发与智能中压电网有效融合，实行分价错峰用电，并在技术允许时将用户端富余电力上网出售，实现配电网与分布式能源站的互动，提高资源利用率。

(4) 生活垃圾管理：在城市中对生活垃圾的产生、收集、运输、贮存、再利用、处理直至最终处置实施全过程一体化管理控制。

为保证"绿色市政"理念的实施效果，必须建立规划、设计、施工一体的协调机制，重点协调市政规划中明确提出的规划理念、控制要素，这些不仅需要通过具体的技术设计在施工图中全面落实，而且要加强现场协调，以保证规划理念、技术设计在施工中的全面落实。要留意的重点包括：

- 系统规划、重点控制。主要控制市政重要节点，包含市政场站位置、规模、管线平面位置、交叉口竖向、管径、管材等元素，保证市政规划理念得以贯彻，重要元素得以落实；
- 对设计过程加强规划审查。在设计过程中，加强与众多施工图设计单位的沟通，在不同设计阶段及时向设计单位提供最新的规划成果及设计要求，并对设计成果进行规划审查，保证设计与规划的一致性；
- 对施工过程建立规划巡查机制。在施工过程中，建立现场巡查机制，规划单位参与现场巡查，及时发现施工过程中出现的问题，向设计单位反馈，并协助相关单位制定解决方案。

上面提出的"绿色市政"理念四个内涵的专题研究和专项规划，其中的雨水洪水管理和水资源已在本书前面有所介绍。清洁能源系统在本书后面的5、6章会讨论。本章下面主要介绍的是生活垃圾管理。

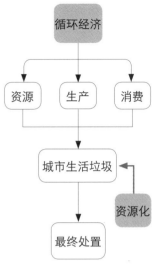

图4.28 循环经济在城市生活垃圾管理中的地位

4.7.2 生活垃圾管理规划

城市生活垃圾是城市居民在生活和日常活动中产生的综合废弃物。其对市容景观的破坏和对生态环境的污染不可忽视。目前我国在急速城镇化过程中，生活垃圾处理是一个重大的问题。如何妥善规划和管理这些与日俱增的生活垃圾已成为当前关注的热点，也是城市规划建设管理中的一个要应对的挑战。目前我国在城市/城区层面，生活垃圾的处理方式主要包括焚烧、填埋和堆肥。

低碳生态城市对生活垃圾的管理不是仅限于对废物的处理，而是从废物的产生、收集、运输、贮存、再利用、处理直至最终处置实施全过程一体化管理控制，这种系统的一体化管理观念就是把被动的废物末端处理转移到主动的防止废物产生上来。日本、德国、加拿大等发达国家的实践表明，循环经济理念为城市生活垃圾管理带来了全新的思路，它在城市生活垃圾管理体系中有着不可或缺的地位（图4.28）。循环经济的3R［减量化（Reduce）、再使用（Reuse）、再循环（Recycle）］原则强调垃圾不是问题而是资源，应该加以回收利用，实现物质从"摇篮—坟墓"到"摇篮—坟墓—摇篮"的闭合的良性循环，而不是简单地处置。

按照低碳生态城市总体规划要求，为实现城区生活垃圾处理减量化、资源化、无害化目标，必须制定科学的生活垃圾处理设施建设规划。通过对城区生活垃圾处理现状分析以及未来发展的预测，就生活垃圾处理存在的问题进行专项研究，提出规划建议。生活垃圾管理规划的专项研究与规划方法和内容大纲如图4.29。

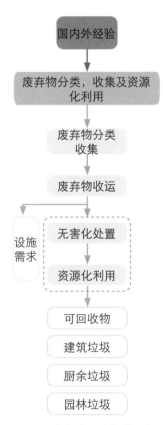

图4.29 城市生活垃圾处理规划的编制方法

4.7.3 参考案例：南京市的城市生活垃圾处置规划

李杨帆等对南京市的城市生活垃圾处置理念与规划提供了一个有关方面的规划案例，可以在这里节录作为参考[64]。

[64] 李杨帆，朱晓东，黄贤金.南京城市生活垃圾资源循环型管理模式研究[J].资源科学，2005（11）：167-171

自20世纪80年代以来，城市生活垃圾产量呈直线增长趋势，特别是20世纪90年代后期，增长尤为迅猛。预计到2010年将年产$200×10^4$t垃圾，对照目前的处理能力，尚有$100×10^4$t的缺口。这必须在规划期间着手规划、建设。否则，新世纪的南京城也将出现可怕的"垃圾围城"。南京城市生活垃圾处置理念的转变可通过金字塔和倒金字塔来反映（图4.30）。在线性经济下，填埋、焚烧等传统低效的处置方法居于金字塔的底端，意味着在处置方式中占优；而在循环经济下，避免、减量、回收、堆肥等新型高效的处置方法居于金字塔的底端，在处置方式中占优。

（1）生活垃圾处置方式比较

传统处置方式包括填埋法、堆肥和焚烧法等，它们在环境影响、经济性、工艺和循环利用层面上的比较见表4.15。针对传统处置方式不足和存在缺陷的地方，提出基于循环经济的新型处置方式：以避免、减量、回收方式为主导，以堆肥、焚烧、填埋等方式为辅的循环型处置管理模式，其优点是：操作环境好，处理垃圾较为彻底，遗留问题少；处理费用低，用地面积小；设备投资少，经济效益大；垃圾简单分拣，工艺简单；一般资源化处理后的建材产品可直接上市销售，利润较高等。

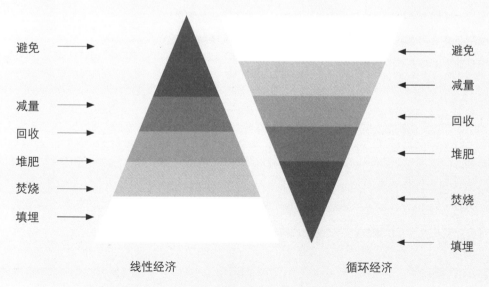

图4.30 城市生活垃圾处理理念从线性经济向循环经济的演变

（来源：李杨帆等，2005）

南京循环型城市生活垃圾管理在基本完成卫生填埋无害化基础上，以减少废物产生，增加废物资源循环使用、物资再生利用为原则，以垃圾分类收集为手段，以政策、服务收费等为导向，减少垃圾生成量，发展垃圾资源化，逐步实现可循环的、再生利用的、可持续发展的垃圾处理格局，并推进南京市垃圾管理的行业化、产业化发展。

（2）生活垃圾资源化

南京城市生活垃圾资源化主要包括减量化、分类收集和分类处置。从垃圾发生的源头采取管理措施，促使垃圾减量化。主要措施有：推行净菜上市，减少厨余垃圾发生量；限制过度包装，建立消费品包装物回收体系，减少一次性消费品产生的垃圾等措施；改变城市燃料结构，提高城市燃气化水平，减少垃圾中的灰分含量。从物流的源头开始，即从产品原材料的使用、生产过程、销售和消费到产生垃圾，直至最终处理，强调全过程管理，注重源头避免和减少垃圾产生。

城市生活垃圾再循环的方式有多种，当前来说主要有直接回收利用、制肥、焚烧发电等，但进行各种不同方式利用的前提是生活垃圾分类，包括分类回收和分类处置。在南京市市容环境卫生发展建设规划中提出了城市生活垃圾综合处置方法体系（图4.30）。垃圾分类回收是使废物变成再生资源、再循环利用的关键，也可减少垃圾运输、处理处置的工作量，减少垃圾对环境的污染，因此垃圾源头分类收集是垃圾循环型管理的关键。

垃圾分类收集应与垃圾分类处理相结合，并根据处理方式进行垃圾分类收集（图4.31）。分类收集的城市生活垃圾分别选择综合利用、堆肥、焚烧和填埋等方法处理。建立循环型垃圾管理体系首选综合利用方法，以回收再生或再循环使用垃圾中的有用资源。由于源头垃圾只是以几大类收集，对具有回收价值的同一大类垃圾在综合利用之前还需预选处理，以提高再循环使用价值，如纸品、塑料、金属、玻璃、纤维等直接可再生或再循环使用。

南京城市生活垃圾处置方式比较　　　　　　　　　　　　表4.15

	填埋型	堆肥型	焚烧型
环境影响	简易填埋存在二次污染，对周围环境有影响；操作环境较差	可实现无害化，对周围环境有影响；操作环境差	可实现无害化，对周围环境影响小；操作环境差；二噁英类化学物质污染
经济性比较	简易填埋费用低；卫生填埋费用较大；征地费用高；运输需多次周转	处理费用一般；租地费用一般；运输费用低	处理费用低；征地费用一般；设备投资高；场地使用少
工艺要求	工艺设备简单；坑底要做抗渗衬底；沼气要收集利用，要防止气爆；污水要导排处理	工艺设备简单；约有25%以上的残渣需要填埋；需分拣	专业设备、操作管理严格；能全天候运行；有15%~20%残渣；烟气需处理；污水需处理
循环利用	产生沼气可利用；填埋满后覆盖，三年后可作土地利用	可作肥料，但经济效益太差	蒸汽利用，余热发电，但成本高；金属回收；残渣利用

（来源：李杨帆等，2005）

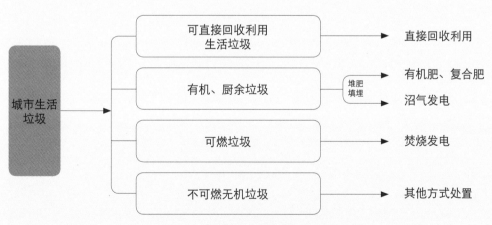

图4.31 南京城市生活垃圾资源化系统

（来源：李杨帆等，2005）

4.8　低碳产业规划

总体规划的编制内容需要支撑国民经济和社会发展规划内的低碳绿色产业经济要求，但目前一般的城乡规划中的产业专项规划内涵相对缺乏低碳绿色产业内容。低碳城镇化的政策目标要求通过地方的城市发展管理推动产业转型到低碳绿色的经济发展路径。总体规划需要进行对产业现状分析、明确低碳产业发展目标、提出产业体系与产业用地布局等政策与手段，形成总体规划内低碳产业规划的内容。

4.8.1　低碳产业的定义

低碳产业是指针对温室气体（主要是由于使用能源而产生的二氧化碳）的排放，采用新技术提高能源利用效率，降低能源的碳排放强度，以致单位碳排放的产业产出较高或较之原来有所提高的产业集合体；另外从广义上来讲，具有低能耗低污染特点的产业都可以称为低碳产业，也包括部分环境产业和绿色产业[65]。低碳产业所采用的新技术主要是指低碳技术，涉及电力、交通、建筑、冶金、化工、石化等部门以及在可再生能源及新能源、煤的清洁高效利用、油气资源和煤层气的勘探开发、二氧化碳捕获与埋存等领域开发的有效控制温室气体排放的新技术。

[65] 刘传江，章铭. 低碳产业与产业低碳化[J]. 湖北社会科学，2013(4): 81-84

根据上面的定义，可以从量化指标的角度对低碳产业进行诠释，即用能源效率、能源碳排放强度和碳生产率三个核心的指标来显示。

- 能源效率：产业产出与能源消耗的比率；
- 能源碳排放强度：所消耗能源的碳排放与该种能源消耗量的比率；
- 碳生产率：产业产出与碳排放量的比率。

与传统产业相比，低碳产业不仅要实现经济增长，而且要致力于节能减排和维持生态平衡，因此它具有经济和生态环境的双重效益，有以下五个特征：

- 能源消耗结构方面，更多采用清洁能源，化石能源的消耗比重较小；
- 能源利用方面，相比传统产业，能效高，表现在碳生产力的提高，即用更少的物质和能源消耗产生更多的社会财富；
- 技术方面，更多采用低碳技术，这里的低碳技术是指提高能效、提高产出效率以及使用节能环保技术，主要应用于能源利用、生产制造、包装运输等环节；
- 生产方面，在保证产值的前提下节约能源，同时降低对其他物质资源的消耗，既要节能节物，又要保证较高的产出效益；

· 产品方面，针对消费者的低碳消费观开发和生产具备节能、减排效果的低碳产品。

· 废弃物排放方面，从原材料采购到投入生产，再到包装运输和销售的各个环节减少温室气体及其他污染废弃物排放，即要求产业活动对环境的损耗降到最低。

想在总体规划内纳入低碳产业规划的内容，就需要了解一个基本的理念：低碳绿色产业的基础理论是碳生产力的提升。

碳生产力指的是单位二氧化碳排放所产出的GDP（国内生产总值），碳生产力的提高意味着用更少的物质和能源消耗产生更多的社会财富。碳生产力的另外一个表达是碳排放强度。碳排放强度是指与GDP相对应的二氧化碳排放率，即一国或地区在一定时期内单位GDP的二氧化碳排放量。2010年3月19日，中国社科院公布了评估低碳城市的新标准体系，这是迄今为止我国首个最为完整的低碳经济评估标准[66]。该标准具体分为低碳生产力、低碳消费、低碳资源和低碳政策四大类12个指标。其中碳生产力指标指包括单位经济产出的碳排放指标及能耗指标，其测量方法与中国现行的单位GDP 能耗指标及可能的全国碳排放强度指标一致。这一大类包括碳生产力以及单位产值能耗两个相对指标。如果一个城市的低碳生产力指标超过全国平均水平的20%，即被认定为"低碳"（表4.16）。

[66] 中国社科院领导决策信息编辑部. 社科院公布迄今最为完整的低碳城市评估标准[J]. 领导决策信息，2010（12）：18

中国社科院评估低碳城市的标准体系　　　　　　　　　　　表4.16

指标	项目内容
低碳生产力	包括单位经济产出的碳排放指标及能耗指标——其测量方法与中国现行的单位GDP能耗指标及可能的全国碳排放强度指标一致。这一大类包括碳生产力以及单位产值能耗两个相对指标。
低碳消费	包括人均能源消费和每户能源消费。可以通过消费指数考察对个人行为的影响。这一大类包括人均碳排放和家庭人均碳排放两个指标。
低碳资源	包括低碳能源所占份额，单位能源生产排放量及森林覆盖率。此大类包括零碳能源在一次能源中所占比例、森林覆盖率和单位能源消耗的二氧化碳排放系数。
低碳政策	考察低碳发展政策及规划的存在与否，相关规定实施所取得的成效及公众的认知水平。该大类囊括低碳经济发展规划，建立碳排放监测、统计和监管机制，公众对低碳经济的认知度，符合建筑物能效标准和非商业性能源的激励措施等。

（来源：中国社科院，2010）

4.8.2　低碳产业：行业的碳排放强度核算

低碳产业的专题研究最基本的工作是对规划范围内产业的碳排放强度有科学核算，作为低碳产业规划的基础资料。

作为低碳生态城市规划编制的专题，通过调研可以对规划范围内的市域和中心城工业行业的碳排放强度、单位用地产值和单位用地碳排放进行了核算，再根据数据研究工业能源消费碳排放的行业特征与差异，确定低碳发展的目标行业，实现产业结构转型推动城市低碳经济发展。

在中央推动低碳经济发展的形势下，我国不少城市目前还处于工业快速发展时期，工业化后期推动经济转型的潜力还需要一段时期才可以发挥出来。在平衡保障经济增长与推动低碳经济的前提下，在城乡规划编制过程中必须了解工业行业实际运行过程中的经济产出和碳排放情况，并以此为决策依据，研究制定低碳产业策略。

徐传俊与何为在研究江苏工业行业发展情况时提供了一个系统的调研行业的碳排放强度核算方法，下面节录作为案例[67]。

[67] 徐传俊，何为.基于低碳排放的江苏工业行业发展与调控路径研究[J].现代城市研究，2013（12）：89-96

（1）数据来源和研究方法

徐传俊与何为对行业的碳排放强度核算所用的数据主要来自于江苏省典型工业企业的调查。典型工业企业调查的目的在于借助典型工业企业的土地利用信息、经济发展水平、碳排放强度等认识它们所代表的工业行业的碳排放情况，以此建立起基于低碳发展战略的行业调控策略。

由于本研究涉及典型工业企业，所以需要先选择开发区，然后再在开发区内选择典型工业企业。研究基于开发区层面的调研，既有国家级开发区，也有省级开发。选择典型企业主要考虑：

· 企业当年销售收入或工业产值在开发区所有企业中处于中上水平；
· 每个开发区的典型企业数量为10 家左右；
· 按照开发区的主导产业，每个产业类型中选取2~3 家企业；
· 典型企业要投产两年以上，生产和经营情况正常。

（2）工业行业碳排放计算

按照IPCC（政府间气候变化专门委员会）的推荐做法，碳排放计算公式为：

$$C = \sum_{i-1} A_i \times F_i$$

其中,

C: 碳排放的直接量;

A_i: 活动水平(这里指工业行业的不同能源消耗量,单位为10^4t 标准煤;通过调研获得);

F_i: 能源 i 的碳排放系数(表4.17)。

依照研究的思路和公式,得到江苏省29 个工业行业的碳排放量、单位工业产值、单位用地碳排放、单位碳排放强度等指标(表4.18)。

主要能源种类的碳排放系数　　　　　　　　　　　　　表4.17

能源种类	碳排放系数
原煤	0.756
洗精煤	0.756
焦炭	0.855
其他煤气	0.645
焦炉煤气	0.355
原油	0.586
汽油	0.554
煤油	0.571
柴油	0.592
燃料油	0.619
液化石油气	0.504
天然气	0.448
其他石油制品	0.586

(来源:徐传俊、何为,2013)

(3)碳排放和单位用地产出聚类分析

研究就29 个工业行业的单位用地碳排放和单位用地产出特征进行聚类分析,得到聚类结果和不同类别单位用地工业产值的平均值、单位用地碳排放的平均值,把不同行业分为四类(表4.19)。

· 第一类包括:农副食品加工业,皮革、毛皮、羽毛(绒)及其制品业,化学纤维制造业,橡胶制品业,有色金属冶炼及压延加工业,通信设备、计算机及其他电子设备制造业六个行业,属于高产出中碳排放的行业。

- 第二类包括：食品制造业，饮料制造业，家具制造业，造纸及纸制品业，文教体育用品制造业，石油加工，炼焦及核燃料加工业，塑料制品业，金属制品业，通用设备制造业，专用设备制造业，交通运输设备制造业，电气机械及器材制造业，仪器仪表及文化，办公用机械制造业，工艺品及其他制造业，废弃资源和废旧材料回收加工业15个工业行业，属于中产出低碳排放的行业。

典型调研行业的相关碳排放强度数据　　　　　　　　　　　　　　　　　　　　表4.18

调研的工业行业	批准总面积/hm²	工业产值/万元	碳排放/万t	碳排放强度/(t/亿元)	单位用地碳排放/(t/hm²)	单位用地工业产值/(万元/hm²)
农副食品加工业	139.14	1231870	6.14	498.53	441.38	8853.62
食品制造业	138.14	985392	2.78	281.71	201.14	7140.06
饮料制造业	65.39	364574	1.95	535.05	298.31	5575.4
纺织业	690.2	3774257	157.73	4179.09	2285.27	5468.34
纺织服装、鞋、帽制造业	471.97	1801704	9.58	531.68	202.97	3817.42
皮革、毛皮、羽毛（绒）及其制品业	17.62	185785	0.13	68.93	72.67	10542.86
木材加工及木、竹、藤、棕、草制品业	91.09	272044	1.52	558.03	166.66	2986.55
家具制造业	14.57	107123	0.03	23.31	17.14	7350.08
造纸及纸制品业	132.53	902023	19.4	2150.66	1463.74	6806.02
印刷业和记录媒介的复制	10.49	40484	0.02	48.65	18.77	3858.71
文教体育用品制造业	26.54	154488	0.11	72.63	42.28	5821.04
石油加工、炼焦及核燃料加工业	148.1	1123084	18.32	1630.97	1236.83	7583.44
化学原料及化学制品制造业	682.62	5781227	810.76	14023.99	11877.19	8469.2
医药制造业	239.81	1017326	4.21	413.97	175.62	4242.25
化学纤维制造业	35.13	362062	5.18	1431.39	1475.09	10305.3
橡胶制品业	55.77	507142	2.08	409.73	372.57	9093.1
塑料制品业	126.36	862715	4.6	532.9	363.83	6827.43
非金属矿物制品业	249.81	1120635	74.02	6605.19	2963.11	4486.04
黑色金属冶炼及压延加工业	339.71	2301450	385.6	16754.44	11350.66	6774.72
有色金属冶炼及压延加工业	106.56	906794	6.35	700	595.67	8509.57
金属制品业	382.3	3081196	33.74	1095.04	882.57	8059.7
通用设备制造业	577.83	4725849	81.5	1724.62	1410.49	8178.56
专用设备制造业	403.05	2894052	11.03	381.3	273.78	7180.35
交通运输设备制造业	656.16	4943629	34.56	699.05	526.68	7534.16
电气机械及器材制造业	604.48	4319282	35.65	825.25	589.68	7145.41
通信设备、计算机及其电子设备制造业	402.71	4167920	55.1	1322.04	1368.28	10349.78
仪器仪表及文化、办公用机械制造业	71.84	506779	0.56	110.03	77.61	7053.8
工艺品及其他文化、办公用机械制造业	23.9	159830	0.12	72.9	48.76	6688.1
废有资源和废旧材料回收加工业	2	12780	0	27.76	17.74	6390

（来源：徐传俊、何为，2013）

- 第三类包括：纺织业，纺织服装，鞋帽制造业，木材加工及木、竹、藤、棕、草制品业，印刷业和记录媒介的复制，医药制造业，非金属矿物制品业六个行业，属于低产出较低碳排放行业。
- 第四类包括：化学原料及化学制品制造业、黑色金属冶炼及压延加工业两个工业行业，属于较高产出高碳排放行业。

工业行业碳排放的聚类　　　　　　　　　　　　　　表4.19

行业	属性	单位用地碳排放平均值（t/hm²)	单位用地工业产值平均值（万元/hm²)
农副食品加工业	高产出中碳排放	1368.28	10349.78
皮革、毛皮、羽毛（绒）及其制品业			
化学纤维制造业			
橡胶制品业			
有色金属冶炼及压延加工业			
通信设备、计算机及其他电子设备制造业			
食品制造业	中产出低碳排放	48.76	6688.1
饮料制造业			
家具制造业			
造纸及纸制品业			
文教体育用品制造业			
石油加工、炼焦及核燃料加工业			
塑料制品业			
金属制品业			
通用设备制造业			
专业设备制造业			
交通运输设备制造业			
电气机械及器材制造业			
仪器仪表及文化、办公用机械制造业			
工艺品及其他制造业			
废弃资源和废旧材料回收加工业			
纺织业	低产出较低碳排放	166.66	2986.55
纺织服装、鞋、帽制造业			
木材加工及木、竹、藤、棕、草制品业			
印刷业和记录媒介的复制			
医药制造业			
非金属矿物制品业			
化学原料及化学制品制造业	较高产出高碳排放	11877.19	8469.2
黑色金属冶炼及压延加工业			

（来源：徐传俊、何为，2013）

4.8.3 低碳产业专项研究与规划方法

对规划范围内产业的碳排放强度核算后，以收集的低碳产业规划的基础资料为依据，可以进行低碳产业规划。

我国低碳产业规划的探讨刚在起步阶段，参考资料相对缺乏。张泉等指出产业低碳化包含两方面的含义，一是发展本身就是低能耗、低排放的产业类型；二是发展以低碳技术为载体的产业类型，如新能源产业等。同样指出了布局导向和技术更新导向两种发展方向[68]。诸大建提出，城市的低碳产业发展主要有三个主要的手段：能源利用效率、可再生能源替代和碳汇、碳捕捉技术[69]。

虽然低碳经济思维是可持续发展目标的理念之一，然而它和城市规划决策之关系却相对较少被全面讨论。要全面推动循环经济，一定要了解循环经济概念在城市规划决策过程中的意义及其互动和影响。如果循环经济是以影响企业活动、园区建设管理、社会发展、区域内不同经济活动间的协同关系为政策目标，就必须和城市土地利用、建设布局、空间和形态等方面协同，总体规划是这个理念的重要实施政策平台[70]。

郭婧、顾朝林、杨保军在传统产业规划研究框架的基础上，从产业现状分析与评估、产业规划目标、产业体系构建、产业空间布局等四个方面引入低碳的视角和分析方法，提出一个低碳化产业规划的理论框架[71]。图4.32是低碳产业专项规划分析技术路径，可以分为五个部分：

(1) 产业结构演化与现状分析：根据碳排放强度和碳排放密度两个指标分析各产业门类的碳排放状况；另一方面，通过碳排放指标进行城市范围内的产业碳排放的空间分析，明确城市不同产业区的碳排放现状。

(2) 产业发展影响因素分析：按城市"十二五"规划中对于能源消耗、节能减排、碳排放量等方面的要求，估算出城市对城市碳减排的要求；另一方面，通过与其他类型相似的城市做比较，对城市的碳排放潜力进行估算。综合分析得到城市的碳排放量发展预测。

(3) 产业发展目标确定：可以通过相关文件直接获取产业碳排放目标；也可能需要通过对城市交通、建筑碳排放增长、碳汇增长的预测，结合城市碳排放量发展预测，间接得到产业碳排放的目标。

(4) 产业结构重构和转型：通过碳排放强度和碳排放密度两个指标作为识别的依据，识别出哪些产业是需要低碳化改造的；其次，通过这两个指标的交叉对需要低碳化改造的产业进行分类，包括哪些产业是需要空间转移的，哪些产业是需要向产业链的低碳化方向延伸的；而对于转移掉的产业用地，讨论承接怎样的产业类型。

[68] 张泉，叶兴平，陈国伟. 低碳城市规划——一个新的视野[J]. 城市规划，2010，34（2）：13-19.

[69] 诸大建等. 上海建设低碳经济型城市[M]. 上海：同济大学出版社，2011

[70] 叶祖达. 实施低碳城市经济路径：结合循环经济和城乡规划手段[J]. 北京建设规划，2010（4）：90-94

[71] 郭婧，顾朝林，杨保军. 低碳产业规划在城市总体规划中的应用研究：以北戴河新区为例[J]. 南方建筑，2013（4）：18-23

（5）产业用地空间布局：通过碳排放指标的计算或预测对产业规划之后的城市产业碳排放空间分布进行模拟，并与空间分布现状进行比较，核算每个地块的产业碳排放变化，对产业碳排放目标进行检验和反馈，从而对规划进行评估和相应的调整，得到一个合理的产业空间布局。

以上建议的低碳绿色产业规划分析技术路径，通过碳排放强度和碳排放密度两个指标实现了产业转移和重构过程中对产业的分类，并通过指标与产业空间的结合，有效评估了产业的空间布局调整效果。

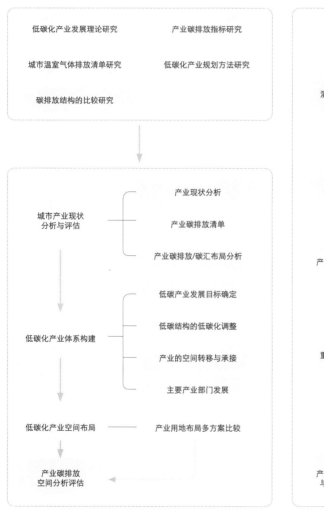

低碳化产业规划理论框架

产业规划低碳化研究技术路线

图4.32 低碳绿色产业规划分析技术路径

（来源：郭婧、顾朝林、杨保军，2013；笔者整理）

4.8.4 参考案例：北戴河新区总体规划

本章引用郭婧、顾朝林、杨保军发表的《低碳产业规划在城市总体规划中的应用研究：以北戴河新区为例》的实证研究作为参考案例[72]。

[72] 郭婧，顾朝林，杨保军. 低碳产业规划在城市总体规划中的应用研究：以北戴河新区为例[J]. 南方建筑，2013（4）：18-23

北戴河新区总体规划中的产业专项规划指出，从用地现状看，影响北戴河新区产业碳平衡的因素主要包括建筑碳排放和植被碳汇。专项规划对现状产业的碳排放与碳汇量进行计算，估算其年碳排放量（表4.20）。基本分析路径包括：

(1) 从各产业用地的碳排放密度进行估算和分析，得到现状产业的碳排放/碳汇密度（表4.21）。

(2) 进一步分析产业碳排放的空间布局状况，根据空间用地不同的碳排放密度进行分档，得到北戴河新区产业碳排放/碳汇密度布局，并划分为碳排放产业用地（建设用地）与碳汇产业用地（林地和耕地）。

(3) 分析碳排放/碳汇产业用地布局的总体空间特征，碳汇产业用地是北戴河新区的基底，碳排放产业用地沿海岸线呈现分散的块状分布之势；同时，布局存在着一定的问题，碳排放产业用地局部侵占了碳汇产业用地。

(4) 建议北戴河新区产业用地低碳布局方案：优先布局农业、林业等碳汇产业，在碳汇产业优先布局的基础上布局旅游、服务等碳排放产业。这保证了当地的碳汇产业用地质量，从而保证了碳汇总量。在碳汇产业布局优先的导向下，将现状产业碳排放密度分布图中的碳汇用地（碳排放密度小于零的用地）保留下来，保护了适宜发展碳汇林业、碳汇农业的地块。在保护的基础上，合理布局碳排放产业。

北戴河新区总体规划中提出的产业专项规划案例指出在低碳导向下的产业用地布局中需要注意的原则包括：

(1) 优先布局碳汇产业用地。农业、林业的碳汇机制为植被碳汇，植被的生长条件（如土壤、水分、气候等）对植被的碳汇能力有很大的影响，即碳汇产业对用地条件有更为严格的要求，因此应优先布局碳汇产业。

(2) 碳排放产业用地的布局需避让碳汇用地。碳排放产业多数情况下对用地的自然条件要求并不高，布局时可选择的用地范围广，因此应尽量避免侵占碳汇产业用地，保证碳汇体系的完整性。

(3) 碳汇产业的选择上优先考虑碳汇林业。林地的碳汇能力较强，同样规模的用地，相比于耕地、草地、园地等，布局碳汇林业能更大地提高地区的年碳汇量。

北戴河新区现状产业用地类型、规模与年碳排放量/碳汇量（2009年） 表4.20

产业用地类型	用地规模（hm²）	年碳排放量/碳汇量（万t）
旅游度假用地	146.7	0.2
商业用地	41.1	0.06
商务办公用地	59.9	0.12
文化娱乐用地	38.8	0.04
二类工业	84.9	0.82（估）
三类工业	3.4	0.99（估）
林地	2356.9	-1.62
耕地	22182.2	-8.54
总计	24914	-6.95

（来源：郭婧，顾朝林，杨保军，2013）

北戴河新区现状产业用地碳排放/碳汇密度（2009年） 表4.21

产业用地类型	碳排放/碳汇密度（t/hm²）
旅游度假用地	13.7
商业用地	13.7
商务办公用地	20.6
文化娱乐用地	10.3
二类工业	96.6（估）
三类工业	2911.8（估）
林地	-6.9
耕地	-3.9
总计	-3.7

（来源：郭婧，顾朝林，杨保军，2013）

4.9 循环经济规划

我国的《城乡规划法》强调乡、镇、村庄规划，明确提出不同层次规划的各自重点及与整体的关系。作者认为实施《城乡规划法》提供了一个把循环经济理念全面纳入城乡空间规划的机遇。《城乡规划法》的目的之一是加强城乡规划管理，协调城乡空间，促进城乡社会全面协调可持续发展。《城乡规划法》第四条，很明确地指出在制定和实施城乡规划时必须遵循的原则，其中包括"城乡统筹、合理布局、节约土地、集约发展……改善生态环境，促进资源、能源节约和综合利用"。明显地，循环经济生态规划在城乡规划中成为重要的指导理念之一[73]。

[73] 叶祖达. 《城乡规划法》：落实区域循环经济的机遇[J]. 城市规划，2006（12）：62-66

4.9.1 低碳循环经济理念

城市规划要达到支持城市迈向低碳生态发展模式的目的，就要通过空间规划推动城市生态资源循环的经济发展。低碳产业与循环经济是在一个区域或地区内，以低碳经济、循环理念及生态学原则在企业、园区和社会实现循环经济，将区域内的原料、废物的互相交换建立生态产业链，形成"资源—产品—再生资源"反馈流程，实现资源与能源消耗利用减量化，而令社会全面、健康及以低碳模式发展的重要手段。

循环经济的发展模式主要在三个层面推动：

(1) 企业层面：在企业层面实现小循环，推行清洁生产、节能降耗、减少物料和能源使用以及废物排放；

(2) 园区层面：主要在工业或农业园区的产业集群，使企业间的物质、能源和信息连接，产生投入产出关系，充分利用资源二次再用和废物利用；

(3) 社会层面：推动在社会层面达到大循环，目前主要通过废物回收、分类、再生利用及鼓励"绿色消费"，达到物质和能源循环。

以企业、园区及社会发展为实践循环经济理念的层次，目前在我国还是起步阶段。在企业及指定的园区层面，从推动和管理都相对直接，主体和地域都已有明确的定义，同时，两层次都可在单一的政府（市、县）管理范围内进行，在制定政策、鼓励手段和规范方面都相对容易。但要把循环经济理念落实到更大的地域（如区域及跨城市行政范围）和社会宏观层面，面对的挑战则比较大。

循环经济规律在区域经济层面上最能体现，主要资源投入和产出，以及废物和温室气体排放，都需要较大空间去优化资源循环的效应和效率；循环经济观要协调的生态系统、水系统、能源系统、废物处理系统都要利用在管理较大的地域手段落实，而此等自然、生态及社会系统都可在区域地理层面产生协同战略意义；低碳产业与循环经济要结合不同产业、城市和农村、生产和消费等关系。有关的资源循环关系都能在区域空间层面体现。

4.9.2 城乡规划实施循环经济的三个空间尺度

在城乡规划管理体系内，如果要以低碳循环经济的实施框架去推动低碳城市发展，在规划编制的阶段需要探讨低碳循环经济和城市空间规划的关系。城乡规划是透过土地利用和城市建设管理落实公共政策的决策过程。城市规划最后实施到空间层面，包括不同土地的建设用途、不同土地用途间的关系、基础设施配套和土地开发强度、空间形态及尺度等。要全面推动循环经济，就一定要了解低碳循环经济概念在城市规划三个空间尺度上的意义[74]。

[74] 叶祖达.实施低碳城市经济路径：结合循环经济和城乡规划手段[J].北京规划建设，2010（4）：90-94

（1）区域低碳循环经济和区域规划：城市农村结合

要在区域层面实施循环经济，而结合到区域空间规划决策范畴内，就是要建立城市、镇、农村三者在区域空间内的资源循环结合。有关的循环结合表现在物质和能源的交换上，其中可考虑以下三类：

能源。农村为城市再生能源提供来源。城市发展再生能源，除太阳能和风能外，生物原料亦为日渐普遍的方法。生物能源的原料主要在城市周边农村地带收集，如秸秆等再生物质。通过供求研究及建立物流安排，农村的再生物质可持续地支援城市地区的生物再生能源发展。要想统筹城乡发展空间推动循环经济，就要把能源切换落实。农村空间使自然再生能源，如太阳能、风能可大规模开发，同时，可支援城市社区和工业能源的需要。

产品。农村产品供应城市可原地加工。农村产品是城市社会日常生活需要的物质主要来源地。目前农产品的加工和副产品处理不一定在农村进行，而在产品原体运到城市后才进行处理，因而把产生的垃圾带到城市。然而，城市所有的废物又会按传统方法再运离城市到填埋区（通常位于城市近郊地带），在此过程中，所浪费的能源及传播的污染其实并不必要。在空间上结合农村和城市的布局，可鼓励进入城市的农产品尽可能在农村原地进行初级加工处理，增加产生的垃圾就地还田的机会。

废物。城市农村之间生产和生活废物的交换：在城市生活区产生的生活废物都可能是农村生产作物、种植的肥料。通过结合城市生活区废物的收集和处理物流安排，可以还原到农田的经济生产生态系统内。传统城市及区域规划思维将"城市"和"农村"用地以硬性的建设用地分区分割，此规划手段并不能有效地发展城乡循环经济系统。城市化的居住区（城镇）和周边农业、农村及农田之间在空间距离上要以方便建立循环经济系统为基础而一再协调，以达到减低物流及供应回收成本的目的。事实上，在日本、韩国以及欧洲的高密度城镇化国家及农业发展水平高的地区，农村和城镇的空间关系极为密切，两者用地及活动混合程度甚高。

城市和农村的循环经济结合需要同时建立城乡同尺度的环境保护法规及同标准的污染惩罚体制，以及推动能源和资源再用市场动力。在城乡规划角度，有关的规划规范、法规、设计及管理布局要求亦需要顾及，使城乡规划有符合循环经济活动的土地及建设准则和管理手段。图4.33是区域/城市整体的低碳循环经济体系。

（2）在城市建设区层面实践循环经济

在城市建设区规划层面实践循环经济，需要以非空间的角度先了解城市的本质。城市本身作为一个高度集中化的社会及经济活动载体，包含了大大小小不同之消费及排放环节，形成了一个综合的生态系统。

从此角度去分析城市空间，需要以资源投入产出及废物排放的系统来了解一个城市或者城市内

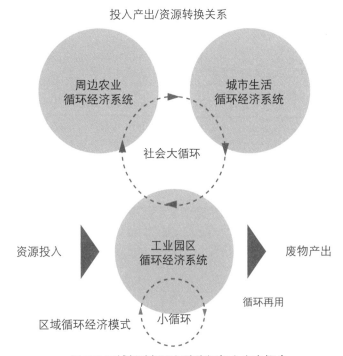

图4.33 区域低碳循环经济资源投入产出概念

某一地区的运作情况。传统的城市资源投入产出为单向系统：一方面，城市生活及活动需要大量资源投入（包括能源、水、食物及其他产业的生产作物、生产所需的材料等），才能支撑某一特定的消费和生活水平；但另一方面，城市却要大量排放有机、无机废物及污染，而此等排放又要求城市内的基建去处理，再排回农村及自然生态系统内。这一单向城市发展模式都被认为是不能持续的。因此，城市的社会经济系统必须大力推动节能减排及循环再用。

从城市规划的决策与管理过程角度来看，城市规划的编制及研究需要先对资源投入产出情况进行全面及科学的了解，对城市目前及未来对资源投入进行定量分析，才能进一步对不同城市发展规模、空间布局的方案做出科学比较，以科学的方法去优化城市规划的土地布局、规模、建设强度和生活方式。在城市建设区空间角度，制定符合循环型城市规划的土地利用结构和建设用地布局，特别考虑以创新思维提供符合节能减排的污水处理、垃圾处理、再生能源供应系统。分析土地利用、交通、产业、能源、植林等主要温室气体排放因素和对应手段。

（3）循环经济和小区规划设计

在区域城市规划中，微观的层次为小区设计。在此层面上，落实低碳循环经济的重要手段均在地块红线内房产开发方面。主要是依赖在二次开发小区规划和建筑设计中把不同的供水/废水处理系统、供电供暖系统，以及生活垃圾处理系统三者合并为一个低碳社区整合方案。当前在绿色建筑设计上应用的一系列节能减排方案和技术中有不少研究可作为参考。然而，当前的研究及实践大部分都注重个别节能减排指标的考虑，如节约用水、节约能源、废物回收等，未能把不同的生态资源循环系统以一个整合互动的投入产出关系进行全面考虑。

要落实低碳循环经济理念，就需要把同一生态系统内不同的资源互相连接代谢关系反映在小区的规划和设计方案上，建立低碳社区。要整合小区内的供水/废水处理、能源供应和废物循环再用技术为综合的生态系统，达到资源再用的循环经济效应。例如，废水原地处理为中水后，中水可作为小区内景观绿化灌溉之用；小区内景观绿化管理所产生的废物，连同小区内居民的生活废物，可再循环为堆肥用回绿化用途，又可经处理为沼气发电，供应小区内部分用电的能源；沼气发电和其他再生能源如太阳能和风能都可提供小区内电能的供应，再支持区内居民日常生活需要。在此循环系统下，资源使用效率会提高，而最后排放的废物量会减低。

要整合循环经济和城乡规划的协同作用，建议把上述区域循环经济具体落实在三个不同层次，和《城乡规划法》内不同层次的法定规划编制接轨，在宏观、中观和微观规划层次中，引入相关的循环经济理念，发展有关的规划目标、工具和手段，在多层面的空间规划中落实循环经济（图4.34）。

下面本章以两个案例来进一步解读专题循环经济研究和专题规划的内容，一个是北京市的循环经济发展规划纲要，另外一个案例是天津子牙循环经济产业区规划。

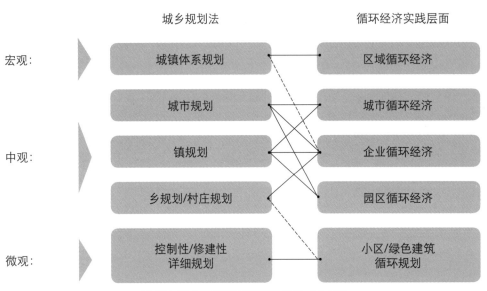

图4.34 城乡规划落实循环经济的三个层次

(来源：叶祖达，2006)

4.9.3 参考案例：北京市循环经济建设节约型城市规划纲要

地方政府近年已展开在城市层面的循环经济规划工作，有关规划目标与政策手段等内容与大纲可以作为低碳生态城市规划编制内的循环经济专题进行研究参考，并纳入为法定总体规划内容的一部分。

北京市《加快发展循环经济建设节约型城市规划纲要及2005年行动计划》[75]纲要指出"循环经济是以资源高效利用和循环利用为核心，以'减量化、再利用、资源化'为原则，以低消耗、低排放、高效率为基本特征，符合可持续发展理念的新经济增长模式"。提出的循环经济发展目标为：

- 能源利用效率达到40%；
- 万元GDP能耗下降到0.89t标煤；
- 优质能源和可再生能源在终端能源消费中的比重提高到80%以上；
- 万元GDP取水量不超过62m³；
- 城市再生水回用率达到50%以上，工业用水重复利用率达到93%；

[75] 北京市人民政府办公厅.关于转发市发展改革委《加快发展循环经济建设节约型城市规划纲要及2005年行动计划》的通知（京政办发[2 0 0 5]2 7号）.（2005-6-20）

- 工业废弃物利用率达到80%以上；
- 城镇生活垃圾的综合利用率达到30%。

在具体政策与工作方面，提出的六项主要行动：

(1) 编制规划，制定标准，完善政策，加强宏观指导。组织编制《北京市循环经济发展规划》、《北京市节能中长期规划》等规划；研究制定《公共建筑空调采暖、制冷室内温度节能监测标准》、《公共建筑中央空调系统风机节能监测标准》等标准；完善产业、价格、财税、投资及激励等政策体系建设。

(2) 强化法制建设，提高执法能力，建立服务队伍。开展有关发展循环经济和节能监测管理等立法调研工作；做好建立健全有关节水、清洁生产审核、废旧物资处置、可再生能源利用等法规体系的相关工作；加强执法能力建设，建立节能专业服务队伍。

(3) 推进循环经济体系建设。推进企业开展清洁生产。选择石化、电力、医药、电镀等行业中的15家企业作为清洁生产试点；建立重点行业清洁生产审核中介咨询队伍；鼓励企业之间资源延伸利用；建设资源循环利用的工业生态园区；加强农村、农业生态建设；支持全社会实现资源的循环利用；推进废旧物资利用的专业化、产业化、市场化水平，全面推进废旧物资的分类收集和分类处置；实现垃圾的减量化、资源化、无害化。

(4) 开源节流，狠抓资源节约。调整能源结构，强化节能管理。进一步优化能源结构，提高优质能源在终端能源消费结构中的比重；强化节能管理和节能改造。提高土地利用效率，缓解土地需求压力。建立并完善土地利用评价体系，分类提出项目用地的容积率、投资强度、产出率等控制指标，调控好土地供应总量和结构。降低水资源消耗，加快建设节水型城市。以节水为先，治污为本，管理雨洪、再生水利用为宗旨，强化工业、农业、服务业的节约用水。严格执行用水定额和用水指标控制制度。

(5) 调整产业结构，实现资源优化配置。坚持做大三产、做强二产、优化一产的产业发展方针，严格限制高耗能、高耗水、高用地、高污染的项目建设。在实施首钢搬迁调整规划中，充分体现循环经济理念。

(6) 加大宣传力度，提高公众意识。广泛进行宣传报道，组织好每年的节能、节水宣传周活动，提高民众的环境和资源意识，使民众自觉参与到资源利用、资源节约的活动中去。

4.9.4 参考案例：天津子牙循环经济产业区规划

（1）规划研究背景

在编制天津子牙循环经济产业区规划时，首先探讨了工业代谢的系统分析方法。通过产业生态分析明确工业区的定位和生态耦合的研究思路，通过物流能流和投入产出分析整理前期的物质和能量的相关估测数据，形成较系统的工业代谢分析，从而建立各资源量之间的动态联系，通过指标体系评估工业区规划绩效。在工业代谢分析的基础上，针对物质的投入提出建议，进行了敏感度分析的探索，评估相关建议对指标的影响。规划的专题研究还重点讨论了工业代谢分析与综合资源管理战略，以及空间规划优化建议之间的关系[76]。

工业代谢方法是基于模拟生物和自然界新陈代谢功能的一种系统分析方法[77]。它从自然界生物代谢视角考虑经济系统内的物质流动，将循环经济理念具体化到工业流程中。工业代谢的概念可以由图4.35表示。

工业代谢关注的对象大部分是基本的物质/资源流动，可以是某种物质成分的代谢，可以是某个生产流程，同时，也可以应用到整个工业园区的分析中。但工业代谢分析的运用并不仅仅局限于物质与资源的流动本身，它所提供的清晰的分析结果可以作为空间规划层次问题探讨的基础。这一工具与空间规划相结合的探索，是低碳生态城市规划需要考虑的专题研究和专项规划之一，分

[76] 叶祖达，田野，王静懿. 工业代谢方法在生态产业园区规划中应用[M]// 2009中国城市规划年会学术论文集.

[77] 王军锋. 循环经济与物质经济代谢分析[M]. 北京：中国环境科学出版社，2008.

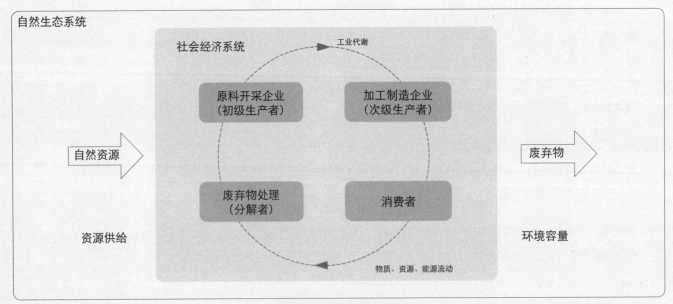

图4.35 工业代谢流程图
(来源：叶祖达、田野、王静懿等，2009)

析工业代谢在生态工业园区规划中的应用，不仅包括利用工业代谢的思想分析生态工业园区的物质流、能源/资源流，更包括了在此分析基础上，对综合资源管理以及空间规划优化的指导。

天津子牙循环经济产业区位于天津市的西南部分的静海县，规划研究范围是50km²，包括工业区和居住科研区，两个区域之间为林下经济隔离带（图4.36）。该地块处于环渤海经济圈首都拓展带之内，其独特的地理位置和便利的交通条件，十分有利于循环经济原料的供应和产品的输出。子牙地区于20世纪80年代开始兴起废弃物拆解业，2001年，市环保局与静海县政府在子牙镇共同规划建立了子牙环保产业园。子牙循环经济产业区的主要产业为静脉产业，包括报废汽车拆解业、废旧轮胎及橡塑再生利用业、废旧机电产品拆解业，以及废旧电子信息产品拆解业。这一独特的定位决定了子牙首先在宏观循环经济中起到了举足轻重的作用。如果把宏观经济看作一个生态系统，子牙在这个系统中的生态位置就是"分解者"，即把宏观经济的废弃物转换成原材料再利用。因此，在子牙开展循环经济规划具有双重的意义。

（2）城乡规划中的循环经济研究方法

工业代谢的基本分析流程对园区规划有指导意义（图4.37），要建立起一套系统的工业代谢分析方法。首先要分析园区的物质流动，并用投入产出分析的相关研究方法总结整体物质流动；接着，对能源/资源的利用也做了同样的分析。以此为基础，一套工业区的指标体系得以建立，并用以评估整个工业代谢流程的绩效。在此过程中，还利用敏感度分析对园区未来可能的变动因素进行了考量。

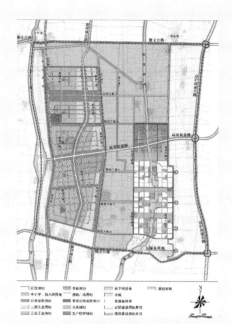

图4.36 天津子牙循环经济产业区总体规划远景用地规划图
（来源：叶祖达、田野、王静懿等，2009）

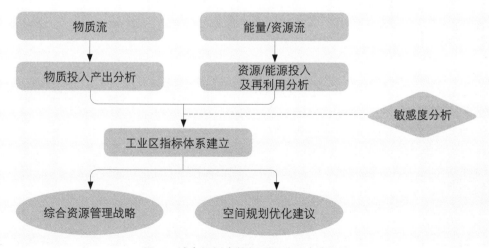

图4.37 城乡规划中的循环经济研究流程图
（来源：叶祖达、田野、王静懿等，2009）

(3) 物质流及投入产出分析

物质流分析主要研究物质从开采、生产、消费、回收到最终处置全过程的代谢，并分析物质流对于环境的影响。既包括宏观与中观层面的区域物质流分析，也可以是微观层面对企业的物质流分析。规划研究所用到的物质流分析，介于微观与中观层面之间，是通过对各产业物质流分析的"耦合"，形成工业区的物质流体系。所谓"耦合"，是指两个（或两个以上）体系或运动形式之间各种相互作用和彼此影响的现象。这一概念运用到工业园区的建设中，既可以指导企业内部的清洁生产，企业之间复杂的物质资源能量交换，也可以指导园区与整个区域生态经济的相互影响。通过"耦合"的概念指导各产业之间的物质流分析，可以清晰地看到园区内部在物质交换上所存在的机会，为加强产业间联系、减低运输成本奠定基础。

在子牙循环经济规划中，根据天津理工大学前期所做的相关产业规划资料，以及园区企业的现场走访，评估和预测了园区2020年和远景所对应的各产业的投入产出。由于子牙园区以拆解业为主，因此，主要的投入为废弃的汽车、机电、电子和橡塑产品，主要的产出则是铜、铝、铁、橡塑和其他原材料。通过物质流分析，建立工业区物质流分析图（图4.38）。

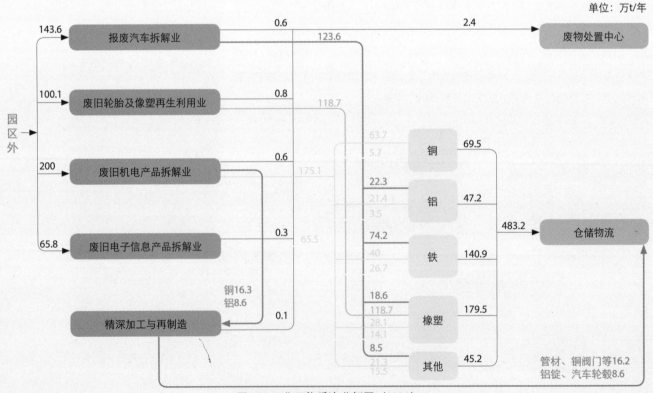

图4.38 工业区物质流分析图（2020）
(来源：叶祖达、田野、王静懿等，2009)

（4） 资源/能源流及投入再利用分析

资源/能源的流动是工业代谢的重要部分。自然界的资源作为生产或生活的原料输入到经济系统中，经济系统所产生的污染物流入到自然系统中。通过资源/能源流分析图，和资源/能源投出与再利用表的建立，反映资源/能源的投入及废弃物的产出关系。资源/能源流分析和物质流分析均以工业区为研究对象，但物质流分析的重点在产业，包括原料、产品/副产品和废弃物，而资源/能源流的分析则需要涵盖科研与居住区、与工业区的资源/能源交换。工业区作为宏观经济的一部分，其资源和能源的消耗并不是孤立的，而是作为整个社会"生态系统"的一分子，工业代谢也是整个社会资源/能源代谢的一个有机组成部分。资源流的分析主要包括水资源利用、废水的产生与再利用；能源流的分析主要包括了电力和热力的供需，以及清洁能源、可再生能源的使用（图4.39）。

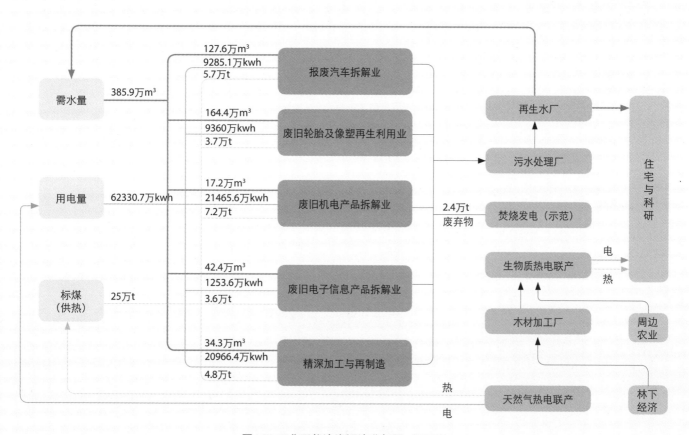

图4.39 工业区能流资源流分析图（2020）

（来源：叶祖达，田野，王静懿等，2009）

（5）工业区指标体系

物质流、资源/能源流的分析是工业代谢的基本分析，这些分析，尤其是物质投入产出，资源能源投入再利用表格的建立，为量化评估工业区绩效提供了基础。而量化评估的工具，则是指标体系。

2006年，国家环保总局发布了综合类、行业类、静脉类生态工业园区的标准，规范了园区建设的条件、指标，包括数据采集和计算方法。园区规划中的循环经济指标体系建立在一个规划的实践中，是贯穿整个规划过程的。从一开始根据指标体系设立规划目标，到项目中不断根据指标体系评估、反馈、调整规划内容，直到最后用指标体系评估规划表现，是一个"循环"的过程。指标的确立，经过了与甲方，及其他中外专家反复探讨的过程。而指标的评估，一部分来自于投入产出表，一部分来自规划的其他条件，一部分是提出达标值的控制性指标。子牙循环经济规划的工业区指标体系共建立了32个指标，涵盖了经济、资源循环利用、污染控制、管理四个方面。评估表明，子牙循环经济产业区的规划表现达到或超过了国家规范的相关要求（表4.22）。

（6）　工业代谢分析对规划的指导

循环经济专题研究的工业代谢分析在指导园区规划，主要包括综合资源管理战略和空间规划优化建议。

a. 综合资源管理战略

工业代谢中的资源能源分析已涵盖科研与居住区、与工业区的资源能源交换的思想，这就形成了综合资源管理战略的基础。综合资源管理战略一般需要包括能源、水资源、废弃物三个部分。

在能源战略方面，在工业代谢中已经分析了工业区电力和热力的需求特点，结合对居住与科研区的用能量分析，可以总结出整个产业区的能源需求，同时，能源供给战略分析了本地的清洁能源和可更新能源，并提出了通过热电联产来提高能源供给效率的建议。由于子牙的拆解业能耗相对较低，因此利用余热的可能性不大。但今后在其他的相关生态工业园区规划中可以充分考虑这一点，利用工业的余热供给民用热力需求。

在水资源战略方面，根据工业代谢分析，可以得出工业区的总需水量，以及可以使用再生水的部分，包括工艺用水（冷却水）和生活杂用水。结合居住与科研区的用水排水量分析，建议在工业区建设再生水厂，出水依次回用工业、居住与科研、林下经济区和道路绿化用水。

在废弃物战略方面，工业代谢已经对工业区的总的废弃物产生量进行了分析。由于子牙地区拆解业以人工为主，产生的废弃物较少，因此，建议垃圾发电仅作为示范项目进行。

子牙循环经济产业区指标体系　　　　　　　　　　　　　　　　　　　　表4.22

指标		单位	目标值		指标评估	
			2020	远景	2020	远景
经济指标						
1.1	人均工业增加值	万元/人	≥10	≥15	11	16
1.2	静脉产业对工业增加值的贡献	—	≥95%	≥90%	95%	90%
1.3	土地产出率	万元/亩	≥280	≥360	280	363
1.4	能源产出率	万元/t标煤	≥30	≥45	33.6	47.4
1.5	水资源产出率	万元/m³	≥2.2	≥1.6	2.2	1.6
1.6	投资强度	万元/亩	≥80	≥90	≥80	≥90
1.7	经济产投比	—	1.6		1.6	
1.8	环保投入占GDP的比例	—	≥3%		≥3%	
1.9	科技投入站GDP的比例	—	≥3%		≥3%	
资源循环利用指标						
2.1	废物处理量	万t/年	≥500	≥900	510	940
2.2	工业用水重复利用率	—	≥80%	≥90%	≥80%	≥90%
2.3	拆解机械化率	—	≥90%	≥95%	≥90%	≥95%
2.4	电子废物资源化率	—	≥90%	≥92%	99.50%	99.50%
2.5	报废汽车资源化率	—	≥90%	≥92%	99.50%	99.60%
2.6	废旧轮胎资源化率	—	≥94%	≥94%	99.20%	99.40%
2.7	废塑料资源化率	—	≥95%	≥95%	99.30%	99.40%
污染控制指标						
3.1	单位工业增加值固废产生量	t/万元	≤0.02	≤0.02	0.02	0.02
3.2	单位工业增加值废水产生量	t/万元	≤2.9	≤2.6	2.9	2.6
3.3	向大气中排放的SO2量	t/年	≤477	≤867	477	867
3.4	向大气中排放的COD量	t/年	≤138	≤279	138	279
3.5	危险废物安全处置率	—	100%		100%	
3.6	入园企业污染物排放达标率	—	100%		100%	
3.7	集中式污水处理设施	—	具备		具备	
3.8	废物集中处理处置设施	—	具备		具备	
管理指标						
4.1	园区环境监管制度	—	健全		健全	
4.2	入园企业的废物拆解和生产加工工艺	—	达到国际同行业先进水平		达到国际同行业先进水平	
4.3	园区绿化覆盖率	—	≥33%	≥37%	≥33%	≥37%
4.4	信息平台的完善度	—	100%		100%	
4.5	园区旅游观光、参观学习人数	人次/年	≥5000	≥10000	≥5000	≥10000
4.6	园区编写还价报告书情况	期/年	1		1	
4.7	开展清洁生产企业比例	—	100%		100%	
4.8	通过ISO14001认证企业	—	80%		80%	

(来源：叶祖达，田野，王静懿等，2009)

b. 空间规划优化建议

根据工业代谢分析，确定了工业区规划优化的五个空间规划布局原则：

- 精深加工制造业合理用地面积。根据天津理工大学编制的《天津子牙循环经济产业区产业发展规划》，精深加工制造业原料铜和铝来自于园区内废旧机电拆解业。但工业区废旧机电拆解业产生的铜和铝并未全部作为精深加工制造业原料。如果区内精深加工制造业产业消化工业区内废旧机电拆解业产生的全部铜和铝，需相应增加精深加工制造业用地。建议在不改变近期原有建设规模的基础上，在远期开发用地内增加精深加工制造业用地约2.5km²。

- 优化关联产业间的物流效率。由于精深加工制造产业原料全部来自于园区内废旧机电拆解业，相对而言这两个产业间的联系更为紧密，而在原规划中废旧电子产品拆解用地与精深加工制造业的用地相邻，因此建议调换目前规划废旧机电拆解用地与废旧电子产品拆解用地，降低物流成本，提高物流效率。

- 分组团内部合理比例及优化布局。废旧机电拆解业与精深加工制造业是上下游产业的关系，其用地面积关系，不仅仅在整个工业区范围内保持合理的比例关系，在每个组团内部也需要保持合理的比例和空间布局。工业区的发展将是由主要道路划分的分组团由南至北发展模式，目前各组团内废旧机电拆解和精深加工制造业的用地的比例是不一致的。建议保持每个组团内两个产业用地的比例合理，使组团内精深加工制造业可以消化废旧机电拆解业产生的铜、铝原料，以此保证产业链的高效率运行和物流的优化。

- 工业区分期发展战略。通过现场调研及访谈，园区入园企业的实际投产时间、规模等需要较大的弹性空间，规划宜予以考虑。根据发展需要，将一期用地划分为六个发展组团，由南至北分期发展，每个发展组团为1～1.5km²。

- 仓储用地的适当分散。通过现场调研及了解，工业区现状有部分仓储用地，而规划的仓储用地集中在一期用地的中部，离近期开发的组团有一定的距离。结合建议的分期发展战略，工业区近期发展仍需要便捷可行的配套仓储设施，建议将规划仓储用地在满足总体用地要求条件下适当分散发展，满足阶段式发展需要。

第四篇
基础知识II：
低碳生态城市——城市能源与节能减排

国家的城镇化政策明确提出将节能减排作为指导未来城市发展的目标，从城市规划建设管理的角度，决策者与管理部门都需要通过建立一套城市规划可以应用的节能减排政策手段，分析目前城市规划的内容，提出节能减排目标对总体规划任务的进一步要求。然而，目前的挑战是城市规划工作者对能源和节能减排的基础知识认识可能不足，面对节能减排问题时可能会产生误解，或觉得与其他专业工作者在沟通方面有技术知识上的局限。如果我们需要城市规划决策者以城市建设的节能减排角度去了解低碳城镇化建设，有效推动低碳城镇化，达到控制气候变化的目的，我们需要对相关的基础知识有一个比较全面的了解。

为了协助城市规划专业工作者可以把握在城市规划建设管理领域涉及的主要能源和节能减排问题，本书第四篇集中介绍城市规划建设决策与管理目前面对的一个新的知识领域：城市能源与节能减排。本篇的内容分为两部分：新型城镇化与节能减排、城市规划中新能源应用与需求侧能源规划（图5.1）。

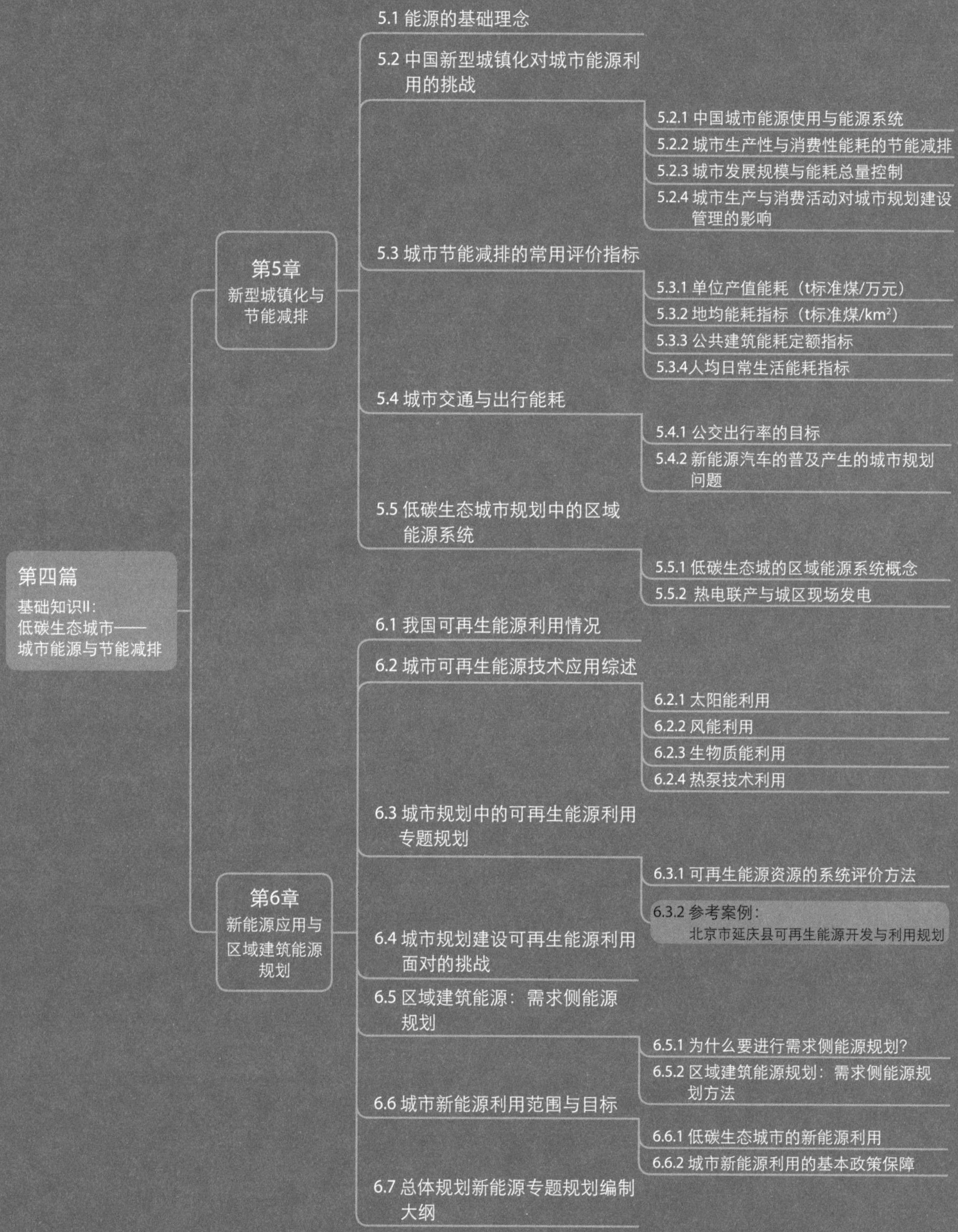

5.1 能源的基础理念

5.2 中国新型城镇化对城市能源利用的挑战

　　5.2.1 中国城市能源使用与能源系统
　　5.2.2 城市生产性与消费性能耗的节能减排
　　5.2.3 城市发展规模与能耗总量控制
　　5.2.4 城市生产与消费活动对城市规划建设管理的影响

第5章 新型城镇化与节能减排

5.3 城市节能减排的常用评价指标

　　5.3.1 单位产值能耗（t标准煤/万元）
　　5.3.2 地均能耗指标（t标准煤/km²）
　　5.3.3 公共建筑能耗定额指标
　　5.3.4 人均日常生活能耗指标

5.4 城市交通与出行能耗

　　5.4.1 公交出行率的目标
　　5.4.2 新能源汽车的普及产生的城市规划问题

5.5 低碳生态城市规划中的区域能源系统

　　5.5.1 低碳生态城的区域能源系统概念
　　5.5.2 热电联产与城区现场发电

第四篇 基础知识II：低碳生态城市——城市能源与节能减排

6.1 我国可再生能源利用情况

6.2 城市可再生能源技术应用综述

　　6.2.1 太阳能利用
　　6.2.2 风能利用
　　6.2.3 生物质能利用
　　6.2.4 热泵技术利用

6.3 城市规划中的可再生能源利用专题规划

　　6.3.1 可再生能源资源的系统评价方法
　　6.3.2 参考案例：北京市延庆县可再生能源开发与利用规划

第6章 新能源应用与区域建筑能源规划

6.4 城市规划建设可再生能源利用面对的挑战

6.5 区域建筑能源：需求侧能源规划

　　6.5.1 为什么要进行需求侧能源规划？
　　6.5.2 区域建筑能源规划：需求侧能源规划方法

6.6 城市新能源利用范围与目标

　　6.6.1 低碳生态城市的新能源利用
　　6.6.2 城市新能源利用的基本政策保障

6.7 总体规划新能源专题规划编制大纲

图5.1 第四篇内容简介

第5章 新型城镇化与节能减排

城市化石能源的使用导致产生二氧化碳是全球气候变化的最主要源头，本篇的主要内容是城市规划管理过程中新能源与节能减排的重点基础知识，包括：

- 能源的基础理念
- 中国新型城镇化对城市能源利用的挑战
- 城市节能减排的常用评价指标
- 城市交通与出行能耗
- 低碳生态城市规划中的区域能源系统

5.1 能源的基础理念

可以直接获取能量或经过加工转换获取能量的自然资源称为能源。在自然界天然存在的、可以直接获得而不改变其基本形态的能源是一次能源。将一次能源进行加工改变其形态的能源产品是二次能源（表5.1）。在现代社会里，二次能源是直接面对能源终端用户的。它有使用方便和清洁无污染的特点。但在一次能源向二次能源的转换过程中，由于转换的工作原理和使用的设备不同，其转换效率有很大的差别。

各种能量还有"质"上的差别。例如，茫茫大海，所含能量巨大，但却不能煮熟一个鸡蛋；而一小锅沸腾的开水，甚至可以煮熟几个鸡蛋。这说明二者所含能量的质量（温度）不同。在煮鸡蛋过程中，温度高的开水失去热量；而温度低的鸡蛋得到热量，同时提高了温度。这说明热量传递是单向的，只能从高温到低温。而如果试图将热量从低温物体传递到高温物体，就必须靠外界做功完成。因此，能量转换遵循的是"贬值"原理，即转换过程总是由高品质能量自发地向着能量品质下降的方向进行。要提高能量品质，必定要付出降低另一个能量品质的代价。

在理论上，电能和机械能的能量完全可变为有用功。因此，电能和机械能的能量品质最高，是所谓的"高品位能量"。因此，在热能应用中应遵循这样两个原则：①不应将高能级的热能用到低

一次能源和二次能源 表5.1

一次能源	二次能源
煤炭、石油、天然气、水力、核能、太阳能、地热能、生物质能、风能、潮汐能、海洋能	由煤、石油、天然气、生物质等燃烧发出的电力（火力发电）
由核电、水电、风电以及太阳能发电所发出的电力（又称一次电力）	城市煤气、各种石油制品、蒸汽、氢燃料、沼气、各种低品位热源（又称可再生热源）

能级的用途，例如，用来源于火力发电的电力直接加热为建筑供暖；②尽量实现热能的梯级利用，减小应用的级差，例如，高温热能应先用来推动热机或发电，将余热用来供暖或加热热水，做到物尽其用以及温度的对位应用。

另外，从资源利用的角度出发，还可以将能源分为可再生能源和不可再生能源。国际公认的可再生能源有六大类：

- 太阳能；
- 风能；
- 地热能；
- 现代生物质能；
- 海洋能；
- 小水电。

从环境保护的角度出发，可以把能源分为清洁能源和非清洁能源。清洁能源是对环境无污染或污染很小的能源，如太阳能、小水电等，而在化石能源中，天然气也可以归为清洁能源。非清洁能源是对环境污染较大的能源，最常用的化石能源，如煤和石油，都是非清洁能源。

从能源生成历史来看，还可以把能源分成化石能源和非化石能源。化石能源是一种碳氢化合物或其衍生物。化石能源是指远古时期动植物的遗骸在地层下经过上万年的演变所形成的能源。如煤是由植物化石转化而来的，石油和天然气是由动物体转化而来的。化石能源的分子结构中都有碳，因此属于碳基能源。碳基能源即化石能源的燃烧，会释放CO_2，是造成全球气候变化的重要原因之一。

城市的节能减排是人类应对气候变化的最主要策略：城市是人口、建筑、交通、工业、物流的集散地，全世界100万人口以上的大城市从1950年的75座增加到2011年的447座；全球100座最大城市的平均人口也从200万增加到760万[1]。城市的一次能源需求占全球总量的67%，与能源消耗有关的温室气体排放量占世界总排放量的71%[2]。

上面提出的按能源"品位"来配置利用，以及可再生/清洁能源的利用都是推动城市节能减排的主要原则，从本篇下面的内容可以看到这对低碳生态城市的空间规划有重要的影响。

[1] UN Habitat. Cities and Climate Change – Global Report on Human Settlements[M]. London, Earthscan, 2011

[2] International Energy Agency. The World Energy Outlook 2008[M]. OECD/IEA, 2008

5.2　中国新型城镇化对城市能源利用的挑战

5.2.1　中国城市能源使用与能源系统

城镇化过程中产生的温室气体主要是化石燃料的燃烧过程所释放的CO_2。中国的能源结构以煤为主，中国在2012年的能源数据显示，其66.6%的能源消费来自煤炭，18.8%来自石油，天然气为5.2%，水电风电核电为9.4%。2012年，中国的电力工业中火力发电量占全部发电量的比重为78.58%；水电发电量为15.76%；核电发电量为2.02%；余下为风电、光伏等可再生能源发电。因此，中国电力目前主要依赖化石燃料，因此产生的碳排放也比较高。表5.2是我国不同电网地区电力的排放因子[3]。

我国287个地级以上城市的能耗占中国总能耗的56%，CO_2排放量占全国总排放量59%。中国的所有600多个城市贡献了75%的一次能源需求，到2030年这一数字有望提高到83%，碳排放比例达到85%。据测算，我国建设用地的碳排放强度达到204.6tCO_{2e} /hm^2[4]。

一座城市的能源系统有三个环节，即能源的生产（Production）、转换（Utility）和消费（Customer）[5]。在P-U-C三个环节上，P提供产品，U提供服务，在市场经济条件下一切应该围绕C（图5.2）。

[3] 国家发改委.2013中国区域电网基准线排放因子. http://www.ccchina.gov.cn/archiver/cdmcn/UpFile/Files/Default/20130917081426863466.pdf

[4] 中国科学院可持续发展战略研究组. 2009中国可持续发展战略报告，探索中国特色的低碳道路[M]. 北京：科学出版社，2009

[5] A Cuchí, J Mourão, A Pagés.A Framework to Take Account of CO2 on Urban Planning [J]. 45th ISOCARP Congress, 2009

2013 中国区域电网基准线排放因子　　　　　　　　　表5.2

	排放因子数值 (tCO_2/MWh)
华北区域电网	1.030
东北区域电网	1.112
华东区域电网	0.81
华中区域电网	0.978
西北区域电网	0.972
南方区域电网	0.922

（来源：国家发改委，2013年）

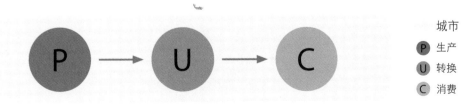

图5.2 城市能源系统的P-U-C环节
（来源：根据A. Cuchí; J. Mourão; A. Pagés，2009年；重新绘制）

图5.3显示了2010年上海市的能流图，一次能源（煤、石油、天然气和一次电力）和一部分二次能源（调入火力发电）的生产在市外；少部分的一次能源（风电、光伏发电）生产和大部分的二次能源（火力发电、生物质发电、热力、煤制气等）的生产（转换）在市内。最终由产业（包括工业和农业）、交通和建筑（包括商业和居民）消费。消费环节主要在市内，也有一部分由航空、水运、公铁等交通工具在市外消费[6]。

从图5.3的城市能源流的分析来说，城市能源的生产端，可以被视为能源的供应侧；城市能源的消费端，可以被视为能源的需求侧。而能源的转换则比较复杂，如发电供电，对一次能源而言是需求侧，对用户而言却又是供应侧。

[6] 复旦大学. 能源流向与碳排放因子数据库. http://202.120.227.3/dvn/dv/FDED

5.2.2 城市生产性与消费性能耗的节能减排

从终端能源消费的特点来看，城市能源消费可以分成三大领域和两大部分。三大领域分别是产业、交通、建筑；两大部分是生产性能耗和消费性能耗。

能源就是一种自然资本的投入，从而有产品和服务的产出，并创造价值。因此，生产性能耗简而言之就是直接创造价值的能耗。在城市中，产业、国际城际交通、物流、工业建筑、商用建筑、非公益性公共建筑的能耗，即制造业和服务业的能耗，都会直接创造价值，因此都属于生产性能耗，可以用效率性指标如单位GDP能耗和单位GDP碳排放来评价。生产性能耗主要通过产业结构调整、提高产品附加值、先进工艺和规模化生产、提高劳动生产率等途径实现节能减排。

消费性能耗，包括所有公益性建筑（如学校、医院）、行政办公建筑、住宅建筑的建筑能耗，公务车、城市公交和私家车的能耗。人们通过消耗能源，满足生产过程之外的生活功能，间接创造价值。在城市里，消费性能耗又被称为"城市生活能耗"，要用强度性指标例如单位面积能耗（排放）和人均能耗（排放）来评价。

我国城市中，除了北京、上海、广州、深圳、南京、武汉、成都、海口等几个中心城市之外，多数城市第二产业增加值都占了当地GDP的一半以上。因此，几乎所有城市的能耗构成中都以传统制造业的生产性能耗为主。而发达国家，尤其是金融中心城市，城市能耗以建筑能耗即商业建筑的服务业生产性能耗和住宅建筑的消费性能耗为主（图5.4）。图5.4中，纽约、伦敦、东京、巴黎都是国际金融中心城市，其经济结构中服务业（第三产业）都占当地产值的80%以上，而上海的服务业比重仅为62%（2013年数据）。在城市能源消耗结构中，建筑和交通能耗的比例增长、产业能耗的比例下降，是城市化进程中的规律。建筑能耗在总能耗中的比例，是经济发展水平与阶段的晴雨表。

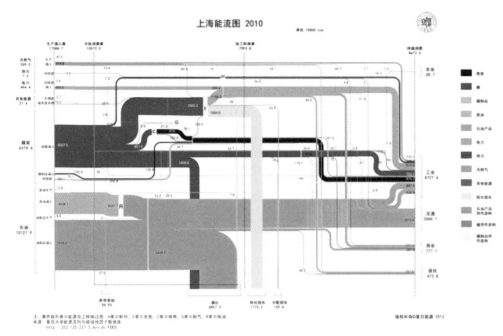

图5.3　2010年上海能流图

(来源：复旦大学，能源流向与碳排放因子数据库)

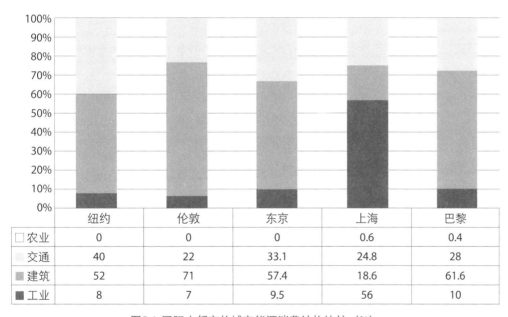

	纽约	伦敦	东京	上海	巴黎
□农业	0	0	0	0.6	0.4
交通	40	22	33.1	24.8	28
■建筑	52	71	57.4	18.6	61.6
■工业	8	7	9.5	56	10

图5.4　国际大都市的城市能源消费结构比较（%）

因此，城市在不同经济发展水平与阶段时，它的能耗结构与节能手段是截然不同的：

（1）处于工业化阶段的城市：传统制造业的生产性能耗属于"重"能耗，它需要高电压、高温度和高压力的"三高"能源，能耗强度大。例如，生产1t钢需要综合能耗605kgce（公斤标准煤），而这些能耗足够北京市一个46m²的小居室住宅整个冬天的供暖。因此，工业化时代城市能源是基于大电厂、大电网、大集中的供能模式，以及高密度、高强度、高品位的用能模式。能量密度、转换效率和温度品位比较低的可再生能源无法满足传统制造业的需求。例如，生产1t钢的能耗，大约相当于50000m²面积的太阳能光伏电池1h的发电量。

（2）处于发展现代制造业和服务业阶段的城市：到了后工业化时代，由于以建筑为主要生产设施的现代服务业的发展，城市能源消费的重心转移到为建筑供电、供冷、供热和供应热水方面来。主要能耗需求也变成电压在220V以下的低压电器和信息设备、7℃的冷水、50~70℃的供暖热水以及60℃的生活热水，使得低温度品位的可再生能源的应用有了可能。

表5.3表明，我国大多数城市还是以传统工业增加值为主，但一些发达城市和旅游城市第三产业比重正在增大，已经超过了50%，其中北京市已经基本达到发达国家水平。

5.2.3 城市发展规模与能耗总量控制

降低城市能耗，首先要控制建设规模的总量。2012年中国的建筑规模达到27亿m²，接近当年世界建筑规模总量的一半。而当年中国的总建成资产达到37万亿美元，仅次于美国的40万亿美元。据美国高层建筑与城市人居环境理事会的统计，世界上已经建成的最高的100幢建筑中，有34幢在中国；世界上正在建设中的最高的100幢建筑中，也有34幢在中国。如此巨量的建设规模，会造成土地、资源的严重浪费以及对生态环境的严重破坏。

另外，要控制能源消耗的总量。从"十二五"开始，国家实行总量控制与能效提升的双重约束。我国"十二五"能源规划提出，到2015年将全国能源消费总量控制在40亿t标准煤左右，并将总量控制目标科学分解到各地区。地方各级政府要对本行政区域的控制能源消费总量工作负总责。这标志着我国能源战略已经从保供给为主，向控制能源消费总量转变[7]，就是从能源的供应侧管理转向需求侧管理。

[7] 林伯强. 能源消费总量控制：中央与地方的多重弈局[EB/OL]. http://blog.caijing.com.cn/topic_article-24-51083.shtml

部分城市2013年增加值中三次产业比重（%）　　　　　表5.3

城市	一产	二产	三产	城市	一产	二产	三产
北京	0.8	22.3	76.9	杭州	3.2	43.9	52.9
上海	0.6	37.2	62.2	无锡	1.8	52.2	46
广州	1.6	34.8	63.6	海口	6.5	24	69.5
深圳	0.1	43.4	56.6	大连	3.2	55.4	41.4
天津	1.3	50.6	48.1	三亚	14.1	20.6	65.3
重庆	7.9	50.5	41.6	西安	4.5	43.3	52.2
南京	2.3	43.3	54.4	青岛	4.4	45.5	50.1
宁波	3.9	52.2	43.6	厦门	0.9	47.5	51.6

（来源：各地统计年鉴和统计公报整理）

例如，为确保完成国家下达的节能降耗任务，上海市结合"十二五"经济社会发展以及资源节约和环境保护要求，根据"责任共担、区别对待"以及"总量控制与能效提升相互衔接"等原则，制定能耗总量指标分解方案。表5.4是上海市人民政府将能耗总量指标分解，给各区县的配额。因此，各新建园区不能给这些指标增加负面影响，要尽量减少对所在地能耗增加值的贡献率[8]。

表5.5是上海市政府根据各行业特点给出的2015年节能目标，有基准值，也有目标值，同时也指明指标是约束性或控制性，并有责任部门。新建城区相关行业规划目标，当然不能低于给定目标。而且，规划目标必须可落地，不能再用虚而空、没有内涵、没有数值的目标。

[8] 上海市人民政府.关于印发《本市"十二五"能源消费总量控制及提高能效等节能降耗目标分解方案》的通知（沪府发〔2012〕18号）[EB/OL]. （2012-02-17）[2014-11-1]. http://www.shanghai.gov.cn/shanghai/node2314/node2319/node2404/n29419/n29420/u26ai31146.html

5.2.4 城市生产与消费活动对城市规划建设管理的影响

城市生产性与消费性能耗的节能减排方法基本差异对城市规划建设管理决策有重要的影响，主要方面包括：

上海市政府下达的各区县用能总量控制和单位增加值能耗下降目标 表5.4

区县	2010年能源消费量基数(万t标煤)	"十二五"单位增加值能耗下降率(%)	2015年能源消费量控制目标(万t标煤)
金山	151	16	218
奉贤	173	16	250
崇明	52	16	73
嘉定	214	18	270
宝山	149	18	188
松江	249	18	314
浦东	659	18	813
长宁	76	17	95
闸北	52	17	65
青浦	175	17	216
闵行	277	17	342
杨浦	63	17	78
普陀	66	17	82
虹口	72	17	88
徐汇	130	17	158
黄浦	121	15	149
静安	53	15	65

（来源：上海市人民政府，2012）

上海市政府下达的各相关领域用能总量控制及提高能效目标　　　　表5.5

领域	指标名称	单位	2010年能源消费基数	2015年目标指标	性质	责任部门
工业	万元增加值能耗下降率	%	—	22	约束性	市经济信息化委
	用能总量	万t标煤	5569	6169	控制性	
电信业	单位建筑面积能耗下降率	%	—	6	约束性	
	能源消费总量	万t标煤	38	54	控制性	
交通运输业	营运船舶单位运输周转量能耗下降率	%	—	20	约束性	市建设交通委
	航空客货运输业单位运输周转量能耗下降率	%	—	18	约束性	
	能源消费总量	万t标煤	1702	2282	控制性	
建筑施工业	万元增加值能耗下降率	%	—	15	约束性	
	能源消费总量	万t标煤	218	228	控制性	
商业	单位建筑面积能耗下降率	%	—	8	约束性	市商务委
	能源消费总量	万t标煤	25	37	控制性	
旅游饭店	单位建筑面积能耗下降率	%	—	8	约束性	市旅游局
	能源消费总量	万t标煤	38	58	控制性	
卫生	单位建筑面积能耗下降率	%	—	8	约束性	市卫生局
	能源消费总量	万t标煤	18	28	控制性	
市级机关	单位建筑面积能耗下降率	%	—	10	约束性	市政府机管局
	能源消费总量	万t标煤	7.3	7.3	控制性	
金融业	单位建筑面积能耗下降率	%	—	6	约束性	市金融办
	能源消费总量	万t标煤	36	52	控制性	
教育	单位建筑面积能耗上升率	%	—	不超过2	约束性	市教委
	能源消费总量	万t标煤	32	46	控制性	

（来源：上海市人民政府，2012年）

(1) 城市规划建设要基于产城结合，以产业为依托的发展原则：我国新型城镇化强调城市经济生产与生活消费一体，但也不能在选择产业时只看产值不顾其他，尤其是我国中西部新建工业园区有很多是东部产业转移的承接区，对东部发达地区淘汰的产业，要从能耗、环境、土地利用等多个维度考察，对高投资高污染高能耗的产业，不能照单全收；对传统制造业，要在技术、工艺和产品得到提升的前提下加以引进。在我国大多数城市，产业的生产性能耗都是主要能耗，占当地总能耗的50%以上。因此，城市节能是要把生产性能耗降低，同时结合生活消费节能。

(2) 利用传统工业产业结构提供的节能减排机遇：根据我国国情，我们尚不可能像发达国家那样，将低端制造业完全转移到其他发展中国家；也不可能将高能耗工业完全从我国东部发达地区转移到中西部；更不可能在一夜之间彻底改变城市的产业结构，关停所有重化工业，使所有城市都变成"服务业集聚区"和"金融贸易中心城市"。所以，在城市发展中还是要面对这些传统产业的转型、升级和改造问题。当然，这也为这些产业的余热、废热利用和能源基础设施的共享提供了条件。这也需要在城市规划编制中对不同建设用地空间关系与布局加以考虑，推动这些能源的共享，达到城市高效率的用能目标，减低碳排放。

(3) 城市第三产业发展使建筑节能成为重要的城市规划建设目标：建筑能耗在总能耗中所占比例，可以看成一个国家或一个城市经济发展水平的标志。发达国家城市建筑能耗比例高（表5.6），相应的城市产值也高，这表明以建筑为依托的现代服务业高度发展，有较大的附加价值。零售、餐饮等传统第三产业，金融保险、信息、房地产和游旅等新兴第三产业，以及设计咨询、娱乐传媒和中介等现代服务业，其工艺能耗已经很低甚至为零，但对于室内环境品质的要求却越来越高，这些产业的能耗的主要形式是建筑能耗。在国家层面这一现象更明显（表5.6）。

(4) 建筑室内环境与能耗使用效率日趋重要：作为我国的新型城镇化纲要的《国家新型城镇化规划（2014—2020年）》文件中强调部分城市向现代制造业和服务业转型，而现代制造业和服务业的生产性能耗则是多样化的，但以低电压、低温度和低压力的"三低"能源为主。传统制造业向现代制造业转型的一个特点就是工艺能耗（如钢铁工业）转化为建筑环境保障能耗（如半导体、生物制药、航空航天工业等）。室内环境品质的改善能够提高现代制造业的产品附加值、提高能源效率。而现代服务业的发展，使室内环境成为运营安全和可靠的关键因素，最典型的如数据中心、网络中心必须全年保证室内温度，并能有效排除服务器产生的热量；而将办公楼作为生产场的服务业，如银行、保险、咨询等，室内环境同时也是提高白领工人工作效率的主要因素之一。

(5) 城市城区用地布局与建筑空间设计及可再生能源设施配置的需求：现代城市的紧凑型城市形态，使得可再生能源的应用瓶颈从温度品位转变为可利用的空间资源。例如，$1m^2$的光

城市化率、经济发展水平与建筑能耗   表5.6

国家或地区	各部分能耗比例（%）			三次产业在GDP中的比例（%）			城市化率（%）	人均GDP购买力平价美元（2011）
	产业	交通	建筑	工业	农业	服务业		
美国（2011）	31.8	27.7	40.5	19.2	1.2	78.6	82	48300
欧盟	28.4	31.7	39.9	27.3	2.1	70.5	76	34100
德国	26.2	26.7	47.1	28.2	0.8	71	74	38100
日本	43.9	22.9	33.2	24	1.4	74.6	66	34700
中国（2011）	68.4	14.2	17.4	51.6	4.6	43.7	51	8400

（来源：根据IEA、EIA、各国统计资料计算）

伏板，在满负荷条件下的产电大约只能满足2m²办公楼建筑面积的电力需求。因此，找寻足够的安装面积、利用各建筑电力需求的非同时性、通过建筑节能措施尽量降低建筑的需求，便成了城市规划管理特别是城区尺度和建筑一体化设计的重要课题。未利用能源的集成应用，同样会遇到空间利用问题。例如，2m²办公楼的供冷供热如果靠土壤源热泵来满足，就需要大约0.5～1m²的室外埋管面积。也会遇到选址问题，例如，用热电联产系统的余热供冷，考虑到输送损失，其最大供冷半径不应超过1km，就是说热电联产能源站最好位于边长大约1.5km、面积大约2km²的地块中心。而涉及用地、地块属性、产权、排放等诸多问题，也是需要在规划编制与实施阶段进行统筹的。

5.3 城市节能减排的常用评价指标

要在城市规划建设管理中引入节能减排的理念，就必须建立定量的评价指标，作为评价比较不同规划方案、手段、政策等的客观工具。下面会讨论四个通常被使用的节能减排指标，及其在规划建设管理中的应用，它们包括：

- 单位产值能耗；
- 地均能耗指标；
- 公共建筑能耗定额指标；
- 人均日常生活能耗指标。

5.3.1 单位产值能耗（t标准煤/万元）

单位产值能耗是相对工业企业来说的，是工业综合能耗与工业总产值之比，一般工业总产值以万元为单位，工业综合能耗为吨标准煤（tce）。它是衡量一个地区能耗水平的综合指标。单位国内生产总值能耗（万元GDP能耗）的下降经常用来考核一个地区的节能降耗的工作成效。要留意单位产值能耗与单位增加值能耗是不同的概念。总产值所反映的是生产活动的总成果，包括原材料等转移到产品中的价值量，是生产的总周转量。工业增加值是指工业企业在一定时期内工业生产活动创造的价值，是国内生产总值的组成部分。工业增加值就是工业总产出中扣除中间消耗以后的价值。

从表5.7可以看出，北京、上海的产值能耗比这些国际金融中心城市几乎要大一个数量级。首先，尽管京沪两地已经或即将把高耗能的钢铁等工业迁出，但仍然保留了部分重化工产业和传统制造业。中国不可能像美国等发达国家，将产值不高能耗高的产业统统迁到国外。中国的产业转移，多数还是到本国的中西部地区和相对落后省份，污染和能耗还留在中国土地上。其次，中国发展高端服务业还有很多障碍。因为缺乏人才，中国的产业结构优化更多的仅是第三产业对第一产业的替代，大量没有经过多少培训的农民工从农村直接进入城市的低端服务业，这样的产业结构调整不一定会显著降低单位产值能源强度。

在编制低碳生态城市规划中，需要建立减排目标，对规划区的产业结构必须有明确与实事求是的定位。中国不可能所有城区都是"服务业集聚区"、"国际金融区"或"总部经济区"；中国也不可能像发达国家那样将传统制造业统统转移到欠发达国家。一个城区发展何种产业、能够产生多大效益，必须根据自身条件和城市发展战略确定。中国还是一个以制造业立国的发展中国家，不可能完全撇开制造业而发展虚拟经济，而金融等高端服务业也必须以实体经济为依托，因此只有部分中心城市可以发展成为国际的或地区的服务业集聚区、高科技园区或金融和商贸中心。

要制定节能指标，新建城区可以根据各地发布的产业能效指南来设定主要产业的能耗入门标准。如上海市颁布的《产业能效指南（2011版）》[9] 就规定了200多个产品（工序）能耗限额值和准入值。以第二产业为主的城区（工业区），可以根据能效指南中的产业产值能耗限额以及规划中该产业产值份额，加权计算出城区的GDP能耗指标。新版指南根据上海工业实际情况，遴选70多种主要产品（工序）的国内外能效标杆值，梳理34个大类行业、169个中类行业的能效平均水平，汇总200多个产品（工序）能耗限额值和准入值，为行业、企业了解自身能效水平及推行能效对标管理，为各级政府部门吸引投资、引进项目、淘汰劣势产业、制定产业政策提供客观评价标准和量化参考依据。

但是，目前的能效指南还仅限于传统制造业，对于新兴产业和现代服务业，因为发展迅速，尚难以给出相应能耗指标。根据国家发改委统计，2009年我国高新区的人均生产总值达到78万元人民币，但也有一些地处开发区的高新技术企业，人均产值还不到10万。作为智力密集型的服务业——设计院，有的人均产值400万，有的只有十几万。除了大型数据中心，新兴服务业中的能耗其实都差不多，因此，如何确定现代服务业和战略性新兴产业（包括节能环保、新兴信息技

[9] 上海市经济和信息化委员会，上海市统计局.上海产业能效指南（2011版）[EB/OL]．（2011-12-26）[2014-11-1]. http://www.shanghai.gov.cn/shanghai/node2314/node2315/node18454/u21ai568927.html

产值能耗和人均能耗的比较 表5.7

城市	万元（人民币）产值能耗/吨标准煤	人均能耗/吨标准煤
纽约（2011年）	0.047	4.29
伦敦（2007年）	0.08	2.66
东京（2007年）	0.04	2.4
北京（2012年）	0.436	3.47
上海（2012年）	0.57	4.77

术、生物、高端装备制造、新能源、新能源汽车、新材料等七大产业）的单位GDP能耗，是亟需研究的重要课题；而如何提高人均产值、引进高附加值低能耗产业，是新建城区的重要任务。

在没有现代服务业和先进制造业能耗强度的详尽数据时，也可以参照国内比较先进地区的产值能耗指标。从图5.5可以看出，国内城市中能耗强度最低的城区是北京西城区和上海静安，都是现代服务业集聚的城区，第三产业产值都达到90%以上。而如福田、天河、渝中等城区，第三产业产值也都在70%左右。其他几个城区都是现代服务业和先进制造业混合的城区。增加值能耗指标可以结合本地情况，参照这些城区确定。而以第二产业为主体的工业区，必须调整第二产业内部结构，降低第二产业的能源强度，才能达到降低总体能源强度的目的。

总结上面的讨论，在编制低碳生态城市规划过程中，要制定城区的生产性节能目标，即单位GDP能耗，可采用三种方法论证。

- 以就业人数推算：根据城区的主导产业，了解国内外相关产业的人均产值和单位GDP能耗，再根据总规中城区该产业就业人数得出GDP和总能耗。
- 以地均产值推算：了解国内外功能相近的城区、开发区、产业园区的地均产值水平和单位GDP能耗，再根据总规中城区土地面积得出GDP和总能耗。
- 以参考标杆案例推算：了解国内外功能相近的城区、开发区、产业园区的单位GDP能耗，再根据园区的定位，确定GDP能耗水平。

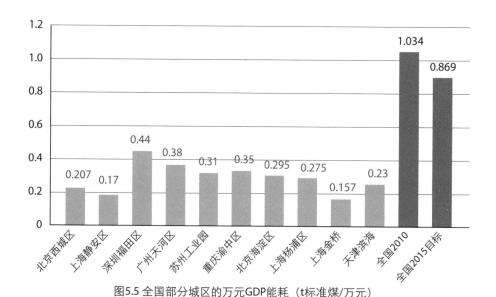

图5.5 全国部分城区的万元GDP能耗（t标准煤/万元）

5.3.2 地均能耗指标（t标准煤/km²）

地均产值，即地均GDP，是每平方公里土地创造的GDP，是衡量土地利用效率的重要指标，反映城区中产业密集程度和集约化水平。有了地均产值，乘以单位GDP能耗，便可以得到地均能耗指标。

地均产值指标与土地用途、建筑容积率、产业结构，以及园区的成熟度有很大关系。上海市制定的《产业用地指南（2012版）》[10]对上百个行业的产业项目的容积率、固定资产投资强度、土地产出率、土地税收产出率、建筑系数、行政办公及生活服务设施用地所占比重、绿地率等七项用地指标的控制标准做了规定，其中对容积率、土地产出率和土地税收产出率等三项指标设置了均值、控制值、推荐值和调整值；对固定资产投资强度设置了均值、控制值和调整值。而广州市颁布的《产业用地指南（2013版）》[11]则首次对服务业用地指标做了规定。

国外大都市的地均产值都远高于我国城市（表5.8）。主要因为这些城市现代服务业集约度高。例如，伦敦的就业人数超过10%的行业中，商务服务业占到了25.2%，批发零售业占到了15.3%，技术密集型制造业占到了12.3%，文化创意产业占到了11.4%，在10%以下的有金融保险业、科技服务业和房地产业。现代服务业创造的增加值高，而这些城市的布局也比较紧凑，因此地均产值高。我国城市中，深圳市创造价值高，而土地面积相对较小（约2050km²），因此是中国唯一进入单位土地产出超越一亿美元的城市。

但是，如果考察下我国发展较快的和相对成熟的一些城区和开发区，因为它们都是现代服务业、先进制造业和高科技产业集聚的区域，有些区域基本没有住宅等消费性社区，因此其地均产值甚至优于发达国家的中心城市。例如，上海的静安区就超过了纽约（表5.9）。

从表5.9还可以看出，各种区域地均产值差别很大，在单位产值能耗相差不大的情况下，会导致产值越高，地均能耗也越高。以此作为一个地区的能耗评价指标显然不理想，因此需要额外的客观评价指标补充。

可以采用单位面积能耗弹性系数概念。设规划区所处城市当年单位土地面积能耗为 E（tce/km²），单位土地面积产值为 P（亿元/km²）；规划区的单位土地面积能耗为 E_c，单位土地面积产值为 P_c。则地均能耗弹性系数为：

$$CE = \frac{(E_c/E)}{(P_c/P)}$$

[10] 市经济信息化委, 等. 关于印发《上海产业用地指南（2012版）》的通知（沪经信区[2012]939号）[EB/OL].（2012-12-19）[2014-7-1]. http://www.shanghai.gov.cn/shanghai/node2314/node2319/node12344/u26ai34241.html

[11] 广州市国土房管局. 关于印发《广州市产业用地指南（2013年版）》的通知（穗发改调[2013]16号）[EB/OL].（2013-08-15）[2014-10-1]. http://www.laho.gov.cn/xwzx/tzgg/201309/t20130910_379869.htm

以上海静安区为例，E_c=131632tce/km²， P_c=86.6亿元/km²。而2013年上海市的 E=17921tce/km²， P=3.2亿元/km²，可以得出 CE=7.345/27.062=0.271。

从举例可以看出，规划区的地均能耗往往大于当地地均能耗，即 $E_c \geqslant E$；而如果规划区创造的增加值低于当地，即 $P_c < P$，则 CE >1。说明规划区投资的是高能耗、低产出的产业，这样的投资是不合理的。所以地均能耗弹性系数 CE 应小于1，且越小越好。

上述的地均能耗指标将能源消耗与土地利用和产业结构挂钩，在新型城镇化的新区规划建设管理中应重点加以考虑。

世界主要城市的单位土地面积产出   表5.8

城市	产值 (亿美元/km²)	城市	产值 (亿美元/km²)	城市	产值 (亿美元/km²)
东京	4.2	新加坡	2.57	深圳	1.16
纽约	9.97	柏林	1.1	上海	0.52
伦敦	4.4	汉堡	1.3	广州	0.34
首尔	4.4	巴黎	8.8	北京	0.195
旧金山	3.9	米兰	4.75	香港	2.21
洛杉矶	5.67	大阪	8.5	台北	4.1

(来源：维基百科；中国各城市2013年统计公报)

城区的地均产值和地均能耗   表5.9

	土地面积（km²）	地均产值 (亿元km²)	地均能耗 (tce/km²)	年份
北京中关村科技园区	131.84（建成区）	23.2	N/A	2011
北京市西城区	50.7	51.2	85424	2012
上海陆家嘴金融贸易区	6.8（规划区）	237	N/A	2011
上海漕河泾新兴技术开发区	14.28	56.7	113400	2012
上海静安区	7.62	86.6	131632	2013
上海金桥出口加工区	27.38	83.1	23203	2011
上海开发区平均	N/A	67.91	N/A	2012
天津滨海新区	304.44（建成区）	26.35	157541	2013
苏州工业园区	60（建成区）	26.5	84005	2011

5.3.3 公共建筑能耗定额指标

在国务院节能减排"十二五"规划中，到2015年，单位工业增加值（规模以上）能耗比2010年下降21%左右，建筑、交通运输、公共机构等重点领域能耗增幅得到有效控制，主要产品（工作量）单位能耗指标达到先进节能标准的比例大幅提高，部分行业和大中型企业节能指标达到世界先进水平。规划也对公共机构的建筑能耗给出了节能目标[12]（表5.10）。

各地都在研究制定公共建筑的能耗定额。因为经过前几年的建设，主要城市都建立了大型公共建筑能耗监测系统，开展过各类公共建筑的能源审计，收集了海量的公共建筑运行能耗数据，因此，完全可以通过统计分析和数据处理，得到基于实际情况的公共建筑能耗定额值。目前以上海市和北京市的能耗定额（建筑用能指南）覆盖的建筑类型最全[13-14]，上海市的指南按"合理值"和"先进值"分别规定了入门的最低标准（即能耗基准线）和较为节能的标准。因此，规划中应要求公共建筑的实际能耗低于当地各相应功能建筑的能效定额。表5.11是上海市制定的各类建筑能耗定额的先进值。

[12] 国务院.关于印发节能减排"十二五"规划的通知（国发〔2012〕40号）[EB/OL]. （2012-08-06）[2012-11-1]. http://www.gov.cn/gongbao/content/2012/content_2217291.htm

[13] 北京市人民政府办公厅.关于印发北京市公共建筑能耗限额和级差价格工作方案(试行)的通知（京政办函〔2013〕43号）[EB/OL]. (2013-06-07) [2013-10-1]. http://zhengwu.beijing.gov.cn/gzdt/gggs/t1314614.htm

[14] 上海市质量技术监督局.大型商业建筑合理用能指南（DB31/T 552-2011）[S].上海市质量技术监督局，2012-7-26

国务院节能减排"十二五"规划公共机构节能目标　　　　表5.10

	2010年	2015年
公共机构单位建筑面积能耗/（kg标准煤/m²）	23.9	21
公共机构人均能耗/（kg标准煤/人）	447.4	380

上海市公共建筑的能效定额先进值　　　　表5.11

公共建筑类型		单位建筑面积综合能耗[kgce/(m²·a)]
医院		≤60
酒店	五星级饭店	≤55
	四星级饭店	≤48
	一至三星级饭店	≤41
商业建筑	百货店及购物中心商业建筑	≤65
	超市及仓储店商业建筑	≤75
	家电专业店商业建筑	≤35
	餐饮店商业建筑	≤150
	浴场商业建筑	≤110
高校		≤15
		或生均350kgce/cap·a
党政机关办公建筑	建筑面积≤20 000m²，用分体空调	≤32
	建筑面积≤20 000m²，用集中空调	≤34
	建筑面积>20 000m²，用分体空调	≤36
	建筑面积>20 000m²，用集中空调	≤38

5.3.4 人均日常生活能耗指标

我国城市居民生活能耗尚处在很低的水平。例如，上海市居民用电阶梯电价中的起步电价是按每户全年3120kWh计算的，据说覆盖全市80%的家庭。上海的居民用电是国内各城市中最高的，但上海大多数家庭用电中包含了夏季空调，也包含了冬季供暖（电动热泵），有的家庭还包括生活热水（电热水器，或太阳能热水器用电力辅助加热）和饮用水（饮水机）。相比之下，美国2005年全国平均每户电耗11566kWh，是上海一般家庭的3.7倍。美国家庭用电中不包括采暖能耗，因为美国家庭都有燃油或燃气锅炉用于供暖和供热水。

所谓"日常生活能耗"，是保证人的基本生活需求，即满足日常衣食住行的能耗。"衣食住"的能耗，体现在住宅能耗中，以建筑能耗的形式出现；而"行"的能耗，主要指城市居民每天通勤上班的交通能耗。可以看出，日常生活能耗中，没有包括人们休闲、娱乐、健身、旅游等的能耗。因为人们这些活动的能耗，只能通过大数据分析才能掌握其规律性。

那什么水平的人均能耗是合理的？

1998年，瑞士苏黎世理工学院（Federal Institute of Technology in Zurich，ETHZ）提出名为2kW社会（2000W Society）的节能愿景[15]，即在2050年前，发达国家在不降低生活质量的前提下将人均能源负荷控制在2kW，即一个发达国家居民一天的能耗（总能耗的人口平均）为48kWh，相当于6kgce/d。而2008年，瑞士人的能源负荷是5.1kW，其中1.5kW用于生活和办公空间的供暖/热水能耗；1.1kW用于食品和日常消费活动（包括去商店或超市的交通）；600W是电力负荷；500W是汽车交通负荷；250W是航空交通负荷；150W是公共交通负荷。撇开办公、航空等非日常生活能耗，估计1位瑞士人的日常生活能源负荷约为3.5～4kW，平均每天能源消耗约为12kgce。

[15] Kalle Huebner. 2,000 Watt Society，United Nations University[J/OL]. （2009-06-02）[2013-10-1]. http://our-world.unu.edu/en/2000-watt-society

借助瑞士提出的2kW社会的概念，来衡量一下中国城市中居民日常生活的能源负荷。

2009年，上海市的人均生活能耗为500kgce/a，从2005至2009年的五年中，年均增速为8%。设到2020年的10年间年均增速为7%（与经济增速相比的弹性系数为1.0），可估算出人均生活能耗将达到980kgce/a，约合2.8kgce/d，是瑞士现在人均日常生活能耗的24%，仍低于发达国家人均2kW（其中日常生活部分）的能源愿景。

这些能耗可以达到什么样的生活水平呢？大致如下：

- 人均居住建筑面积35m²（基本达到国家小康生活目标——人均37m²）；

- 居住建筑单位面积能耗22kgce/（m²·a）[比现在上海市平均水平多了8kgce/（m²·a）]；
- 即人均居住建筑能耗770kgce/a，2.1kgce/d；
- 如果人均日通勤出行距离为10km，出行方式如表5.12所示，可得出人均日生活能耗（包括衣食住行）约为2.6kgce/d，可以维持较好的生活水平。

如果不是上海，而是严寒和寒冷地区有集中供暖的住宅，情况就比较复杂。我国虽然推广供暖分户计量的工作开展多年，但收效甚微。因此，多数能耗统计来源于集中供暖锅炉房的煤耗数据。这其中实际和估算的数据差距可以非常大，全国平均高达20kgce/（m²·a）。如果相应减少其他住宅能耗（如空调热泵的供暖能耗），再加上这部分供暖能耗，就要达到人均4kgce/d。

但是，既然将节能作为一种资源看待，规划中应该按照需求侧的耗热量指标控制能耗。表5.13是北京市住宅建筑供暖能耗指标，按照设计标准，供暖能耗只要8.8kgce/（m²·a），可以把人均能耗控制在3kgce/d以下。

另一个重要的影响因素是通勤距离。在北京、上海、深圳等一线城市中，市区房价高，迫使越来越多的上班族居住到远郊，有的甚至跨省通勤。每天通勤距离高达100km（如上海到昆山花桥，北京到河北燕郊）。这就会大大提高人均日常生活交通能耗（表5.14）。

因此，在新城区开发中，要考虑一定的职住比，安排一定量的保障性住房和公租房，并有相应的公建配套设施，避免远郊化居住、超长距离通勤，以及空城、睡城等现象的出现。

总结以上的解读与测算，在规划阶段，建议可以按照每个永久居民每人每天2.5kgce（全年900kgce）的能耗量来控制日常生活的能耗总量。在北方集中供暖地区，则可以按照每个永久居民每人每天3.0kgce（全年1.1tce）能耗量控制。

上海市人均出行方式及能耗　　　　　　　　　　　　　　　　　　　　表5.12

	人公里能耗（kgce）	使用人数比例（%）	人均日出行能耗（kgce/d）
私人汽车	0.095	20	0.19
公共汽车	0.024	20	0.049
地铁	0.011	30	0.033
电动自行车	0.005	10	0.005
自行车	0.002	15	0.003
步行	0.011	5	0.006
合计	—	100	0.286

北京市住宅建筑供暖能耗指标　　　　　　　　　　　　表5.13

节能标准	通用设计标准	设计标准	设计标准	新设计标准
	1980-1981	DBJ01-4-88(30%)	DBJ01-602-97(50%)	1.07.2004(65%)
耗热量指标W/m²	31.7	25.3	20.6	14.7
耗煤指标kg/ m²/a	25	17.5	12.4	8.8
热耗热标GJ/ m²	0.7	0.5	0.4	0.4
锅炉效率	55%	60%	68%	68%
管网效率	85%	90%	90%	90%

（来源：北京市建筑节能标准DBJ01-4-88和DBJ01-602-97）

人均日常生活交通能耗提高　　　　　　　　　　　　表5.14

	人公里能耗（kgce）	使用人数比例（%）	人均日能耗（kgce/d）
私人汽车	0.095	40	1.9
公共汽车	0.024	10	0.49
地铁或城郊火车	0.011	50	0.33
合计	—	100	2.72

5.4 城市交通与出行能耗

城市的能源与碳排放和城市交通关系密切，正如本书前面提过绿色交通作为低碳生态城区的规划建设主要技术之一。本章节集中介绍两方面的基础内容：城市公交出行率与新能源汽车普及对城市规划建设的考虑。

5.4.1 公交出行率的目标

除了建筑能耗外，交通的能耗是城市主要的二氧化碳排放来源。绿色交通是低碳生态城市规划必会包括的内容，目标是通过鼓励居民的出行方式，减低交通能耗，从而控制排放。上海市最近的一次调查显示，市民使用公共交通工具出行的次数占出行总次数的37.1%，占使用交通工具出行总次数的比例为49.9%，占使用机动车出行总次数的68.5%；通勤交通中，使用公共交通出行比例更高，公共交通占出行总次数的47%[16]。

[16] 东方网.上海公交调查[EB/OL].（2012-07-20）[2012-10-5]. http://sh.eastday.com/m/20120720/u1a6718960.html

上海市"十二五"规划提出的目标是公交出行率达到50%。减少私家车使用，增加公共交通和自行车、步行等慢行交通是城市节能的重要方面。

从城市规划的角度来看，我国城市的城市交通与出行能耗有其面对的挑战：

（1）我国多数城市公交车保有量为每万人5～12辆，而发达国家的公交车保有量则在每万人17
辆以上。表5.15显示我国城市轨道交通与发达国家差距在缩短，上海已是世界上地铁里程
最多的城市，但人均数仍低于很多发达国家（地区）城市。公共交通在数量上的不足，导
致公交在舒适性、安全性、便利性等方面都无法与私家车相媲美，使越来越多的人宁可堵
车，也要开车。

从表5.15可以看出，我国一线城市，如北京和上海，地铁总里程数已位居世界前列，但由于人口
数量庞大，所以按常住人口计算的平均里程数与发达地区城市还有很大差距，如果再加上主要利
用地铁等交通工具的流动人口，则差距更大。提高公交出行率，不仅要增加公交里程和覆盖面，
还要在公交的速度、班次密度、安全、舒适性、换乘便利和服务质量方面达到能与私人轿车匹敌
的水平。

（2）2012年中国汽车保有量第一的北京市是每千人251辆，欧盟27国在2009年时每千人汽车拥
有量为473辆。但欧洲主要城市都保持了很高的公交/自行车/步行出行率（表5.16）。

近10年来，中国城镇家用汽车拥有量以每年40%的速度激增，2012年年底，城镇居民家庭平均每
百户拥有家用汽车21.5辆。而以汽车为主导的规划理念，使得我国城市家用车的使用频率也比较
高，平均每一辆车每天耗油大概是发达国家的两倍以上。我国平均每辆车全年消耗汽油或柴油
2.15t，而在德国和日本都不超过1t[17]。由于汽车使用频率高，因此各城市出现严重的交通拥堵，

[17] 熊传林. 中国平均每辆车耗油量
超发达国家两倍多. 凤凰网 [EB/OL].
（2011-09-03）[2011-10-5]. http://
auto.ifeng.com/news/special/2011qi-
chechanye/20110903/667811.shtml

世界主要城市轨道交通里程和人均长度 表5.15

城市	人均里程数（km）	总里程数（km）	站台数
纽约	19.3	368	468
伦敦	46.9	402	270
柏林	43.2	147.4	195
巴黎	21.7	215	381
马德里	51.4	286.3	282
欧洲主要城市平均	40.8	262.7	282
东京	23.4	304.5	290
首尔	31.3	326.5	302
香港	17.5	175	95
东亚发达城市平均	22	268.7	229
新兴地区城市平均	21.1	253	169
发达地区城市平均	31.6	255.8	247.9
北京	22.1	467	231
上海	23.5	567	331
广州	20.1	260.5	164
深圳	16.8	177	131

使得车辆长时间处于怠速和停车不熄火状态，进一步加大油耗和污染物排放。城市交通拥堵日益加重，交通能耗成为增长最快的能耗种类。

(3) 中国是自行车国家。与欧美国家将自行车作为休闲健身工具不同，中国人一直把自行车作为城市主要交通工具看待。但近年城市化发展和以私人汽车为导向的规划思想，使得在城市里靠自行车和步行出行越来越不方便，自行车交通大幅度萎缩。世界银行的调研非常说明问题（图5.6）[18]。

[18] 世界银行. 自行车出行和步行[EB/OL]. (2012-8-14) [2014-5-6] . http://www.shihang.org/zh/news/2012/08/14/cycling-and-walking

所以，以规划为导向，加大绿色出行比例和公交出行比例，降低交通能耗和碳排放，是各地绿色生态城区规划中的重要任务。理想的目标是绿色出行占90%，公交出行占60%以上。上海制定了在2015年建成"公交都市"的目标。届时，全市公共交通日均客运量将达2450万人次，每百常住人口日均公共交通乘用次数达到98次，公共交通出行比例达到50%左右，轨道交通占公共交通客运量的比重达到50%左右。

欧盟部分国家首都的公交/自行车/步行出行率　　　　　　　表5.16

国家	首都	公交/自行车/步行出行率 (%)
奥地利	维也纳	68
比利时	布鲁塞尔	37
荷兰	阿姆斯特丹	62
捷克	布拉格	67
德国	柏林	54.8
丹麦	哥本哈根	68
爱沙尼亚	塔林	61
希腊	雅典	65.5
西班牙	马德里	54
芬兰	赫尔辛基	44.7
法国	巴黎	40.4
英国	伦敦	63
匈牙利	布达佩斯	69
爱尔兰	都柏林	33
意大利	罗马	44
立陶宛	维尔纽斯	69.4
拉脱维亚	里加	73.4
波兰	华沙	70
葡萄牙	里斯本	66
瑞典	斯德哥尔摩	93
斯洛文尼亚	卢布尔雅那	36.4
斯洛伐克	布拉迪斯拉发	73.9
罗马尼亚	布加勒斯特	76
保加利亚	索非亚	75.4

（来源：西门子研究院，European Green City Index，
http://wenku.baidu.com/view/b9897b244b35eefdc8d3335f.html）

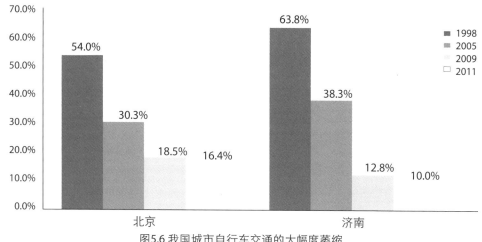

图5.6 我国城市自行车交通的大幅度萎缩

(来源：世界银行，2012年)

5.4.2 新能源汽车的普及产生的城市规划问题

国务院2012年颁布的《节能与新能源汽车产业发展规划（2012—2020年）》[19]中提出，以纯电驱动为新能源汽车发展和汽车工业转型的主要战略取向，重点推进纯电动汽车和插电式混合动力汽车产业化。规划的发展目标是，到2015年，纯电动汽车和插电式混合动力汽车累计产销量力争达到50万辆；到2020年，纯电动汽车和插电式混合动力汽车生产能力达200万辆，累计产销量超过500万辆；并要求按集约化利用土地、标准化施工建设、满足消费者需求的原则，将充电设施纳入城市综合交通运输体系规划和城市建设相关行业规划，科学确定建设规模和选址分布，适度超前建设，积极试行个人和公共停车位分散慢充等充电技术模式。

什么是新能源汽车（指电动车）？

电动汽车指所有使用电能驱动电动机在道路上行驶的车辆。但不包括不能脱离供电接触网的单电源无轨电车和在电气化铁路路轨上行驶的铁路列车。电动汽车可分为三种：纯电动汽车（BEV，Battery Electric Vehicle）、混合动力汽车（HEV，Hybrid Electric Vehicle）和燃料电池汽车（FCE-V，Fuel Cell Electric Vehicle）。

（1）纯电动汽车完全由电动机驱动。电动机的驱动电能来源于车载可充电蓄电池或其他能量储存装置。部分车辆把电动机装在发动机舱内，另有部分车辆直接以车轮作为四台电动机的转子。

（2）混合动力汽车可由两种车载动力装置驱动，即燃用化石燃料的内燃机和依靠电力的电动

[19] 国务院. 关于印发《节能与新能源汽车产业发展规划（2012—2020年）》的通知（国发〔2012〕22号）[EB/OL]. (2012-06-28) [2012-10-7]. http://www.gov.cn/zwgk/2012-07/09/content_2179032.htm

机。混合动力汽车可再细分为串联式、并联式和混联式三种模式。串联式是指内燃发动机驱动发电机，发出的电力驱动电动机，也可用车载电池向电动机供电；并联式则是发动机和电池供电的电动机都可独立驱动汽车；混联式则是根据需要可以用串联模式，也可以用并联模式。

(3) 顾名思义，燃料电池汽车就是以燃料电池驱动的电动汽车。燃料电池是通过氢燃料与氧气的化学反应生成电力。目前，燃料电池汽车还有很多技术关键需要攻克，尤其是氢燃料的制取、保存和充注还有一系列问题没有解决，暂时尚无法推广。所以本书以纯电动汽车和混合动力汽车为主。

首先要了解电动车的充电方法。按目前的科技水平，电动汽车的充电方式有四种：

第一种，常规充电。80%以上电动汽车车主是在家里用普通电源插座和车载或外置充电机充电的。一般需要5kW以下功率（充电电流在15A以下），是一种慢充模式，充电时间需要6～10小时。交通能耗转为插座能耗。这种充电模式充电所需功率和电流相对较低，充电设备和安装成本比较低。可充分利用电力低谷时段进行充电，提高充电效率和延长电池的使用寿命。很明显，它的缺点是充电时间过长。

第二种，充电桩模式。交流充电桩为车载充电机提供交流电能，直流充电桩为电动汽车电池组提供小容量直流电能。一般设在地下停车库、小区停车场、公共停车场和可停车马路上。因为仍属慢充型充电，时间较长，所以基本上要求一停车位一桩。除马路外的此类停车场多附属于建筑物，因此充电桩模式也是将交通能耗转变为建筑能耗。

第三种，充电站模式。街头充电站不可能让车辆长时间滞留，因此均采用大电流快速充电方式对电池进行充电，充电时长一般为20分钟到两小时。充电站可以设计成顶部是太阳能光伏板，供多辆车同时快充充电，站内附设快餐和饮料的零售点。

第四种，换电站模式。大型电动车辆和长距离行驶的车辆，如果用插电方式充电，并不现实。较好的方法是建设换电站，即利用给汽车更换电池的方法代替漫长的充电过程。电动汽车换电站的核心系统是自动换电装置或自动换电机器人。一般可以将更换电池的时间缩短至四分钟。但因为车型、电池、接口等远未实现标准化，目前换电站还仅限于公交、环卫、出租车等行业内部，或者作为充电站的辅助业务。

从城市规划建设管理的角度，电动车的普及带来对城市空间和基础建设的新要求：充电基础设施

（如充电桩和换电站）成为城市规划中必须要考虑的元素。上述第一种和第二种方式因为用的是建筑插座能耗，所以要增加建筑供电。居住区域内的变配电容量需在现有容量基础上考虑新增的电动汽车负荷。第三种公共充电站模式，属于城市基础设施，应与城市总体规划、电力规划、详细规划、路网规划等协调。可是目前绝大部分城市的法定规划并没有把电动车的基础建设要求纳入规划内容中。

5.5 低碳生态城市规划中的区域能源系统

5.5.1 低碳生态城的区域能源系统概念

城市能源供应系统（图5.7）与基础设施基本上由以下五个部分组成：

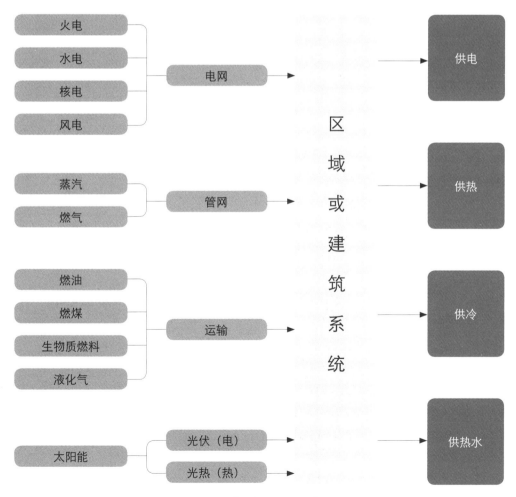

图5.7　城市能源系统示意

(1) 一次能源的生产。包括煤炭、石油、天然气的开采，大型水电站核电站的建设，属于国家级（至少是城市级）能源基础设施。

(2) 一次能源的输运。石油天然气的管道输运、煤炭的铁路航路输运、石油和液化天然气的船运，以及超高压、特高压输电网，都是国家级能源基础设施。由于涉及国家安全，所以其重要性不言而喻。

(3) 一次能源到二次能源的转换。发电厂、热电厂，一般都是城市级的能源基础设施。但在某些大于数平方公里的大型园区中，也有可能作为城区的基础设施，在城区规划中加以统筹。

(4) 二次能源的输运和转换。根据我国电力法，城区的变电站、配电网都由电力部门实施。城区规划要留出变电站用地。

(5) 城区"区域能源系统"。根据国际区域能源协会（IDEA）所给出的定义，区域能源系统是在能源中心生产蒸汽、热水和冷水，通过地下管道输送至单栋建筑，用于供暖、生活热水和空调。因此，由区域能源系统提供服务的单栋建筑不再需要它自己的锅炉、冷水机组和空调器。

在低碳生态城市规划建设管理中，目前最受关注的是于城区空间层面规划建设红色区域能源中心，提供在地方区域范围（如园区、新城区、综合体项目等）内供冷供热的新能源，而一般都是清节能源或可再生能源。但在建设低碳生态城区的目标下，把区域能源系统局限在区域供冷供热系统（DHC，District Heating and Cooling）的范畴，是比较狭义的。低碳生态城的区域能源系统概念包括几个创新的理念，直接影响到城市空间规划的编制和实施管理。因此，未来低碳生态城区能源系统应该是基于达到分布式产能和分散式用能、利用可再生能源和热源的多源系统、有先进的能源管理系统、开发多元化的经营模式，可以带有如下特点：

(1) 通过能源互联网让更多分散的、低能量密度的可再生能源得到利用，是另一种形式的规模化生产，大大提升了能源利用效率。

(2) 变传统能源的垂直化管理为互联网的扁平化管理。每一幢建筑、每一个用户，都是能源互联网中的一个节点，既是生产者，也是消费者。人能够在自己的家中、办公室里和工厂里生产绿色可再生能源。多余的能源则可以与他人分享。

(3) 减少能源的交易环节，使能源成本降低。在传统能源体系里，自家的太阳能发的电用不完只能卖给电网，电网承担了专卖商和中间商角色。而在能源互联网中，可以通过能源管理系统，直接把多余的电卖给需要电的其他用户，并进行结算。使消费者（同时也是生产者）有了更加自主的选择权。

（4）用发电高峰和供热（供冷）低谷时的电力驱动建筑物的热泵蓄热（蓄冷），在发电低谷和
用热（冷）高峰时使用，是成本最低的间接蓄电技术，可以使不稳定的可再生能源生产与
供应脱钩，确保供需平衡。

5.5.2　热电联产与城区现场发电

（1）热电联产设施与分布式能源

热电联产（Cogeneration，或CHP，Combined Heating & Power）在低碳生态城市规划建设中是一
个经常被提出的理念。这个概念并不新，在传统电厂的基础上发展起热电联产是把电厂排热的一
部分回收，并通过热网输送给用户，从而大大提高一次能源效率（图5.8）。

实际上，热电联产按其供热规模的大小，在不同的城市空间上可以分为：

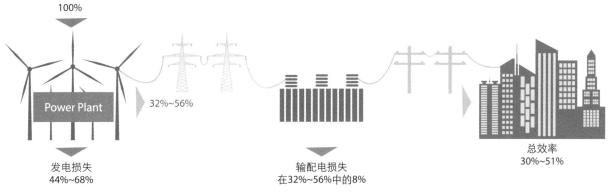

大型火力发电厂的一次能源效率

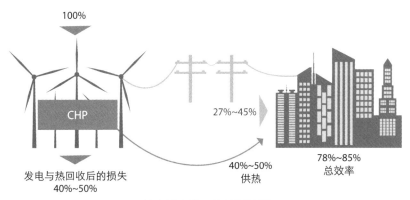

热电联产的一次能源效率

图5.8 大型火力发电与热电联产的能源效率

- 大型区域热电联产（DHP，District Heating and Power），一般由大型热电厂向城镇范围供应蒸汽或高温热水，管网半径可达5～10km。由于大型电厂的输电线路都是区域间（甚至全国和国际）联网的，所以很难区分出其供电半径。其发电能力都在10MW～100MW或更多。

- 小型区域热电联产或热电冷联产（DCHP，District Cooling Heating & Power），一般由中小型热电联产机组向一个区域（如住宅区、工业商业建筑群或大学校园）供应蒸汽或高温水用于采暖。有时在热电站直接利用热能，通过吸收式制冷机产生空调冷水、通过余热锅炉产生低温（小于100℃）热水，或用直燃型吸收式冷热水机组同时产生冷水和热水，再通过管网供应给用户。其发电能力在1MW至10MW之间。

- 建筑（楼宇）冷热电联产（BCHP，Building Cooling Heating & Power）一般以小型或者微型热电联产机组，加上直燃机、吸收式制冷机或余热锅炉，直接向建筑物（或小规模建筑群）供电、供冷、供热（包括供应生活热水）。其发电能力用于住宅的从10kW（或以下）级到100kW级，用于大型楼宇的也有1MW（或以上）级。BCHP有时又被称为三联供（Trigeneration）或四联供。

由于DCHP和BCHP设备规模小，靠近负荷，因此被归入"分布式能源"或"分布式发电"范畴。在国家发改委2013年7月颁发的《分布式发电管理暂行办法》[20]中指出：所谓分布式发电，是指"在用户所在场地或附近建设安装、运行方式以用户端自发自用为主、多余电量上网，且在配电网系统平衡调节为特征的发电设施或有电力输出的能量综合梯级利用多联供设施"。因此，利用可再生能源和清洁能源（太阳能光伏、风光互补发电系统，太阳能热电联产PVT系统，小水电、生物质热电联产和天然气热电联产）的现场发电系统（On-site Generation），都可以归为分布式能源系统。

[20] 国家发改委. 关于印发《分布式发电管理暂行办法》的通知（发改能源〔2013〕1381号）[EB/OL].（2013-07-18）[2013-12-7]. http://www.gov.cn/zwgk/2013-08/14/content_2466462.htm

（2）城区的现场发电与发热

由于利用了热电联产技术，把发电过程中的一部分排热回收，通过热网输送给用户，可大大提高一次能源效率。但是，热电联产的代价是降低发电效率。因为发电机组的功率越小，效率越低，因此，采用小型或微型发电机组的分布式能源系统如果仅作发电之用，其效率低于大发电设备，在能源利用上是不合理的。所以，要提高分布式能源的综合能效，就需要将系统所生产的热和电都能物尽其用。

城区的现场发电（On-site generation）原则上应并入区内配电网。比如分布式能源的热电联产，根据国家电网公司的意见，是"位于用户附近，所发电能就地利用，以10kV及以下电压等级接入电网，且单个并网点总装机容量不超过6MW的发电项目。包括太阳能、天然气、生物质能、风能、地热能、海洋能、资源综合利用发电等类型"。城区的现场产热（包括集中供应的冷、热、热水）的输运系统（管网），则需要由开发者将其作为基础设施建设，其投入的回收应包含在土地批租费用中。

在分析区域热电联产规划时，建议设施的发电与发热量是主要的投资与效率考虑。

在上海市建设和交通委员会2008年颁布的《分布式供能系统工程技术规范》DG/TJ08-115-2008[21]中明确指出，分布式供能系统容量的选择应依据以热（冷）定电、热（冷）电平衡的原则，并规定分布式供能系统年总热效率不应小于70%、年均热电比不应小于75%。这说明，分布式能源热电联产系统是为建筑供暖的目的而设的，在满足热需求的前提下，所发电力作为电网的补充。

[21] 上海市建设和交通委员会.分布式供能系统工程技术规范DG/T J08-115-2008[S]. 2008

在工业化时代，大型企业有稳定的电力负荷和热需求。但是，在现代园区内是以建筑负荷为主，几乎不可能同步地将热电联产所生产的电能和热能完全利用。因为建筑物的需热量/需冷量与用电量需求随季节、气候、昼夜、建筑功能等诸多因素变化，而热电联产设备一经选定，其正常运行时的热电比是有一定范围的，所以总是会有富余的电能或热能。以前的办法就是争取电力上网，利用大电网这样一个"蓄水池"解决电力"储存"问题。

要留意，这里可能会有误区，即认为热电联产的主要目的就是利用余热。这样考虑，对供应侧电力公司来说没有错，因为电力是它独家经营的，将原先的余热废热充分利用起来，能使电力公司得到更多的利益。而对以建筑供热为目的的需求侧来说，用高品位的天然气发电，无论电的用途如何，如果只考虑利用余热，即使综合热效率达到80%，也不如用一台燃气锅炉，后者热效率可以达到90%以上。

因此，对城区中的区域能源中心设施规划建设，不能盲目跟从，必须要有充分客观的分析与对整体能源利用效率的考虑。

第6章 新能源应用与区域建筑能源规划

我国多数城市一次能源来源占比的排序是煤炭—石油—天然气—可再生能源，这样的能源构成是高碳结构的。随着我国城镇化进程的加速，能源消耗的总量还将进一步增加。而中国的能耗总量和碳排放总量均居世界第一位。要改变我国碳排放高居不下的局面，必须从几个方面努力：第一是节能和降低能耗；第二是改变能源结构；第三是在高碳能源利用中推广清洁燃烧和碳捕集技术。

我国城市能源结构的改变，现实的技术路线包括：

· 改变产业结构，从"重"能源产业转向"轻"能源产业和低能耗产业；用"壮士断腕"的气概关停高能耗产业过余的产能。
· 提高能源效率，实现实质性节能。即严格控制能耗总量，实现能耗总量负增长，同时在城市范围内实现化石燃料能源的梯级利用。
· 在终端能源消费中降低煤和煤制品的比重，特别在与民生相关领域（如城市热电厂、建筑供暖、餐饮食品、居民生活等）实现完全清洁能源（天然气）的应用，发展城市垃圾生物质发电等技术。
· 科学稳妥地发展核能，如核电厂和低温核供热，但要特别注意核安全，避免核风险。
· 可再生能源、清洁能源和分布式能源的利用全面进入城市规划建设，成为城市建设用地与基础设施的一部分。例如，城市公共能耗（道路照明等）的100%可再生能源化、建筑可再生能源一体化设计的标准化、短距离公共交通（大容量轨道交通站点与社区间的接驳）的100%可再生能源化等，都是在现有技术条件和经济条件下可以实现的措施。

本章集中讨论城市规划中的新能源规划问题和考虑，内容重点包括：

· 我国可再生能源利用情况；
· 城市可再生能源技术应用综述；
· 城市规划中的可再生能源利用专题规划；
· 城市规划建设可再生能源利用面对的挑战；
· 区域建筑能源规划与需求侧能源规划。

6.1　我国可再生能源利用情况

我国在可再生能源利用方面已经取得令世人瞩目的成就。从表6.1可以看出，中国有多项可再生能源设备的装机量居世界第一。我国在可再生能源发电（特别是水电、风力发电、太阳能热水器、地热等利用）方面都处于世界第一位[1]。

[1] REN21. Renewables 2012 – Global Status Report[EB/OL]. (2012-12-18) [2013-5-7]. http://www.ren21.net/ren21activities/globalstatusreport.aspx

2012年世界可再生能源装机量排名　　　　　　　　　　　　　　　　表6.1

名次	1	2	3	4	5
可再生能源发电（含水电）	中国	美国	巴西	加拿大	德国
可再生能源发电（不含水电）	中国	美国	德国	西班牙	意大利
生物质发电	美国	巴西	中国	德国	瑞典
地热发电	美国	菲律宾	印尼	墨西哥	意大利
水电	中国	巴西	美国	加拿大	俄罗斯
太阳能聚焦热发电	西班牙	美国	阿尔及利亚	埃及/摩洛哥	澳大利亚
太阳能光伏发电	德国	意大利	美国	中国	日本
风力发电	中国	美国	德国	西班牙	印度
太阳能热水器	中国	德国	土耳其	巴西	印度
地热	美国	中国	瑞典	德国	日本
地热直接利用	中国	美国	瑞典	土耳其	日本/冰岛

（资料来源：REN21，2012年）

6.2　城市可再生能源技术应用综述

以下对我国目前推动的可再生能源和它们可以在城区建设的基本应用做出简介，主要包括太阳能利用、风能、生物质能及热泵技术利用四方面。

6.2.1　太阳能利用

包括光电、光热和被动式太阳房三种利用方式。我国太阳能资源丰富，在三分之二的国土面积上年日照小时数在2200小时以上，年太阳辐射总量大于每平方米5000MJ，属于太阳能利用条件较好的地区。西藏、青海、新疆、甘肃、内蒙古、山西、陕西、河北、山东、辽宁、吉林、云南、广东、福建、海南等地区的太阳辐射能量较大，尤其是青藏高原地区太阳能资源最为丰富。

按照每年接受太阳能辐射量的大小，全国大致上可分为五类地区（图6.1与表6.2）。　表

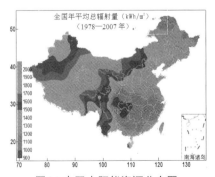

图6.1 中国太阳能资源分布图
（来源：中家气象局风能太阳能资源评估中心，http://cwera.cma.gov.cn/）

中的一、二、三类地区，具有利用太阳能的良好条件；四、五类地区虽然太阳能资源条件较差，但仍有一定的利用价值。

在城区与建筑空间层面，目前最常见的太阳能应用包括：太阳能光电利用、太阳能热利用、建筑设计中的被动式/主动式太阳能应用。

太阳能光电利用主要是太阳能光伏电池（Photovoltaic，PV）：依据光电效应原理，当光线照射在导体或半导体上时，光子与导体或半导体中的电子的作用，会造成电子的流动，光的波长越短，频率越高，电子所具有的能量就越高。光伏系统是由太阳能电池方阵、蓄电池组、充放电控制器、逆变器、交流配电柜等设备组成。商用光伏系统的转换效率在7%到17%之间。如果再考虑天气状况和大气污染对发电效率的影响，建成系统实际测得的效率在8%左右。

太阳能光伏发电系统按安装容量可分为下列三种系统：小型光伏发电系统，安装容量小于或等于1MWp；中型光伏发电系统，安装容量大于1MWp，并小于或等于30MWp；大型光伏发电系统，安装容量大于30MWp。在城区中应用太阳能光电主要有三种形式：

(1) 光伏建筑一体化（Building Integrated Photovoltaic，BIPV）。光伏建筑一体化（BIPV）技术将太阳能光伏产品集成到建筑上，用来替代建筑材料，成为建筑的组件（屋面、立面、天窗、挑檐等）和建筑围护结构的组成部分。它兼有外围护结构和发电的双重功能。由于太阳电池板是建筑外围护结构的一部分，因此在很大程度上由建筑师在建筑设计中综合考虑。由于光伏电池与建筑构造配合，很难保证光伏发电效率，因此在规划阶段对光伏面积和发电量都难以确定。它基本上是小型系统。

(2) 建筑附着光伏系统（Building Attached Photovoltaic，BAPV）。光伏系统只是简单附着在建筑之上，采用的是普通太阳电池组件，太阳电池组件用支架安装在屋顶上，光伏产品并不属于建筑物的一部分，有可能会影响建筑的美观。拆除此BAPV建筑上的光伏组件，并不会影响原有建筑的基本功能。在规划中，首先要考虑有多少可利用的屋顶面积，其次考虑建筑屋顶的承受能力、光伏系统对原建筑结构的破坏、对建筑风格的影响等问题，并不是所有建筑都适合建造BAPV系统。基本上是小型和中型系统。中大型BAPV工程都应报建，经过有关部门审批。BAPV在城区中应用要注意资源配置中的问题：

屋顶空间是一种资源，可以有多种用途。即使在可再生能源利用领域，也会与太阳能热水系统安装产生空间资源利用的矛盾。另外，屋顶需要用来安装冷却塔、电梯驱动、天线、空调屋顶机组等设备，也有做成屋顶花园、露天餐饮，甚至运动场所的。而屋顶绿化也是绿色建筑技术中的选项之一。需要很好地协调。

中国太阳能资源分布表 表6.2

地区类型	年日照时数（h/a）	标准光照下年平均日照时间（h）	年辐射总量（MJ/m²·a）	等量热量折合标准煤（kg）	包括的主要地区	备注
一类	3200~3300	5.08~6.3	6680~8400	225~285	宁夏北部、甘肃北部、新疆南部、青海西部、西藏西部	太阳能资源最丰富地区
二类	3000~3200	4.45~5.08	5852~6680	200~225	河北西北部、山西北部、内蒙古南部、宁夏南部、甘肃中部、青海东部、西藏东南部、新疆南部	较丰富地区
三类	2200~3000	3.8~4.45	5016~5852	170~200	山东、河南、河北东南部、山西南部、新疆北部、吉林、辽宁、云南、陕西北部、甘肃东南部、广东南部、福建南部、江苏北部、安徽北部、台湾西南部	中等地区
四类	1400~2000	3.1~3.8	4180~5016	140~170	湖南、湖北、广西、江西、浙江、福建北部、广东北部、陕西南部、江苏南部、安徽南部、黑龙江、台湾东北部	较差地区
五类	1000~1400	2.5~3.1	3343-2-4180	115~140	四川大部分地区、贵州	最差地区

- 在大规模城区开发项目中，土地批租给二级开发商。屋顶空间使用权属于二级开发商，因此，业主成为BAPV的利益相关方。为了避免物权方面的纠葛，一般都是在自有产权的建筑屋顶进行开发，比较适合大型展馆、体育场馆、工业厂房、车站空港等开发商和业主是同一法人的项目。

(3) 光伏电站。大型光伏电站一般作为单独项目立项，光伏电站建设应遵循相关规范和标准。也有一些项目，利用大型建筑综合体屋面，由电力部门投资建设大型光伏电站。电力部门一般会给予业主一定的优惠电价，相当于租赁屋面。规划中考虑此类项目时首先考虑与建筑的协调（例如采光屋顶的位置、屋顶的荷载），其次考虑光伏板对环境的影响（如光污染）。

太阳能热利用是我国可再生能源领域推广应用最普遍的技术之一。人们所熟知的家用太阳能热水器是最常见的热利用形式。太阳能热水器是太阳能的低温热利用形式，热利用效率低。太阳能中低温热利用主要有太阳能热水、太阳能供冷、太阳能供暖和太阳能热泵等应用方式。中国是太阳能热水器最大的生产国和最大的应用国（表6.3）。

住宅小区是目前利用太阳能热水的主要城市建设领域。太阳能热水器一般可以分户独立安装，在集合式住宅中，由于安装位置的局限，也可设水泵循环的多户共享系统，这时需要较大的储水箱或中间储热罐。而在公共建筑中，低温太阳能热水器往往需要辅助锅炉，所以需要更大的空间。

在城市中，分散的太阳能热水供应系统应用最为广泛。许多省市都对太阳能热水器的应用做了明文规定。例如，《江苏省建筑节能管理办法》中明确规定[2]："新建宾馆、酒店、商住楼等有热水需要的公共建筑以及12层以下住宅，应当按照规定统一设计、安装太阳能热水系统"。上海市则规定，六层以下新建住宅项目统一设计并安装符合相关标准的太阳能热水系统。而《北京市太阳能热水系统城镇建筑应用管理办法》规定，在北京市行政区域内"新建城镇居住建筑，宾馆、酒店、学校、医院、浴池、游泳馆等有生活热水需求并满足安装条件的新建城镇公共建筑，应当配备生活热水系统，并应优先采用工业余热、废热作为生活热水热源。不具备采用工业余热、废热条件的，应当安装太阳能热水系统，并实行与建筑主体同步规划设计、同步施工安装、同步验收交用"。很多城市还规定了太阳能热水系统的保证率。

在建筑设计中利用最广泛的太阳能应用方式分"被动式"和"主动式"两种。所谓"被动式太阳房[3]"是通过建筑朝向和周围环境的合理布置、内部空间和外部形体的巧妙处理以及建筑材料和结构的恰当选择，使建筑物能收集、蓄存和分配太阳热能。它不仅能在不同程度上满足建筑物在冬季的供暖需求，也能在夏季起到遮蔽太阳辐射、散逸室内热量、降低室内温度的作用。被动式太阳房一般不需要机械设备及动力，这是它区别于主动式太阳房的主要特点。主动式太阳房与被动式太阳房一样，它的围护结构应具有良好的保温隔热性能。所谓主动式太阳能建筑，是用太阳能光伏板和太阳能热水器代替部分传统建筑材料和构件，使建筑与太阳能利用完美结合。建筑的屋顶、外墙、天窗、幕墙、阳台围栏、雨篷和外遮阳设施都是可以利用的位置。

6.2.2 风能利用

风能是空气运动产生的动能。它其实就是逆向的电风扇，电风扇是由电机驱动桨叶产生风，而风力发电机是由风力驱动桨叶，带动发电机发出电力。大型风力发电机又分陆地型和海上型两种。陆地上的各种地形都可以建风力发电厂，正常运转所需的风速应大于3m/s，但是风速太强（大于25m/s）也不能正常工作。风速在10～16m/s时风力发电机达到满载。

截至2012年年底，全球风电新增装机容量达到45GW，同比增加10%。全球风电累计装机容量达到282.5GW，同比增加19%。其中中国已成为世界最大风电装机国家（图6.2）。

2012年中国风力发电量为1004亿kWh，占当年全国总发电量的2%，比2011年增长1.5%。风能已成为中国第三大电力来源，仅次于火电和水力发电，超过了核电。2012年，我国《风电发展"十二五"规划》明确了我国未来风电发展的远景目标，到2015年，并网装机容量达到1亿千瓦，到2020年装机容量达到2亿千瓦[4]。

[2] 江苏省人民政府. 江苏省建筑节能管理办法（省政府令第59号）[EB/OL].（2009-11-04）[2010-5-1]. http://www.jiangsu.gov.cn/jsgov/tj/bgt/201311/t20131102_404688.html

[3] 李元哲. 被动式太阳房热工设计手册[M]. 北京：清华大学出版社，1993

[4] 全球风能理事会GWEC. 全球风电市场发展报告2012[M]. 2012

全球太阳能热水器安装量最高的10个国家和地区（GW）　　表6.3

排序	国家/地区	2005年	2006年	2007年	2008年	2009年	2010年
1	中国	55.5	67.9	84	105	101.5	117.6
2	欧盟地区	11.2	13.5	15.5	20	22.8	25.3
3	美国	1.6	1.8	1.7	2	14.4	15.3
4	德国	—	—	—	7.8	8.9	9.8
5	土耳其	5.7	6.6	7.1	7.5	8.4	9.3
6	澳大利亚	1.2	1.3	1.2	1.3	5	5.8
7	巴西	1.6	2.2	2.5	2.4	3.7	4.3
8	日本	5	4.7	4.9	3.2.	4.3	4
9	奥地利	—	—	—	2.5	3	3.2
10	希腊	—	—	—	2.7	2.9	2.9
11	以色列	3.3	3.8	3.5	2.6	2.8	2.9
	世界（GWth）	88	105	126	149	172	196

（来源：维基百科，http://en.wikipedia.org/wiki/Solar_water_heating）

风力发电机有横轴和竖轴两种，桨叶的驱动轴水平安装的是横轴风力发电机，一般往大型化发展。目前正在建造中的世界最大的风力发电机高131m，直径177m，每个叶片的翼展为80m，比波音747的机翼还长，发电功率达到8000kW。因此横轴风力发电机一般在建设密度比较高的城市建设区发展都不适合，但在风资源丰富的近郊、远郊或低密度发展区却可以有足够空间与发展潜力。

相比横轴风力发电机，竖轴风力发电机（Vertical Axis Wind Turbine）（图6.3）有着三大优势，即发电机设备的重心低、构造相对简单、可以在微风环境中运行。因此它特别适合在高密度城市中与建筑结合应用，并成为建筑物的一部分。

与常规能源相比，风力发电的最大问题是其具有不稳定性，解决这个问题可以采取的方式有：①与电网相连（电网充当巨大的蓄电池）；②采用大型蓄电池；③采用"风力—光伏"互补系统；④采用"风力—柴油机"互补系统。以我国目前的情况，风力发电系统通常安装在远离城市的旷野和海上。近年来也先后开展了城市和高层建筑风力发电的应用研究和实践。在城区开发中，因为净空和空间的限制，很少采用大型风力发电机，主要采用风光互补的道路照明，但能真正产生的节能效益有限。

6.2.3 生物质能利用

生物质能（Biomass Energy），是太阳能以化学能形式贮存在生物质中的能量形式，即以生物质为载体的能量。生物质能蕴藏在植物、动物和微生物等可以生长的有机物中，它是由太阳能转化而来的。有机物中除矿物燃料以外的所有来源于动植物的能源物质均属于生物质能。地球上每年生长的生物质达1400亿～1800亿t（干重），如果全部作为能源加以利用，是现在全世界年能耗的10倍[5]（表6.4）。

从表6.4可以看出，生物质能源（如秸秆和木材）应用最简单的方法就是直接燃烧。也可以通过转换，使它成为生物燃料（如沼气、乙醇和生物柴油）。生物质转换成生物质燃料的过程可以通过热力学、化学或生物化学等多种方式实现。我国是农业大国，生物质能资源比较丰富的主要有农作物秸秆、树木枝桠、畜禽粪便、能源作物（植物）、工业有机废水、城市生活污水和垃圾等。

我国生物质能源的利用方式目前主要集中在生物质直燃发电、气化发电及燃气集中供应、生物质成型燃料用于炊事和供热等方面。2012年生物质发电总装机容量达910万kw，年发电380亿kwh，其中直燃发电是应用最广泛的生物质能利用方式，其次为垃圾焚烧发电。生物质燃气产量达到8亿m³，生物质成型燃料产量达到600万t，年替代化石能源量约折合1530万tce。从宏观的城市整体建设来看，城市近郊与乡镇地区可以提供不少的生物质能利用潜力。然而，在发展密度相对高的城镇与城区内，生物质能利用可能有一定的局限，目前它的应用在低碳生态城区规划内并不普遍。

另外，随着我国城镇化进程的加快，城市垃圾处理问题已成为不容忽视的问题。我国城市垃圾处理率仅为52.15%，历年堆存的垃圾已高达60亿t，1/3的城市处于垃圾的包围之中。国内外广泛采用的城市生活垃圾处理方式主要有焚烧、卫生填埋和堆肥三种。由于可以利用焚烧产生的热能发电，因此将垃圾焚烧发电归入生物质能源利用技术。全国城市生活垃圾年产生量约1.5亿t，其中50%可作为焚烧发电的燃料或垃圾填埋气发电的原料，可替代1200万tce。目前，我国生物质资源可转换为能源的潜力总体上约5亿tce，今后随着造林面积的扩大和经济社会的发展，生物质资源转换为能源的潜力可达10亿tce[6]。

要把垃圾焚烧发电纳入低碳生态城市规划建设的能源战略中，要留意两个问题：垃圾焚烧发电的环境影响与处理，具体项目产生的垃圾用于焚烧发电的适合性。

图6.4是一个典型的垃圾焚烧发电厂的工艺流程示意图。大部分工艺是围绕着焚烧发电过程中排放的废气、废渣和污水处理的。确保垃圾电厂的安全、清洁、可靠运行，是垃圾电厂规划中最重要的原则。垃圾焚烧要求垃圾的低位热值在5000kJ/kg以上。有人说，我国不像发达国家那样，城

[5] 赵勇强. 中国生物质能源资源状况，国家发改委能源所《中国生物质能CDM省级能力建设项目》2007[EB/OL].（2007-12-26）[2013-12-7]. http://cdm.ccchina.gov.cn/WebSite/CDM/Up-File/2008/200812162455700.pdf

[6] 国家发展改革委. 关于印发可再生能源中长期发展规划的通知（发改能源〔2007〕2174号）[EB/OL].（2007-08-31）[2009-12-1]. http://www.gov.cn/zwgk/2007-09/05/content_738243.htm

国家	MW	%百分比
中国	75324	26.7
美国	60007	21.2
德国	31308	11.1
西班牙	22796	8.1
印度	18421	6.5
英国	8445	3
意大利	8144	2.9
法国	7564	2.7
加拿大	6200	2.2
葡萄牙	4525	1.6
其他国家	39853	14.1
全球前十	242734	85.9
世界总和	282587	100

图6.2 2012世界风电累积装机量Top10国家所占份额

(来源：全球风能理事会GWEC，2012年)

图6.3 竖轴风力发电机（VAWT）

市生活垃圾得到很好的分检，其实不然。我国多数城市都有废品回收网络，还有众多拾荒者。在废弃物进入垃圾箱之前，所有比较值钱的垃圾，如纸张、金属、各种容器、旧衣物、木制品等，都提前进入了其他流通渠道。进入垃圾箱的，都是一些厨余垃圾、剩余食品，以及大量的塑料袋，而这些垃圾的热值低，易产生二次污染，不适合燃烧处理。表6.5是各种有机垃圾的热值[7]。

[7] 袁振宏，吴创之，马隆龙，等. 生物质能利用原理与技术[M]. 北京：化学工业出版社，2005

此外，垃圾发电的国内装备水平与发达国家相比差距较大，关键设备需要进口，尤其是大容量设备的国产化率很低。因此，与其他技术成熟的可再生能源发电相比，项目投资高。由于生活垃圾含水率高、热值低，因此在焚烧时需添加大量燃料助燃，如果不考虑垃圾处理的社会效益，仅单纯考虑发电收益，发电成本在1元kwh左右。根据国家发改委2012年发布的《关于完善垃圾焚烧发电价格政策的通知》，规定垃圾发电上网电价每千瓦时0.65元。此外，电厂还可以得到各地政府特许经营的垃圾处理费，从每吨80元到150元不等。

生物质能源的种类
表6.4

	纤维素类 (燃烧或转换)	油脂类 (生物柴油)	淀粉和糖类(乙醇)	其他有机物 (沼气)
农业废弃物	秸秆	—	—	畜禽粪便
林业废弃物	林木砍伐废弃物	—	—	—
生活垃圾	木材/纸张	餐饮废油	—	厨余
工业垃圾	木材加工废弃物	—	—	有机废水废渣
能源作物	—	—	甜高粱/薯类	—
能源林木	薪柴林	油料作物	—	—

(来源：赵勇强，2007年)

各种有机垃圾的热值
表6.5

垃圾成分	原始容量/（kg/m³）	含水率/%	热值/（kJ/kg）
食品垃圾	290	70	4584
废纸	80	6	16 832
废纸板	50	5	16 379
废塑料	65	2	32 727
纺织品	65	10	17 534
废橡胶	130	2	23 772
废皮革	160	10	7286
园林废弃物	105	60	6542

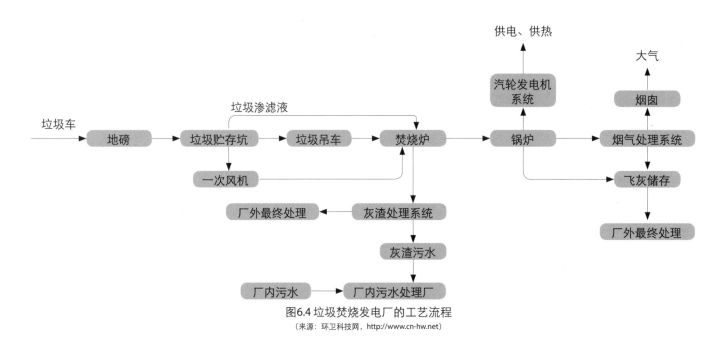

图6.4 垃圾焚烧发电厂的工艺流程

(来源：环卫科技网，http://www.cn-hw.net)

6.2.4 热泵技术利用

热能根据其温度高低可分为低品位热能和高品位热能。其中，低品位能源主要是指那些与环境温度相近且无法直接利用的热能。低品位热能广泛存在于土壤、太阳能、水、空气、工业废热之中。"热泵"是一种能从自然界的空气、水、土壤、工业废热等中获取低品位热能，经过电力或热力做功，花费少量的电力或热能，提升低品位热源的温度，提供可被人们所用的高品位热能的装置。由于低品位热源需要经过转换，不能被直接利用，所以它不能被称为"可再生能源"，而只能被认为是"可再生热源"。例如，地下深部地层里蕴藏着很高温度和压力的地热能，通过钻孔开采的地热能可以直接利用，所以地热能是"可再生能源"；而浅层（100m以内）土壤中常年温度保持在10～20℃，可以用地源热泵提升其温度，制成50℃的热水供暖，因此它就只是一种可再生热源。

热泵的工作原理与水泵是一样的。图6.5中，为了把低水位的水输送到高水位的水箱中，需要提供外部的能量，用电能驱动水泵，提升水的势能。而为了把低温度环境中的热量（例如冬季寒冷的室外）提取输送到高温度环境中（例如冬季温暖的室内），也需要外部的能量。驱动热泵的主要外部能量是电能，也有用燃气发动机（内燃机）和蒸汽透平驱动的热泵。电动热泵与燃油锅炉相比，在供应相同热量的情况下，可以节约40%左右的一次能源，减少约68%的CO_2排放量，以及93%的SO_2排放量和73%的NO_2排放量[8]。

[8] 龙惟定，武涌，等.建筑节能技术[M]. 北京：中国建筑工业出版社，2009

热泵的热源和热汇，常见有两大类：空气源和水源。吸收式热泵也常有用工业废蒸汽作为热源的。空气源热泵主要提取空气中的低品位热能，也就是说，空气只是热能的载体，有些广告宣传所谓"空气能"热泵，是很不科学的。同样，水源热泵的水也是热载体，它的热源很多，目前常用的有：

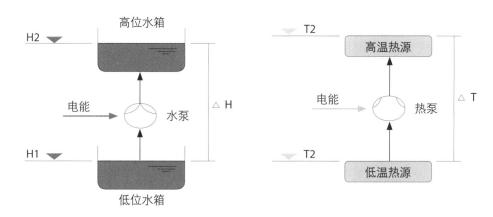

图6.5 热泵与水泵的工作原理

(1) 地表水，即江河湖海水。淡水可以经泥沙沉降和过滤等处理后直接进入热泵的蒸发（冷凝）器换热，然后排出。为防止污染物、泥沙、微生物以及腐蚀性海水对热泵机组的损害，也可不直接进入热泵，而是通过换热器与水源热泵的循环水进行间接换热，或将换热器直接抛管到水中换热。同时，我国《海水水质标准》GB3097—1997规定，人为造成的海水温升夏季不超过当时当地1℃，其他季节不超过2℃（一类和二类海水）或4℃（三类、四类海水）。在《地表水环境质量标准》GB3838—2002中则规定，人为造成的环境水温变化应限制在周平均最大温升1℃，周平均最大温降2℃。

在规划应用地表水源热泵时，要开展资源分析，关注以下几个要点：①水温。水源热泵机组正常工作的温度范围是10～25℃。了解附近地表水的月平均水温和冬夏季全天水温变化范围。冬季水温如果低于7℃，热泵机组会有冻结危险，因此一旦水温低于10℃，就应开启辅助热源。夏季水温如果高于30℃，机组制冷运行的能效降低，经济性变差，需要设辅助冷却塔。此外，深层水体的夏季水温比较低，例如三峡、新安江等大型水库深层水常年保持在4℃，可以直接用来供冷，国外称之为"Free Cooling"，瑞士日内瓦湖、加拿大安大略湖等都有深层湖水直接供冷的大型工程项目，并作为城市的基础设施。但我国多数河流，由于污染严重，表层与深层水温已没有很大差别。②水量。我国有不少河流湖泊，为了防止污染或防止海水倒灌，在上下游设立水闸，有的采取定期放水的管理措施，实际上是一湾死水，仅在风力作用下缓慢流动，其散热基本上只能依靠水面蒸发。如果水源热泵排水量过大，极易造成局部热堆积，超出相关环境标准的规定。

(2) 地埋管，即通过地埋管换热器与岩土体进行热能交换的系统，也称地耦合系统（Closed-loop ground coupled heat pump system）或土壤源地源热泵系统（Soil source heat pump）。

浅层土壤中蓄存着热量，由于大地巨大的体积以及土壤很强的蓄热能力，使土壤温度基本保持全年恒定。深度不小于5m的土壤温度不受气候变化的影响，夏季土壤温度低于气温，冬季土壤温度高于气温。地埋管中的水与管外土壤换热，夏季向土壤排出热量，冬季从土壤中取出热量。土壤埋管有水平埋管和垂直埋管两种形式。水平埋管施工比较简单，但需要较大的埋地面积。土壤源热泵利用有些要注意"土壤的热平衡"的考虑：土壤源热泵利用的并不是"可再生能源"。在本质上，土壤源热泵利用的是夏储冬用的土壤蓄热，就像蓄电池，要有外部能量充电，才能放电利用。土壤本身并不会"生产"能量，它与来自地球内部熔岩并作为可再生能源的地热能不一样。它的蓄热能力除了与土壤热特性有关外，还与使用强度有关。就像手机电池，在不使用的情况下可以待机上百小时，但也可以在数小时之内（打爆）消耗殆尽。因此，土壤源热泵应用成败的关键是土壤的热平衡，即夏季放入的热量要等于冬季取出的热量。在我国严寒地区，建筑冬季供暖负荷要大于夏季供冷负荷；而在夏热冬冷地区，甚至在部分寒冷地区（如京津等城市）则相反。因此，为保持土壤热平衡，在严寒地区宜按夏季负荷确定土壤源热泵容量，冬季不足部分用其他辅助热源补充；在夏热冬冷地区宜按冬季负荷配置土壤源热泵，夏季不足部分用其他冷源补充。

在规划地源热泵系统时，应进行工程场地状况调查，并应对浅层地表蓄热能资源进行勘察。地埋管换热系统勘察应包括下列内容：

- 岩土层的结构；
- 岩土体热物性；
- 岩土体温度；
- 地下水静水位、水温、水质及分布；
- 地下水径流方向、速度；
- 冻土层厚度。

夏季或冬季地埋管换热量，是使用土壤源热泵系统夏季可排放到土壤中的热量或冬季可从土壤中提取的热量，单位kWh，为了保持土壤源热泵系统的热平衡，在夏季负荷占优的地区以冬季可从土壤中提取的热量为地埋管换热量；在冬季负荷占优的地区以夏季可排放到土壤中的热量为地埋管换热量，可以通过模拟计算或通过岩土热响应试验获得。

规划中首先要确定适合土壤源热泵系统埋管的场地（如建筑绿地、停车场等），即可埋管土地面积，可根据绿化率等指标估算。

（3）地下水，即用地下水作为水源热泵的低温热源。地下水地源热泵又分开式地下水系统和闭式地下水系统。在开式地下水系统中，地下水直接供给水源热泵机组；在闭式地下水系统中，使用板式换热器把建筑物内循环水系统和地下水系统分开。地下水热泵系统需要两口井，即抽水井（Production well），用于从地下含水层中取水；以及回灌井（Injection well），用于向含水层灌注回水。地下水源热泵具有较好的节能性。地下水温度稳定，一般比当地全年平均气温高1～2℃，机组的供热季节性能系数和能效比都很高。夏季，温度较低的地下水，可直接供应到末端用于空调，不用开启制冷机，实现"免费供冷"。地下水源热泵的制热性能系数可达3.5～4.4，比空气源热泵的制热性能系数要高40%。然而，任何热泵系统的应用都会带来环境影响，地下水源热泵对环境的破坏作用尤其要注意。其应用的主要问题包括：由于地质条件复杂，经换热后的回水回灌可能比较困难；另外，如果不能保证100%回灌，则会浪费宝贵的地下水，使地下水位下降，甚至引起地面沉降。

以上介绍了主要的可再生能源资源和它们在城市建设中的应用。要把可再生能源的利用纳入城乡规划的编制与实施过程，规划编制工作必须要包括可再生能源专项规划，建议这个专项规划为一独立的研究，并充分与市政及基础设施专项规划内容配合。下面作者提出一个可再生能源专项规划的技术路线大纲供规划编制工作者参考。

6.3 城市规划中的可再生能源利用专题规划

6.3.1 可再生能源资源的系统评价方法

可再生能源资源具有能源密度低、供应不确定性程度高、可获得量与技术密切相关的特点。另外，可再生能源资源具有地域性特点，一般不进行区域间的输送，而其资源量的实际开发程度还受当地常规能源资源供应与价格情况的制约。在城乡规划编制过程中针对总体规划或市域城镇体系规划进行资源评价时必须充分考虑这些具体的特点，才能给出真实可靠的分析结果。

因此，本部分介绍可再生能源资源的系统评价方法大纲和构建相应的评价指标体系。

目前我国城乡规划体系内尚未在可再生能源领域颁布对应的专项规划方法指导文件。可再生能源利用专项规划的技术流程和方案构成模式尚处于探索阶段，缺乏适合作为法定城乡规划体系内的专门的编制办法来规范和指导。本部分提出了一套可再生能源利用专项规划的技术路线供参考。建议的技术路线主要包含五个任务：

- 确定上层次政策或规划的目标；
- 可再生能源资源储备分析；
- 情景分析确定可利用量；
- 可再生能源供应设备分布方式；
- 建立综合能源管理体系。

（1）确定上层次政策或规划的目标

由于国家大力推动城市可再生能源利用，不少地方政府都开始设定省或城市的整体可再生能源利用目标，也说明当地主要的可再生能源资源与可以考虑的利用。这些宏观目标与指导方向应该是总体规划编制是首先要考虑的参考。

以北京市为例，《北京市"十二五"时期新能源和可再生能源发展规划》的可再生能源利用总量目标包括：到2015年，新能源和可再生能源开发利用总量为550万tce，占全市能源消费总量的比重力争达到6%左右[9]。其中：

- 太阳能：太阳能光伏发电装机容量达到25万kW；太阳能热水系统集热器利用面积1050万m²，

[9] 北京市发展和改革委员会. 北京市"十二五"时期新能源和可再生能源发展规划[EB/OL]. （2011-11）[2012-11-1]. http://zhengwu.beijing.gov.cn/ghxx/sewgh/t1211221.htm

新增450万m²。

- 地热及热泵类能源：本市地热、热泵类（水源热泵、土壤源热泵、污水源热泵等）供暖面积达到5000万m²，新增2500万m²。
- 生物质能：生物质发电装机容量达到20万kW，新增17万kW；年产沼气总量达3600万m³，新增1800万m³；生物质燃料50万tce。
- 风能：风力发电装机容量达到30万kW，新增装机容量15万kW。

北京市更在战略层面设有对可再生能源产业发展的推动政策，并对空间布局有纲领性的方向，如按照"集中布局、集群发展"的理念，构建形成"一县两区多基地"的新能源空间发展格局。"高水平建设延庆国家绿色能源示范县；加快建设北京经济技术开发区国家光伏集中应用示范区；积极支持本市有条件的区（县）争创国家新能源示范城市；做大做强延庆北京新能源产业基地、平谷绿色能源产业基地和大兴新能源汽车产业基地；培育形成一批专业化、特色化新能源产业园区"。这些都对总体规划编制有重要的参考价值。

（2）可再生能源资源储备分析

a. 太阳能资源

太阳能资源的储量评估方法主要源于气象观测和地表辐射数据。以光伏利用为例，应掌握近30年的日照情况（日照时数、地表辐射），通过长期气象观测和地表辐射观测，计算出地表总辐射密度和可转化为电能的比率，最终核算出区域内的太阳能资源量。

从空间规划的角度要留意：其可获得量主要取决于可用于建设光伏电场的土地规模，应通过地理信息系统，选取气候资源丰富，同时土地条件难以作为常规耕作和建设的地区，核算其规模，最终获得该地区太阳能资源开发的可获得量。

b. 风能资源

风能资源的储量评估方法也主要源于对气象观测数据的分析。对长期气象观测数据进行统计核算，评估区域风能资源的总量，在地理信息系统中对其进行插值作图，结合可建设风电场的用地分布，最终得到该地区风能资源开发的可获得量。

c. 生物质能资源/地热能资源

生物质能资源的储量评估方法主要来源于农业统计资料，从原料类型、产量及各类转换系数、收集利用系数出发，测算区域生物质能资源数量和分布。其可获得量取决于规模化利用设施的收集半径和收集系数。地热能资源的储量评估方法主要采用大地热流量法和热储法进行核算。

理论蕴藏量指理论上地区每年可能拥有的可再生能源资源量。各种可再生能源资源的理论蕴藏的计算见表6.6[10]。

[10] 李京京，任东明，庄幸.可再生能源资源的系统评价方法及实例[J].自然资源学报，2001（4）：373-380

可再生能源的资源储量是整个利用规划的基础，一般而言，风能、太阳能、生物质能等主要的可再生能源往往具有储量大、密度低、利用困难的特点，也是其规模化利用难以开展的重要原因。因此理论储量不一定是可利用量。可利用量要通过分析可获得量（技术可行）与可开发量（经济可行）确定，分别对应不同技术经济水平下的实际资源可利用量和程度。

（3）情景分析确定可利用量

在规划编制中应用多情景分析，考虑不同技术可行因素的影响。由于当前技术经济水平不断发展，因此可再生能源的利用方式和可开发量也在不断变化，应以理论储量为依据，通过采取不同的技术措施和成本投入形成不同的利用情景，对多个开发利用情景进行比较和选择，最终得出较为合理的可再生能源利用方案。各利用情景中将主要考虑不同可再生能源来源的组合、各类能源的资源量、生产率、技术可行性和项目实施的不确定性等要素，并采取相应的评估方法进行研究。

(4) 可再生能源供应设备分布方式

可再生能源规划中除对资源进行核算外，还应对供应设施利用进行空间布局，把空间要求纳入总体规划和详细规划图则与内容中。主要的布局考虑是集中还是分散。本书下面第6.5章节对集中与分散的布局有详细讨论。另外也可以考虑可再生发电为离网式（分布式）和并网式两类。一般而言，两类设施布局类型都应考虑资源、交通、地形地质、各类建设制约因素等条件，同时离网式设施布局应靠近负荷中心，而并网式设施布局则应选择并网条件较好的地区。

(5) 经济投入产出分析

可再生能源作为新兴的能源利用方式，现阶段其建设成本的投入产出比相对较高，国家与地方政府目前此类建设项目实施补贴、配额等财政激励手段，需要分析这些政策对规划的影响是十分关键的。因此在可再生能源利用专项规划中，还要通过收益率等指标，对不同的激励机制进行测算。

各种可再生能源资源的理论蕴藏的计算方法　　表6.6

能源种类		理论蕴藏量	主要参数
太阳能		地面年所受辐射总量	入射角、大气散射与吸收、云层厚度、大气浑浊度
风能		功率密度×年有效风速小时数	平均有效风速、空气密度、有效风速小时数
水能		$$W = \sum_{i=1}^{n} (Q \times H)$$ n 为河道随支流汇入分成的总段数，Q 为多年平均流量，H 为河段的落差	流量（m³/s）和水头（m）
生物质能	秸秆	$$\sum_{i=1}^{n} Q \times r_i$$ n 为区域内作物秸秆种类，Q 为第 i 种作物的产量，r_i 为第 i 种作物的草谷比	实物量
	薪柴	林木种植面积×单位面积产柴量	
	粪便	年人畜数量×单位人畜年排泄量	

（来源：李京京，任东明，庄幸，2001年）

6.3.2 参考案例：北京市延庆县可再生能源开发与利用规划

本节引用李栋发表的北京市延庆县可再生能源开发与利用规划内容为案例[11]。延庆县地处北京西北，县域面积1994km²，其中山区面积超70%（图6.6）。延庆县总人口约28万，主导产业为农业及农产品加工，是首都农副产品供应基地。延庆于2000年被评为国家级生态示范县，具有一定的自然资源条件：地形地势独特、海拔较高、太阳辐射强、昼夜温差大，拥有丰富的太阳能、风能、生物质能、地热等资源。上述基础使得延庆在可再生能源的开发上具有突出优势，并于2006年被确定为北京新能源和可再生能源示范县。

[11] 李栋. 城市可再生能源利用专项规划编制的研究 [J]. 城市规划，2011（增刊1）：116-120

图6.6 北京市延庆县位置与地形

李栋对延庆县的可再生能源资源评估可以总结为：

（1）太阳能：全年日照时数2500h，平均太阳总辐射量5000MJ/m²，单位面积太阳能理论发电量为166kWh/m²。可能的最大发电总量为每年118亿kWh，约合145万tce。

（2）风能：全县平均风速3m/s，平均最大风速15m/s，有效风年小时数2000h，风功率密度在10～33W/m²，平均风功率密度约20W/m²。可能的最大发电总量为每年864亿kWh，约合1062万tce。

（3）生物质能：延庆生物质能储量为13万tce，可获得量为7.8万tce，可获得量中秸秆可燃气占比52%、沼气占比45%、林木可燃气占比3%。

延庆县2008年能耗总量为44.6万tce，预计2020年全县社会能源消耗总量约为72万tce，从资源条件上来说可以支撑2020年末全县可再生能源利用率超过10%的目标。再考虑到建设条件、投入成本后设置不同的规划利用情景，情景分析的结果表明，可再生能源实际利用规模可占全县社会总能耗的3%～11%，达2万～8万tce/年，温室气体CO_2减排量可达约8万～16万t/年。从资源本底和技术经济角度综合评估，延庆可再生能源下一步发展的优势方向在于生物质能和太阳能的开发利用。生物质能具有开发基础好、设施建设成本相对较低等优势，符合新农村建设的发展方向，虽然资源总量比风能和太阳能要小，但可利用水平较高，是近期优先考虑建设的方向。

作者参与的由北京市委托的《低碳城乡规划研究与延庆试点应用研究》对延庆县提出的可再生能源规划包括一系列的未来建设目标[12]：

[12] 北京市城市规划设计研究院. 低碳城乡规划研究与延庆试点应用研究报告，2010

（1）能源消费结构进一步优化，煤炭比重在2015年和2020年分别降至占35%和25%左右，天然气占10%和15%左右，电力占到40%和45%左右。

（2）可再生能源的利用程度进一步提高，使可再生能源在能源总消费结构中比重达到35%以上。

（3）供热结构进一步优化，延庆新城天然气的供热比例2015年为35%，2020年达到60%；充分

    挖掘可再生能源供热能力，进一步加大地热供热和生物质燃料供热。

同时提出的实施建议包括不同的可再生能源建设项目（表6.7），并建议把项目纳入法定总体规

划中。

延庆县可再生能源建设项目   表6.7

可再生能源	现状	已有规划目标	低碳规划目标
太阳能发电	1MW光热发电，在建	太阳能光伏、光热发电装机达到140MW左右	太阳能光伏、光热发电装机达到140MW左右
风力发电	风电装机150MW左右	风电装机达到200MW左右	风电装机达到400~450MW左右
水力发电	5个小水电站，总装机容量3MW左右	升级改造小水电，装机容量达4MW左右	升级改造小水电，装机容量达4MW左右
生物质发电	生物质沼气发电2MW	生物质沼气发电达到3MW左右	生物质沼气发电达到3MW左右
垃圾发电	—	—	垃圾发电2.5MW左右
地热供暖	现状供热59.1万m²	实现地热供暖面积250万m²	实现地热供暖面积534万m²
沼气站	已建大中型沼气项目10处年产气量80万m³	建成沼气站60个左右，生物质燃气年供气量500万m³左右	建设大中型沼气池120座，年产气量960万m³
秸秆成型	已建生物质成型燃料项目6处，年5000t	建10个生物质秸秆压块站，年产生物质成型燃料5万t	建20个生物质秸秆压块站，年产生物质成型燃料39万t
秸秆气化站	已建秸秆气化集中供气项目22处，年产气量800万m³	建设秸秆气化集中供气项目36处年产气量1600万m³	建设秸秆气化站41座，年产气量1800万m³

6.4 城市规划建设可再生能源利用面对的挑战

虽然我国有多项可再生能源设备的装机量居世界第一，但目前具体实践在城市建设的城区与园区层次，可再生能源在总能耗中的比例目前都不是很高。在城区建设要大力发展可再生能源使用一直都是我国低碳生态城市建设的主要目标之一，目前国内不少低碳社区与绿色生态城区示范区规划，也都在城区或园区尺度下制定可再生能源在总能耗中的比例的指标，从5%到15%不等，有的高达20%，然而，具体实施时面对不少挑战。这些挑战包括：

（1）可再生能源利用目前的建设成本比较高，目前在有财政补贴的条件下才可能发展。

按照预测，即使到2030年，可再生能源发电（不包括海上风电）的价格仍将高于传统电力[13]。以太阳能光伏为例，由于产能过剩，所以目前国内市场价格在8000元/kW左右（包括安装，但不包括蓄电），国家鼓励发展光伏发电，规定"对分布式光伏发电实行按照全电量补贴的政策，电价补贴标准为每千瓦时0.42元（含税）"，并规定"分布式光伏发电系统自用有余上网的电量，由电网企业按照当地燃煤机组标杆上网电价收购"[14]。以我国太阳能辐照的三类地区为例，1kW的光伏板每年大约能发1000kWh的电力，光伏寿命约20年。如果仅考虑补贴，20年勉强收回投资。如果考虑大部分自用，余下少部分按燃煤机组标杆价上网（收购价略高于补贴），在很多电价比较高的城市（例如，0.80元/kWh），经济性要好得多。我国各地城市，还在国家补贴基础上增加地方补贴，以鼓励社会资本进入太阳能光伏发电的产业。

（2）风能和光伏等可再生能源发电存在不稳定、可调度性低、接入电网技术性能差和对电网谐波管理的影响等一系列技术问题。

由于可再生能源发电不稳定，系统必须有蓄能装置；又由于可再生能源电力供应具有间歇性，系统必须有电力备份，一般用燃气发电，或者需要大电网的供电保证基载负荷。而这些措施会增加可再生能源的成本。为解决这些问题，各国都在开展对智能电网的研究。智能电网建立在高速双向通信网络的基础上，通过先进的传感和测量技术、控制方法以及决策支持系统，实现电网可靠、安全、经济、高效和环境友好的运行。通过智能电网，整合所有的能源资源，包括输电层面的大规模并网、配电层面的中等规模并网和商业或住宅建筑的小规模并网的电力，使这些资源实现可调度性和可控性[15]。

（3）可再生能源的产能十分分散，而且能量密度低，难以满足我国城镇化社会高度集中的用能需求。

[13] REN21. Renewables 2012 – Global Status Report[EB/OL]．（2012-12-18）[2013-5-7]．http://www.ren21.net/ren21activities/globalstatusreport.aspx

[14] 国家发改委.关于发挥价格杠杆作用促进光伏产业健康发展的通知（发改价格[2013]1638号）[EB/OL]．（2013-08-26）[2013-12-7]. http://www.sdpc.gov.cn/zwfwzx/zfdj/jggg/dian/201308/t20130830_556127.html

[15] 国际能源署.技术路线图-智能电网 [M/OL]（2011.12.1）[2013-1-5]. https://www.iea.org/publications/freepublications/publication/chinese_smart_grids.pdf

在紧凑型城市中，很难找到建设用地提供成片的安装空间。这可能是我国城市发展可再生能源的最大瓶颈。主要的挑战包括：我国多数城市还是以传统制造业作为主要经济支柱和耗能大户，所需要的高温、高压和高能量密度的能源，很难靠可再生能源满足；我国几乎所有城市人口密度和建筑密度都很大，因此用能密度（负荷分布）和强度（单位能耗）很大，可再生能源的需求与可供应量之间有很大落差；我国的发电属于弱自然垄断，而我国的输配电网则是强自然垄断，整个能源管理体制是供应主导型。我国的电力体制改革由于电力垄断供应的存在而使城市迈向大规模使用可再生能源的目标举步维艰。因此，城市不能有能源（电力）结构的选择权而只能在市域内做一些小规模的可再生能源现场发电系统，对于城市的整个能源结构来说只能是杯水车薪。

综合以上的分析，最重要的一点是我国城市的能耗基数都很大，如果不把分母减下来，单靠提高分子来增加可再生能源占比是一个近乎无法完成的艰巨任务。我国城市规划建设要达到低碳的发展模式，必须先从需求管理下手，通过控制需求来推动节能减排，从而产生针对区域建筑能源规划的"需求侧能源规划"理念。

6.5　区域建筑能源：需求侧能源规划

6.5.1　为什么要进行需求侧能源规划?

在我国城市规划体系中，城市或区域的电力规划、燃气规划，以及北方城市的集中供热规划都占有重要位置。这些规划都属于能源供应侧规划，由能源供应单位的专业规划机构完成。但在我国新型城镇化进程中，能源应用形态有了很大改变，体现在以下五点：

（1）伴随新型城镇化出现的是产业结构的升级和转型，重点发展现代服务业和先进制造业。这些产业均以建筑为生产基地，都属于建筑环境依赖型产业。

（2）由于产业结构转型，过去工业化时代高温、高压、高品位能源需求逐渐向后工业时代低温、低压、低品位能源需求转化。

（3）保障衣食住行的城市生活消费性能源需求持续增长。我国经济逐渐从投资和出口拉动转向以消费为主的结构。对健康舒适的建筑环境的追求会被越来越多的人接受。而基本室内环境的保障措施将形成法律，鼓励并倡导科学合理的能源消费。

（4）由于能源资源紧缺和环境污染压力大，国家将实行更严格的能耗总量控制和排污量控制措施。因此，需要进一步提高能源效率，进一步提高可再生能源应用比例，使能源消费从"少增长"变为"多减少"。

(5) 国家政策推动地方城区以绿色生态为规划建设目标，需要在"消费端"的能源合理利用方面体现节能减排理念。

以上能源应用形态的特点给城市能源利用模式带来一系列新的挑战，暴露了传统能源供应规划理念和做法的几个基本不足之处：

· 能耗总量控制需要在消费端有量化的可测量、可报告、可核查的能耗目标和能耗基准线；

· 传统电力大集中系统和远距离输送带来的能量损失不符合节能减排的理念；

· 高密度城镇空间布局与低密度可再生能源生产之间的矛盾，大型可再生能源设施不适合在靠近消费端的空间设置；同时，可再生能源生产的波动性与负荷变动不同步；可再生能源资源的空间分布与用户空间的分布不一致。

6.5.2 区域建筑能源规划：需求侧能源规划方法

区域建筑能源规划是建筑节能的重要一步，主要立足于需求侧能源规划的理念。区域建筑能源规划中的关键技术为节能目标的设定、可利用资源量的估计、负荷预测、能源系统配置、精明电厂的确定等，其中区域建筑可利用能源资源量的估计又是区域能源规划的重要组成部分。

节能减排的目标使消费端的"需求侧规划"成为核心的城市规划建设管理手段。而以往的能源规划和城市规划都没有相应的内涵和措施，由此催生了需求侧能源规划[16]。目前常见的需求侧能源规划有三种：

(1) 综合能源规划，即面向绿色经济的能源规划。涉及生产性能耗和消费性能耗，包括产业能耗、建筑能耗和交通能耗三大领域。它主要建立能耗总量和各领域能耗量目标，建立能耗绩效评价指标，建立产业和建筑的能效准入门槛，建立城区的能源管理体系等。

(2) 建筑能源规划，即面向绿色建筑的能源规划。包括对各类建筑的能耗预测，建立各类建筑的能耗基准，建立绿色建筑绩效评价指标，可再生能源与建筑一体化规划，调整城市形态以发挥其节能潜力，自然资源利用的空间协调等。

(3) 城区能源系统规划，即面向绿色能源的能源规划。包括有效整合区内各种资源，降低终端用能负荷，以能源效率和经济效益最大化的原则配置能源系统，实现区内能源资源的互联互通、多源供能、多级利用、多技术集成、多策略运行以及多元化经营。

[16] 龙惟定.建筑节能管理的重要环节——区域建筑能源规划[J].暖通空调 HV&AC，2008 (3)：31-38

需求侧能源规划与供应侧能源规划无论在技术路线上还是在方法学上都有很大不同，表6.8做了归纳。

要进行需求侧能源规划，技术路线共有六个主要步骤（图6.7）。

供应侧与需求侧能源规划的区别　　　　　　　　　　　　　表6.8

供应侧能源规划	需求侧能源规划
工业化时代，高温、高压、高品位能源产品	后工业化时代，低温、低压、低品位能源产品
基于可靠性和供应侧经济效益，利用价格杠杆调节，用户节钱不节能/节能不节钱	基于综合资源规划理论，终端节能资源化，既节能又节钱
负荷最大化，以增加供应来增加利益，需求端用得越多，供应端效益越好	负荷平准化、减量化，分布式产能，分散式用能
单源系统，排他性，大集中系统，垂直化管理	多源系统，兼容性，基于互联网思想，资源共享，扁平化管理
集中产能，远程输送，以化石能源为主	现场产能，集成利用低品位未利用能源和可再生能源
从顶到底的规划思想	从底到顶的规划思想

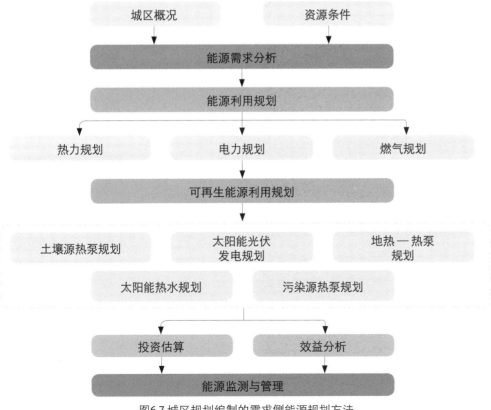

图6.7 城区规划编制的需求侧能源规划方法

（1）规划目标和关键性能指标的设定

低碳生态城区的能源规划，需要有非常明确的节能目标，作为开发的依据和必须实现的关键技术指标，要求各利益相关方共同接受和遵守[17][18]。规划目标和指标要包括以下内容：

- 生产性能耗的效率性指标（如单位产值能耗、能耗总量等）；
- 消费性能耗的强度性指标（如单位面积能耗、人均能耗等）；
- 区域内能源基础设施的节能减排目标（如能效目标、单位产能的碳足迹、单位产能成本等）；
- 区域内利益相关者共同遵守的行为节能准则和鼓励节能的各项措施（如公交普及率、网络覆盖率等）；
- 各项能耗的基准线和限额。

（2）可利用的能源资源分析

运用综合资源规划方法，将提高需求侧的能源利用效率从而节约下的资源统一作为一种替代资源看待，并给予像其他传统资源供给方式同等的重视，在比较需求和供给两方面的资源供给费用和效益的基础上选择一种资源组合方案作为城区能源利用的最终方案[19]。

a. 供应侧资源包括：

- 公用事业网络提供的电力、热水、燃气、蒸汽等商品能源，购买得到的石油制品、液化石油气、煤炭等商品能源；
- 当地可获得和值得应用的可再生能源，如生物质能（森林废弃物、农作物秸秆、生活垃圾）、太阳能、风能、地热能、小水电等资源；
- 有应用价值的余热、废热以及自然界的低品位能源，即所谓的"未利用能源"。

b. 需求侧资源是指通过降低负荷和提高能源利用效率而得到的虚拟资源，包括：
- 新建建筑由于采取了比国家节能设计标准更严格的建筑节能措施而减少的能耗；
- 用户改变消费行为减少用能所降低的能耗；
- 通过规划措施调整城市形态降低供冷供热负荷所节约的能耗；
- 采用区域能源系统，利用负荷错峰和负荷参差率而减少的能耗；
- 用户采用更高能效的末端设备所降低的能耗。

[17] 龙惟定, 梁浩. 低碳生态城区能源规划的目标设定[J]. 城市发展研究, 2011（12）: 13-19

[18] 龙惟定, 范蕊, 梁浩, 刘魁星. 城市节能的关键性能指标[J]. 暖通空调, 2012（12）: 1-9

[19] 张改景, 龙惟定. 区域建筑能源规划中资源潜力分析方法[J]. 西安建筑科技大学学报, 2010（10）: 707-711

特别注意"可利用"这三个字。尤其是可再生能源的应用必须因地制宜，根据当时当地条件和经济性决定用量，不能一刀切，更不能强求某一应用比例。比如太阳能，要考虑区域范围内有多大的采集面积；比如土壤源，要考虑有多少可埋管的土地面积，以及这些土地面积的用地性质和与其他地下空间构筑物的关系。在可再生热源中，最容易利用的便是空气。正由于空气无处不在，也就没有必要将空气源热泵系统做成区域集中系统，增加庞大的冷热水输送系统，增加无谓的能源消耗。如果为避免分散空气源系统所带来的热岛效应，那么也可以将冷却塔/热源塔和辅助加热系统集中设置，将冷机/热泵分散布置，使其成为能源总线系统，尽量缩短供冷距离。

（3）负荷和需求预测

需求侧能源规划中，城区内建筑的冷热负荷和需求预测是非常重要的环节。城市规划编制工作必须进行科学的城区能源负荷和需求预测。

然而，在城区规划编制阶段，区域内各单体建筑物的建筑设计还没有开始。尽管规划中确定了建筑的功能用途，但单体建筑具体的负荷变化规律是不确定的。因此，在规划阶段用动态负荷模拟软件，建立建筑模型，进行精细的冷热负荷模拟是非常困难的。而如果用空调设计中常用的冷热负荷估算指标来估算区域内建筑群的负荷，就会回到供应侧能源规划的老套路上去，一定会造成区域能源系统"大马拉小车"的局面。需求侧的负荷预测依据的数据来源包括：

- 总体规划和各专项规划（特别是供应侧能源规划）的基础数据；
- 国家和地方建筑节能设计标准和绿色建筑标准；
- 本地或邻近城市能耗统计、能源审计和能耗监测平台的实测数据；
- 必要的计算机模拟；
- 规划区域指标、关键性能指标（KPI）和区域开发的建设导则。

负荷预测有很多种数学建模方法和解析工具，但基本都是针对单体建筑所开发的。目前还没有区域尺度建筑群冷热负荷预测的成熟软件。在规划阶段还是需要用各种负荷指标来做区域大尺度的负荷预测，可以采用下面两种方法的结合。

第一种方法，基于计算机模拟技术的城区建筑负荷预测：

a. 根据城区总体规划和节能设计标准，设定各类建筑基准负荷的参数，做归一化处理后建立各类型建筑基准负荷预测模型，做计算机模拟[20]。基准负荷的模拟工作可以按照不同地区的节能标准，事先离线做好，并建立按地区和建筑类型区分的基准负荷数据库。

[20] 苑翔，龙惟定，张洁.相同材质的区域建筑冷负荷预测的整合模型[J].暖通空调，2010（10）：71-75

b. 根据规划区建筑功能特点、人口变动趋势确定变动负荷情景参数，做不同情景下的负荷模拟[21]。

[21] 苑翔，龙惟定.应用情景分析法预测区域建筑冷负荷[J].上海市制冷学会2007年学术年会论文集，2007

c. 给出各类建筑负荷指标。

第二种方法，基于数据挖掘的城区建筑负荷预测方法研究：

a. 对规划区域所在地公共建筑能耗监测平台实测的各类建筑能耗数据进行分析，并对模拟结果进行校准。

b. 结合模拟结果生成负荷指标。

建议在规划阶段用各种负荷指标来做区域大尺度的负荷预测需要时，采纳上述两种方法的结果进行比对，结合生成负荷指标。

（4）城区建筑基准负荷影响因素分析

这是城区规划与区域能源结合的重要环节。从城市规划编制的角度考虑，需要全面了解影响城区建筑基准负荷的主要因素，其中包括三方面：

a. 气候因素。尤其是全球气候变化带来的未来气候的不确定性。气候变暖、气候变冷、极端气候出现频率等都会影响建筑能耗和能源系统的配置。尽管这样的预测也有规律可循，也可以建立相应的模型，但相比负荷预测，准确性更差，不同模型的预测结果相差更大。尽管如此，还是可以通过规划区域所在地区的气候趋势性预测，对中长期负荷和能耗的变化做出简单预判。

b. 规划因素。城区的容积率、功能混合度、建筑密度、人口等规划要素都会对建筑基准负荷产生影响，同时它也会影响能源系统的选择和配置，影响规划区域的微气候。通过规划的合理调整，可以降低负荷。

c. 建筑因素。建筑高度、体形系数、围护结构形式等对建筑负荷有显著影响，特别是影响到建筑对自然资源（如天然采光和自然通风）的利用及被动式节能技术的有效性。

d. 政策因素。当地能源政策，如能源价格因素、能源消费总量控制因素、当地对绿色建筑占比的要求，以及电力部门的需求管理等，都需要对负荷加以控制。我国正酝酿中的2030年建筑能效提升工程路线图，就可能要求供暖供冷的能耗水平达到"近零"，即15kWh/（m^2·a）以下。要实现这一近零目标，供冷供热负荷就要降低到40W/m^2以下，单靠围护结构的节能是远远不够的，这是一个很大的挑战。

（5）能源系统的集中/分散配置方案和优化

在大型园区或建筑群中，供冷供热系统究竟是集中还是分散，在国外是一致看好集中，但在国内却存在争议。原因是国内已建区域供冷供热基本沿用了供应侧能源规划的思路和方法，以保证可靠性为指导思想，再加上粗放的负荷预测，以及我国多数新开发园区空置率很高等原因，导致最终系统运行能效不高。

图6.8表明，因为城区能源系统是一个复杂系统，所以对技术方案需要全方位的、多元的评价，不同情况下对各种因素会有不同的侧重，会强调某一方面，忽略某一方面。但任何情况下都不能只顾一点，不及其余。而根据中国国情，在任何情况下都应该把节能、减碳置于优先考虑的位置。确定城区能源系统方案有以下几条原则：

- 对各种影响因素赋以不同权重，综合研究方案的可行性；
- 根据当地资源禀赋和负荷特点确定系统方案；
- 绿色生态城区的能源系统（无论集中还是分散）一定是多种能源复合的系统；
- 集中系统或能源总线系统的管网应作为基础设施，由城区开发者投资，并分摊到土地招拍挂的费用之中，在能源使用费或接入费中不应重复收费；
- 集中设置的城区能源系统的配置，应依据逐时叠加的负荷，决不可用最大值叠加的负荷；要尽量缩短供冷半径，一般应在500m以下，最大不得超过1000m；
- 集中式城区能源系统的输入和输出综合一次能源效率应大于1.0。

建议基本符合下列情况时，经技术经济的可行性研究，可采用区域供冷供热系统：

- 建筑密度在30%以上，或建筑容积率在2.0以上；
- 区域内建筑负荷（建筑功能）多样化；
- 有可利用的可再生能源或可再生热源的资源，包括地表水热源、地热源及可供埋管的土地面积；
- 如适合，有稳定供应的工业余热、废热资源；
- 在严寒和寒冷地区，可以结合市政区域供热管网的夏季热利用；
- 在因环境要求不能在建筑上安装冷却塔的区域。

建议基本符合下列情况时，并经技术经济的可行性研究，可采用分布式能源冷热电联供系统：

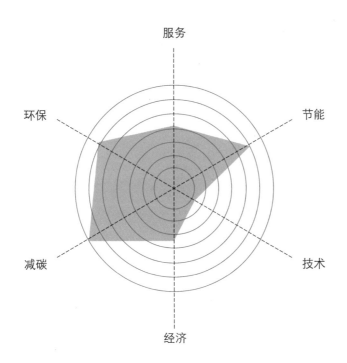

图6.8 城区能源系统方案需要多元评价

- 建筑密度在30%以上，或建筑容积率在2.0以上；
- 区域内建筑负荷多样化；
- 有可利用的可再生能源资源，包括生物质燃料、固体废弃物等；
- 有稳定的天然气供应，当地每立方米天然气价格不高于当地平均每千瓦时电力价格的四倍；
- 优先考虑自发电的自用。

（6）能源规划的经济性与能源效率评估

选择区域能源系统，无论分散系统，集中系统，或是分布式系统，都必须是技术上可行、经济上合理的项目。切忌以"绿色"、"生态"的名义，不计回报地采用先进技术，或为了争取更多国家投资，而做大负荷、大系统，在设备选择和采购中，"选贵不选对"。

要留意区域能源系统的经济性与系统的能源效率和碳足迹有紧密的关系，同时，也与能源系统的投融资方式相关。下面是一些基本的考虑因素：

- 能效高则运行成本低，经济回报高；

- 如果能源系统碳排放量低于基准线，根据目前国家与地方大力发展碳排放指标交易制度，减碳量有机会用来交易体现市场价值；

- 通过城区能源规划，可以实施"规划方案下的清洁发展机制"，集成分散的减排量，形成规模化交易量；

- 城区能源系统，最有可能实现能源领域体制改革的突破，也是社会资源进入公共事业服务的平台。可以探讨实行如建设—经营—转让（BOT）、建设—拥有—经营（BOO）、合同能源管理（CEM）、公私合作（PPP）、特许经营（Franchise）等各类经营方式。而城区能源系统的配置和运行，依不同的经营方式会有所不同；

- 要重视市场的原则。能效和经济性的关键因素是终端能源的价格。城区需求侧能源系统主要用于建筑的供冷供热，它不像电力供应具有垄断性和唯一性。冷热量可以用很多方法来获得，如果供冷供热价格不合理，用户完全可以改用其他方式。例如，一台售价3000元的空气源热泵分体空调（功率1kW，COP=3），假定全年满负荷当量小时数为2000，使用寿命为10年，电费1.00元/kWh，则折合单位冷热量成本不到0.4元/kWh。如果加上供冷供热品质和服务的考量，城区能源系统的冷热价格也必须低于0.55元/kWh才有竞争力。而要实现这一目标，必须从降低负荷（减少装机量）和提高系统能效（包括输送系统能耗）两个方面努力。

（7）建设用地与环境影响评估

城区能源系统在利用可再生能源和可再生热源等资源后，一定会产生对环境的影响、对资源与额外建设空间的要求。所以，在能源规划中一定要权衡利弊，加以协调，并在城市规划、城区规划与建筑设计方案中明确提出减缓和预防的要求。

主要的环境影响有：

- 设备排热造成的局部热岛效应；
- 冷却塔飘水造成的军团菌散播；
- 燃料燃烧带来的空气污染，如二氧化硫、氮氧化物，以及细微颗粒物PM2.5等；
- 燃料制造和燃烧过程的残渣（如沼气废液、秸秆灰分，以及生物质能源运输过程中的飘散等）；

- 光伏或光热装置的光污染；

- 汽车废弃电池的处置；

- 地下水水源热泵对地下水的潜在污染；

- 水源热泵从江河湖海中取水时对水生物潜在的伤害危险；

- 水源热泵向江河湖海中排水时对水域的热污染和对水域生态的破坏。

主要的资源和额外建设空间要求的问题有：

- 土壤源热泵的地下埋管与地下空间利用之间的矛盾，特别是在小区或城市综合体项目内的建筑底层及开发空间；

- 地下管线与道路等地面构筑物以及邻近建设用地土地权属之间的矛盾；

- 光伏和光热装置的安装与屋顶权属和建筑红线之间的矛盾，包括高层建筑可以提供的屋顶空间限制；

- 生物质能源资源与农业对有机肥的需求之间的矛盾；

- 地表水取水口和排水口的布置与景观设计之间的矛盾；

- 能源站位置与土地利用价值之间的矛盾，特别是在控制性详细规划中目前没有能源中心用地，带来土地的利用问题；

- 需求侧与供应侧能源规划之间在数量和空间布局上的不匹配；

- 城区开发进度（使用者入户率）与能源系统投资建设运营进度的不一致。

这些矛盾和问题，只有通过各利益相关方的协调才能解决。因此，要强调需求侧能源规划必须是城市法定总体规划的一部分，通过专题规划把以上问题协调解决，再指导下层次规划编制和建设管理。

6.6 城市新能源利用范围与目标

新能源在城市建设中的应用是指在城市区域能源发展中，充分利用当地丰富的太阳能、风能、地热能、生物质能等可再生能源，使可再生能源在能源消费中达到较高比例或较大利用规模。通过城市建设手段，可以积极探索各类新能源技术在城市供电、供热、制冷和建筑节能中的应用，减少城市发展对化石能源的依赖，提高新能源利用在城市能源消费中的比重，实践低碳发展模式。

6.6.1 低碳生态城市的新能源利用

国家能源局于2012年提出"新能源示范城市"的概念，可以作为城市规划建设实施可再生能源应用的一个基本实施框架[22]。

新能源示范城市建设的主要内容是：促进各类可再生能源及技术在城市中的推广应用，重点的应用为：

- 推进太阳能热利用和分布式太阳能光伏发电系统；
- 分布式风力发电；
- 生物质清洁燃料利用；
- 城市生活垃圾能源化利用；
- 地热能及地表水和空气能量利用；
- 新能源动力交通。

新能源示范城市的评价指标可以作为城市内综合城区与产业园区可再生能源利用的整体目标与方向。

（1）新能源整体利用量指标。规划期末城市新能源占能源消费比重达到6%以上。规划期为2011~2015年。

（2）分类新能源利用指标。分类指标是评价某一种新能源利用方式在城市中的利用程度，包括太阳能、风能、生物质能、地热能等指标。建议城市根据自身资源特点至少选择2类重点新能源应用。参考的评价标准为：

- 太阳能利用指标包括两类，即太阳能热利用量指标和光伏发电安装量指标，指标要求分别为：累计太阳能热水器集热面积达到100万m²，或人均太阳能集热面积大于每千人360m²；累计城市太阳能分布式光伏发装机规模大于2万kW。
- 风能利用主要指接入所在城市配电网且电量在当地消纳的分布式风电，指标要求是累计分布式风电装机容量大于10万kW。
- 生物质资源利用指标包括两项：一是生物质替代城市能源消费量大于10万tce，选择该类指标的此项为必选项；二是具有科学合理的城市沼气、污泥资源化利用方案。
- 地热能源利用（包括地表水和空气能量）指标要求是新增地热（热泵）供暖或制冷建筑面积大于300万m²。
- 其他新能源利用。上述利用方式之外的其他新能源利用，其年利用量达到5万tce。

[22] 国家能源局. 关于申报新能源示范城市和产业园区的通知（国能新能[2012]156号）[EB/OL].（2012-08-15）[2012-10-7]. http://www.cec.org.cn/zhengcefagui/2012-08-15/89229.html

6.6.2 城市新能源利用的基本政策保障

城市建设中的新能源应用不只是投资与运营的问题，更重要的是有政策支撑和保障，建议可以在法定总体规划中通过新能源专题规划说明实施保障的要求。其中包括：

(1) 整合城市规划与新能源利用规划的编制工作。从城市可持续发展的角度，提高对新能源示范城市建设的认识，通过规划编制落实城市新能源发展思路和重点措施。提出地方政府支持和有关部门配合，明确城市新能源发展目标、项目布局、运营模式和政策措施等。

(2) 以法定规划为综合协调开发新能源利用的平台。合理选择具有优势的新能源资源，以适宜规模化应用、技术成熟和经济合理为原则，在整体规划和系统组织的前提下，统筹利用各类新能源，研究空间与建设用地要求，形成较大规模利用和整体配套的产业体系。鼓励开展有特色的新能源利用项目示范，支持智能电网、新型储能、新能源交通等技术在城市中的利用，为新能源的规模化利用创造条件。

(3) 探索于城区与产业园区实践分布式新能源发电的发展方式和政策机制。从分布式新能源发电的发展规律出发，根据电网网架结构和电力负荷特点，因地制宜发展城市分布式新能源发电，所发电量主要供当地用户自用或在本地电网内消纳。探索适应分布式新能源发电的政策机制，建立用户侧分布式发电与网供电相互竞争的政策和管理机制，提高分布式发电的市场竞争力。

(4) 创新城市新能源投资发展模式。通过促进城市新能源的规模化利用，着力构建城市新能源供应模式创新。探索城市新能源发展的新型运营管理模式与政府提供的激励。

6.7 总体规划新能源专题规划编制大纲

在法定总体规划内的新能源专题规划可以统筹设施并提供有关的实施保障的要求。本节建议提出一个新能源专题规划的内容大纲，供规划编制时参考（图8.1）。

(1) 背景：概括说明总体规划内新能源专题规划编制背景、意义或必要性、研究论证过程和规划目标。

(2) 总体规划范围发展概况。介绍总体规划范围内的情况，可以包括：

- 自然地理；
- 社会经济发展；
- 行政区划；
- 城市建设规模；
- 城市规划空间布局；
- 节能减排目标；
- 能源消费结构；
- 能源供需现状。

(3) 简述国家或省级节能管理部门下达节能减排目标的完成情况，其中包括建筑节能管理部门组织的建筑节能专项检查的完成情况、城市综合节能减排定量考核目标的完成情况及减低二氧化碳排放任务的情况。

(4) 新能源发展条件及存在的问题。分析城市新能源资源条件和发展潜力、能源供应现状及存在的问题、新能源开发利用现状及存在的问题、电网网架结构及配套建设条件。重点从政策条件、投资管理、技术措施、运营维护等方面，分析城市新能源发展的有利条件和面临的障碍。

(5) 规划建设思路、基本原则和低碳发展目标。阐明新能源在城市建设的发展思想、基本原则和低碳发展目标。新能源发展目标要包括总体目标和分项目标，要与城市能源发展总体目标协调一致，要具有可行性和可考核性。

(6) 规划周期末城市新能源开发利用总量指标。重点根据城市新能源资源潜力、各种新能源技术的成熟度和经济效益，因地制宜选择新能源重点领域及其利用方式，提出规划期末城市新能源开发利用总量目标、新能源利用累计规模和消费增幅指标、各类新能源的开发利用量等分项目标。

(7) 重点工程和示范项目。根据新能源资源条件、市场需求、技术水平、经济效益等提出规划的重点工程和示范项目。明确项目的分年度实施计划、规划布局及运营管理等方面的内容。

(8) 建设特点。总体规划可以根据本地区（城市整体范围、个别城区、园区等）的新能源资源优势、产业基础和发展需求，研究提出具有一定特色的建设领域。例如，在太阳能及地热能资源优良的城市，提出新能源集中供热采暖示范项目布局及建设任务等；在风能资源较好的城市，提出分布式风电开发项目及建设任务等；在具备大规模沼气利用条件的城市，提出沼气管网供应生活燃气的项目及建设任务等；同时，要提出各重点工程和示范项目的投资和商业运营模式。

（9）投资估算及经济效益分析。估算规划期内实施重点工程和示范项目所需的投资，明确资金筹措渠道、市场参与，考虑提供政策激励。

（10）组织保障措施。提出新能源示范城市建设的管理体系、工作机制，明确牵头部门、参与部门（单位）和责任人，从政策、组织管理、资金、服务体系等方面提出切实可行的保障措施。

第五篇
基础知识III：
城市温室气体排放清单与碳排放量评估

目前我国总体规划与详细规划编制的方法缺乏量化的方法去计算规划的温室气体排放量。温室气体排放研究工作都集中在国家或省域层面，这些研究提供了对省域和区域排放量、排放结构和源头的宏观数据，但有关的数据难以有效地应用到城市层面具体总体规划编制工作。城市规划缺乏排放清单就使城市法定规划建设管理在应对气候变化的政策难以有针对性、可操作性和可考核性。同时，当前我国城市温室气体排放统计信息未被纳入国家的检测和统计体系，因此在城市级别的排放总量、强度、源头结构等都没有口径统一的统计数据。

低碳生态城市规划建设的一个重要工具是针对城市规划管理应用的温室气体排放清单和碳排放评估方法。

本篇内的第7章会介绍相关的基础知识（图7.1）。

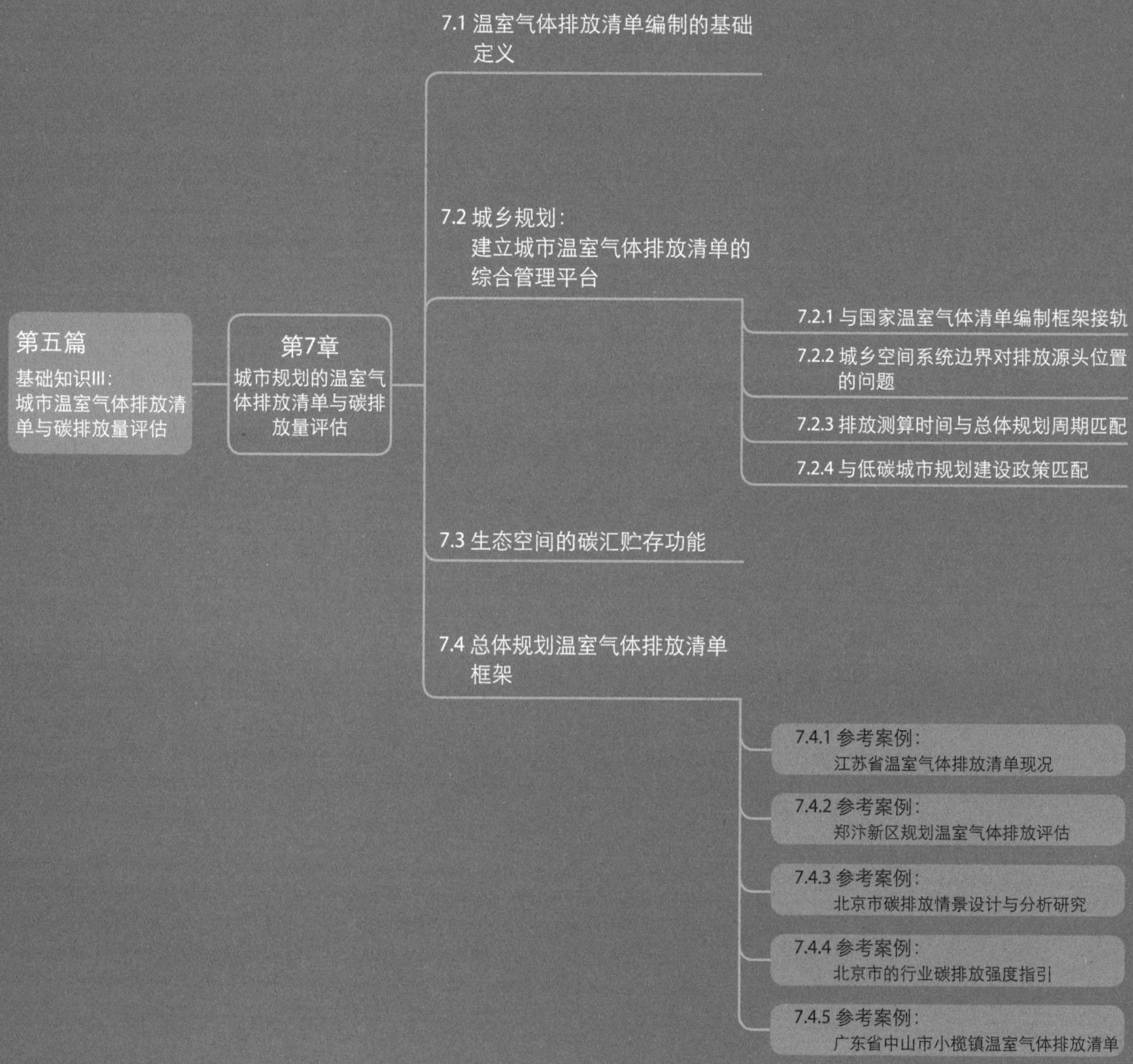

第五篇
基础知识Ⅲ：
城市温室气体排放清
单与碳排放量评估

第7章
城市规划的温室气
体排放清单与碳排
放量评估

7.1 温室气体排放清单编制的基础
定义

7.2 城乡规划：
建立城市温室气体排放清单的
综合管理平台

7.2.1 与国家温室气体清单编制框架接轨

7.2.2 城乡空间系统边界对排放源头位置
的问题

7.2.3 排放测算时间与总体规划周期匹配

7.2.4 与低碳城市规划建设政策匹配

7.3 生态空间的碳汇贮存功能

7.4 总体规划温室气体排放清单
框架

7.4.1 参考案例：
江苏省温室气体排放清单现况

7.4.2 参考案例：
郑汴新区规划温室气体排放评估

7.4.3 参考案例：
北京市碳排放情景设计与分析研究

7.4.4 参考案例：
北京市的行业碳排放强度指引

7.4.5 参考案例：
广东省中山市小榄镇温室气体排放清单

图7.1 第五篇内容简介

第7章 城市规划的温室气体排放清单与碳排放量评估

7.1   温室气体排放清单编制的基础定义

低碳生态城市发展模式中一个主要的目标是应对气候变化，减低城市建设带来的温室气体排放量。因此，一个定量评估城市建设排放出来的温室气体的方法是低碳生态城市规划建设管理的最基本工具。

首先要了解温室气体种类及来源，按源头逐步缩减排放量，并为与城市规划相关的研究对象提出控制排放手段。虽然一般讨论比较多的温室气体是二氧化碳（CO_2），但实际上有六种主要温室气体种类，它们（及主要来源）包括：

- 二氧化碳（CO_2）（化石燃料燃烧、农业土地平整）；
- 甲烷（CH_4）（畜牧业生产、化学染料的提取物、稻米种植、生物质燃烧、垃圾填埋、污水发酵）；
- 氧化亚氮（N_2O）（工业加工、施肥、土地平整）；
- 氟氯烃（HFC）（冰箱换热剂泄漏）；
- 全氟化碳（PFC）（冰箱换热剂泄漏）；
- 六氟化硫（SF_6）（电绝缘、镁合金熔化）。

"碳排放"评估是测算温室气体排放，二氧化碳是最主要的温室气体，城市建设范围内的经济与社会活动带来的排放主要是二氧化碳（能源使用）与甲烷（废物处理），农村的生产活动是氧化亚氮（化学肥料使用）排放的主要来源。城区空间层面温室气体排放主要计算二氧化碳（CO_2）和甲烷（CH_4）。

在计算过程中，建议把温室气体排放量用"二氧化碳当量"（CO_{2e}）单位表达。二氧化碳当量是指一种用作比较不同温室气体排放的量度单位，各种不同温室效应气体对地球温室效应的贡献度有所不同。为了统一度量整体温室效应的结果，又因为二氧化碳是人类活动产生温室效应的主要气体，因此以二氧化碳当量为度量温室效应的基本单位。二氧化碳当量的计量单位，是为了构造统一口径的框架，以便对减排各种温室气体所获得的相对利益进行定量。

一种气体的二氧化碳当量是把这一气体的吨数乘以其"全球变暖潜能值"（Global Warming Potential，GWP）后得出的，这种方法可把不同温室气体的单位和效应标准化。GWP是相对的指数，用来评价温室气体在未来一段时间内的破坏能力，通常以20年、100年、500年来衡量。通过自然的分解破坏机制，温室气体在大气中的浓度是会逐年降低的，并且温室效应能力也一并减弱，但不同的温室气体在大气中存留时间长短不一。表7.1是最主要三类温室气体的全球变暖潜能值(GWP) [1]。

按照惯例，以二氧化碳的GWP值为依，其余气体与二氧化碳的比值作为该气体GWP值。其余温室气体的GWP值一般远大于二氧化碳，但它们在空气中含量相对少。根据《联合国气候变化框架公约》（United Nations Framework Convention on Climate Change，UNFCCC）的《京都议定书》（Kyoto Protocol）条款，在100年中，减少1t甲烷排放就相当于减少了21t二氧化碳排放，即1t甲烷的二氧化碳当量是21t；而1t氧化亚氮的二氧化碳当量就是296t。

因此，本书内应用的"碳排放量"是指"碳排放当量"。

[1] 根据《联合国气候变化框架公约》（United Nations Framework Convention on Climate Change，UNFCCC）的《京都议定书》（Kyoto Protocol），是1997年12月在日本京都由联合国气候变化框架公约参加国三次会议制定，共同同意承诺将大气中的温室气体含量稳定在一个适当的水平。

主要三类温室气体的全球变暖潜能值（Global Warming Potential）　　表7.1

周期	20年	100年	500年
二氧化碳（CO_2）	1	1	1
甲烷（CH_4）	62	21	7
氧化亚氮（N_2O）	275	296	156

7.2 城乡规划：
建立城市温室气体排放清单的综合管理平台

为什么要在法定规划编制阶段编制温室气体排放清单？建立适合在总体规划层面应用的温室气体排放清单是当前推动低碳生态规划法定化的重要任务之一。法定规划的温室气体排放清单可以达到两个目的：制定应对气候变化的整体碳排放减缓目标；提供总体规划的温室气体排放清单与指标分解的科学基础。

总体规划协调经济社会活动在土地空间资源的匹配，再通过详细规划具体实施。所以法定城市规划在控制温室气体排放方面有极为重要的整体政策协调和执行角色。总体规划管理政策一方面可以影响城市发展中的建设开发、生态资源、建筑、交通等范畴的发展规模和效率，对于城市化过程中提升城市能源使用效率达到控制二氧化碳排放目标有具体的影响力；另外一方面，总体规划统筹城市农村二元发展的空间尺度也把属于非能源消费类的温室气体排放源，如农林业、土地利用改变和区域碳汇等重要政策领域包括在内。城乡规划政策体系是地方政府综合应对气候变化、减低温室气体排放的有效平台。

目前国家和省一级的温室气体排放清单编制分析，都依赖把不同现状和未来社会经济环境政策和手段代入，推算对排放的效果，但分析方法本身并不明确地依托在地方政府法定城乡规划管理体制上。本书建议应以地方政府的法定城市规划编制与管理体系作为温室气体排放评估的综合平台，作为地方政府通过总体规划和详细规划协调不同社会、经济、人口、环境、基建、市政、交通建设的管理机制，有整合地方综合政策的功能。同时，规划编制过程中对不同规划方案的评选比较本身就是一种情景分析：不同方案可以反映不同空间布局、政策方向及节能减排强度，亦可以有明确的专项规划提供技术性分析和数据的支撑。在此法定体制上，可以把规划编制过程本身加以深化，引入温室气体排放清单和政策分析，以规划方案作为不同低碳政策情景，把地方应对气候变化政策全面有效地在城乡规划管理平台上整合。

编制以城乡规划管理体系为综合平台的温室气体排放清单要注意的问题包括：

- 方法要与我国国家温室气体清单在结构及内容方面可以接轨；
- 要处理系统边界对排放源头位置的问题；
- 要建立适合地方城市政府政策体系和治理机制的实施。

7.2.1 与国家温室气体清单编制框架接轨

（1）基本编制框架：活动量

1994年我国的温室气体排放量为36.5亿吨CO_{2e}（二氧化碳当量）。我国的第二次国家信息通报编制工作于2008年启动，将以2005年为基准年，编制《中国国家温室气体清单（2005）》。2005年清单会加入香港和澳门特区，亦把温室气体由1994年的三种扩充到六种（增加了氢氟烃HFCs、全氟碳PFCs和六氟化硫SF_6）。我国国家温室气体清单编制方法是和IPCC（政府间气候变化专门委员会）国家温室气体清单指南方法基本一致的。

国家温室气体清单编制方法与IPCC方法主要把排放和清除活动的活动量（AD，Activity Data）乘以排放系数（EF，Emission Factors）得到温室气体排放量（E）[2]。在建立以城乡规划为平台的温室气体排放清单时，建议基本以我国国家温室气体排放清单采用的五大分类框架（能源活动、工业生产过程、农业、土地利用变化和林业、城市废弃物处理等）和温室气体排放量的计算方法（以活动量乘以排放系数）（图7.2）为基础。

2004年中国首次完成《国家信息通报》，其中对1994年度中国CO_2排放量进行了初步计算[3]。2010年中国开始准备编制第2次《国家信息通报》，其中包括排放清单的编制。第2次《国家信息通报》于2013年出版，首次涵盖香港和澳门地区[4]。

根据以上的原则，城乡规划编制的温室气体排放清单的计算排放量应该采用相同基本方法，就是把总体规划内容中有关的人类活动量（Activity Data）乘以排放系数（Emission Factors）。以下程式可以表述这一概念：

$$E = AD \cdot EF$$

式中，
　E　：温室气体排放量；
　AD：人类活动程度；
　EF：排放量系数。

该程式在概念上是可以直接在城市规划内不同的空间尺度的规划中应用的。不同的活动可以按照城市规划的空间布局和战略细分为不同的"人类活动量（Activity Data）"，城市规划的内容也基本已包含了区域或城市空间内所有的主要经济社会活动，在编制城市的温室气体排放时，按有关的活动做出量度，然后再与合适的排放系数相乘，就可以得到规划代表的排放和清除量，进而把净排放量确定。每类温室气体的排放量和清除量总和便是规划的总量。

（2）排放量系数

a. 有关电力能耗的排放系数

目前不同的温室气体排放清单的编制或碳排放评估实证分析采用的排放系数不尽相同。本书下面对碳排放评估方法内每个板块可以使用的排放系数与能源消耗排放因子有更详尽的解释。这里作者把一些经常会在不同实证中使用的能耗排放系数和他们的来源做简单介绍，供读者参考。对排放系数的深入讨论和系数的比较分析可以参考其他研究[5]。

[2] IPCC. 2006 IPCC Guidelines for National Greenhouse Gas Inventory[M]. Intergovernmental Panel on Climate Change, 2006. www.ipcc.ch

[3] 国家发改委. 中华人民共和国气候变化初始国家信息通报[M]. 北京: 中国计划出版社，2004.

[4] 国家发改委应对气候司. 中华人民共和国气候变化第二次国家信息通报[M]. 北京: 中国经济出版社，2013.

[5] 叶祖达，王静懿.中国绿色生态城区规划建设：碳排放评估方法、数据、评价指南[M]. 北京: 中国建筑工业出版社，2015

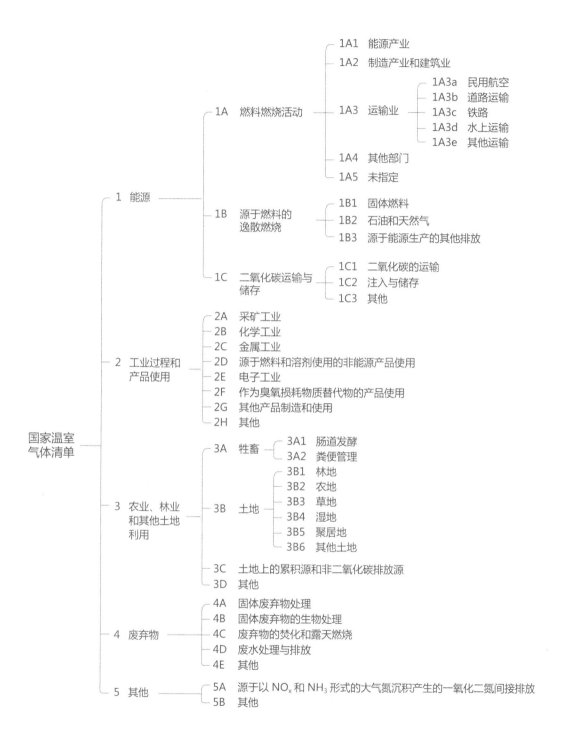

图7.2 国家温室气体排放清单的主要类别

(来源：IPCC，2006年)

在各能源品种中，电力、热力消费极易引起重复计算，判定标准是看电力生产端是否已经进行了核算。电力、热力属于二次能源，城市消费量较大，对碳排放总量有着重要影响。鉴于这种特殊性，一般将电力、热力的调入调出部分产生的排放纳入核算体系。在我国的城市中，热力大都由城市内部热力厂供应，很少有热力与外部城市发生交换，因此电力调入调出是范围二排放的主要构成。调入调出的电力消费量数据能够通过能源平衡表等获得，影响这部分排放量的主要还是电力排放因子。由于适合于中国城市乃至省级区域的电力排放因子长期缺乏，早期不少研究使用了国家发改委公布的中国区域电网基准线排放因子，但要留意有关因子是为促进开发更多符合国际规则及中国重点领域的CDM项目而公布。国家发改委应对气候变化司组织专家从2008年开始，确定、发布中国区域电网的基准线排放因子，至今已发布了六期。电网边界统一划分为东北、华北、华东、华中、西北和南方区域电网，不包括西藏自治区、香港特别行政区、澳门特别行政区和台湾省。电网边界包括的地理范围如表7.2。表7.3为2013年电网的排放因子[6]。

[6] 国家发改委应对气候变化司. 2013中国区域电网基准线排放因子[EB/OL]. （2014-2-11）[2014-5-1]. http://www.tangongye.com/DataResource/DataResourceDown.aspx?id=1223

电网边界包括的地理范围　　　　　　　　　　　　　　表7.2

电网名称	覆盖省市
华北区域电网	北京市、天津市、河北省、山西省、山东省、内蒙古自治区
东北区域电网	辽宁省、吉林省、黑龙江省
华东区域电网	上海市、江苏省、浙江省、安徽省、福建省
华中区域电网	河南省、湖北省、湖南省、江西省、四川省、重庆市
西北区域电网	陕西省、甘肃省、青海省、宁夏回族自治区、新疆维吾尔自治区
南方区域电网	广东省、广西壮族自治区、云南省、贵州省、海南省

（来源：国家发改委应对气候变化司，2014年）

2013年中国区域电网基准线排放因子　　　　　　　　表7.3

	EFgndOMy (CO_2/MWh)	EFgndBMy (tCO_2/MWh)
华北区域电网	1.030	0.578
东北区域电网	1.112	0.612
华东区域电网	0.810	0.713
华中区域电网	0.978	0.499
西北区域电网	0.972	0.512
南方区域电网	0.922	0.377

（来源：国家发改委应对气候变化司，2014年）

b. 有关交通出行的碳排放系数

关于城市交通碳排放的测量指标大体可分为两种，一种是采用IPCC指南中提到的燃料碳排放系数，通过计算各种交通方式行车里程乘以每千米燃料消费量得到燃料消费总量，然后再乘以燃料碳排放系数计算得到碳排放量；另外一种方法是各种科研机构通过采用多种计量模型直接计算各种交通方式的碳排放因子，通过计算各种交通方式的行车里程与其碳排放因子的乘积，可直接计算得到碳排放量。马静等指出这两种方法各有优劣[7]，第一种方法的燃料碳排放系数相对比较权威、准确，但是在具体计算过程中需要事先知道各种交通方式所消耗的燃料类型及其消费量，并且计算得到的只是各种交通方式的直接碳排放；而第二种方式则相对较为直接地反映地方情况，计算得到碳排放量，并且通过采用各种交通方式CO_2的总排放因子也可计算得到总的碳排放量，但是不一定所有城市都有相关研究，而采用的模型不同，可能计算得到的碳排放量会有所差异。

作为参考案例，马静等考虑各种交通方式通过尾气直接排放，同时考虑各种交通方式所消耗的各种燃料在其生产过程中所间接排放的CO_2，结合北京问卷调查中居民出行方式的相关选项，得到各种交通方式CO_2的总排放因子（表7.4）。小汽车和出租车的碳排放因子为最大；公共汽车、地铁等的碳排放因子次之；而步行与自行车的碳排放因子基本为0。

[7] 马静，朱婧，陈楠，等.基于居民出行行为的北京市交通碳排放影响机理[J].地理学报，2011（8）：1023-1032

各种交通方式CO_2的总排放因子   表7.4

交通方式	CO_2的总排放因子gCO_2/（人·km）
私人小汽车/单位小汽车/出租车	178.6
公共汽车/单位班车/物业巴士/商城免费巴士	73.8
地铁/城铁	9.1
电动自动车	68.6
步行/自行车	0
摩托车/其他	113.6

（来源：马静，2011）

7.2.2   城乡空间系统边界对排放源头位置的问题

城市的空间边界和尺度带来了编制排放清单方面的问题：城市相对国家而言，空间尺度比较小，由城市产生的活动带来的货物和服务，有不少是跨越城市边界，由城市境外提供的。同时，城市本身亦会有不少运输（长途货运、航空客运）活动是跨城市空间边界的。在城市层面，要合理地把城市活动产生的温室气体排放量计算整合为清单，要明确地表述基本空间边界概念：以城市边界内的经济社会活动为基础，以因终端需求而产生的温室气体为量度对象。无论温室气体从哪个空间区域内的源头排放到大气层中，只要排放的终端需求主体是在某城市空间范围内，相关的排放量就可以计算为该城市的温室气体排放量[8][9]。

作者参考国际上的清单编制方法，分析WRI/WBCSD（World Resources Institute/World Business Council for Sustainable Development，世界能源研究所/世界可持续发展工商理事会）[10]和ICLEI（Local Governments for Sustainability组织国际地方环境理事会）[11]在IPCC的方法基础上引入了排放源头的控制权概念，把类别再分为三个不同范围（图7.3），反映了排放源头是否直接由活动主体控制或拥有。建议可以按不同排放源头的位置由三类不同的城市温室气体排放类组成。

(1) 城市范围一（Scope 1）排放：这类排放包括所有直接在城市空间边界内产生的温室气体，主要源头为化石能源燃烧（建筑、境内交通）、工业能源及过程排放。这部分排放类别一般都可以根据上面已讨论的IPCC指南原则做估算，有关方法可以参考有关指南。

(2) 城市范围二（Scope 2）排放：这类排放包括城市使用的电力在其生产时燃烧化石能源的排放。由于一般城市主要的电力都是由城市边界以外区域发电设施供应，再由电网输送到城市内，城市使用的电力产生的排放是在城市边界范围外排向大气层的。

(3) 城市范围三（Scope 3）排放：由于城市需要由外面输入服务、食品、工业生产配件、建材等物质满足城市的需求，而这些物质与服务都有生命周期排放，又或者有位于城市边界范围外的温室气体排放源头。理想地说，这些排放要被纳入城市排放清单内。这类排放又可以再分为两细类：①单一过程排放类（Single-Process Emissions）：包括城市境外填埋及废物处理、城市区域供热。另外也包括航空运输（包括以城市为出发点的行程）、跨境陆路及水路运输；②生命周期上游内含排放类（Embodied Emissions）：满足城市居民需求食品的内含排放、供应城市建设使用建材的内含排放、供应燃料的上游排放等。

上述有关范围三（Scope 3）排放源头牵涉物质、服务、原料的生命周期分析，温室气体排放是目前受到关注的研究课题[12]。系统边界对温室气体排放的影响近年在国内外的研究工作中日益增多，可以包括投入产出分析、生命周期评价及混合生命周期评价这三种主要的核算方法[13]，最主要的核算挑战是投入产出分析，生命周期数据收集也比较困难，详细内容文献已有完整综述，不在此复述。图7.4表述的是城市空间内活动需求带动的境内外三类范围温室气体排放位置分类。

[8] Ramaswami A, Hillman T, Janson B, et. al. A Demand-Centered, Hybrid Lift-Cycle Methodology for City Scale Greenhouse Gas Inventions[J]. Environmental Science & Technology, 2008(17): 6455-6461

[9] Kennedy C, Steinberger J, Gasson, B, et. al. Methodology for Inventorying Greenhouse Gas Emissions from Global Cities[J]. Energy Policy, 2010(38): 4828-4837

[10] WRI/WBCSD (World Resources Institute/World Business Council for Sustainable Development). The Greenhouse Gas Protocol: A Corporate Accounting and Reporting Standard: Revised Edition[M]. WRI /WBCSD. [2009-5-15]. www.ghgprotocol.org

[11] ICLEI. International Local Government GHG Emissions Analysis Protocol, Draft Release Version 1.0, October 2009[M]. ICLEI-Local Governments for Sustainability, 2009

[12] 叶祖达. 编制以城乡规划管理为平台的温室气体清单[C]. 第九届中国城市住宅研讨会. 中国香港，2011.

[13]Hendrickson C, Lave LB, Matthews HS. Environmental Life Cycle Assessment of Goods and Services: An Input-Output Approach[M]. RFF Press, 2006

图7.3 城市排放源头的控制权概念
(来源: WRI/WBCSD, 2009年)

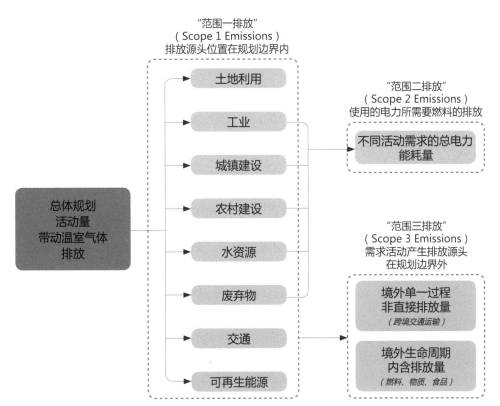

图7.4 以城市消费带动核算温室气体排放的范围
(来源: 叶祖达, 2011年)

7.2.3 排放测算时间与总体规划周期匹配

时间的界定需要考虑几个因素。2009年是国家"十二五"规划的现状基准年，也是能源消费和碳排放现状的核算年份。同时，我国在哥本哈根会议上对国际社会做出了郑重承诺。目前本轮总体规划的规划年大多为2020年，但也有总体规划的修编把规划年定为2030年，甚至2040年。这些年份与国家"十二五"规划一致且衔接。近期规划年为2015年。考虑为下一轮总体规划修编打基础，建议排放清单的年期可以包含2009年、2015年、2020年、2030年。较远景规划年可以与国家发改委的中长期规划衔接，为2050年。

7.2.4 与低碳城市规划建设政策匹配

我国国家温室气体排放清单采用的五大分类和温室气体排放量的计算方法（以活动量乘以排放系数）可以是城乡规划的基本清单框架，但需要进一步分解到城乡规划管理体系的平台上，和相关的具体地方政府低碳城市政策手段和治理机制内容匹配。城市编制温室排放清单的目的是要定立具体城市减排目标，了解不同排放源头和清除手段，再具体把目标分解为有操作性的政策手段。因此，总体规划的温室气体清单内容必须在编制分类上考虑两个和政策治理手段对接的问题。

- 清单的排放分类和定量指标要能和城市规划建设管理手段对接。温室气体排放量的分析数据和结果要直接和具体城乡规划建设政策手段匹配，配合目前城市发展和建设的政策体系：包括建筑、交通、工业生产、再生能源利用、绿地碳汇、市政、农业等方面。
- 清单的排放分类和地方政府部门职能需要对接。国家排放清单的分类并不是以地方城市政府功能职能为依据。但总体规划作为协调城乡发展的平台，编制的温室气体清单显示的排放和清除源头是可以按地方政府主要的管理职能来区分的。排放量值、指标和数据都可以清晰地支撑具体政策手段，相关的实施和监控责任亦可以容易地分配到职能部门，方便内部治理分工与协调。

综合以上讨论和分析，建议把国家温室气体排放清单内五大类的活动量及排放系数的详细类别重新排列，通过重组和编排，形成一个按城市地方政府主要功能排列的清单框架。此方法一方面并没有改变国家清单的内容和细类，亦不改动基本的以活动量和排放系数计算排放量的计量原则，但另外一方面却可以和地方政府城市管理政策体系对接，大大提升了地方城市政府的决策者、不同政府部门管理人员、社会大众等对城市本身的排放清单的认知，强化了按此清单制定低碳城市规划建设政策手段的操作性。

另外值得一提的是IPCC和国家排放清单都只包括排放和清除活动，并不包括可再生能源的替代功能。但可再生能源的生产和应用是当前地方城市应对气候变化的主要政策之一。笔者建议把这部分工作加入城市温室气体排放清单中，突显可再生能源在地方政府控制温室气体排放量工作中的重要功能和角色。

7.3 生态空间的碳汇贮存功能

在温室气体排放清单中有一项是土地空间的碳贮存功能。在生态绿地空间中，不同生物群落内都有碳贮存功能。据研究，全球储存在陆地生态系统中碳的数量约为2.477万亿t，土壤储存了约81%，而植物储存了约19%。植被和土壤是碳贮存量的主体。通过植被生长和土壤层的物质条件，它们都提供了碳汇功能。碳汇功能就是在某一特定时期内（通常为1年）可以从大气中吸取而固定净碳量的能力。当生态系统固定的碳量大于排放的碳量，该系统就成为大气CO_2的碳汇（CarbonSink）。留在系统中的碳含量会累积储存，成为不同的碳库。

城乡生态绿地空间是生态系统的空间载体，在此空间系统内的土地使用活动和生态质量都直接决定其碳汇功能（生态功能）。要建立城乡生态绿地系统的碳汇评价方法，需要了解空间载体的土地利用与碳汇间的关系：

- 一是土地利用和活动改变，土地利用转变会导致生态系统类型更替而增加或减少生态绿地空间的碳汇功能，如围湖造田、农地转非农地使用、建设用地规模扩大、砍伐森林等；
- 二是土地管理方式转变而改变所驱动的碳排放和碳汇功能，如水稻田耕作、人工湿地、施肥等。土地利用和管理方法转变影响土地生态空间内不同用地类型面积和不同碳贮存量变化，最终决定生态系统内的地上生物量、地下生物量、枯死木、枯落物和土壤的改变。

从近年在不同城乡区域空间层次的土地利用和绿地植被碳储存及碳汇功能研究回顾可以看到：陆地生态绿地系统规划和管理是控制城乡区域碳排放量的重要手段。也就是说，在城乡规划建设管理决策过程中，生态绿地空间系统的规模、内涵、布局和类别等元素都是低碳城市应对气候变化的重要策略。

7.4 总体规划温室气体排放清单框架

按以上的分析，建议把国家温室气体排放清单内的活动量及排放系数的详细类别重新排列，配对到法定总体规划的内容，把城市温室气体排放清单按主要政策领域和重要功能划分为10个类别（排放/清除/替代）。排放分类可以和一般地方政府城乡发展管理职能分类直接匹配。表7.5说明排放清单框架10个类别的活动强度内容。

本书建议把排放/清除/替代功能和主要城市规划建设节能减排政策手段做出对接，可以明确地了解不同政策手段（和相关负责的政策实施职能部门）在城市整体减低温室气体排放中的角色与责任。同时，此清单会直接提供明确的减排指标分解，成为政策手段的具体操作指导标杆和监控减排进度的定量依据。表7.5也表述了排放清单框架和主要政策手段的匹配。主要的政策手段领域包括：湿地/农田保护、造林、城市绿地碳汇、生态工业生产、区域循环经济、产业结构调整、建筑节能减排、绿色建筑认证、农村生活节能、生态农业、节水、污水处理回收能源、生活废物回收再利用、可再利用及本土供应建材、废物处理回收能源、绿色出行、新能源汽车、公交导向城市发展、绿色物流、集中式可再生能源利用、建筑一体化可再生能源利用等。

总体规划温室气体排放清单框架及相关活动/政策手段　　　　　　　　　　表7.5

温室气体排放/清除/替代类别	总体规划代表需求端的活动量内容	总体规划主要政策手段领域
1. 农林生态空间	林地/园地/草地、水稻田面积	湿地/农田保护、造林
2. 城市绿地	各类城市公共绿地面积	城市绿地碳汇
3. 工业生产	工业产值、工业直接排放	生态工业生产、区域循环经济、产业结构调整
4. 城镇建筑	民用建筑（居住、公建）面积、工业建筑面积	建筑节能减排、绿色建筑认证
5. 农村建筑	农村居民点面积	农村生活节能
6. 农业生产	农业生产产值、牲畜量、肥料施用量	生态农业，种植结构调整
7. 水资源	水供应量、污水处理量、能源回收量	节水、污水处理回收能源
8. 废弃物	废物处理分类分量（填埋、焚烧、堆肥）、能源回收量	生活废物回收再利用、可再利用及本土供应建材、废物处理回收能源
9. 交通	城市客运量（公交、非公交出行）、城间客运量（民航、水运、公路、铁路）、货运量	绿色出行、新能源汽车、公交导向城市发展、绿色物流
10. 可再生能源	集中式可再生能源使用量、分布式/建筑一体化可再生能源使用量	集中式可再生能源利用、建筑一体化可再生能源利用

（来源：叶祖达，2011年）

建议的总体规划的碳排放评估模型计算根据规划内容的建设规模、能源使用与空间布局等产生的净碳排放量。净碳排放量（C）是碳排放量（E）减去生态绿地碳清除量（S）之净值。模型程式为：

$$C = E - S$$

式中，

C：总体规划每年的净碳排放量（tCO_2e/a，吨二氧化碳当量/年）；

E：碳排放源头碳排放量（tCO_2e/a）；

S：生态绿地碳清除量（tCO_2e/a）。

建议的总体规划碳排放量（E）测算程式为：

$$E = \sum_i A_{di} \cdot e_i + W \cdot e_w$$

式中，

E：总体规划的碳排放源头的总排放量（tCO_2e/a，吨二氧化碳当量/年）；

A_{di}：第 i 类碳排放活动量，以能耗表达（i =1,…,5；1=新建建筑能耗，2=既有建筑能耗，3=交通出行能耗，4=工业能耗，5=水资源包括供水与污水处理能耗）（能耗可以按不同能源类别分为：耗电量kWh/ a、耗气量Nm^3/a、耗汽油/柴油量L/a、能耗标煤量tce/a等）；

e_i：第 i 类碳排放活动量能耗排放系数；

W：废弃物填埋量（m^3，立方米）；

e_w：废弃物填埋碳排放系数 [tCO_2e/（$m^3 \cdot a$），吨二氧化碳当量/（米$^3 \cdot$ 年）]。

在生态绿地空间体系内，不同生物群落内都有碳贮存功能。总体规划内有碳清除能力的生态绿地空间可以分为五类，包括林地、园地、草地、水稻田及城市绿地。水稻田和耕地是排放活动，排放的温室气体是甲烷和氧化亚氮。城市绿地的碳清除功能依靠绿地内的乔木植被面积。当每类别生态绿地每年的清除量被估算后，所有类别的总和就是规划范围内的总碳清除值（tCO_2e/a，吨二氧化碳当量/年）。

这里引用调整有关测算碳清除量（S）的程序为：

$$S = \sum_i A_{ei} \cdot f_i - A_s \cdot f_s + A_g \cdot f_g$$

式中，

S：总体规划的总碳清除量（tCO2e/a，吨二氧化碳当量/年）；

A_{ei}：第 i 类生态绿地面积（hm²，公顷；i =1，2，3；1=林地，2=园地，3=草地）；

f_i：第 i 类生态绿地碳清除系数 [tCO2e/（hm²·a），吨二氧化碳当量/（公顷·年）]；

A_s：水稻田/耕地面积（km²）；

f_s：水稻田/耕地碳排放系数 [tCO2e/（hm²·a），吨二氧化碳当量/（公顷·年）]；

A_g：城市绿地乔木覆盖面积（hm²，公顷）；

f_g：城市绿地碳清除系数 [tCO2e/（hm²·a），吨二氧化碳当量/（公顷·年）]。

建立了基本城乡生态绿地空间碳汇功能评估模型后，可以通过调研与参考有关文献，分析整理作为参数 A_{ei}，f_s 和 f_g 的不同生态绿地的碳清除因子，再适当引用作为评估模型之排放/清除系数，相关建议的参数可以参考作者已发表的文献[14]。

[14] 叶祖达.建立低碳城市规划工具——城乡生态绿地空间碳汇功能评估模型[J].城市规划，2011（2）：32-38

7.4.1 参考案例：江苏省温室气体排放清单现况

按照建议的地方城乡规划温室气体排放清单框架，作者根据IPCC和我国国家温室气体清单内容，结合统计年鉴已公布的数据（包括江苏省及13个市的统计年鉴和建设年报），分析已公布的江苏省的政策与规范，以及已发表的研究论文内容，把建议框架应用于量度江苏省的排放现况[15]。江苏省于2009年的人口为7725万，城镇人口为4295万，农村人口为3430万，城镇化率是55.6%。全省GDP为34741亿元，人均GDP为4.5万元。城乡总建设用地约为62 7000hm²。

[15] 叶祖达.温室气体清单在城乡规划建设管理中的应用[J].城市规划，2011（2）：32-38

温室气体排放清单的活动量是通过对江苏省2009年10类量值的估算：农林生态空间面积、城市绿地面积、工业生产量、城镇建筑面积、农村建筑面积、农业生产量、水使用/污水处理量、废弃物处理量、不同交通出行量、集中和分散可再生能源使用量等（活动量AD）。同时参考不同研究成果建议的排放因子及国际上的通用值（排放系数EF），计算出各类温室气体排放/清除/替代类别的净排放量，再总计而成。计算的范围包括本章前面建议方法内的江苏省境内能源消费直接排放量（范围一）、电力生产能源消费排放量（范围二）、境外单一过程非直接排放量（范围三），但由于我国目前缺乏生命周期排放的统一排放因子数据及在地方层面有关方面活动量数据不完备，境外生命周期上游内含排放量不在此研究工作内。

表7.6是江苏省温室气体排放清单现况。江苏省的总温室气体排放量于2009年约为7.926亿吨二氧化碳当量（tCO_2e），单位GDP碳排放为每万元2.57 tCO_2e，人均排放量为10.35 tCO_2e。其中工业生产占最大比例，其次为城镇建筑和交通。替代能源的贡献不算高，约为总排放量的2.5%。

可以从分析看到，要减低温室气体排放量，在未来的低碳规划方案中可以针对性地考虑采取以下的综合政策手段：

(1) 由于主要排放源头是工业生产，建议把工业生产部分高排放部门的值减低，大力推动产业转型推动服务业在经济发展产值中的比重，减低污染工业在产值中比例，同时实施清洁生产，以循环经济为产业发展主要模式；

(2) 进一步大幅度提高城乡空间内的植林面积和城市公共绿地的乔木比例；

(3) 全面推动进一步建筑节能，在目前常规建筑节能设计规范水平基础上再减低耗能水平；

(4) 大规模开发清洁能源和可再生能源供应。

江苏省温室气体排放清单现况　　　　　　　　　　表7.6

活动类别		2009 年现况	
		排放量（万tCO_{2e}） （量值以最接近10万计算）	占排放量的比例
工业生产		61100	77.09%
城镇建筑		8990	11.34%
交通		4250	5.36%
农村建设	农村建筑	2870	3.50%
	农业生产	2600	3.23%
废弃物		640	0.81%
生态空间	农林生态用地	540	0.65%
	城市绿地	-150	—
水资源		380	0.48%
替代能源		-1960	—
净排放总量		79260	—

（来源：叶祖达，2011年）

7.4.2 参考案例：郑汴新区规划温室气体排放评估

根据河南省《中原城市群发展规划纲要（2006—2020）》，确定重点构建和发展以郑州为核心，由郑州、洛阳、开封、新乡、焦作、许昌、漯河、平顶山、济源九大城市构成中原城市群。郑汴新区研究范围的总面积约2100km²，现状人口120万。整个规划范围位于郑州市和开封市中间，黄河岸南面，跨郑州、开封两市（图7.5）。建议规划方案的主要方向为：整合区域资源条件，实施中心城市带动战略；构建节约型的增长方式，资源节约循环发展。规划区域的现状城镇化水平约47.5%。郑汴新区的土地利用目前以林地、农田与沙化改良地为主，除了郑州市区、开封市区和中牟县城以外，尚未大规模开发利用。

为了对规划方案碳排放量影响做评估，规划编制过程中建立了碳排放评估模型与研究，包括以下的技术路线[16][17]：

（1）专题研究建立区域规划方案的碳排放审计框架。对规划方案进行碳排放量的评估，作为比较不同发展战略的考虑之一。而在审计不同空间方案相对碳排放量的工作中，把城乡生态绿地空间系统方案碳汇功能的评价作为主要分析内容。

（2）进行生态空间体系规划。在概念规划编制中，把土地开发适宜度和生态绿色空间系统两个

[16] 叶祖达.建立低碳城市规划工具——城乡生态绿地空间碳汇功能评估模型[J].城市规划，2011（11）：35-41

[17] 叶祖达.低碳生态空间——跨维度规划的再思考（第二版）[M].大连：大连理工大学出版社，2014

概念整合评估。通过调研和地理信息系统GIS分析，划定生态敏感区，并建议生态绿色空间安全网络。在已确定的适合开发的土地基础上，进一步分析其他现有限制，包括已有规划、基础建设、在建项目、主要城镇位置等，再由此确定适合开发的土地布局和范围。总建设面积为650km²。结合生态敏感度分析以及生态安全框架分析，按生态现状建议在区域层面构建生态空间系统，一方面保护现有生态源与生态斑块，另一方面建立廊道提高连接（图7.6）；同时，考虑城镇建设格局的整合和扩展，利用GIS空间叠加功能，建立综合生态绿地空间体系，从农村到近郊再延伸进城市建设区，小区和建筑拥有不同的尺度。综合生态绿地空间的元素和覆盖面积见表7.7。

图7.5 郑汴新区区位

（来源：叶祖达，2014年）

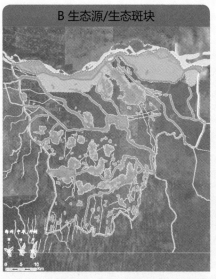

图7.6 生态敏感度分析以及生态空间安全框架

（来源：叶祖达，2014年）

（3）建立城乡生态绿地空间碳汇功能评估模型及程式（图7.7）。建议碳汇功能评估模型程式为：

$$C = \sum_i E_i - S + G$$
$$= \sum_i A_{ei} \cdot f_i - A_s \cdot f_s + A_g \cdot f_g$$

式中，

C：规划范围内每年之碳汇功能（tC/a，吨碳/年）；

E_i：第 i 类生态绿地之碳清除量（i =1,2,3 1=林地，2=园地，3=草地）（tC/a）；

S：水稻田之碳排放量（tC/a）；

G：城市绿地之碳清除量（tC/a）；

而，

A_{ei}：第 i 类生态绿地之面积（km²，或hm²）；

f_i：第 i 类生态绿地之碳清除系数[tC/(km²·a)，吨碳/(平方公里·年)]；

A_s：水稻田之面积（km²）；

f_s：水稻田之碳排放系数[tC/(km²·a)]；

A_g：城市绿地面积（km²）；

f_g：城市节水之碳清除系数[tC/(km²·a)]。

（4）对城乡生态绿地空间系统碳汇功能进行评价。对规划范围的现况和建议生态绿地空间布局做评估比较（表7.8）。

总碳汇功能从现状的每年65922tC/a增加到111422tC/a，提高幅度为69%。规划范围内的生态绿地面积现状是1293.3km²，而规划是1496.9km²，只扩大了15.74%。但通过生态绿地结构调整，提高整体植林率，把现状的地均碳汇功能由50.97tC/(km²·a)提高到74.4tC/(km²·a)，升幅达46.03%。从不同生态绿地贡献比例和总量来看，不同的元素所担当的在提升碳汇功能方面的角色不一样。可以把它们分为三类：

- 占总碳汇功能量最高的是林地斑块，这是整个生态绿地系统应对碳排放的主要骨干，基本现有林地面积受到保护没有改变，贡献共65320 tC/a碳汇功能。
- 通过战略性提升其他林地的面积，大堤防护林（15975tC，增加2倍）、河岸林带（23004tC，增加1.58倍）、近郊安全绿带中的防护林（8520tC，增加3.28倍）和在城市建设过程中提供的大量公共绿地（7818.6tC，增加5.82倍），这四类的生态绿地在总量和增加比例上都是重要的元素。

- 最后是黄河滩地林地、黄河滩涂湿地和生产防护绿地。它们的具体量值并不高，但却代表了从零开始的造林建设，增加的比例幅度是最大的。

郑汴新区规划的案例明确指出：利用城乡生态绿地空间的碳贮存量增加而产生减排效果，对推动低碳城市发展有极大的意义。在编制区域规划及城镇体系规划时，生态绿地空间的布局、规模、结构、内容和相关土地利用活动的转变会导致生态系统类型更替，再带动增加整体空间的碳汇功能，协助控制大气中的碳含量。

生态绿地空间的元素和覆盖面积　　　　　　　　　　　　　表7.7

生态绿地空间类型		现状面积/km²	规划后面积/km²
农田	城郊农田	657	657
	近郊安全绿带中的农用地	279	277
林地	林地斑块	184	184
	农田林网	29.7	33
	大堤防护林	15	45
	黄河滩地林地	0	3
	河岸林带	25.1	64.8
	近郊安全绿带中的林地斑块	34	34
	近郊安全绿带中的防护林	5.6	24
湿地	黄河河流湿地	57	57
	黄河滩涂湿地	0	40
建成区绿地	公共绿地	6.9	47.1
	生产防护绿地	0	31

（来源：叶祖达，2011年）

图7.7 城乡生态绿地空间碳汇功能评估框架
(来源：叶祖达，2011年)

城乡生态绿地空间系统碳汇功能评价　　　　　　　　　　表7.8

生态绿地空间类型		现年每年碳排放／吸收量（tC/a）	规划后每年碳排放／吸收量(tC/a)
农田	城郊农田	-27 725.4	-27 725.4
	近郊安全绿带中的农用地	-11 773.8	-11 689.4
林地	林地斑块	65 320.0	65 320.0
	农田林网	10 543.5	11 715.0
	大堤防护林	5325	15 975.0
	黄河滩地林地	0	1065
	河岸林带	8910.5	23 004.0
	近郊安全绿带中的林地斑块	12 070.0	12 070.0
	近郊安全绿带中的防护林	1988	8520
湿地	黄河河流湿地	119.7	119.7
	黄河滩涂湿地	0	84
建成区绿地	公共绿地	1145.4	7818.6
	生产防护绿地	0	5146
	总碳汇量	65 922.9	111 422.5

(来源：叶祖达，2011年)

7.4.3 参考案例：北京市碳排放情景设计与分析研究

评估城市规划方案的碳排放水平需要建立不同的情景，通过情景分析去了解不同手段和经济社会条件下的排放量，协助规划方案或城市发展方向的决策。本章这部分引用北京市碳排放情景设计与分析研究作为参考案例[18]。

[18] 中国城市科学研究会.中国低碳生态城市发展报告2014[M].北京：中国建筑工业出版社，2014

根据北京市未来城市发展规模、节能减排策略及技术实施的可行性，设定三个总体规划尺度的碳排放情景。其中，基准情景按照现状规模进行趋势外推，同时考虑已有的计划措施；低碳情景细分为规模控制和强度控制两种情景；强化低碳情景同时控制规模和能耗强度。表7.9为不同情景下的人口规模。三个情景的基本假设如下。

· 基准情景：人口、经济、建筑规模及能耗强度不控制，同时考虑已有的计划措施。
· 低碳情景：可以分为①规模控制情景：人口、经济发展及建筑保持中等规模，其他方面与基准情景一致；②强度控制情景：人口、经济及建筑规模不控制，同时加入强化的节能减排技术手段。
· 强化低碳情景：人口和人均建筑面积均保持低规模发展，同时加入强化的节能减排技术手段。

不同情景的能源使用水平是不一样的。2009年全市能源消费总量为6570万tce，基准情景下2030年能源消费总量达12 901万tce，比2009年将近翻一番，比2020年增加29%；低碳情景下2030年能源消费总量为10 099万tce，比2009年增加54%，比2020年增加15%；强化低碳情景下2030年能源消费总量为7456万tce，比2009年增加13%，比2020年增加5%。

下面是三个情景的碳排放测算和分析结果。

（1）基准情景

基准情景主要部门能耗消耗如表7.10。

基准情景主要部门二氧化碳排放量如表7.11。生产部门年均二氧化碳排放量（包括生产过程中的排放）增长率为2.5%，建筑部门年均二氧化碳排放量增长率为2.9%，交通部门年均二氧化碳排放量增长率为4.7%。因此，按照正常趋势的发展，交通部门的二氧化碳排放量占总排放量的比例会日益增加，交通部门碳排放的比例由2009年的19%，增长到2030年的26%。

北京市常住人口规模情景设定表 表7.9

	2009~2020年增长率	2020年人口（万人）	2020~2030年增长率	2030年人口（万人）
高方案（基准情景）	2.72%	2500	1.84%	3000
中方案（低碳情景）	2.72%	2400	1.14%	2800
低方案（强化低碳情景）	1.95%	2300	0.84%	2500

（来源：中国城市科学研究会，2014年）

基准情景各部门能耗消费量表 表7.10

能耗消耗（万tce）	2009年	2015年	2020年	2030年
生产	2182	2467	2954	4122
建筑	2534	3212	3753	4658
交通	1448	2636	2866	3714
合计	6164	8315	9573	12 494

（来源：中国城市科学研究会，2014年）

基准情景各部门二氧化碳排放量表 表7.11

二氧化碳排放量（万t）	2009年	2015年	2020年	2030年
生产	6775	6598	8452	11 404
建筑	6343	8043	9388	11 655
交通	3118	5699	6191	8124
碳排放总量	16 236	20 340	24 031	31 183

（来源：中国城市科学研究会，2014年）

（2）低碳情景

低碳情景主要部门能源消耗见表7.12。

与基准情景相比，到2030年，低碳情景共减少碳排放8883万t，其中生产部门节能63%，建筑部门节能15%。二氧化碳排放量如表7.13。

（3）强化低碳情景

强化低碳情景主要部门能源消耗见表7.14。

与基准情景相比，到2030年，强化低碳情景共减少碳排放14879万t，其中生产部门节能47%，建筑部门节能37%，交通部门节能16%。与低碳情景相比，生产部门节能比例大大提高，主要是由生产部门采取的单位能耗下降政策引起。强化低碳情景二氧化碳排放量见表7.15。

低碳情景各部门能源消耗表　　　　　　　　　　　　　　　　　表7.12

能耗消耗 （万tce）	2009年	2015年	2020年	2030年
生产	2182	2367	2068	2253
建筑	2534	3212	3753	4145
交通	1448	2455	2536	3294
合计	6164	8034	8357	9692

（来源：中国城市科学研究会，2014年）

低碳情景各部门二氧化碳排放量表　　　　　　　　　　　　　　表7.13

二氧化碳排放量 （万t）	2009年	2015年	2020年	2030年
生产	6070	6097	5054	5397
建筑	6343	8043	9388	10 363
交通	3118	5324	5507	7239
碳排放总量	15 531	19 464	19 949	22 999

（来源：中国城市科学研究会，2014年）

强化低碳情景各部门能源消耗表　　　　　　　　　　　　　　　表7.14

能耗消耗 （万tce）	2009年	2015年	2020年	2030年
生产	2182	1995	1526	1556
建筑	2534	2903	2996	2626
交通	1448	2267	2192	2868
合计	6164	7165	6714	7050

（来源：中国城市科学研究会，2014年）

强化低碳情景二氧化碳排放量表　　　　　　　　　　　　　　　表7.15

二氧化碳排放量 （万t）	2009年	2015年	2020年	2030年
生产	6070	5283	3799	3763
建筑	6343	6888	7253	6200
交通	3118	4928	4781	6341
碳排放总量	15 531	170 99	15 833	16 304

（来源：中国城市科学研究会，2014年）

7.4.4 参考案例：北京市的行业碳排放强度指引

从上面的分析可以看到，国家关注城市发展带来的温室气体排放问题，提出一系列的政策手段。同时，地方政府也已展开构建城市层面的碳排放量管理与控制对策，包括推动碳排放权交易试点工作。建立碳排放交易市场，被认为是推动并实现我国绿色低碳发展战略目标，包括低碳城镇化的重要路径之一。国家发改委发布了《碳排放权交易管理暂行办法》[19]，这对于推动全国性碳排放权交易市场建设有重要指导作用。我国在北京、上海、天津、重庆、广东、湖北、深圳等七个省市，启动了碳排放权交易试点工作，下一步将以七个试点为核心，推动形成全国碳排放交易市场。截至2014年10月底，全国七个交易试点共完成二氧化碳交易1375万t，累计成交金额突破5亿元，碳市场规模逐步扩大[20]。从政府层面来看，2014年5月份国务院办公厅印发《2014—2015年节能减排低碳发展行动方案》，要求推动建设碳排放权交易试点，研究建立全国碳排放交易市场，加快建立全国统一的碳排放权交易市场，这对推动我国低碳城市发展意义重大。

碳排放权交易的理论与具体实践分析不在本书范围之内，这里不展开讨论。但地方政府在推动碳排放试点的历程中，不可避免地会开始对城市内的排放源头订立排放指引、标准，甚至未来可能会提出控制指标。本书以北京市为例，提供给读者一些参考数据。

北京市为了科学、公开、公平地分配重点排放单位碳排放配额，印发了《关于开展碳排放权交易试点工作的通知》（京发改规[2013]5号）[21]，通知中明确了重点排放单位排放配额由既有设施配额、2013年新增设施配额、配额调整量三部分组成。其中2013年1月1日之后投入运行的新增设施配额依据重点排放单位所属行业的碳排放强度先进值进行核定。

为做好新增设施配额核定工作，北京市确定了23个行业41个细分行业的碳排放强度先进值。在碳排放权交易试点期间将依据此次公布的各行业碳排放强度先进值，核发各重点排放单位符合条件的新增设施排放配额（表7.16）[22]。于2015年4月，再次确定了第二批19个行业38个细分行业的碳排放强度先进值（表7.17）[23]。

7.4.5 参考案例：广东省中山市小榄镇温室气体排放清单[24]

2011年12月和2012年11月，广东省中山市小榄镇分别编制了《中山市小榄镇温室气体排放清单编制报告》和《中山市小榄镇"十二五"低碳发展规划》[25][26]，以中山市小榄镇75.4km²镇域为研究范围（图7.8）。研究以2010年为基准年，核算小榄镇的碳排放水平，制定未来的低碳发展目标和实施路径。作为一个城镇尺度的温室气体排放计算案例，中山市小榄镇有参考的价值。

[19] 国家发改委.碳排放权交易管理暂行办法（中华人民共和国国家发展和改革委员会令第17号）[EB/OL].（2014-12-10）[2015-2-1]. http://qhs.ndrc.gov.cn/zcfg/201412/t20141212_652007.html

[20] 中国投资咨询网.7省市碳交易试点成交额突破5亿元全国碳市场建设提速[EB/OL].（2015-5-25）[2015-5-27]. http://www.ocn.com.cn/magazine/chapter/2959_103445.html

[21] 北京市发展和改革委员会.关于开展碳排放权交易试点工作的通知（京发改规[2013]5号）[EB/OL].（2013-11-20）[2014-12-1]. http://www.bjpc.gov.cn/tztg/201311/t7020680.htm

[22] 北京市发展和改革委员会.关于发布行业碳排放强度先进值的通知（京发改〔2014〕905号）[EB/OL].（2014-4-30）[2014-10-1]. http://www.bjpc.gov.cn/tztg/201404/t7656057.htm

[23] 北京市发展和改革委员会.北京市发展和改革委员会关于发布本市第二批行业碳排放强度先进值的通知（京发改[2014]905号）[EB/OL].（2015-4-15）[2015-4-30]. http://www.bjpc.gov.cn/tztg/201504/t8964428.htm

[24] 叶祖达，王静懿.中国绿色生态城区规划建设：碳排放评估方法、数据、评价指南[M].北京：中国建筑工业出版社，2015

[25] 广州市能源检测研究院，中山市小榄低碳发展促进中心.中山市小榄镇温室气体排放清单编制报告[R].2011.

[26] 中山市小榄镇人民政府.中山市小榄镇"十二五"低碳发展规划[R].2012.

《中山市小榄镇温室气体排放清单编制报告》以2010年为基准年核算中山市小榄镇碳排放量，通过按产业结构分类（第一产业、第二产业、第三产业和居民生活）和按部门分类（建筑、工业、交通和废弃物）两种不同的分类方法，给出小榄镇各个产业和不同部门的碳排放量（图7.9）。中山市小榄镇于2010年的碳排放总量为2164566 tCO_2/年。

北京市第一批行业碳排放强度先进值   表7.16

序号	行业	子类	先进值单位	先进值	备注
1	啤酒行业		$kgCO_2$/kL	162.56	
2	纸制品制造		$kgCO_2$/万元	88.39	
3	饮料制造		$kgCO_2$/万元	110.06	
4	非金属矿物制品业	非金属矿物品	$kgCO_2$/万元	46.97	
		非金属材料	$kgCO_2$/万元	261.77	
5	高校和工程技术研发类	理工及综合类	$kgCO_2$/m²	33.42	
		文史财经师范及政法类	$kgCO_2$/m²	33.32	
		高职及专业院校类	$kgCO_2$/m²	24.38	
		工程技术类	$kgCO_2$/m²	46.94	
6	金属制品业		$kgCO_2$/万元	101.87	
7	汽车、铁路零部件及配件制造业		$kgCO_2$/万元	10.22	
8	汽车行业	普通轿车	$kgCO_2$/辆	410.91	不含生产发动机，发动机生产碳排放强度先进值为整车生产的18.46%
		高级轿车及运动型	$kgCO_2$/辆	1094.02	
		中、重型载货车	$kgCO_2$/辆	881.18	
		多功能车	$kgCO_2$/辆	410.53	
9	零售业、政府办公机构	政府办公机构	$kgCO_2$/m²	42.28	
		百货零售业	$kgCO_2$/m²	79.24	
		超市零售业	$kgCO_2$/m²	60.7	
10	热力行业		$kgCO_2$/GJ	62.11	
11	银行业		$kgCO_2$/m²	52.6	
12	住宿餐饮业	住宿业	$kgCO_2$/m²	49.05	
		餐饮业	$kgCO_2$/m²	285.5	
13	电力行业	供热	$kgCO_2$/GJ	59.78	
		供电E级＜0.3	$kgCO_2$/MWh	368.3	
		供电E级＞0.3	$kgCO_2$/MWh	341.15	
		供电F级＜0.3	$kgCO_2$/MWh	345.49	
		供电F级＞0.3	$kgCO_2$/MWh	312.37	
14	其他服务业	房地产业及商务服务业	$kgCO_2$/m²	29.13	
		文化体育	$kgCO_2$/m²	57.88	
15	电气机械和器材、计算机、通信和其他电子设备制造业	光电子器件及其他电子器件制造	$kgCO_2$/万元	267.93	
		电子元器件及组件制造	$kgCO_2$/万元	319.2	
		其他电子电气产品	$kgCO_2$/万元	182.49	
16	大型医院类		$kgCO_2$/m²	73.47	
17	信息传输业	通信行业	$kgCO_2$/万元	137.93	
		其他企业	$kgCO_2$/m²	55.46	
18	食品制造业		$kgCO_2$/万元	73.35	
19	中成药生产		$kgCO_2$/万元	131.95	
20	西药制造业		$kgCO_2$/万元	109.22	
21	化学原料和化学制品制造业		$kgCO_2$/万元	569.31	
22	农副食品加工业		$kgCO_2$/万元	116.21	
23	物业管理类		$kgCO_2$/万元	484.73	

（来源：北京市发展和改革委员会，2014年）

北京市第二批行业碳排放强度先进值　　　　　　　　　　　　　　　　　　　　表7.17

序号	行业	子类	先进值单位	先进值	备注
1	燃气供应		$kgCO_2/万m^3$	15.81	
2	自来水供应	地下水比例61%~100%	$kgCO_2/m^3$	0.36	
		地下水比例51%~60%	$kgCO_2/m^3$	0.233	
		地下水比例41%~50%	$kgCO_2/m^3$	0.207	
		地下水比例31%~40%	$kgCO_2/m^3$	0.182	
		地下水比例21%~30%	$kgCO_2/m^3$	0.156	
		地下水比例0%~20%	$kgCO_2/m^3$	0.105	
3	污水处理及再生水利用	城镇污水处理及再生水利用	$kgCO_2/t$	0.315	
		工业污水处理	$kgCO_2/t$	0.429	
		工业再生水生产	$kgCO_2/t$	0.894	
4	水利管理	地表水管理	$kgCO_2/m^3$	0.023	
		地下水管理	$kgCO_2/m^3$	0.269	
5	低热电比 热电联产	9E级热电比≤0.2	$kgCO_2/MWh$	409.98	
		9E级热电比>0.2，≤0.3		368.3	
		9E级热电比>0.3		341.15	
		9F级热电比≤0.2		353.1	
		9F级热电比>0.2，≤0.3		345.49	
		9F级热电比>0.3		312.37	
6	燃煤供热	锅炉供热功率（容量）≤14MW（20t/h）	$kgCO_2/GJ$	97.56	
		锅炉供热功率（容量）>14MW（20t/h）	$kgCO_2/GJ$	96.61	
7	石油及制品批发		$kgCO_2/万m^3$	828.34	
8	大型医院		$kgCO_2/综合业务量$	7.59	
9	互联网、软件和信息技术服务业	大型数据中心	$kgCO_2/MWh$（IT设备）	939.6	企业数据中心总规模大于等于3000个标准机架
		中小型数据中心	$kgCO_2/MWh$（IT设备）	1069.47	企业数据中心总规模为地板面积在150m²以上（含）或IT设备总功率在200kW以上（含）且在3000个标准机架以下
		其他企业	$kgCO_2/m^2$	55.46	该行业中新增非数据中心的设施
10	通用设备制造		$kgCO_2/万元$	53.07	
11	协同处置废弃物		$kgCO_2/t废弃物$	72.85	
12	采矿业	黑色金属矿采选业和煤炭开采和洗选业	$kgCO_2/万元$	290.12	
13	工业气体制造业	其他基础化学原料制造	$kgCO_2/万元$	2138.43	
14	橡胶和塑料制品制造业	轮胎制造，日用及医用橡胶制品制造，塑料人造革、合成革制造，其他塑料制品制造	$kgCO_2/万元$	567.7	
15	化学纤维制造业	其他合成纤维制造	$kgCO_2/万元$	1120.8	属于其他合成纤维制造中高性能纤维及材料
16	印刷业		$kgCO_2/万元$	225.75	不含印钞
17	铁路运输业		$tCO_2/百万换算吨公里$	3.66	不含移动源
18	道路交通 运输业	地上公共交通运营	$kgCO_2/万人次$	173.05	不含移动源
		地铁运营	$kgCO_2/万人公里$	152.25	不含移动源
		高速公路运营	$tCO_2/公里高速路$	67.15	
19	航空运输业	航空旅客/货物运输	$kgCO_2/m^2$	54.85	不含移动源
		航空运输辅助活动——机场	$kgCO_2/m^2$	104.73	

（来源：北京市发展和改革委员会，2015年）

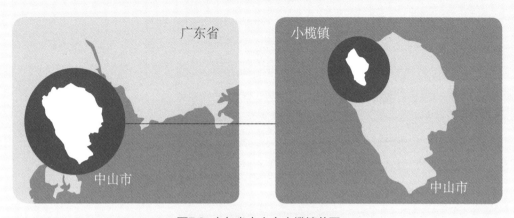

图7.8 广东省中山市小榄镇范围

[来源：广东省中山市土地利用总体规划（2006-2020）；作者整理]

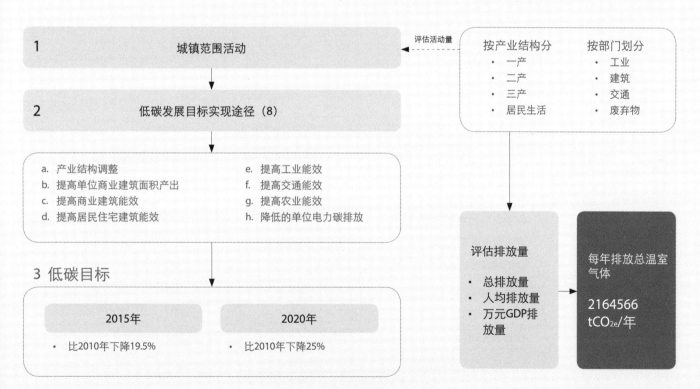

图7.9 中山市小榄镇碳排放评估方法

(来源：中山市小榄镇人民政府，2012；作者整理)

这个案例的特点是基于基线排放量上，它有明确的定量减排目标和手段措施。在现状碳排放量核算的基础上，《中山市小榄镇"十二五"低碳发展规划》以2015年和2020年为目标年，分别提出单位生产总值二氧化碳排放量比2010年下降19.5%和25%的低碳发展目标，从产业结构调整、建筑、工业、交通、农业、电力等领域分析排放源头，提出8项具体措施，包括提升第三产业增加值占比、提高单位商业建筑面积产出、提高商业建筑能效、提高居民住宅建筑能效、提高工业能效、提高交通能效、提高农业能效和降低的单位电力碳排放，并针对每项措施分别提出2015年和2020年的目标值（表7.18）。

从2010年基准年碳排放量的核算结果显示，作为现代化工业城市，中山市小榄镇各部门中由工业能耗产生的碳排放占总排放量的比例最高，因此2015年和2020年低碳发展目标的模拟路径亦把工业领域节能减排和产业结构调整定为碳减排贡献率最大的两个领域。

从中山市小榄镇的案例可以看到：碳排放清单是支撑低碳规划与工业转型的基本决策工具，通过编制《中山市小榄镇温室气体排放清单编制报告》，地方政府得到科学的定量数据，支撑《中山市小榄镇"十二五"低碳发展规划》的政策决定与规划指标。

中山市小榄镇2015年和2020年低碳发展目标实现路径　　　　　　　　　　　　　　　　　　表7.18

序号	重点领域	具体措施	2015年目标值	2020年目标值
1	产业结构调整	稳步提升第三产业增加值占比	一产：二产：三产=0.3：54.7：45	一产：二产：三产=0.2：51.8：48
2	商业机构	提高单位商业建筑面积产出	比2010年提高50.6%	比2010年提高1.26倍
		提高商业建筑能效	比2010年提高12.5%	比2010年提高25%
3	居民住宅	提高居民住宅建筑能效	比2010年提高7.5%	比2010年提高15%
4	工业	提高工业能效	比2010年提高10%	比2010年提高15%
5	交通	提高交通能效	5%	10%
6	农业	提高农业能效	7.50%	15%
7	电力	降低单位电力碳排放量	比2010年下降2.5%	比2010年下降5%

（来源：中山市小榄镇人民政府，2012）

第六篇：规划编制

本篇的结构集中在总体规划与控制性详细规划两个空间层次，以第8章和第9章内容尝试把低碳生态法定规划编制主要需要的问题、指标体系域、技术框架和规划师面对的要满足目前法定规划体制内的编制要求的内容等问题进行分析和梳理，提供一条在总体规划和控制性详细规划工作中，供参考的低碳生态规划编制内容技术路线（图8.1）。

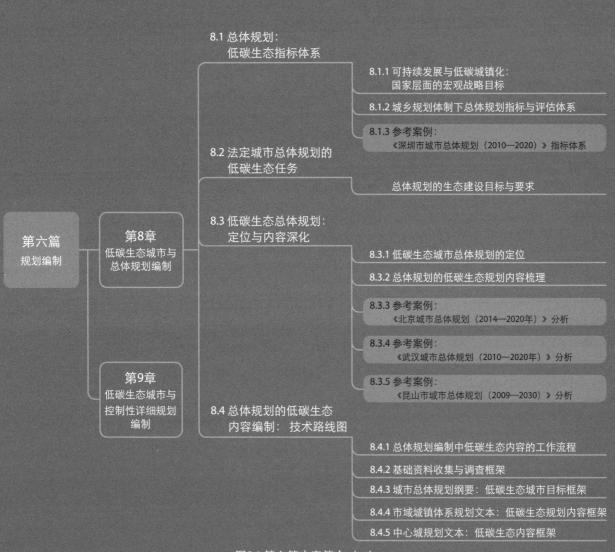

图8.1 第六篇内容简介（一）

第六篇
规划编制

第8章
低碳生态城市与
总体规划编制

第9章
低碳生态城市与
控制性详细规划
编制

9.1 控制性详细规划编制与
低碳生态内容要求

9.1.1 目前法定控制性详细规划内容的不足

9.1.2 确定低碳生态内容在控制性详细规划体制内的定位

9.1.3 参考案例：
江苏省控制性详细规划编制导则

9.2 绿色生态城区与控制性
详细规划

9.2.1 绿色生态城区通过控制性详细规划的实施

9.2.2 参考案例：
北京市绿色生态示范区规划

9.2.3 参考案例：
重庆市《重庆市绿色低碳生态城区评价指标体系》

9.3 低碳生态控制性详细规划
指标体系

9.3.1 低碳生态控制性详细规划的指标框架

9.3.2 低碳生态控制性详细规划指标体系研究参考

9.3.3 对低碳生态控制性规划指标基本框架的建议

9.3.4 参考案例：
北京市长辛店生态城：控制性详细规划指标体系

9.3.5 参考案例：
长沙市梅溪湖新城控制性详细规划指标体系

9.3.6 参考案例：
上海世博会城市最佳实践区后续发展低碳——生态建设指标体系

9.3.7 国家绿色生态城区评价标准的编制工作

9.4 控制性详细规划的低碳生
态内容编制：技术路线图

9.4.1 低碳生态控制性详细规划编制主要阶段

9.4.2 参考案例：
石家庄市正定新区低碳专题研究与控规指标

9.4.3 参考案例：
无锡中瑞低碳生态城示范区控规图则

图8.1 第六篇内容简介（二）

第8章 低碳生态城市与总体规划编制

城市总体规划为了实现一定时期内城市的经济和社会发展目标，需要确定一个城市的性质、规模、发展方向、土地利用和基础建设的空间布局，协调城市空间，进行各项建设的综合布局和全面安排，还包括选定规划指标，制定该市目标及其实施步骤和措施等。为实现低碳生态的城市发展模式，城市总体规划提供了一个十分重要的法定规划建设管理平台，使地方政府可以采用通过总体规划协调、引导、强制实施节能减排，应对气候变化，保持资源生态良性循环等措施。

正如本书在第1章指出，国家于2012年明确颁布低碳政策，要求把低碳生态城市建设目标加入法定规划建设管理体系。住房和城乡建设部于2012年5月以建科[2012]72号印发《"十二五"建筑节能专项规划》。《"十二五"建筑节能专项规划》的重点任务之一是"积极推进绿色规划，以绿色理念指导城乡规划编制，建立包括绿色建筑比例、生态环保、公共交通、可再生能源利用、土地集约利用、再生水利用、废弃物回用等内容的指标体系，将其作为约束性条件纳入区域总体规划、控制性详细规划、修建性详细规划和专项规划的编制，促进城市基础设施的绿色化，并将绿色指标作为土地出让转让的前置条件"[1]。

然而，目前并没有具体办法或标准说明如何把低碳生态城市规划建设要求在法定总体规划编制流程中体现。本章试图补充这一方面的空缺，提供一个供参考的路线图。

本章讨论的低碳生态城市在总体规划编制的路线图内容包括四方面：

- 总体规划：低碳生态指标体系；
- 总体规划的低碳生态任务；
- 低碳生态总体规划：定位与内容深化；
- 总体规划的低碳生态内容编制：技术路线图。

8.1 总体规划：低碳生态指标体系

低碳生态城市总体规划需要明确地用定量指标说明节能减排与生态资源循环等目标。低碳生态城市的建设目标如果要指导后续规划建设实施，有必要采用一套可以作为衡量、比较、评价工具的

[1] 住房和城乡建设部. 关于印发《"十二五"建筑节能专项规划》的通知（建科[2012]72号）[EB/OL]. （2012-05-09）[2012-6-1]. http://www.gov.cn/zwgk/2012-05/31/content_2149889.htm

指标体系。建立低碳生态城市规划指标体系的目的与手段早期已有学者与城市规划工作者提出。胡建军指出，建立生态城市可持续发展规划之指标体系的基本原则包括[2]：①完备性——要包括社会、经济、环境多方面；②客观性——要可以体现客观评估及公平性；③独立性——各指标应互相独立，减少重叠；④可测性——可以定量测度、比较和处理；⑤数据可获得性——有充分及可获的数据支撑体系使用；⑥动态性——指标可反映空间、时间及体系的变化；⑦稳定性——指标的变化有其意义及引导理据。

[2] 胡建军.无锡市生态城市建设研究[D].同济大学，2007

叶祖达对建立生态城市规划的指标体系目的及理由进行整理，指出总体规划指标系统本身不是目的，而是手段，是一个科学、客观、透明的规划决策工具，指标可以用作比较不同战略和方案的表现，指标也可以因不同的项目内容、重点和背景做出调整，反映客观环境因素，立足于科学依据和可被审核的数据[3]。

[3] 叶祖达.生态城市规划发展：可持续发展指标在城市规划管理应用问题[M]//2008中国城市规划年会论文集，2008

低碳城镇化的政策要求是降低能源需求、减低城市碳排放、支持城市低碳化运作、改善城市与自然环境的能源资源供求关系。要建立一套在地方城市层面合适的低碳生态城市总体规划指标，首先要了解目前上层次国家层面的可持续发展与低碳城镇化宏观目标，以此作为地方总体规划的政策目标依据。

本章下面对我国当前与低碳生态城市规划建设相关的宏观战略目标作出整理综述。

8.1.1 可持续发展与低碳城镇化：国家层面的宏观战略目标

早在20世纪90年代中期，我国就已开拓推动可持续发展的道路。我国也是宣布实施可持续发展战略最早的发展中国家之一，其重要标志是于1994年颁布《中国21世纪议程》，其中包括了城市发展方面的目标，在人类住区可持续发展一章中明确地表示推动下列六个新的领域[4]：城市化与人类住区管理、基础设施建设与完善人类住区功能、改善人类住区环境、所有人拥有适当住房、促进建筑业可持续发展及建筑节能、提高住区能源利用效率。但具体的在全国层面的可持续发展战略报告是《2009年中国可持续发展战略报告》。

[4] 张坤民，温宗国，杜斌，宋国君.生态城市评估与指标体系[M].北京：化学工业出版社，2003

（1）《2009年中国可持续发展战略报告》

近年国内对可持续城市发展模式的研究日渐增加，但仍然在探索阶段，且以政策战略层面为主。有关低碳生态城市规划建设的战略目标，可以参考中国科学院可持续发展战略研究组的《2009

年中国可持续发展战略报告》[5]，其中提到中国低碳城市的发展战略设想，从经济、社会和环境三个方面，初步提出了城市的指标体系，成为整体的战略目标（表8.1）。战略目标包括到2020年，我国产业结构、资源利用、技术创新、低收入居民保障、生活质量、公交系统、碳汇能力、污染排放、低碳设计等定量的城市指标。其中对低碳生态城市规划目标内容有比较直接关系的集中在资源能源利用、公交、碳汇、减少污染物上，包括五个方面（共15个全国平均指标）。

[5] 中国科学院可持续发展战略研究组. 2009年中国可持续发展战略报告[R]. 北京：科学出版社，2009

a. 资源循环利用，提高能源效率：

- 万元GDP能耗（0.5t标准煤）；
- 能源消耗弹性系数（0.5）；
- 单位GDP CO_2 排放量（0.75t）；
- 新能源比例（15%）；
- 热电联产比例（100%）。

b. 大力发展快速公交系统（BRT），引导人们利用公共交通出行：

- 到达BRT站点的平均步行距离（1000m）；
- 万人拥有公共汽车数（15）。

c. 提升整体城市的碳汇能力：

- 森林覆盖率（25%）；
- 人均绿地面积（15m²）；
- 建成区绿地覆盖率（40%）。

d. 减少污染物排放量：

- 生活垃圾无害化处理率（100%）；
- 城镇生活污水处理率（80%）；
- 工业废水达标率（100%）。

e. 低碳设计：

- 低能耗建筑比例（50%）；
- 温室气体捕捉与封存（CCS）比例（10%）。

对国家整体可持续发展发展的目标等研究建议，一直还在研究或者是学术层面推进，在城市迈向低碳生态发展的过程中有积极作用。然而，近年城市低碳绿色发展模式已正式提升到国家政策层面，而最重要的是《国家新型城镇化规划（2014—2020年）》的编制。

（2）《国家新型城镇化规划（2014—2020年）》

作为国家政策目标，2014年3月公布的《国家新型城镇化规划（2014—2020年）》中提出了"生态文明，绿色低碳——把生态文明理念全面融入城镇化进程，着力推进绿色发展、循环发展、低碳发展，节约集约利用土地、水、能源等资源，强化环境保护和生态修复，减少对自然的干扰和损害，推动形成绿色低碳的生产生活方式和城市建设运营模式"的要求[6]。《国家新型城镇化规划（2014—2020年）》文件内附有专栏说明，将2020年的指标作为城市的发展战略目标（表8.2）。其中包括了城镇化水平、基本公共服务、基础设施、资源环境等指标，指出2020年我国常住人口城镇化率会达到60%，与低碳生态城市发展目标直接可以对接的包括资源利用和基础建设两方面：

a. 在资源利用方面，人均城市用地方面会控制在100m²或以下，城镇可再生能源消费比重达到13%，城镇绿色建筑占新建建筑的50%，城市建成区绿地率为38.9%，地级以上城市空气质量达到国际标准的60%等；

b. 在基础建设方面，百万以上人口城市公共交通占机动化出行比例60%、城镇公共供水普及率90%、城市污水处理率95%、城市生活垃圾无害化处理率95%等。

同时，《国家新型城镇化规划（2014—2020年）》明确提出要加快绿色城市建设。"将生态文明理念全面融入城市发展，构建绿色生产方式、生活方式和消费模式。严格控制高耗能、高排放行业发展。节约集约利用土地、水和能源等资源，促进资源循环利用，控制总量，提高效率。加快建设可再生能源体系，推动分布式太阳能、风能、生物质能、地热能多元化、规模化应用，提高新能源和可再生能源利用比例。实施绿色建筑行动计划，完善绿色建筑标准及认证体系，扩大强制执行范围，加快既有建筑节能改造，大力发展绿色建材，强力推进建筑工业化。合理控制机动车保有量，加快新能源汽车推广应用，改善步行、自行车出行条件，倡导绿色出行。实施大气污染防治行动计划，开展区域联防联控联治，改善城市空气质量。完善废旧商品回收体系和垃圾分类处理系统，加强城市固体废弃物循环利用和无害化处置。合理划定生态保护红线，扩大城市生态空间，增加森林、湖泊、湿地面积，将农村废弃地、其他污染土地、工矿用地转化为生态用地，在城镇化地区合理建设绿色生态廊道"。规划内提出了绿色城市发展的六个重点（表8.3）。

[6] 中央政府门户网站.《国家新型城镇化规划(2014-2020年)》[EB/OL]. (2014-03-16) [2014-5-1]. http://www.gov.cn/zhengce/2014-03/16/content_2640075.htm

2009~2020年中国低碳城市发展战略目标

表8.1

类别	子目标	指标	单位	全国城市	100强城市
经济	优化产业结构，提高经济效益	人均GDP	万元	6	12
		GDP增速	%	8	10
		第三产业占GDP比例	%	50	60
		第三产业从业人员比例	%	55	55
	资源循环利用，提高能源效率	万元GDP能耗	吨标准煤	0.5	0.45
		能源消耗弹性系数	—	0.5	0.3
		单位GDP CO_2 排放量	t	0.75	0.5
		新能源比例	%	15	20
		热电联产比例	%	100	100
	加入R&D投入，促进技术创新	R&D投入占财政支出比例	%	3	5
社会	保证低收入居民有能力负担住房支出	住房用地中经济适用房的比例	%	20	30
		人均住房面积	m²	20	30
		土地出让净收入中，用于廉租房建设的比例	%	20	30
	提高人们的生活质量	人均可支配收入（城市）	万元	2.5	4
		恩格尔系数	%	30	25
		城市化率	%	50～55	50～60
	大力发展快速公交系统（BRT），引导人们利用公共交通出行	到达BRT站点的平均步行距离	m	1000	500
		万人拥有公共汽车数	辆	15	20
环境	提升整体城市的碳汇能力	森林覆盖率	%	25	40
		人均绿地面积	m²	15	20
		建成区绿地覆盖率	%	40	45
	减少污染物排放量，改善城市环境	生活垃圾无害化处理率	%	100	100
		城镇生活污水处理率	%	80	100
		工业废水达标率	%	100	100
	通过低碳设计，减低对气候的影响	低能耗建筑比例	%	50	70
		温室气体捕捉与封存（CCS）比例	%	10	15

（来源：中国科学院可持续发展战略研究组，2009年）

新型城镇化主要指标 表8.2

指标	2012年	2020年
城镇化水平		
常住人口城镇化率（%）	52.6	60左右
户籍人口城镇化率（%）	35.3	45左右
基本公共服务		
农民工随迁子女接受义务教育比例（%）	—	≥99
城镇失业人员、农民工、新成长劳动力免费接受基本职业技能培训覆盖率（%）	—	≥95
城镇常住人口基本养老保险覆盖率（%）	66.9	≥90
城镇常住人口基本医疗保险覆盖率（%）	95	98
城镇常住人口保障性住房覆盖率（%）	12.5	≥23
基础设施		
百万以上人口城市公共交通占机动化出行比例（%）	45*	60
城镇公共供水普及率（%）	81.7	90
城市污水处理率（%）	87.3	95
城市生活垃圾无害化处理率（%）	84.8	95
城市家庭宽带接入能力（Mbps）	4	≥50
城市社区综合服务设施覆盖率（%）	72.5	100
资源环境		
人均城市建设用地（m²）	—	≤100
城镇可再生能源消费比重（%）	8.7	13
城镇绿色建筑占新建建筑比重（%）	2	50
城市建成区绿地率（%）	35.7	38.9
地级以上城市空气质量达到国际标准的比例（%）	40.9	60

注：①带*为2011年数据
②城镇常住人口基本养老保险覆盖率指标中，常住人口不含16周岁以下人员和在校学生
③城镇保障性住房：包括公租房（含廉租房）、政策性商品住房和棚户区改造安置住房等
④人均城市建设用地：国家《城市用地分类与规划建设用地标准》规定，人均城市建设用地标准为65.0～115.0m²，新建城市为85.0～105.0 m²
⑤城市空气质量国家标准：在1996年标准基础上，增设了PM2.5浓度限值和臭氧8小时平均浓度限值，调整了PM10、二氧化氮、铅等浓度限值

（来源：《国家新型城镇化规划（2014—2020年）》）

绿色城市的建设重点　　　　　　　　　　　　　　　　　　　　　　　　表8.3

01	绿色能源

推进新能源示范城市建设和智能微电网示范工程建设，依托新能源示范城市建设分布式光伏发电示范区。在北方地区城镇开展风电清洁供暖示范工程。选择部分县城开展可再生能源热利用示范工程，加强绿色能源县建设。

02	绿色建筑

推进既有建筑供热计量和节能改造，基本完成北方采暖地区居住建筑供热计量和节能改造，积极推进夏热冬冷地区建筑节能改造和公共建筑节能改造。逐步提高新建建筑能效水平，严格执行节能标准。积极推进建筑工业化、标准化，提高住宅工业化比例。政府投资的公益性建筑、保障性住房和大型公共建筑全面执行绿色建筑标准和认证。

03	绿色交通

加快发展新能源、小排量等环保型汽车，加快充电站、充电桩、加气站等配套设施建设，加强步行和自行车等慢行交通系统建设，积极推进混合动力、纯电动、天然气等新能源和清洁燃料车辆在公共交通行业的示范应用。推进机场、车站、码头节能节水改造，推广使用太阳能等可再生能源。继续严格实行运营车辆燃料消耗量准入制度，到2020年淘汰全部黄标车。

04	产业园区循环化改造

以国家级和省级产业园区为重点，推进循环化改造，实现土地集约利用、废物交换利用、能量梯级利用、废水循环利用和污染物集中处理。

05	城市环境综合整治

实施清洁空气工程，强化大气污染综合防治，明显改善城市空气质量；实施安全饮用水工程，治理地表水、地下水，实现水质、水量双保障；开展存量生活垃圾治理工作；实施重金属污染防治工程，推进重点地区污染场地和土壤修复治理。实施森林、湿地保护与修复。

06	绿色新生活行动

在衣食住行游等方面，加快向简约适度、绿色低碳、文明节约方式转变。培育生态文明，引导绿色消费，推广节能环保型汽车、节能省地型住宅。健全城市废旧商品回收体系和餐厨废弃物资源化利用体系，减少使用一次性产品，抑制商品过度包装。

（来源：《国家新型城镇化规划（2014—2020年）》）

这些国家层面的宏观目标包括绿色能源、绿色交通、循环经济、环境整治、绿色生活等，提供了政策的范围和相关的定量目标，可以供地方政府在编制低碳生态城市总体规划时作为重要的参考，再按照具体环境、社会、经济条件深化调整。从《国家新型城镇化规划（2014—2020年）》的内容来看，地方的低碳生态城市总体规划指标体系需要考虑的基本控制型或引导型内容包括：

- 最高人均城市用地面积；
- 可再生能源消费比重目标；
- 绿色建筑占新建建筑比例；
- 最低城市建成区绿地率；
- 空气质量达标比例；
- 城市公共交通出行比例；
- 城镇公共供水普及率；
- 城市污水处理率；
- 城市生活垃圾无害化处理率。

8.1.2　城乡规划体制下总体规划指标与评估体系

地方低碳生态城市总体规划的指标体系也需要参考近年住房和城乡建设部对完善城市总体规划指标体系的建议，与对总体规划成效评估的要求与方法，将其作为构建低碳生态城市指标的依据。事实上住房和城乡建设部早在2007年已推动在总体规划内涵中引入生态资源利用相关指标。

（1）住房和城乡建设部《完善城市总体规划指标体系研究》

城市总体规划是城乡规划体系重要的法定规划之一，是引导和调控城市发展，保护和管理城市空间资源的重要依据和手段。住房和城乡建设部（原建设部）于2007年发表的《完善城市总体规划指标体系研究》[7][8]，对进一步完善城市总体规划指标体系、改进城市总体规划编制和实施工作提出方向。城市总体规划指标体系包括经济、社会人文、资源、环境四大类，分为控制型和引导型（表8.4）。此体系把城市资源指标归纳到总体规划编制层面，要求总体规划反映一个城市资源节约利用、节约使用的状态和水平。在原来资源总量指标的基础上，增加水资源平衡、水资源利用率、单位GDP能耗水平和使用结构、节约集约用地等结构性、效率性指标和均值性指标。同时也在环境治理目标的基础上，增加节能减排、循环利用的指标，促进"建设生态文明，基本形成节约能源资源和保护生态环境的产业结构、增长方式、消费模式"目标的实现。

[7] 住房和城乡建设部.完善规划指标体系研究 [M].北京：中国建筑工业出版社，2007

[8] 住房和城乡建设部.关于贯彻落实城市总体规划指标体系的指导意见（建办规[2007]65号）

（2）法定总体规划评估要求

低碳生态城市总体规划作为法定规划的一部分，在建立相关指标时要考虑未来对成效的评估要求。

唐凯指出我国城乡规划工作体制和工作机制确实需要不断创新和完善，其中有一项工作就是要重视规划评估的开展。总体规划的评估工作要求包括[9]：

[9] 唐凯. 开展规划评估，促进规划改革[J]. 城市规划，2011（11）：9-10

第一，建立完善的规划评估制度，是必须履行的法律职责。法律层面对规划评估工作做出了清晰的界定，它首先明确的是，定期的评估是规划实施过程中必须要执行的行政职责。其次法律还明确了评估是修改规划必不可少的前置环节。

第二，建立完善的规划评估制度，是不断提高城市规划工作质量的需要。一是以严肃的态度评估正在实施的规划，二是以实事求是的精神评估城市规划的工作方法和成果。

第三，建立完善的规划评估制度，是城市规划作为公共政策组成部分的基本要求。作为一项公共政策的构成和支撑要素，就不仅仅包括制定、决策和执行的过程，还必须要有评估、反馈和修订的程序，两者的结合才能够形成一个完整的、开放的循环提升过程。对于城市规划而言，不断发展的变化、不断增长的需求、各类引起社会关注的焦点和热点问题对规划的影响，都需要通过不断的定期评估，来实现有效的改善。

在对法定总体规划做出评估的要求下，郑德高与闫岩提出了评估的框架[10]。他们指出总体规划涉及社会、经济、环境的方方面面，归纳起来可以分为4个方面的核心内容：①宏观背景与重大事件的评估；②发展目标、速度与效率的评估（包括城市经济、建设用地与人口发展等方面）；③产业结构、空间结构与用地结构的评估；④可持续发展能力的评估。其中可持续发展的内容与低碳生态城市总体规划指标构建有关（表8.5）。

[10] 郑德高，闫岩. 实效性和前瞻性：关于总体规划评估的若干思考[J]. 城市规划，2013（4）：37-42

从上面的分析可以看出，在总体规划的可持续发展内容中，推动低碳生态城市建设目的的要求是核心内容。下面通过案例，分析在法定的总体规划编制中，地方城市建立有关指标体系的经验。

城市总体规划指标体系汇总表 表8.4

指标分类	大类代码	指标分类	中类代码	指标名称说明	单位	指标类型
经济指标	1	GDP指标	11	GDP总量	亿元	引导型
				人均GDP	元/人	引导型
				服务业增加值占GDP比重	%	引导型
				单位工业用地增加值	亿元/km²	控制型
社会人文指标	2	人口指标	21	人口规模	万人	引导型
				人口结构	%	引导型
		医疗指标	22	每万人拥有医疗床位数/医生数	个、人	控制型
		教育指标	23	九年义务教育学校数量及服务半径	所、米	控制型
				高中阶段教育毛入学率	%	控制型
				高等教育毛入学率	%	控制型
		居住指标	24	低收入家庭保障性住房人均居住用地面积	m²/人	控制型
		就业指标	25	预期平均就业年限	年	引导型
		公共交通指标	26	公交出行率	%	控制型
		公共服务指标	27	各项人均公共服务设施用地面积（文化、教育、医疗、体育、托老所、老年活动中心）	m²/人	控制型
				人均避难场所用地	m²/人	控制型
资源指标	3	水资源指标	31	地区性可利用水资源	亿m³	—
				万元GDP能耗水量	m³/万元	控制型
				水平衡（用水量与可供水量之间的比值）	百分比	控制型
		能源指标	32	单位GDP能耗水平	吨标准煤/万元GDP	控制型
				能源结构及可再生能源使用比列	%	引导型
		土地资源指标	33	人均建设用地面积	m²/人	控制型
环境指标	4	生态指标	41	绿化覆盖率	%	控制型
		污水指标	42	污水处理率	%	控制型
				资源化利用率	%	控制型
		垃圾指标	43	无害化处理率	%	控制型
				垃圾资源化利用率	%	控制型
		大气指标	44	排放消减指标	—	控制型

（来源：住房和城乡建设部，2007年）

城市总体评核内容 表8.5

城市总体规划评估的基本框架	
1. 宏观背景与重大事件的评估	3.产业架构、空间结构与用地结构的评估
a. 发展定位的变化	a. 产业结构
b. 经济发展环境和相关规划的变化	b. 空间结构
c. 重大事件与重大工程的影响	c. 用地结构
d. 行政区划的调整	4.可持续发展能力的评估
2. 发展目标、速度、效率的评估	a. 生态环境的评估
a. 经济发展评估	b. 绿色空间的评估
b. 用地发展评估	c. 公共服务设施的评估
c. 人口发展评估	d. 市政基础设施的评估
	5.其他评估

（来源：郑德高、闫岩，2013年）

8.1.3 参考案例：
《深圳市城市总体规划（2010—2020）》指标体系

《深圳市城市总体规划（2010—2020）》是指引深圳城市转型和可持续发展的重要纲领。王芃在回顾深圳历次总规对城市发展的引导作用并分析转型期城市发展特征的基础上，指出从规划目标、资源环境策略、土地利用和人口管理模式、空间结构政策体系方面来体现规划的特点[11]。

《深圳市城市总体规划（2010—2020）》在城市发展的总目标下确定了区域协作、经济转型、社会和谐、生态保护四个方面的分项目标，相应的规划政策和目标指标体系都围绕上述分目标制定。

区域协作方面，提出深化深港合作，加强与珠江三角洲及其他内地城市在区域基础设施、资源能源利用、要素市场培育和生态环境保护等方面的协作，开创区域协调发展的新格局。

经济转型方面，提出强化支柱产业和战略新兴产业，推进传统产业升级，提高资源产出效益等策略。

社会和谐方面，强调健全的社会保障体系，完善社会公共服务，保障公共安全，弘扬先进文化。

生态保护方面，强调保护生态资源，高效利用土地、能源和水资源，保持优良的生态环境。
城市发展目标指标体系是落实城市发展各分项目标的手段，也作为检测和评价规划实施效果的工具和依据。指标体系分为控制性指标和引导性指标，控制性指标是刚性控制指标，引导性指标是弹性指引指标。

为保证总体规划指标体系制定得更加科学合理，总规编制过程中开展了专题研究《深圳可持续发展的决策支持系统研究》[12]，该课题明确了深圳城市可持续发展的愿景目标，制定了指导深圳可持续发展的原则，并将经济、环境质量、交通和运输、住房与教育、健康、自然资源和生态保护、公共设施和服务等7个方面指标，作为建立可持续发展决策支持系统的依据（表8.6）。在上述7项原则指引下，研究结合实际案例，通过对初步拟定的各项相关指标的性能进行反复运行和测试，最终建立了由27项指标构成的深圳市可持续发展指标体系，并提出了计算机辅助评估工具的构建框架以及指标体系实施架构建议。

在确立指标的过程中，采用的方法是值得借鉴的。流程充分考虑与深圳市政府已颁布的各类指标体系相协调；指标现状值的获取途径主要来自于深圳市国民经济核算体系等常规统计资料，以及政府相关职能部门内部的统计数据；指标规划值的论证主要依托总体规划相关的专题研究，同时广泛吸纳深圳市现有各类指标体系对深圳城市经济、社会和生态环境发展目标的研究结果。在指

[11] 王芃，探索城市转型和可持续发展的新路径——《深圳市城市总体规划（2010-2020）》综述[J].城市规划，2011（8）：66-82。

[12] 陆佳，邹兵，樊行.可持续发展的城市总体规划目标指标体系[J]，城市规划，2011（8）：83-87。

标体系草案形成后，通过多轮次的专家论证、部门讨论和公众咨询，对指标体系进行反复调试；最后经主管部门审批后向社会公示（图8.2）。深圳市总体规划指标体系所涵盖的城市发展与建设内容见表8.7。本次总规目标指标体系的制订对城市社会、经济、生态和外部发展环境等各个方面予以全面的关注，其中生态保护的指标包括：

a. 能源消耗

- 万元GDP用水量；
- 单位GDP能耗水平；
- 可再生能源使用比例。

b. 土地资源消耗

- 人均建设用地面积。

c. 生态建设

- 绿化覆盖率；
- 自然保护区面积比例。

d. 污水处理

- 城市生活污水集中处理率；
- 城市再生水利用率。

e. 固体废弃物处理

- 生活垃圾无害化处理率；
- 垃圾资源化利用率。

f. 污染防治

- SO_2、COD（Chemical oxygen demand 化学耗氧量）排放强度指标。

深圳市可持续发展指导原则　表8.6

主题	指导原则
经济	培育有竞争力的经济体系，有效利用资源，满足当代和子孙后代的需要和愿望
环境质量	为当代和子孙后代营造高品质环境，通过尽量减小发展的环境影响 改善和恢复环境，积极避免或减少环境问题
交通和运输	提供安全、便捷的运输系统，使城市客运和货运系统得以高效运行
住房与教育	营造一个公平、和谐的社会环境，通过提供普及教育和居所的机会，让深圳居民能够居有定所，发挥所长
健康	建立一个健康、安全的生活和工作环境，获得平等的医疗保健服务和资讯，促进和保护个人的生活质量
自然资源和生态保护	通过促进自然资源的可持续利用，减少任何破坏生物多样性的行为来减少人类对生态环境影响
公共设施和服务	打造城市名片，保持城市活力，增加市民和来客享受休闲、文化和娱乐设施的机会

（来源：陆佳、邹兵、樊行，2011）

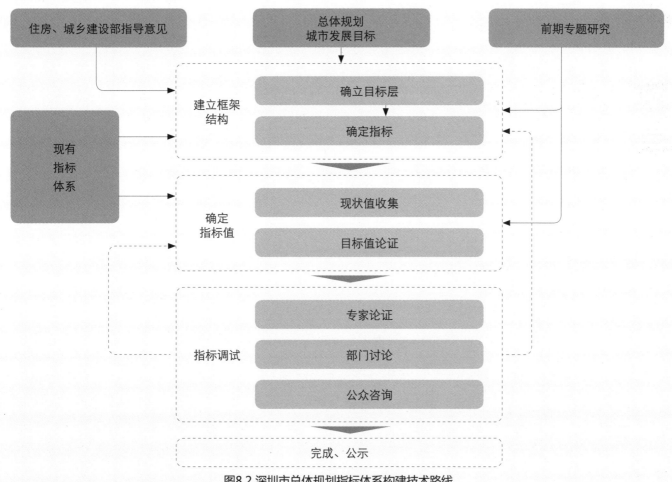

图8.2 深圳市总体规划指标体系构建技术路线

（来源：陆佳、邹兵、樊行，2011年）

深圳市总体规划指标体系 表8.7

分目标	评价要素	衡量指标
区域协作	国际化程度	年国际展览举办次数
	区域交通发展	机场客货吞吐量
	区域环境保护	交界水域水质达标率
	深港合作	跨境客运出行量
经济转型	经济质量	人均GDP、第三产业增加值占GDP比重、R&D投入占GDP比重
	经济效益	单位工业用地增加值
社会和谐	人口发展	人口规模、大专以上受教育人口比例
	医疗服务	每万人拥有医疗床位数
	教育供给	九年义务教育学位供给量、高中阶段学位供给量、高等教育机构在校人数
	居住保障	最低收入家庭住房保障率
	公共交通	公共交通分担率
	公共设施配置	人均公共服务设施用地面积（包括文化、教育、医疗、体育和社会福利设施用地）、人均避难场所用地
	社会保障	外来务工人员工伤、医疗保险参保率
	社区生活	每万人民间组织数量
生态保护	能源消耗	万元GDP用水量、单位GDP能耗水平、可再生能源使用比例
	工地资源消耗	人均建设用地面积
	生态建设	绿化覆盖率、自然保护区面积比例
	污水处理	城市生活污水集中处理率、垃圾资源化利用率
	固体废弃物处理	生活垃圾无害化处理率、垃圾资源化利用率
	污染防治	SO_2、COD排放强度指标

（来源：陆佳、邹兵、樊行，2011）

8.2 法定城市总体规划的低碳生态任务

总体规划的生态建设目标与要求

根据我国《城乡规划法》建立的城乡规划体系是一个多方面、多层次的编制管理系统，但本书不对此作详细介绍。《中华人民共和国城乡规划法》由第十届全国人民代表大会常务委员会第三十次会议于2007年10月28日通过。《城乡规划法》所称的城乡规划，是指"城镇体系规划、城市规划、镇规划、乡规划和村庄规划。城市规划、镇规划分为总体规划和详细规划。详细规划分为控制性详细规划和修建性详细规划"[13]。当前我国法定城乡规划方法的核心指导文件是《城市规划编制办法》。中华人民共和国建设部令第146号《城市规划编制办法》（以下称《办法》）于2005年10月28日经建设部常务会议通过发布，自2006年4月1日起实行。《办法》的总则说明要"坚持中国特色的城镇化道路，坚持节约和集约利用资源，保护生态环境……促进城市全面协调可持续发展"，而城市规划编制要求要"体现布局合理、资源节约、环境友好的原则，保护自然与文化资源，体现城市特色，考虑城市安全和国防建设的需要"[14]。

城市总体规划包括市域城镇体系规划和中心城区规划。城市总体规划编制内容包括：总体规划纲要、市域城镇体系规划、中心城区规划。城市总体规划纲要是确定重大原则的纲领性文件，是编制城市总体规划的框架依据。市域城镇体系规划是在城市的行政地域范围内，确定空间布局、城镇功能分工和人口规模等级的城镇体系发展规划。中心城区规划是城市核心的政治、经济、文化、历史、交通中心区规划。与总体规划内容相衔接的法定规划有城市近期建设规划与城市分区规划。近期建设规划是按城市总体规划而编制的与城市国民经济和社会发展规划的年限一致的规划文件，而城市分区规划则是考虑城市总体规划确定的城市布局、片区特征、河流道路等自然和人工界限，结合城市行政区划而划定分区的规划文件。

根据《城市规划编制办法》，城市总体规划的强制性内容包括：①城市规划区范围；②市域内应当控制开发的地域；③城市建设用地；④城市基础设施和公共服务设施；⑤城市历史文化遗产保护；⑥生态环境保护与建设目标；⑦污染控制与治理措施；⑧城市防灾工程等。而总体规划纲要成果包括纲要文本、说明、相应的图纸和研究报告。

总体规划的生态环境保护与建设目标任务是明确的。官大雨回顾了国家审批城市总体规划的审批历程、相关要求与成效，对建设部总规纲要审查意见要求进行了初步分析[15]，归纳了一系列建设部总规纲要审查要求。在这些要求中，本书笔者提出直接与低碳生态目标相关的两大方面。

[13] 中华人民共和国第十届全国人民代表大会常务委员会. 中华人民共和国城乡规划法（中华人民共和国主席令第74号，于2007年10月28日通过，自2008年1月1日起施行）

[14] 中华人民共和国建设部. 城市规划编制办法[S]（中华人民共和国建设部令第146号，于2005年10月28日通过，自2006年4月1日起施行）

[15] 官大雨. 国家审批要求下的城市总体规划编制——中规院近期承担国家审批城市总体规划"审批意见"的解读 [J]，城市规划，2010（6）：36-45

（1）城市规模预测论证的原则要求：指出总规要"从市域经济社会、城镇产业特点、发展目标、城市长期发展保障的要求，对城市土地、水、能源、环境等城市发展的基本要素进行综合分析，明确城市资源和生态环境的承载力，合理确定城市人口增长率和控制规模，以及配套的人口控制政策和措施"。

（2）资源利用与生态环境保护规划的原则要求：指出对总规要有六个方面的要求。

· 做好水资源的合理利用规划（如进一步搞好水资源供需平衡规划，核定城市人均综合用水指标，考虑水资源的再生利用措施，研究多水源供水的可能性，加强用水安全的规划）。
· 做好土地资源的合理利用规划（如明确城市新增建设用地的构成，以及耕地占补平衡的措施）。
· 补充市域层面的煤、油、电力、燃气等能源供需平衡分析和能源综合利用规划。
· 进一步深化城市环境保护和生态建设规划内容（如加强环境容量的分析，加强城市开发建设对生态环境影响的综合评价，确定区域开发管制区划）。
· 落实好新时期资源利用的新要求（如将建设资源节约型、环境友好型城市，将节能、节水、节地、减少污染排放的要求，落实到规划内容和指标上）。
· 补充总规环境影响评价内容。

从近期的研究可以看到建设部总规纲要审查强调的要求与低碳生态内容有密切关系。根据《城市规划编制办法》的要求，不少城市都在总体规划编制中加入了不同的生态规划内容，但各个总体规划的低碳生态内容、技术分析、重点与深度都存在差异。

阳文锐与何永对国务院审批的不同城市总体规划文本和说明进行了资料调研与分析，总结了其中生态规划的相关内容，选取了几个具有代表性的城市案例进行分析[16]。表8.8中6个具有代表性城市的总体规划都是2004年以来通过国务院审批的规划，已经开始实施，可以看到这些城市总体规划中的生态规划内容存在共性和异性的特点。

[16] 阳文锐，何永. 城乡总体规划中生态规划的编制[J]. 北京规划建设，2010（4）：116-120

8.3 低碳生态总体规划：定位与内容深化

8.3.1 低碳生态城市总体规划的定位

在讨论低碳生态城市与法定总体规划编制的任务要求的同时，我们需要解读"低碳生态城市规划"作为一个城乡规划管理工具的定位问题。近期研究也有提出对低碳生态规划的定位的需要[17][18]。由城乡规划来促进低碳生态目标的实现，需要在规划编制中体现低碳生态目标政策的明确性和管理手段的实质内容，从而提高规划作为公共政策的政策效率。

虽然本书前面已说明，在我国的《城乡规划法》内，有明确表述生态建设作为城乡规划的原则与"制定和实施城乡规划，应当遵循城乡统筹、合理布局、节约土地、集约发展和先规划后建设的原则，以及改善生态环境，促进资源、能源节约和综合利用……的需要"。然而，在目前的城乡规划编制与管理办法体系中，对低碳生态城市规划建设要求如何可以具体通过规划编制实现还没有明确的表述。

目前的城乡规划编制方法与技术路径可能还不足够使法定规划成为保障城市低碳生态发展模式实施的重要政策文件。低碳生态规划编制工作面对的问题是多方面的：

- 低碳生态目标不仅是属于城市空间规划范畴的独立工作，它还涉及其他的资源管理、产业结构调整、消费模式和城乡管理运行等方面的配合；

- 在目前城乡规划体系里，不少规划的低碳生态规划内容主要以提出指导性的政策、原则为主，缺乏具体实施的指导意义，以及如何展开行动、保障可操作性和体制的改革配合需要；

- 由于目前城市规划建设方面应对气候变化工作的相关部门的职责分工不完全明朗，城乡规划部门可能未全面统筹不同地方部门与低碳减排各项行动的作用。目前具体行动主要依赖各部门在各自权限范围内进行，也缺乏明确的城市建设"碳减排"目标，不便以后的监测评估。

低碳生态规划在法定总体规划中的一项重要内容要求是如何指导下层次规划的编制需求[19]。在这方面目前很多总体规划的低碳生态政策的内容都相对简单，没有深入的说明。控制性详细规划是规划管理直接的实施平台，也是落实总体规划的重要管理工具。作为控制性详细规划的上位规划，总体规划与低碳生态内容应该为控规提供整体控制的定量条件，如规模总量控制、人均单项控制、能耗与碳排放量控制，以及行业执行标准量化等要求，同时总体规划需要在这些法定的框架性内容下，于总体规划内具体说明后续低碳专项规划编制时要细化的具体内容。

为了有效通过我国的法定规划体制来实施低碳城市规划，必须要对相关内容的定位进行说明。结合我国法定城乡规划编制体系，要把低碳生态规划内容纳入规划，可以采用两个不同的主要编制方法框架：

[17] 张昊哲，宋彦，陈燕萍等.城市总体规划的内在有效性评估探讨——兼谈美国城市总体规划的成果表达[J].规划师，2010（6）：59-64

[18] 宋彦，彭科.城市总体规划促进低碳城市实现途径探讨——以美国纽约市为例[J].规划师，2011（4）：94-99

[19] 张泉.城市总体规划编制工作的思考。[J]，城市规划，2013（1）：51-55。

六个城市总体规划的生态规划内容比较   表8.8

城市	总体规划文本内容
北京	• 城市资源、人口、土地和环境问题分析 • 城市发展的自然条件分析 • 生态建设目标与指标确定 • 生态承载力分析 • 城市空间发展的生态限制分区 • 城市与区域综合生态规划 • 水生态环境系统规划 • 绿地系统规划 • 环境污染防治规划
西安	• 城市生态现状问题分析 • 生态功能区划分与保护规划 • 区域生态建设规划 • 环境质量现状问题分析 • 环境污染控制规划 • 绿地系统现状
深圳	生态保护策略： • 保护绿地资源 • 高效利用资源 • 建设生态环境 生态建设与绿地系统： • 确定生态建设目标 • 划定城市生态功能区 • 保护城市重点生态地区 • 确定城市绿地系统规划目标 • 城市绿地系统布局
重庆	• 市域生态环境保护措施规划 • 生态脆弱区保护规划 • 都市区城乡生态建设、环境保护和绿地系统建设 • 限制性分区建设 • 景观生态功能规划 • 生态环境保护 • 环境污染治理规划 • 生态绿地建设 • 城市绿地系统建设
杭州	• 城市生态现状及环境问题分析 • 环境质量目标及生态建设目标 • 生态功能区划和廊道建设 • 环境功能区划分 • 生态修复工程规划 • 产业生态规划
哈尔滨	• 市域生态环境建设规划 • 基本农田保护 • 自然景观与风景名胜区保护 • 市区绿地系统规划 • 市区环境保护规划 • 环境分区规划 • 城市水系岸线规划

(来源：阳文锐、何永，2010年)

（1）把低碳生态规划作为城市总体规划的一部分进行编制，以专项规划或独立篇章的形式成为城乡规划体系的一部分；

（2）根据不同的关联技术领域将低碳生态理念和手段应用在现有法定城乡规划编制体系中各部分，在城市各项规划内容中实现低碳生态目标，如用地规模布局、交通模式、产业发展、基础设施建设、市政、绿地空间等。

无论不同的地方规划编制工作规划采取哪个方向，重要的前提是要在法定规划文件内的主旨、原则和目标部分，明确地指出以低碳生态城市的发展方式来引导城市建设和管理，通过综合性的专项规划或不同的规划内容把有关的理念与手段纳进规划体系内，融入法定规划的管理方法、手段及规划编制流程中。根据本书前面各篇章的分析与讨论，提出如果要有效地把低碳生态城市的建设内涵纳入法定总体规划，目前总体规划的编制工作需要进一步深化和聚焦下列的内容：

· 建立总体规划的碳排放减缓目标；
· 按生态资源承载力决定城市发展规模；
· 划定生态保护红线，控制建设用地范围；
· 低碳产业与循环经济战略在总体规划的体现；
· 编制区域建筑能源与新能源规划。

（1）建立总体规划的碳排放减缓目标

低碳生态规划在城市总体规划中的体现需要符合有明确整体碳排放减缓目标。这方面在很多总体规划中都未能具体体现。在总体规划中要对碳排放总量控制目标和不同部门和政策负责单位对定量减排目标的贡献等有明确的说明。目前我国在十二五规划和应对气候变化的国家政策中都已制定了定量的减排目标，地方政府在建立城市减排目标后与总体规划修编时要解释排放量增减的手段和评估减排行动的效果，通过空间和建设规划在地方上推动全社会来支持应对气候变化和减少温室气体排放[20]。要达到这个要求，我国城乡规划建设领域要针对规划编制温室气体清单。这方面的工作与技术需求可能对传统规划编制工作来说会比较陌生，但却是必需的内容。

低碳规划的理论基础立足于气候变化的科学内涵，要求决策与手段以定量减碳为目标，对规划人员的技术决策的重要性有比较高的要求，不能只是关注原则性的理念而导致最后的低碳规划实施内涵空泛，因此必须要在规划编制的路径上大力提升以减碳为主导的定量研究。城市总体规划的编制任务必须包括编制总体规划的温室气体排放清单[21][22]。法定总体规划内的政策一方面可以影响城市发展中的建设开发、生态资源、建筑、交通等范畴的发展规模和效率，对于城市化过程中

[20] 叶祖达.碳审计在总体规划中的角色[J].城市发展研究，2009（11），58-62。

[21] 叶祖达.低碳生态空间——跨维度规划的再思 [M]，大连：大连理工大学出版社，2011

[22] 叶祖达.温室气体排放清单在城乡规划建设管理中的应用[J].城市规划，2011（11）：35-41

提升城市能源使用效率，使其达到控制二氧化碳排放的目标具有具体的影响力。城市总体规划是地方政府综合应对气候变化、减低温室气体排放的有效平台。要建设低碳生态城市，规划方案和政策手段的选择必须有温室气体排放清单提供的排放数据的支持。

（2）按生态资源承载力决定城市发展规模

未来城市发展必须根据资源环境和生态环境的承载力来制定计划。城市规划要改变过去仅从城市发展需要方面考虑资源配置的做法。编制总体规划的时候，要对土地资源、水资源、能源等基本要素进行综合分析，研究合理的城市人口和建设用地总量控制规模。核心的决策准则应该是："生态环境承载力决定发展规模和布局"。

生态环境承载力概念于20世纪90年代开始在我国受到重视，目前已有一定的研究成果。评估城市资源环境的承载力有一套科学的体系，其中，环境指标注重控制污染物排放量，改善人居环境和生态环境，比如明确二氧化硫排放量、COD排放量、大气环境质量、水体环境质量等；而社会发展指标重点要明确失业率、改善住房条件的目标和标准、医疗和教育设施标准、老龄设施建设标准等社会经济健康发展因素。然而，在目前国内总体规划的编制流程中，把生态环境承载力概念作为决策准则的基本底线还未能普及。要通过法定规划保持生态系统平衡，就有必要把生态资源承载力概念应用于城市总体规划编制中，把生态环境承载力分析确定为前期规划编制时必须使用的工具，为决策者决定城市发展的合理规模提供科学的依据[23][24]。

（3）划定生态保护红线，控制建设用地范围

随着我国城市工业化和城镇化的快速发展，资源约束压力持续增大，环境污染仍在加重，生态系统退化依然严重，生态问题更加复杂，资源环境与生态恶化趋势尚未得到逆转。部分城市内已建的各类保护区空间内存在布局不够合理，生态保护效率不高，生态环境缺乏整体性保护的问题。为了强化生态保护，2011年，《国务院关于加强环境保护重点工作的意见》（国发[2011]35号）明确提出，在重要生态功能区、陆地和海洋生态环境敏感区、脆弱区等区域划定生态红线[25]。这是我国首次以国务院文件形式出现"生态红线"概念并提出划定任务。国家提出划定生态保护红线的战略决策，旨在构建和强化国家生态安全格局，实行永久保护，以科学规范生态保护空间管制并以强制性手段实施。2014年1月，环保部印发了《国家生态保护红线——生态功能基线划定技术指南（试行）》，成为中国首个生态保护红线划定的纲领性技术指导文件[26]。《指南》也为省级以下行政区的生态功能红线划定工作提供了参考依据。参照《指南》，地方政府可因地制宜划定地方级红线，保障区域生态安全[27]。生态保护红线的实质是生态环境安全的底线，目的是建立最为严格的生态保护制度，对生态功能保障、环境质量安全和自然资源利用等方面提出更高的

[23] 阳文锐，何永. 城乡总体规划中生态规划的编制 [J]. 北京规划建设，2010（4）：116-120

[24] 汪光焘. 城市规划应考虑资源环境承受能力[J]. 中国科技产业，2007（5）：50

[25] 国务院. 国务院关于加强环境保护重点工作的意见（国发[2011]35号）[EB/OL]. (2011-10-20) [2011-12-05]. http://www.gov.cn/zwgk/2011-10/20/content_1974306.htm

[26] 中国环境报. 解读《国家生态保护红线——生态功能基线划定技术指南（试行）》[EB/OL]. (2014-1-28) [2013-3-05]. http://env.022net.com/2014/120/5/0128094739813633.html

[27] 燕守广，林乃峰，沈渭寿. 江苏省生态红线区域划分与保护[J]. 生态与农村环境学报，2014（3）：294-299

监管要求。在这政策环境下，对总体规划编制而言，生态保护红线是决定城市发展规模、方向、空间布局的重要空间依据。生态红线的保护属于绝对意义上的保护。生态红线空间上的红线一旦划定，就不能随意改变，也不能通过占补平衡进行保护，这是由生态红线区域的不可替代性和不可复制性决定的。因此，生态红线必须通过总体规划的法定管理平台来进行绝对的保护。

（4）低碳产业与循环经济战略在总体规划的体现

我国的《国民经济和社会发展第十二个五年规划纲要》中明确提出要控制温室气体排放，以"综合运用调整产业结构和能源结构、节约能源和提高能效、增加森林碳汇等多种手段，大幅度降低能源消耗强度和二氧化碳排放强度，有效控制温室气体排放"；并要"合理控制能源消费总量，严格用能管理，加快制定能源发展规划，明确总量控制目标和分解落实机制"[28]。在应对气候变化的政策目标下，不少城市已展开编制地方的政策。直至2012年，国家发改委确定的国家低碳省区和低碳城市试点包括6个省区低碳试点与36个低碳试点城市[29][30]。城市总体规划作为城市空间发展的法定平台，也于城市总体规划编制组织方面要求"分析城市职能、提出城市性质和发展目标"，"结合国民经济和社会发展规划以及土地利用总体规划，组织制定近期建设规划"[31]。可能由于我国在地方城市启动应对气候发展规划的空座只是在试点与起步阶段，目前总体规划在这方面的内容是相对薄弱的。综合规划在相关的产业经济发展方面比较注重于节约资源和加强环境保护，提高产业质量，推动产业经济转型，或者提出清洁生产，减少污染的生产模式对环境的影响，建议指标如工业用水回用、工业固废利用、生产总值能耗等。然而低碳经济发展与循环经济的理念还没有具体进入总体规划内。本书作者建议总规的编制内容需要支撑国民经济和社会发展规划内的低碳产业经济要求，在总体规划中的产业专项规划内涵中加入低碳理念，进行产业现状分析，明确低碳产业发展目标，提出产业体系与产业用地布局等政策与手段，形成总体规划内低碳产业规划的内容。

（5）编制区域建筑能源与新能源规划

我国现有的城市总体规划体系涉及城市能源的主要是城市供电、供热和供气三个方面，而且规划的理念主要是从服务一定的使用量而配置相关设施的角度出发，没有足够关注需求管理控制和节能规划。在考虑能源系统时，通常的指导思想是"供应满足消费需求"。同时，有关的能源供应规划存在孤立考虑的情况，由于供电、供气和供热是分别考虑的，往往造成负荷的重复计算，缺乏统一协调达到整体资源利用最优化的积极性。在一些大尺度的城市总体规划编制过程中，区域建筑能源规划往往被忽视，使规划中的能源方案随意性很大。造成资源和资金的浪费[32]。区域建筑能源规划是低碳生态发展与建筑节能的基础，在总体规划阶段就应该融合节能的理念，建筑节能应从规划做起。要使法定规划实施低碳生态规划理念，目前的总体规划内容需要伸展，将需求

[28] 新华社.中华人民共和国国民经济和社会发展第十二个五年规划纲要（2011年3月14日第十一届全国人民代表大会第四次会议批准）[EB/OL].（2011-03-16）[2011-03-21].http://www.gov.cn/2011lh/content_1825838.htm

[29] 国家发展改革委.关于开展低碳省区和低碳城市试点工作的通知（发改气候〔2010〕1587号）[EB/OL].（2010-08-10）[2010-09-01].http://www.gov.cn/zwgk/2010-08/10/content_1675733.htm

[30] 国家发展改革委.国家发展改革委关于开展第二批低碳省区和低碳城市试点工作的通知（发改气候[2012]3760号文件）[EB/OL].（2012-12-14）[2012-12-25].http://www.jxdpc.gov.cn/departmentsite/qhc/tztg/201301/t20130109_90745.htm

[31] 中华人民共和国建设部.城市规划编制办法[S].（中华人民共和国建设部令第146号，于2005年10月28日通过，自2006年4月1日起施行）

[32] 龙惟定.建筑节能管理的重要环节——区域建筑能源规划[J].暖通空调，2008（3）：31-38

侧管理的思想与城市能源规划结合，改变过去单纯以增加资源供给来满足日益增长的需求的思维定势，将提高需求侧的能源利用率从而统一节约的资源作为一种替代资源看待。

8.3.2 总体规划的低碳生态规划内容梳理

综合近期有关的研究，本章建议梳理低碳生态规划建设技术领域，建立一个处于不同的法定规划层次与空间尺度的技术应用框架。本书前面第4章提出了一个建议低碳生态专项研究与规划的体系框架。这个技术框架可以成为编制法定总体规划的基本参考，进一步协助规划工作者制定法定规划内低碳生态内容的具体内容、基础资料调查、分析、目标定立和规划成果等要求（表8.9）。

表8.10再根据第4章的内容，把建议的低碳生态城市规划内容与法定总体规划与控制性详细规划的编制内容对接，提供一个可以供规划编制工作人员参考的框架，由于不同地区具体规划尺度的规模可以有很大的差异，表8.10可以作为一般参考，协助了解不同的法定规划编制时可以考虑进行的研究和专项规划工作范畴，在具体编制规划的过程中，必须要按城市条件与背景确定内容细节或额外要求。

本章下面以现有的法定总体规划文本内容作为参考案例，对当前北京市、武汉市与昆山市的总体规划在生态规划方面的编制经验做出梳理，把规划文本内有关章节与主要条文进行摘录或解读，提供系统的比较与参考资料。通过三个不同规模的城市总体规划任务内容分析，希望可以给予规划编制人员提供两方面的参考：

不同城市的法定总体规划编制都是对低碳生态的内容重点和编排结构、法定总体规划内低碳生态内容的条文参考。

建议低碳生态城市规划内容框架 表8.9

低碳生态城市规划建设战略	相关城镇化政策内容	低碳生态城市规划相关专项研究与规划
控制建设与能源使用规模	• 城市发展规模总量控制 • 城市建设空间用地规划 • 土地资源节约	• 生态资源承载力评估 • 生态空间安全格局
提高建设能源与资源使用效率	• 城市公交主导空间用地规划 • 城市生态空间用地规划 • 低碳产业结构 • 清洁生产 • 绿色交通 • 水资源管理 • 绿色市政 • 建筑节能 • 生态绿地规划 • 环境污染综合治理	• 建筑节能设计与绿色建筑 • 绿色交通 • 水资源管理 • 绿色市政 • 低碳产业规划 • 循环经济规划
减低能源的碳排放强度	• 区域可再生能源利用 • 清洁能源使用	• 新能源应用 • 区域建筑能源规划
建立碳排放总量监控[i]	• 控制碳排放量指标	• 温室气体排放清单编制

注i：碳排放总量监控并非是碳排放的驱动因数，建议碳排放总量监控体系（建立排放控制指标、编制排放清单）为法定规划的一部分内容。

总体规划与控制性详细规划低碳生态城市内容 表8.10

低碳生态专题研究与专项规划	总体规划		控制性详细规划
	市域城镇体系	中心城	绿色生态城区
1. 生态资源承载力评估	●		
2. 生态空间安全格局	●		
3. 建筑节能设计/绿色建筑		●	●
4. 绿色交通	●	●	●
5. 水资源管理	●	●	●
6. 绿色市政	●	●	●
7. 低碳产业规划	●	●	
8. 循环经济规划	●	●	
9. 新能源应用	●	●	●
10.区域建筑能源规划	●	●	●
11.温室气体排放清单	●	●	●

8.3.3 参考案例：《北京城市总体规划（2014-2020年）》分析

《北京城市总体规划（2014—2020年）》（下称"北京市总体规划"）预计2020年，北京市总人口规模控制在1800万人左右，年均增长率控制在1.4%以内。考虑到影响城市人口集聚的多方面因素及其不确定性，人口流动以及其他不确定因素，规划的城市基础设施等相关指标暂按2000万人预留。2020年，北京市建设用地规模控制在1650km²，人均建设用地控制在105m²。

北京市总体规划的空间结构是以在北京市域范围内，构建"两轴—两带—多中心"的城市空间理念为主导（图8.3）。规划的指导思想包括"贯彻建设资源节约型和生态保护型社会的原则。处理好经济建设、人口增长与资源利用、生态环境保护的关系，正确处理城市化快速发展与资源环境的矛盾，充分考虑资源与环境的承载能力，全面推进土地、水、能源的节约与合理利用，提高资源利用效率，实施城市公共交通优先的发展战略，形成有利于节约资源、减少污染的发展模式，实现城市可持续发展"，明确提出生态优先和确保城市生态安全的总体要求，同时明确城市生态功能区划分及平原地区楔形绿色限建区的要求[33][34]。

（1）北京市总体规划中的主要低碳生态内容和条文

作为总体规划文本中有关低碳生态规划手段内容的参考，表8.11把《北京城市总体规划（2004—2020年）》文本中与低碳生态目标相关的内容按章节与内容整理，其中包括：第一章总则，第二章城市性质、发展目标与策略，第四章城市空间布局与城乡协调发展，第十章生态环境建设与保护，第十一章资源节约、保护与利用，第十三章综合交通体系，第十六章规划实施。本书作者在表中加入条文对应的低碳生态规划建设管理领域内容，供读者参考。

（2）城市承载力与城市规模控制

上面的分析可以看到《北京城市总体规划（2004—2020年）》内的低碳生态内容十分强调城市整体的规模与发展总量控制，总规的创新之一是以客观科学的方法去分析北京市整体空间的发展承载力。根据资源承载力评估决定建设用地的总量和空间布局。低碳生态城市的规划目标之一是在达成城市建设开发的同时不破坏本来整个生态系统的平衡。也就是说，城市建设带来的系统改变（无论在自然环境、微气候、水资源、能源等方面的转换），会尽量保持建设之前的系统平衡状态。城市的生态体系是我们整个生态系统的一部分，在决定城市总体规划未来可以达到一个怎样的发展水平（人口、经济、土地）时，我们在城市规划管理决策流程中必须拓宽城市规划管理思维的幅度，而引进生态资源承载力概念是帮助决策者科学分析城市发展规模的基本技术要求[35]。

[33] 中共北京市委办公厅，北京市人民政府办公厅。关于印发《国务院关于北京城市总体规划的批复》和《北京城市总体规划（2004—2020）》的通知（京办发[2005]8号）[EB/OL]（2005-6-28）[2013-5-1]. http://www.beinet.net.cn/topic/qgtzggdt/bjsjjtzggzyzc/2005/200904/t365763.htm

[34] 北京市规划委员会. 北京城市总体规划（2004年—2020年）[EB/OL]（2005-4-15）[2014-3-1]. http://www.bjghw.gov.cn/web/static/catalogs/catalog_233/233.html

[35] 叶祖达. 低碳生态空间——跨维度规划的再思考[M]. 大连：大连理工大学出版社，2011

北京城市总体规划：低碳生态目标相关的主要内容　　　　　　　　　　　　　　　表8.11

北京城市总体规划 文本主要条文	有关条文的主要内容	相关规划建设管理领域
总则	· 贯彻建设资源节约型和生态保护型社会的原则； · 正确处理城市化快速发展与资源环境的矛盾，充分考虑资源与环境的承载能力； · 全面推进土地、水、能源的节约与合理利用，提高资源利用效率； · 实施城市公共交通优先的发展战略	· 城市发展规模总量控制
城市性质、 发展目标与策略	· 以生态健康为目标，确保生态安全。加强区域生态环境联合建设和流域综合治理，建立稳定的区域生态网络。 · 加强平原地区生态林地的保护和建设。划定限制建设地区，有效保护森林、河湖、湿地等生态敏感地区，积极建设绿化隔离地区、森林公园、生态廊道、城市公共绿地等生态环境。 · 严格执行环境排放标准。控制大气、水、噪声和固体废弃物污染，加强重点污染源的监督与管理。 · 优化能源结构，节约使用能源	· 城市生态空间用地规划 · 生态绿地规划 · 区域可再生能源 · 环境污染综合治理
城市空间布局 与城乡协调发展	· 根据不同区域的现状发展特征、资源禀赋及生态环境承载能力划定次区域，通过对次区域的限制条件、开发强度、开发模式和管理模式的分类指导，实施分区域的城市发展策略	· 城市建设空间用地规划
产业发展 与布局引导	· 产业发展与布局引导原则：节约资源和加强环境保护，大力提高产业质量，积极推动经济增长方式的转变。充分考虑资源与生态环境的承载能力，调整经济结构，发展循环经济，推进科技进步，进一步研究加快工业固体废弃物的利用措施，形成节地、节水、节能和减少污染的生产模式。 · 加快完善房地产业发展政策，在严格遵循节约土地、节约能源、节约原材料原则的前提下，不断提高住宅质量与水平，满足人民生活水平不断提高的需求	· 低碳产业 · 清洁生产
生态环境建设 与保护 · 综合生态 · 环境污染防治	· 综合生态目标内容包括： 　· 市域生态功能区划 　· 河湖水系 　· 河湖湿地 　· 城市绿化建设目标 　· 绿色空间功能 　· 市域绿地结构 　· 山区绿化建设 　· 平原地区绿化建设 　· 中心城绿化建设 　· 新城绿化 　· 风景名胜保护 　· 生物多样性保护 · 环境污染防治内容包括： 环境污染防治的目标是：到2010年，城市环境质量基本达到国家标准，全市生态状况继续好转；2020年，空气质量指标在全年绝大部分时间内满足国家标准，主要饮用水源水质、全部地表水体水质和环境噪声等符合相应国家标准。相关内容： 　· 污染物排放总量 　· 大气污染防治 　· 水污染防治 　· 噪声、辐射及固体废弃物污染防治 　· 农村面源污染防治	· 生态绿地规划 · 环境污染综合治理

北京城市总体规划 文本主要条文	有关条文的主要内容	相关规划建设管理领域
资源节约、保护与利用 • 土地资源 • 水资源 • 能源	• 资源节约、保护与利用内容包括三方面：土地资源、水资源、能源 • 土地资源内容包括： • 合理确定城乡土地利用规模，优化土地利用的结构，积极推动存量建设用地的再开发，提高土地利用效益； • 在合理布局、优化用地结构的基础上，提高土地的集约利用水平； • 城市总体规划与土地利用总体规划相互协调和衔接。 • 水资源内容包括： • 水资源保护； • 节约用水； • 雨洪利用； • 再生水利用； • 开辟新水源； • 水资源合理配置。 • 水资源主要指标：2020年北京市再生水利用达到8亿m³以上。 • 能源内容包括： • 预计2020年全市清洁能源占终端能源消费总量的90%以上。 • 因地制宜地发展新能源和可再生能源。积极发展新能源，推广热泵技术，推进浅层地热、风力发电、太阳能发电等能源新技术产业化进程；鼓励利用垃圾、污泥进行发电和制气。 • 节约能源：要在全社会广泛开展节能工作。通过产业结构、交通结构调整，依靠科技进步，加大工业节能、建筑节能和交通节能力度，推广节能措施，加强节能管理。 • 2020年，单位地区生产总值（GDP）能耗在现有基础上降低50%以上。 • 积极发展城市公共交通，从总体上降低交通能耗。 • 进一步提高居住建筑节能标准，制定并实施公共建筑和工业建筑节能标准。 • 积极推进采暖供热收费改革，降低采暖能耗。 • 修订工业产品能耗标准，建立节能产品认证和市场准入制度。 • 其他在清洁生产方面内容包括： • 要大力推行清洁生产，减少废污水排放。根据不同水功能区划的纳污能力，制定相应入河污染物排放总量控制目标、削减量目标和防治对策措施。 • 通过产业结构调整，限制用水效益低、耗水高的工业在北京发展。依靠科技进步，进一步挖掘工业节水潜力，提高工业用水重复利用率。到2020年，工业用水重复利用率达到92%以上	• 土地资源节约 • 区域可再生能源 • 绿色交通 • 水资源 • 绿色市政 • 清洁生产 • 建筑节能

续表

北京城市总体规划 文本主要条文	有关条文的主要内容	相关规划建设管理领域
综合交通体系 · 交通发展目标 　与战略任务 · 交通发展策略	· 交通发展指标包括：预计2020年，全市民用机动车拥有量达到500万辆左右，全市出行总量将达到5200万～5500万人次/日。中心城公共交通出行占客运出行总量的比例，由2000年的27%，提高到50%以上，其中轨道交通及地面快速公交承担的比重占公共交通的50%以上； · 交通发展战略的核心是全面落实公共交通优先政策，大幅提升公共交通的吸引力，实施区域差别化的交通政策，引导小汽车合理使用，扭转交通结构逐步恶化的趋势，使公共交通成为城市主导交通方式； · 发挥交通对城市空间结构调整的带动和引导作用，根据城市总体布局，积极推广以公共交通为导向的城市开发模式（TOD）； · 优先建设联系新城的大运量快速公共客运走廊，依托走廊发展新城；高标准编制新城的道路、公共交通、场站枢纽、交通管理等专项规划	· 城市公交主导空间用地规划 · 绿色交通
规划实施	· 加强城市规划法规体系建设，健全规划实施的法制体系，进一步完善城市规划管理的法规、规范和技术标准； · 各类各项建设都应纳入城市规划统一管理，保证城市各项建设活动能够按照总体规划协调、有序地进行； · 在总体规划的指导下开展下一层次的各项规划，尤其是开展并滚动编制城市近期建设规划，明确近期实施总体规划的发展重点和建设时序； · 建立政府对总体规划实施评价监控机制：通过对人口、用地、交通、环境、资源等因素的发展变化进行实时监控和评价，对规划进行校核，确保政府对规划及其实施进行动态调控	

（来源：《北京城市总体规划（2004—2020年）》；作者整理》

《北京城市总体规划（2004—2020年）》提出要充分考虑资源与环境的承载能力，全面推进土地、水、能源的节约与合理利用，统筹人与自然的和谐发展，协调好人口资源和环境的规划配置。规划采用多种承载力分析方法。一是水资源承载力评估，预测北京市2020年可供水资源量为54m³，根据人均水资源300m³/年以上的标准，推算水资源极限承载人口约为1800万人。二是生态承载力预测，北京市域现有绿色空间面积约3500km²，要维持二氧化碳和氧气的相对平衡，每人至少要拥有200m²的绿地，因此在保证规划年期内现有绿色空间不减少的情况下，北京市可容纳的人口约为1750万。同时，总体规划还采用就业岗位需求预测法、综合增长率法等多种方法对人口规模进行测算，将水资源承载力作为制约北京发展容量的首要因素，测算1800万人口作为总规人口的控制规模。

同时总体规划对资源利用的政策（如水资源、能源和交通等方面）有比较明确的表述，值得留意的是北京市总体规划把城市总体的能耗指标"2020年，单位地区生产总值（GDP）能耗在现有基础上降低50%以上"写进了能源章节内。

施卫良和赵峰在分析《北京城市总体规划（2004—2020年）》时也对总体规划编制方法的分析中指出一系列创新思考[36]。

[36] 施卫良, 赵峰. 对创新城市总体规划编制方法的初步思考 [J]. 北京规划建设, 2011（4）：96-101

- 城市开发总量控制：规划明确划定的各类城乡建设必须避让，不可随意侵占生态控制界线。编制"限建区规划"，根据按生态条件划分的限建等级，划定建设限制分区，即禁止建设区、限制建设区和适宜建设区三大类（表8.12）。规划实施需要提供立法和法规上的保障手段，落实规划刚性控制要求，有效引导城市发展建设，规定对基本生态控制线的程序划定和公布、监督和管理以及相关法律责任等。
- 城市资源环境承载力：城市空间结构和总体布局，并非简单的形态表述，而是基于城市资源环境承载和基本生态控制要求的、客观反映城市的经济社会城乡一体化发展规律及空间发展特征的内涵体现，是战略谋划和战略发展的空间表现。
- 情景分析的应用：在各总体规划中，对于"情景"指标虽有所考虑，但真正设定情景指标体系的很少，缺乏实践经验的总结。从生态建设角度来考虑，由于在一定时期城市的资源环境综合承载力是随着资源总量及其利用水平的变化而变动的，规划所确定的城市总量控制指标，以及相应的生态规划配套指标，就应当是一种随外部情景条件变化而变动的情景指标，而不是一成不变的强制性刚性指标。

以上的分析基于总体规划层面，低碳生态规划的首要任务是对城市未来城镇化过程中需要控制的人口、土地空间、资源利用总量，总体规划需要按照环境、生态、资源等承载力分析决定城市发展的总量控制基线。但同时要指出，总体规划的年期一般可以达到20年，而承载力是一个动态的概念，规划要提供体制上的安排，确保规划管理部门有能力监控主要节约因素的动态变化，而对总量控制有及时的适当修订。刘鹏飞与刘强针对北京市城市总体规划目标，结合人口发展与水资源利用的研究成果，对2020年北京市人口发展与水资源供需状况进行预测和分析。他们指出如果产业结构不断调整，污水处理率和再生水利用率不断提高，实现南水北调中线供水并且充分利用雨水，北京市水资源供需状况将会得到改善，在2020年有机会满足人口增长需求和基本生态用水[37]。

[37] 刘鹏飞, 刘强. 北京市水资源人口承载力的预测研究[J]. 安徽农业科学, 2012 (1)：329-331

（3）《北京城市总体规划（2004—2020年）》修改

自从《北京城市总体规划（2004—2020年）》编制后，由于北京市的发展速度高，人口资源环境压力日益严峻。2014年初，在北京转型发展关键期，北京市开展了《北京城市总体规划（2004—2020年）》的修改工作。目前有关工作还在进行中（2015年中），修改方案还在编制，但根据报道与咨询的内容了解到生态承载力是主要的考虑因素。

根据市规划委员会的解析[38]，这次的修改工作建设用地坚决做"减法"，以人口资源环境承载能力为底线，倒逼城市功能调整、规模控制、结构优化和质量提升。也就是说，以人口控制目标和水资源、大气、绿色空间等资源环境承载能力作为刚性约束条件，反算确定城乡建设用地总量，提出了城乡建设用地规模和开发强度的控制目标——在现状建设用地的基础上"瘦身减量"。为了实现减量目标，要统筹城乡土地利用，通过严格控制新增用地，腾退低效建设用地尤其是集体建设用地，挖潜存量用地。

[38] 北京日报. 四问北京城市总体规划修改[EB/OL]. （2015-3-12）[2015-3-15]. http://bjrb.bjd.com.cn/html/2015-03/12/content_263312.htm

从生态安全格局考虑来看，全市划分为生态红线区、集中建设区和缓冲区。总规修改将"划定城市增长边界"和"生态保护红线"作为一项核心内容，通过"两线"划定，将全市划分为生态红线区、集中建设区和缓冲区，并同步研究明确各区的目标定位、发展重点和实施策略，实现全市"两线三区"的全域空间管制，以此来加强对生态安全格局的保护和城乡建设的管控。从2014年的初步梳理来看，北京市"山水林田湖"现有生态资源的总量约达1万km²，占市域面积的61%。本次总规修改则根据山区和平原区不同的生态资源基础、保护目标，整合现状生态用地、法定生态控制地区和规划重要生态空间三部分要素，初步划定了全市层面的生态保护红线，总面积约占市域的70%。2015年的工作是进一步细化各区县层面的生态保护红线。

北京市总体规划限建分区规划内容

表8.12

限制分区		面积（km²）	占全市总面积（%）	基本定义
禁止建设区	绝对禁建区	55.5	0.3	禁止建设区：是存在非常严格的生态制约条件、禁止城市建设进入、应予以严格避让的地区。在绝对禁建区内不允许建设任何建筑
	相对禁建区	7130.1	43.4	
限制建设区	严格限建区	4819.2	29.4	限制建设区：是存在较为严格的生态制约条件、对城市建设的用地规模、用地类型、建设强度以及有关的城市活动、行为等方面分别提出限制条件的地区
	医保限建区	3878.2	23.6	
适宜建设区		527.1	3.2	适宜建设区：是生态制约条件较少，对城市建设的用地规模、用地类型建设强度，以及有关的城市活动、行为等方面的限制较为单一的地区

（来源：施卫良、赵峰，2011年）

总规修改的其中一项重要考虑是大气治理，会在规划增加年均PM2.5浓度核心规划指标。总规修改十分重视大气污染问题，重点增加了年均PM2.5浓度这项核心规划指标，提出到2020年PM2.5年均浓度要实现下降30%左右，到2030年实现空气质量达标，为35μg/m³。从大气污染成因分析来看，污染排放量大和不利的客观环境条件是主导因素，排放源则主要集中在燃煤、机动车、工业和扬尘4大重点领域。因此，压减燃煤、控车减油、治污减排、清洁降尘等关键性工作在本次总规修改中有重要体现。

- 调整能源消费结构。提出了城乡统筹的清洁能源指标，在2020年全市清洁能源比重应达到90%以上，其中农村地区在2020年达到25%以上，远期达到50%以上；
- 改善区域生态环境，重点在城市通风走廊、绿道、河流水系和湿地等具有重要生态价值的地区加强生态建设，不断提高平原区森林覆盖率；
- 加强综合调控和精细化管理，包括严格控制机动车保有量和出行总量，提高项目环境准入标准和污染排放标准，加强施工扬尘监管等。

8.3.4 参考案例：《武汉城市总体规划（2010—2020年）》分析

《武汉城市总体规划（2010—2020年）》（下称"武汉市总体规划"）于2010年3月得到国务院的批复[39]。预测到2020年，市域常住人口在1180万人左右，其中城镇人口在991万人左右，市域城镇建设用地面积控制在908km²以内，人均城镇建设用地面积为91.6m²。

武汉市总体规划的指导思想包括"加快转变经济增长方式，发展循环经济，推进经济结构的战略性调整，构建资源节约型和环境友好型社会，促进社会和谐，实现城乡统筹，建设最适宜创业和居住的城市"[40]。

总体规划确定规划的主要任务包括："①突出城市发展重点和方向，拉开城市空间发展框架，调整优化主城区空间布局，建立开放式城市空间结构体系；②促进产业结构调整和升级，优化产业空间布局，积极促进工业化发展，提高城市综合实力；③培育和提升金融商贸、科教文化、交通物流和通信信息产业功能，形成系统完整、特色突出、集聚力强、辐射面广的现代服务功能体系，增强中心城市多元化服务能力；④建设城市快速道路系统和轨道交通系统，构建现代化的城市交通体系和高效便捷的区域一体化交通网络，进一步提高市政基础设施的服务能力；⑤严格控制城市规模，保护和合理利用土地资源、水资源和绿化等重要的生态资源，建立空间管制体系，构建科学安全的生态格局；⑥突出滨江滨湖特色，提升人居环境品质，彰显武汉国家历史文化名城的鲜明个性和文化魅力；⑦按照"工业反哺农业、城市支持农村"的方针，突出社会主义新农

[39] 国务院办公厅.国务院关于武汉市城市总体规划的批复（国函[2010]24号）[EB/OL].（2010-3-10）[2012-3-1].http://www.gov.cn/zwgk/2010-03/10/content_1552582.htm

[40] 武汉市人民政府.武汉市城市总体规划（2010-2020年）[EB/OL].（2011-11-30）[2013-8-1].http://www.wpl.gov.cn/pc-69-35849.html

村建设，促进城乡统筹发展；⑧建立科学有效的规划实施机制，协调远近期发展要求，增强总体规划的宏观调控能力"（图8.4）。严格控制城市规模，保护土地资源、水资源和绿化等生态资源是总规的主要任务之一。

（1）武汉市总体规划中主要低碳生态内容和条文

表8.13分析梳理《武汉城市总体规划（2010—2020年）》文本中与低碳生态目标相关的内容。主要的规划政策在不同的章节中有所表述，其中主要的章节包括：总则，第一章：城市性质、发展目标与规模，第二章：市域城镇体系规划，第三章：都市发展区规划，第五章：综合交通规划，第九章：生态环境保护与建设，第十一章：资源节约、保护与利用。

（2）资源节约和环境友好型社会的绿色生态空间规划

《武汉市城市总体规划（2010—2020年）》内的低碳生态内容以"资源节约型和环境友好型社会"理念来指导城市发展规模总量控制。从土地节约角度控制人均城镇建设用地面积，达到91.6m²。总体规划有说明城市整体能耗指标至2020年，单位生产总值（GDP）能耗在现有基础上降低20%以上。

总规十分强调城市整体的生态空间规划与绿色系统，是武汉总体规划的特色之一。《武汉市城市总体规划（2010—2020年）》确立了武汉市"两轴两环，六楔多廊"的生态框架体系。生态框架规划作为城市总体规划的主要组成部分，是实现武汉未来城市空间可持续发展的关键内容。

《武汉市城市总体规划（2010—2020年）》的生态框架成为后续规划建设管理的重要依据，也推动了一系列体制上的保障深化。2011年3月，市国土规划局组织编制了《武汉都市发展区"1+6"空间发展战略实施规划》[41]及配套的《武汉市生态框架保护规划》[42]。该规划按照总规确定的"以主城为核，轴向拓展，组团化发展新城"的"1+6"空间发展战略，以及总规确定的生态框架体系，划定都市发展区1:10000基本生态控制线和生态底线的"两线"，形成集中发展区、生态底线区、生态发展区"三区"，奠定了武汉市的空间发展框架，同时界定城市增长边界，防止城市无序蔓延的重要决策，特组织编制《武汉都市发展区"1+6"空间发展战略实施规划》（以下简称"实施规划"），作为武汉市"十二五"期间新城建设的行动纲领，也是下层次控制性详细规划编制的重要依据。

2012年3月，《武汉市基本生态控制线管理规定》（市人民政府第224号令）正式公布并于5月1日开始施行，武汉首次实现生态框架的制度化管理。依据政府令的相关要求，将都市发展区

[41] 武汉国土资源和规划局.武汉都市发展区"1+6"空间发展战略实施规划（文本）（节选）[EB/OL]. (2011-12-10) [2012-01-15]. http://www.wpl.gov.cn/pc-38538-86-0.html

[42] 武汉政府法制网.划定生态控制线协调推进"大发展"与"大生态"—《武汉市基本生态控制线管理规定》解读[EB/OL]. (2012-09-21) [2012-10-15]. http://www.whfzb.gov.cn/site/publish/whfzb/C1201209210900110025.shtml

1：10000基本生态控制线深化细化到1:2000地形图上，划定了都市发展区1：2000基本生态控制线范围，作为项目准入管理的直接法定依据。值得一提的是，1：2000地形图是开展规划管理的基本精度要求，只有将具体的生态控制要求落实在该比例尺地形图上，才能确保生态框架区域的规划管理落实。武汉市1:2000基本生态控制线落实城市总体规划确定的"两轴两环，六锲多廊"生态框架体系。规划划定都市发展区基本生态控制线所围合的生态保护范围面积为1814km²，都市发展区内生态用地总量达到都市发展区总面积的60%，能够保证城市碳氧平衡[43]。图8.5为武汉市都市发展区基本生态控制线规划，以及和规划其中的东湖新技术开发区基本生态控制线分区规划图。

[43] 武汉市国土资源和规划局.武汉市1:2000基本生态控制线落线规划[EB/OL].（2013-05-16）[2013-07-05].http://www.wpl.gov.cn/pc-7-48380.htm

（3）"低碳城市"建设方面的技术应用探索

汪勰指出武汉市城市总体规划的编制过程中，运用生态足迹研究方法、地理信息系统评价技术、生态城市理论、公交导向开发模式、流体动力学模拟等技术方法和研究手段，探索"低碳城市"建设方面的技术应用[44]。根据生态敏感性评价，把武汉市划分生态不敏感区、较敏感区、中敏感区和重敏感区。武汉市城市总体规划依据上述结果，将武汉市域划分为禁止建设区、限制建设区、适宜建设区、已建区等四类用地。另外又根据TOD模式，在武汉都市区内组织了复合交通走廊，引导城镇空间由主城区向外发展。武汉市城市总体规划引进了计算流体力学（CFD）技术，对城市风道和生态框架进行研究，作为组织大型风景区、国家级和省级湿地自然保护、城市森林公园、郊野公园以及系列湖泊水域、山体绿地、生态农田等生态空间布局的要素。这方面的尝试有借鉴的价值。

[44] 汪勰.低碳视角下城市总体规划编制技术应用探讨——以武汉市总体规划为例[J].规划师，2010（5）：16-20

图8.3 北京城市总体规划
——市域用地规划图
（来源：北京市规划委员会，2005年）

图8.4 武汉市城市总体规划
——市域空间布局规划图
（来源：武汉市人民政府，2011年）

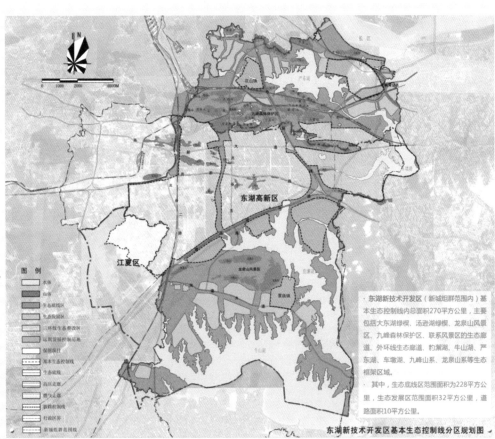

图8.5 武汉市都市发展区基本生态控制线规划

（来源：武汉市国土资源和规划局，2013年）

武汉城市总体规划：低碳生态目标相关的主要内容　　　　　　　　　　　　　　　表8.13

武汉城市总体规划 文本主要条文	有关条文的主要内容	相关规划建设管理领域
总则 规划指导思想和主要任务	· 构建资源节约型和环境友好型社会，促进社会和谐，实现城乡统筹，建设最适宜创业和居住的城市； · 严格控制城市规模，保护和合理利用土地资源、水资源和绿化等重要的生态资源，建立空间管制体系，构建科学安全的生态格局	· 资源节约型和环境友好型社会 · 城市发展规模总量控制
城市性质、发展目标与规模	· 推进资源节约型、环境友好型社会建设，促进人与自然和谐相处；维护社会公平和社会稳定，构建和谐武汉； · 保护"江、湖、山、田"的自然生态格局，构成合理的生态框架，建成山青水秀、人与自然和谐、具有滨江滨湖特色的生态城市	· 资源节约、环境友好 · 生态绿地规划 · 建设生态城市
市域城镇体系规划	· 根据不同区域的现状发展特征、资源禀赋及生态环境承载能力划定次区域，通过对次区域的限制条件、开发强度、开发模式和管理模式的分类指导，实施分区域的城市发展策略； · 市域建设限制分区：综合生态敏感性、建设适宜性、工程地质、资源保护等方面因素，在市域划定禁建区、限建区、适建区和已建区，实行分区控制、分级管理，保护市域生态环境； · 市域农业布局：突出发展都市农业，以生态承载力与生态安全为原则，扩大园地、林地、渔业用地的规模； · 市域旅游规划：大力开发旅游资源，在郊区构建以休闲度假和生态旅游为主的环城游憩带	· 城市发展规模总量控制 · 城市建设空间用地规划 · 生态农业、生态旅游
都市发展区规划	· 利用江河湖泊的自然格局和生态绿楔的隔离作用，依托重要交通干线，在都市发展区构建轴向延展、组团布局的城镇空间，形成"以主城区为核、多轴多心"的开放式空间结构	· 城市生态空间用地规划 · 生态绿地规划
综合交通规划	· 武汉交通发展策略重点之一是：推行以公共交通为导向的土地开发模式（TOD），重点建设城市快速路、骨架性主干路、轨道交通构成的"双快一轨"复合交通走廊，引导城市空间有序拓展。调整主城区交通与用地布局，提高土地复合利用效率，实现城市交通与土地利用协调发展。 · 2020年，主城区公交出行比例大于35%，其中轨道交通与快速公交承担比例不低于35%，全市机动车保有量控制在230万辆	· 城市公交主导空间用地规划 · 绿色交通
生态环境保护与建设	· 市域生态框架体系：整合市域山体、湖泊、湿地、森林、城市绿地、农田、风景区等生态要素，规划形成"两轴两环、六楔入城"的生态框架； · 城市园林绿地系统：结合生态框架的规划布局和建设山水园林城市的要求，扩大绿地面积，提高绿化建设标准和质量。2020年达到人均公园绿地16.8m²，绿地率38%，绿化覆盖率45%； · 环境污染综合治理：2020年，各项指标达到国家生态城市标准：地表水环境功能区水质达标率100%，空气环境优良率达到90%以上，噪声达标区覆盖率95%以上。加快城市生活垃圾源头减量体系和分类收集与无害化处置系统的建设。 · 提高城市生活垃圾无害化处理水平，到2020年，生活垃圾无害化处理率达到100%。推进工业固体废弃物的综合回收利用，实现固体废弃物的无害化、减量化和资源化。 · 工业废水排放达标率100%。促进工业企业向工业园区集中，加快主城区化工、水泥等污染企业的外迁改造步伐，推进工业企业的技术改造和废气治理	· 城市生态空间用地规划 · 生态绿地规划 · 环境污染综合治理 · 低碳产业 · 清洁生产

续表

武汉城市总体规划 文本主要条文	有关条文的主要内容	相关规划建设管理领域
资源节约、保护与 利用	• 资源节约、保护与利用内容包括三方面：土地资源、水资源、综合能源。 • 土地资源：贯彻落实"十分珍惜、合理利用土地和切实保护耕地"的基本国策，妥善处理经济发展与资源环境保护、当前与长远、局部与全局的关系，促进土地资源的集约高效利用和可持续利用。2020年全市耕地与基本农田保有量达到土地利用规划目标。 • 水资源：节约用水方针包括：2020年新建建筑必须全用节水器具，城市管网漏水率降到8%以内。逐步推进城市污水的再生利用，因地制宜建设中水回用设施，2020年城市污水处理回用率达到30%以上。促进城市雨水资源利用，结合城市绿化和初期雨水污染治理，建设雨洪资源利用设施。 • 综合能源：建设清洁节能型城市，创建多元化的能源供应体系，确保能源供应安全。2020年全市清洁能源占终端能源消费总量的90%以上。加大交通、建筑和工业节能力度。发展城市公共交通，降低交通能耗，推广节能建筑形式，采用建筑节能材料，提高各类建筑的节能水平。至2020年，单位生产总值（GDP）能耗在现有基础上降低20%以上	• 土地资源节约 • 区域可再生能源 • 绿色交通 • 水资源 • 绿色市政 • 清洁生产 • 建筑节能
规划实施	• 建立规划实施的年度评价体系。依据总体规划对人口、用地、交通、环境、自愿等因素的发展变化进行实时监控与评价	

（来源：武汉市人民政府，2011年；作者整理）

8.3.5 参考案例：《昆山市城市总体规划（2009—2030）》分析

江苏省人民政府批复同意《昆山市城市总体规划（2009—2030）》（下称为"昆山市总体规划"）提出"统筹发展、资源节约、交通引导"的规划理念，明确了昆山市城市规划区范围为昆山市域，要求"科学引导城乡空间布局，合理控制城市规模，切实加强资源集约利用和环境保护，加快构建综合交通体系，进一步强化城市服务功能，大力培育昆山城市特色，不断完善城乡基础设施"[45]。

"昆山市总体规划"是昆山市城乡建设和管理的依据，预测到2030年，市域人口在330万左右，市域城乡建设用地面积控制在398km²以内。中心城区人口272万，城镇人口270万，人均城市建设用地面积为115m²[46]。图8.6是总体规划的用地规划图。

昆山市城市总体规划的总体发展目标是：通过"方式转变促进用地效益提升，生态约束促进人居环境改善，节能减排促进低碳城市建设，片区统筹引导市域空间优化，公交优先引导城市布局调

[45] 昆山市规划局. 省政府批准实施《昆山市城市总体规划(2009-2030)》[EB/OL]. (2010-01-11) [2013-10-1]. http://www.ksup.gov.cn/Content/Content_View.aspx?id=12CB4447-1C80-4065-9C6B-2279D505A8E6

[46] 昆山市人民政府. 昆山市城市总体规划(2009-2030). [Z]. 2010

整，风貌保护引导地方特色塑造"等发展策略，来实现"市域空间由分散蔓延向紧凑集聚转变，中心城区由乡镇连接向功能强化转变，综合交通由支撑需求向引导发展转变，资源环境由被动适应向主动约束转变，产业发展由工业极化向双轮驱动拓展，城市特色由全面提升向特色彰显拓展，旅游发展由古镇观光向休闲度假拓展，市政设施由保障供给向集约高效拓展"[47]。

图8.6 昆山市城市总体规划
——用地规划图
（来源：昆山市人民政府；张泉，2011年）

（1）昆山市总体规划中主要低碳生态内容和条文

作为规划约300万人口的地方城市，昆山总体规划中有关低碳生态规划内容可以供同规模和性质的城市参考，本书根据总体规划在编制过程中的资料、公示与其他研究发表论文的内容来整合相关条文。表8.14把昆山城市总体规划中与低碳生态目标相关的内容按章节与内容整理，其中主要包括：总则、统筹发展发展策略、资源约束、市域空间组织、中心城区用地、绿地、综合交通、环境保护、生态建设、城市规划实施措施等政策内容。

（2）碳排放量评估、公交导向、生态文明指标体系

昆山市城市总体规划以资源约束、交通引导、统筹发展为理念，提出到2030年，昆山总体发展水平将赶上发达国家和地区，成为拥有330万人口、中心城区470km²、城镇化水平达到97%的现代化城市。昆山市城市总体规划的理念与目标都十分明确：在城乡统筹、交通引导、资源约束等方面进行了积极的探索，为类似城市的总体规划编制提供了参考与借鉴。这里从昆山市城市总体规划的低碳生态内容梳理分析，可以把它的内容特点总结为三点：

a. 昆山市城市总体规划是比较少有对规划范围的碳排放量与固碳量现况有量化的表述，也同时提出碳排放的指标的法定总体规划。规划提出远期清洁能源、可再生能源占全社会能耗比例分别达到80%和20%，万元GDP能耗年均下降4%，规划期末控制在0.25tce以下。目前我国的规划编制内容与气候变化应对措施十分薄弱，影响了在法定城市规划领域内针对气候变化的工作的推进。现有碳排放量化评估是城市规划关于建立科学的低碳生态政策的基本要求[48]。昆山市城市总体规划对这方面的探讨具有借鉴意义。

b. 昆山市城市总体规划在整体上十分强调空间布局，特别要重点讨论公共交通规划建设与土地利用建设的互动关系，坚持以公交为主导，引领公共空间的发展。这是在规划中的不同章节都明显突出的理念。交通引导协调城市中心的布局，规划形成以轨道交通为骨干、以公共交通和慢行交通为主导、各种交通方式协调发展的多层次、高效率综合交通体系，并提出"交通效率"指标（表8.15）。要充分发挥公共交通及枢纽的引导作用，协调城市中心布局，优化用地组织，促进城市功能的完善和集聚发展。

[47] 昆山新闻网。昆山市人民政府《昆山市城市总体规划（2009-2030）》草案公示.[EB/OL]. (2009-11-21) [2009-12-1]. http://www.xici.net/d104235352.htm

[48] 叶祖达.低碳经济：城市规划从"碳足迹"开始[J].建设科技，2009(8)：46-54

昆山城市总体规划：低碳生态目标相关的主要内容

表8.14

昆山城市总体规划文本主要内容	有关条文的主要内容	相关规划建设管理领域
总则	规划理念： • 交通引导：轨道交通引导城镇空间集聚，公共交通引导功能布局优化，交通枢纽引导城市用地开发和服务业发展； • 资源约束：土地资源约束促进产业结构升级，生态资源约束保障宜居环境建设，能源约束加快节能减排进程； • 统筹发展：以片区产业特色和发展政策支撑为重点统筹区域发展	• 城市发展规模总量控制 • 城市公交主导空间用地规划 • 资源节约
统筹发展 发展策略	• 生态约束促进人居环境改善：严格保护生态敏感空间； • 节能减排促进低碳城市建设：发展低碳产业、循环经济；合理配置产业用地和生活用地，促进机动交通出行减量，构建绿色交通体系；倡导健康、节约的生活方式和消费模式，全面推进低碳城市建设； • 公交优先引导城市布局调整：以轨道交通为核心，构建舒适、高效的公共交通系统，发挥其大容量、低能耗、快速、准点、安全的综合优势，引导城市建设空间合理集聚，优化城市功能结构，构建完善的城市中心体系	• 城市建设空间用地规划 • 低碳城市规划建设 • 城市公交主导空间用地规划 • 绿色交通 • 资源节约 • 低碳产业 • 清洁生产
资源约束	资源约束内容包括三方面：土地资源、水资源、能源。 • 土地资源： 　• 从外延扩展向内涵挖潜转变，严格控制建设用地增量，以尽可能少的土地消耗获得土地资源； 　• 逐步置换低效的已建用地，清理闲置土地，挖掘存量土地潜力； 　• 全市统筹，紧凑布局，以紧凑的空间结构代替粗放扩张的利用方式。 • 水资源： 　• 到2030年，人均生活用水量会达190L/(人·天)； 　• 万元GDP新鲜水耗低于7m³/万元； 　• 万元工业增加值新鲜水耗低于8m³/万元，工业用水重复利用率达到95%； 　• 管网漏损率低于8%，城市污水回用率不低于15%，节水器具普及率大于95%。 • 能源： 　• 可再生/清洁能源：重点推广太阳能、浅层地热能、生物质能等可再生能源的利用。远期可再生能源消耗量占全社会能源消耗总量的20%，清洁能源消耗比例达80%。 　• 节能：能源利用目标包括万元GDP能耗年均下降4%，控制在0.25t标准煤以下。 　• 产业节能：加快发展服务业，鼓励发展高新技术产业并利用高新技术改造提升传统产业，淘汰高耗能产业、工艺和设备，组织落实重点节能工程。 　• 建筑节能：全面建设节能建筑，积极推进绿色建筑，努力发展生态建筑，建立建筑能效标志制度，力争建筑节能达到75%标准。 　• 交通节能：合理推行用地混合布局，实现机动交通减量；加快发展以轨道交通为主导的城乡公交体系，提高交通系统运输效率；鼓励小排量、新能源交通工具使用，降低交通工具能耗。 　• 管理节能：通过制度创新形成有效的节能激励与约束机制；健全管理体制，加强节能监督；在工业、建筑、交通、居民生活等领域设置节能强制性标准	• 土地资源节约 • 区域可再生能源 • 绿色交通 • 水资源 • 绿色市政 • 清洁生产 • 建筑节能

续表

昆山城市总体规划文本主要内容	有关条文的主要内容	相关规划建设管理领域
市域空间组织	· 划定禁建区、限建区、适建区、已建区	· 城市生态空间用地规划 · 城市建设空间用地规划 · 生态绿地规划
中心城区用地	空间布局思路： · 交通枢纽引导城市中心体系构建，促进公共服务设施向站点周边地区集聚； · 公共交通走廊引导居住用地的开发，提高开发强度以引导人口向走廊地带集聚； · 货运交通引导工业用地布局，强化优势区位的先进产业发展	· 城市公交主导空间用地规划
绿地	· 绿地规划目标：绿化覆盖率达到50%以上，人均公共绿地达到12m²以上，居民出户步行5min以内能够到达一片不小于0.2hm²的公共绿地； · 主要绿地布局包括：公园绿地（公园、街头绿地）、防护绿地（园林生产、防护绿地）、附属绿地（道路绿化、居住区绿化、单位绿化）以及其他绿地	· 城市生态空间用地规划 · 生态绿地规划
综合交通	· 发展总体目标：形成以轨道交通为骨干、公共交通与慢行交通为主导、各种交通方式协调发展的多层次、高效率综合交通体系。 · 公交出行结构目标： 　· 市域（轨道BRT10%；常规公交30%；出租车10%）； 　· 中心城区（轨道BRT18%；常规公交22%；出租车2%；步行20%；非机动车18%）。 · 发展策略： 　· 以分区差别化政策调控交通需求：按照公交和小汽车发展的不同导向进行交通分区，差别化配置交通设施，调控交通出行结构，重点协调小汽车出行与公共交通出行的关系，有序引导小汽车的使用，优化交通流空间分布。 　· 以公共交通引导居住与服务业布局：以公交优先和发展绿色交通为导向，突出轨道交通的主体地位，发挥枢纽可达性的集聚效应，引导枢纽地区用地集约开发，形成沿轨道交通线设置的轴向点状空间结构，实现交通发展和用地布局的互动。 　· 以货运区位引导工业用地选址：以高速公路出入口、快速路、高等级航道及货运铁路枢纽形成的货运交通优势为导向，引导工业用地选址。 　· 以特色交通引导旅游资源开发：结合客运枢纽布局，构筑多元化特色旅游交通体系，引导旅游资源开发。 　· 以慢行交通优化提升公共交通吸引力：从路权上保证慢行交通的优先性和安全性，通过人性化设施改善慢行交通环境，加强慢行交通与公共交通的有机衔接，提升公共交通吸引力	· 城市公交主导空间用地规划

昆山城市总体规划文本主要内容	有关条文的主要内容	相关规划建设管理领域
环境保护	<ul><li>环境保护目标：<ul><li>环境空气质量目标：环境空气质量总体上保持《环境空气质量标准》GB3095-1996二级标准。二氧化硫排放总量控制在1.2万t/年以内，单位GDP排放强度降至0.10kg/万元以下，以此标准促进产业转型，逐步淘汰或改造排放超标企业。</li><li>水环境质量目标：主要地表水的水质达到《江苏省地表水（环境）功能区划分》相应的功能区划标准，其他地表水水质达到《地表水环境质量标准》GB3838-2002IV类标准。化学需氧量排放总量不超过1.22万t/年，单位GDP排放强度降至0.10kg/万元以下。</li><li>声环境质量目标：达到国家《声环境质量标准》GB3096—2008各功能区标准。</li><li>固体废物综合整治目标：工业固体废物综合利用率近期提高到90%以上，远期提高到95%以上；危险废物无害化处理处置率100%；生活垃圾无害化处理率100%。</li><li>土壤环境质量目标：集中式生活饮用水源地保护区的土壤环境质量执行《土壤环境质量标准》GB15618—1995的一级标准，一般农田、蔬菜地、茶园和果园的土壤环境质量执行二级标准，林地、污染物容量较大的高背景值土壤执行三级标准</li></ul></li></ul>	<ul><li>水资源</li><li>绿色市政</li><li>清洁生产</li><li>环境污染综合治理</li></ul>
生态建设	<ul><li>现状碳排放分析：2008年总二氧化碳排放量为118.74万t，植被水体固碳38.9万t。</li><li>生态建设指标（远期）。<ul><li>森林覆盖率达26%；</li><li>单位GDP二氧化碳排放强度≤0.3t/万元；</li><li>工业固体废物综合利用率≥95%；</li><li>环境保护投资占GDP的比重≥3.5%。</li></ul></li><li>生态建设措施<ul><li>保障生态用地：河湖保养；林地保育；农田保护；绿化保有；</li><li>减少污染排放 产业生态：调整产业结构，退二进三，大力发展现代服务业，提高第三产业比重；采取退二优二举措，逐步淘汰高污染、高能耗、高排碳的企业，严格控制项目准入门槛，引进科技含量高、投入产出比高、资源能源消耗低、基本无污染的行业； 能源生态：改善能源结构，提高清洁能源和可再生能源比例，降低化石燃料比例，减少二氧化碳排放量； 交通生态：优先发展公共交通，大力建设轨道交通，鼓励慢行交通，有序引导小汽车交通，构建绿色交通体系。</li><li>提高利用效率 发展循环经济：推行清洁生产，推动从末端治理向循环利用的转变；建设垃圾分类回收利用系统，提高资源化比例；实施分质供水，提高中水回用比例； 提高科技水平：推动能源，利用技术创新，减少温室气体排放；建筑设计中充分利用自然采光和通风，推广节能环保材料的研发和运用，降低建筑能耗</li></ul></li></ul>	<ul><li>温室气体排放测算</li><li>清洁生产</li><li>城市生态空间用地规划</li><li>环境污染综合治理</li><li>可再生能源</li></ul>

续表

昆山城市总体规划文本主要内容	有关条文的主要内容	相关规划建设管理领域
城市规划实施措施与建议	· 规划编制：在本规划的指导下组织编制城镇总体规划、控制性详细规划、重点地段城市设计、近期建设规划等下层次规划和专项规划，加强上下位规划之间的衔接，建立能够保证总体规划实施的城市规划体系。 · 规划管理：落实总体规划的强制性内容。加强规划的信息化建设，解决影响城市管理与服务现代化进程的主要技术瓶颈，为实现落实城市规划、创新管理制度、提升城市功能和加强城市管理的战略任务提供信息化技术保障	

（来源：《昆山城市总体规划（2009—2030）》规划工作文件；张泉，2011年；笔者整理）

昆山市城市总体规划——综合交通效率目标　　　　　　　　　　　　　　　表8.15

范围	联系方式		效率目标
区域	客运联系	轨道方式	新昆山站15min到达上海虹桥枢纽，25min到达上海火车站，花桥站12min到达上海虹桥枢纽，25min到达苏州古城区，35min到苏南国际机场
		公路方式	新昆山站地区30min进入上海快速路网，花桥商务城15min进入上海快速路网，35min到达苏州古城区，65min到达苏南国际机场
	货运联系	轨道方式	主要物流中心30min到达上海虹桥枢纽，90min到达上海外高桥港，100min到达浦东国际机场
		公路方式	各物流中心，制造业集中区40min进入上海快速路网、30min到达太仓港，80min到达苏南国际机场
市域	客运联系	公交防水	新昆山站地区到各镇镇区公交出行单程时间在45min以内
		小汽车防水	新昆山站地区到各镇镇区以私人小汽车方式出行单程时间在30min以内
中心城区	客运联系	公共交通	95%的以公交为主的出行单程时间控制在30min以内。高峰小时不超过40min，乘客平均候车时间控制在5min以内
		道路交通	停车截留内环地区平均车速达到25~30km/h，其他地区则在30km/h以上
		静态交通	公共停车设施周转率停车限制供应区达到7~9次/日，平衡供应区达到5~7次/日，扩大供应区达到3~5次/日

（来源：张泉、赵毅，2010年）

昆山市城市总体规划——生态文明指标体系　　　　　　　　　　　　　　　表8.16

类别	指标	指标对象	现状值2008年	目标值			备注
				2015年	2020年	2030年	
生态文明	万元GDP能耗（tce/万元）	市域	0.61	0.46	0.38	0.25	约束性
	万元GDP水耗（m³/万元）	市域	21.2	14	11	7	约束性
	万元GDP二氧化碳排放量（t/万元）	市域	0.46	0.4	0.35	0.3	约束性
	单位建设用地二、三产增加值（亿元/km²）	市域	5.6	14	23	30	约束性
	新建建筑中绿色建筑比例（%）	城镇	—	50	80	100	约束性
	资源综合利用率（%）	市域	45	70	85	90	约束性
	环境质量综合指数	市域	91.43	94	95	97	指导性
	森林覆盖率（%）	市域	23.3	24	25	26	约束性
	绿化覆盖率（%）	城镇	45.03	48	50	50	约束性

（来源：昆山市人民政府《昆山市城市总体规划（2009-2030）》）

c. 昆山市城市总体规划订立一套在总规层面使用的生态文明指标体系（表8.16）。"生态文明"指标与"经济发展"、"人民生活"和"民主政治"指标同为昆山总规的基本发展目标体系的四个组成部分，"生态文明"指标有9个，包括万元GDP能耗（tce/万元），万元GDP水耗（m³/万元），万元GDP二氧化碳排放量（t/万元），单位建设用地二、三产的增加值（亿元/km²），新建建筑中绿色建筑比例（%），资源综合利用率（%），环境质量综合指数，市域森林覆盖率（%），绿化覆盖率（%）等。其中特别的创新之处是把绿色建筑比例纳入了法定总体规划中。

（3）创新规划分析技术

昆山市城市总体规划的编制过程中对创新的规划分析技术工具也进行了探讨，张泉与赵毅指出相关新技术在规划中的应用包括[49]：①采用交通与用地一体化分析模型，对规划方案进行评价和验证，优化轨道交通线路与用地布局方案，即根据模型计算的轨道交通客流分布情况，对空间布局进行优化；②规划围绕影响碳氧平衡的规划要素，构建了"碳氧平衡分析模型"，对现状碳氧平衡状况进行分析，并通过比较不同规划方案下的碳氧平衡状况对规划方案进行比选；③基于遥感与地理信息系统的降低热岛效应分析技术，分析城市热岛效应与气候、太阳辐射、建设密度、植被覆盖度、水面比例等许多因素关系，在城市总体规划层面影响建设密度和植被覆盖度等规划因素；④规划利用河网水质影响模拟技术对昆山中心城区现有河网水质进行模拟，研究不同污水处理标准对河流水质的影响，判断不能达标的污水厂是否需要改造或撤并，同时结合城市用地与河道规划方案，调整污水厂布局与处理规模。

[49] 张泉，赵毅.昆山市城市总体规划总体思路和创新理念解析[J].城市规划，2010（S1）：118-124

8.4 总体规划的低碳生态内容编制：技术路线图

城市编制总体规划时需要按城市本身的特点与条件进行，而最后确定的规划编制技术路线与具体内容不可能只有一个放任任何城市都通用的方法。与此同时，要考虑把低碳生态的内容纳入法定总体规划，在编制方法方面可以提出一个供参考的技术路线图，作为框架建议，使规划编制工作者可以按部就班，与总体规划整体的编制工作接轨，并根据实际情况条件调整而制定最后的编制工作计划与相关内容。主要的技术路线图包括：基础资料收集与调查、规划纲要、低碳生态指标体系、低碳生态规划成果（内容、专题研究与分析技术）规划评估机制。

8.4.1 总体规划编制中低碳生态内容的工作流程

在总体规划的整体编制工作中，需要建立低碳生态城市建设目标和需要，安排专责编制工作团队负责。建议的技术路线图主要包含以下部分（图8.7）：

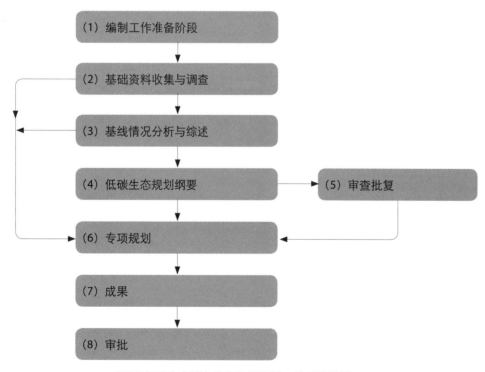

图8.7 低碳生态城市总体规划编制：技术路线图

（1）编制工作准备阶段

- 对现有总体规划内低碳生态内容的回顾与分析；
- 确定低碳生态城市总体规划编制流程；
- 讨论低碳生态内容与其他总体规划内容编制工作的对接与协调；
- 确定任务内容、工作、成果要求。

（2）基础资料收集与调查

- 基础资料收集（包括能源、碳排放、建筑节能、绿色生态空间、水资源、交通、废物处理以及其他市政设施等）；
- 现场踏勘；
- 政策背景梳理：现有省/市相关政策与目标、相关设计标准规范梳理；
- 国内外相关案例分析；
- 座谈访问：根据需要分别召开各专业人员、政府有关部门座谈会，走访社会知情人士、上级有关部门以及调研相邻城市情况。

（3）基线情况分析与综述

- 对调查资料进行整理，汇编基础资料，并对城市的整体应对气候变化、碳排放、节能减排、生态建设等现况进行分析与综述；
- 提出主要问题、挑战与机遇。

（4）低碳生态规划纲要

- 专题论证：对城市总体规划中重大的应对气候变化、碳排放、节能减排、生态建设问题进行专题研究；
- 初步提出不同的方案概念，针对城市生态空间布局、温室气体排放、节能减排等主要矛盾和制约因素，代入不同的情景，纳入总体规划方案的内容中；
- 方案比选：在整体的总体规划方案（城市总体布局、发展用地以及城市基础设施开发建设的重大原则问题）比较过程中，突出不同方案的低碳生态目标与效应；
- 确定总体规划纲要建议与低碳生态指标体系。

（5）审查批复

· 作为总体规划纲要一部分，按纲要审查和部门批复，作为编制正式成果的依据。

（6）专项规划

· 低碳生态专项规划：按需展开主要的专项规划编制，明确有关的总体规划核心内容与要求。

（7）成果

· 规划文本：对低碳生态城市总体规划的相关内容提出规定性要求，包括控制性与引导性指标、空间布局、建设用地、主要基础设施、近期规划重点等;
· 建议规划文本内可以有一个独立的低碳生态规划建设章节，也可以把内容与其他章节结合。

　主要内容可以考虑包括：

　a. 低碳生态城市目标

　b. 政策背景

　c. 低碳生态基线

　d. 温室气体排放清单

　e. 低碳生态发展情景

　f. 低碳生态城市指标

　g. 低碳生态规划建设内容（按城市具体条件）

　　· 生态承载力

　　· 生态空间安全格局

　　· 低碳产业

　　· 循环经济

　　· 绿色建筑与城区

　　· 绿色交通

　　· 水资源管理

　　· 绿色市政

　　· 新能源应用

　　· 区域建筑能源规划

　h. 近期低碳生态建设规划

　i. 实施措施

　j. 指标评核机制

- 附件：规划说明、专题规划报告、基础资料汇编
- 主要图纸

（8）审批

- 作为总体规划一部分，进行专家评审会和审查同意后上报；按照《城乡规划法》总体规划实行分级审批制度。

本章下面对基础资料调查、规划建设目标的确定和市域城镇体系规划/中心城规划内的低碳生态文本内容再做进一步的讨论。

8.4.2 基础资料收集与调查框架

基础资料收集与调查是编制低碳生态城市总体规划的第一步，也是最基本的任务。城市总体规划要求确定城市发展目标与原则等重大问题，需要科学地分析温室气体排放、生态资源利用循环等问题，而问题的界定与分析方法又基于前期的基础资料收集调查。由于总体规划的综合性要求对城市的各个方面与低碳生态内容和要素进行空间上的统筹、协调和安排，因此规划师必须深入全面地了解城市的低碳生态基线，从中研究城市的低碳生态发展情景、分析城市未来发展的机遇和制约条件，再结合低碳产业和经济发展要求对城市空间发展进行统筹。

低碳生态规划建设的基础资料来源横跨不同的专项调查，为了可以提供相关的数据与分析，以支撑下一步总体规划纲要编制，需要在这个阶段把具体的低碳生态规划基础资料收集好，进行调查分析。表8.17建议按总体规划的主要专项调查框架进行针对低碳生态内容的基础资料收集，提出与低碳生态规划相关的主要数据资料与分析工作相关的内容，作为参考。

总体规划调查阶段：低碳生态规划资料收集框架   表8.17

总体规划编制目前主要资料收集 与专项调查框架		低碳生态规划相关的主要数据资料与分析工作
1. 区域城镇化现况调查	区域内城市化水平的确定和预测。 所规划的城市在城镇体系中的作用和地位，以及未来发展的潜力优势	• 根据区域现状城市的数量、人口、城镇化水平、建设用地规模、经济发展水平，调查： • 温室气体排放总量； • 人均排放量； • 单位GDP排放强度。 • 根据城市化水平历年变化情况分析温室气体的排放量趋势。 • 根据市域内城镇体系各城市的作用和地位，调查分析城镇体系温室气体的排放量趋势
2. 历史文物调查	自然环境的特色与城市的关系；文物古迹的特色，如历史遗迹等；城市格局的特色。 城市轮廓景观、主要建筑物和绿化空间的特色建筑风格	• 自然环境提供的独特生态空间条件（地形、地貌、河道与微气候环境的关系）； • 城市格局、建筑与绿化空间提供的绿色生态环境
3. 自然环境调查	自然地理因素	• 地形地貌：地形、地貌对城市的微气候、热岛效应、风廊道、绿道等产生的影响； • 水文和水文地质：水文和水文地质情况对生态水资源管理（包括供水、水质、排水、污水处理等）产生的影响
	自然气象因素	• 风象：风象对城市生态环境尤其是城市布局的微气候情况有重大影响； • 气温：要了解城市热岛效应特点； • 降雨：降雨量对雨水生态管理、排放、洪水管理的制约和随之形成的机遇； • 太阳辐射（日照）：日照与城市道路走向及建筑物间距等会直接影响公共空间的微气候环境； • 区域风环境、日照、河道水系等都可以是生产可再生能源的资源，基础资料收集可以作为分析可再生能源的潜力
	自然生态因素	• 自然生态要素的调查是低碳生态发展规划的基础，调查主要涉及城市及周边地区的动植物种类与分布，生物资源、自然植被、城市废弃物的处置与生态环境的影响等。 • 收集基础数据进行相关分析： • 生态敏感性要素； • 生态服务功能要求； • 耕地/湿地/绿地的现状和问题； • 生态安全空间格局； • 环境容量和污染物情况、环境治理的基础设施条件
4. 社会调查	社会环境调查内容主要体现在城市人口方面的自然变动、迁移变动和社会变动方面	• 收集目前社会层面的绿色低碳生活模式的发展情况，包括低碳生活的普及情况、教育、推广等
5. 经济调查	城市整体的经济状况	• 城市低碳经济总量及其增长变化情况； • 城市整体的产业结构、三次产业的比例（低碳产业的经济比例）
	城市中各产业部门的经济状况	• 产业部门耗能的情况； • 开发低碳与绿色产业的资源和未来发展的情况； • 清洁生产与循环经济发展的情况

总体规划编制目前主要资料收集 与专项调查框架		低碳生态规划相关的主要数据资料与分析工作
6. 城市 土地使用 调查	按照国家《城市用地分类与规划建设用地标准》GB50137-2011所确定的城市用地分类，对各类土地使用的范围、界限、用地性质等在地形图上进行标注，完成土地使用现状图和用地平衡表	• 对城市用地的主要用地类别[居住用地（R）、公共设施用地（C）、工业用地]的用地规模与建筑面积总量测算，作为评估建筑耗能情况的数据基础。 • 对城市绿地（G）（指市级、区级和居住区级的公共绿地及生产防护绿地）面积进行测算，作为评估绿地固碳功能（碳汇）情况的数据基础
7. 城市交 通调查	城市交通情况	• 市域与中心城的交通流量与出行率，包括公共交通、小汽车、轨道交通、步行、自行车等比例； • 不同出行方式的耗能排放特点； • 绿色出行方式现况与前景分析
8. 城市 能源使用 调查	城市整体能源供应	• 城市整体能源供应情况与能源结构； • 城市可再生与清洁能源供应情况
	建筑能源使用	• 建筑能耗：对主要类别建筑的目前用能情况与能耗做出评估，包括： 　• 住宅建筑：指居住小区、居住街坊、居住组团和单位生活区等各种类型的住宅建筑； 　• 公建建筑：指公共设施建筑，分为行政办公楼、商业金融业服务、旅馆酒店、文化娱乐用地、医疗卫生、高等学校用地、中等专业学校用地和其他建筑； 　• 业建筑：指工业生产、库房及其附属设施等建筑
	交通能源使用	• 市域与中心城的燃料使用情况，包括公共交通、小汽车、轨道交通等的燃料使用比例； • 新能源汽车的普及情况
	工业能源使用	• 不同工业生产类别的耗能情况
9. 绿地空 间调查	绿地空间系统	• 绿地碳汇：指市级、区级和居住区级的公共绿地及生产防护绿地的固碳功能评估

在收集以上数据资料时，可以采用下面四个不同的方法与渠道：

(1) 现场踏勘调查或观察调查：这是城市总体规划调查中最基本的资料收集方法，可以了解城市中各类活动与状态的实际状况，主要应用于城市土地使用、城市空间使用、建筑建设体量形态等方面的调查、交通流量与出行调查等。

(2) 抽样调查或问卷调查：可以针对不同的规划问题以问卷的方式对居民进行抽样调查。这类调查可涉及许多方面，如针对于单位，包括对单位、住宅、建筑的能耗情况、出行情况、基础设施配套情况的评价，也可包括居民对其低碳生活方式与行为的评价等。

(3) 访谈和座谈会调查：访谈与座访会是和被调查者面对面的交流，可以针对愿望与设想进行调查，如对城市中各部门、城市政府领导的期望以及广大市民对未来低碳生态发展的设想与愿望等。

（4）文献资料与年鉴：在城市总体规划中所涉及的文献主要包括历年的统计年鉴、各类普查资料
　　（如人口普查、工业普查、房屋普查）、能源统计数据、建统出行数据、历次的城市总体规
　　划或规划所涉及的规划、政府的相关文件与大众传播媒体，以及已有的相关研究成果等。

基础资料收集与调查完成后，对调查资料进行整理，汇编基础资料，除了对城市的经济结构、用
地结构、人口结构、基础设施的基础资料进行分析外，还要对与低碳生态有关的资料分析，可以
采用两个不同的汇编方法：①把低碳生态规划基础资料作为城市总体规划的独立一部分进行汇
编，成为基础资料汇编的一个独立篇章；②把低碳生态的不同资料与分析，根据不同的关联技术
领域，在各项基础资料汇编章节中说明，如按照表8.17内的9个内容部分进行分析。

8.4.3 城市总体规划纲要：低碳生态城市目标框架

城市总体规划内的低碳生态目标可以在总体规划纲要编制阶段明确说明。根据《城市规划编制办
法》，城市总体规划的编制首先要编写总体规划纲要，要研究确定总体规划中的重大问题，作为
编制规划成果的依据[50]。低碳生态城市规划建设的目标要进入总体规划中，建议总体规划纲要明
确考虑低碳生态目标，可以包括表8.18内的建议。表8.18把建议的建筑目标匹配到目前《城市规
划编制办法》的总体规划纲要内容中，建议在市域与城市中心区层面可以考虑深化低碳生态规划
目标内容。

[50] 中华人民共和国建设部.《城市规划编制办法》[S]（中华人民共和国建设部令第146号，于2005年10月28日通过，自2006年4月1日起施行）

8.4.4 市域城镇体系规划文本：低碳生态规划内容框架

根据我国的城乡规划体系，城镇体系规划是在一定地域范围内，以区域未来发展趋势、生产力布
局和城镇职能分工为依据，确定关于城镇化水平、不同人口规模等级和职能分工的城镇分布和发
展规划。在城市总体规划纲要阶段，《城市规划编制办法》原则应确定市域城镇体系的结构和
布局。

常规的市域和县域城镇体系规划文本内容包括：分析区域发展条件和制约因素，提出区域城镇发
展战略，确定资源开发、产业配置，保护生态环境、历史文化遗产的综合目标；预测区域城镇化
水平，调整现有城镇体系的规模结构、职能分工和空间布局，确定重点发展的城镇；确定区域交
通、通信、能源、供水、排水、防洪等设施的布局；提出实施规划的措施和有关技术经济政策的
建议。

总体规划纲要：低碳生态城市规划建设目标框架　表8.18

目前按《城市规划编制办法》编制的总体规划纲要内容		建议：低碳生态城市规划建设目标
1. 提出市域城镇体系规划纲要	• 市域城乡统筹发展战略	• 低碳城镇化综合目标； • 温室气体排放量控制策略； • 提出低碳生态主导的市域城镇布局战略
	• 提出空间管制原则（生态环境、土地和水资源、能源、自然和历史文化遗产保护等综合目标和保护要求）	• 确定生态环境、土地和水资源承载力评估与保护等方面的综合目标，提出市域空间管制原则； • 确定市域水资源管理、新能源、生态绿地与碳汇建设目标； • 划定生态保护红线划定
	• 预测市域总人口及城镇化水平（各城镇人口规模、职能分工、空间布局方案和建设标准）	• 指出以低碳生态发展理念为基础的人口及城镇发展规模原则； • 提出基于低碳生态发展理念的市域空间布局方案
	• 市域交通发展策略	• 提出市域绿色交通发展目标
2. 提出城市规划区范围		• 根据市域生态环境、土地和水资源承载力评估与市域空间管制原则，提出城市规划区范围
3. 分析城市职能、提出城市性质和发展目标		• 基于低碳生态发展理念的空间布局，分析城市职能，提出城市性质和发展目标； • 提出低碳经济发展、循环经济与清洁生产目标
4. 提出禁建区、限建区、适建区范围		• 基于低碳生态发展理念的空间布局，提出禁建区、限建区和适建区范围
5. 预测城市人口规模		• 以低碳生态发展理念为基础，预测人口规模
6. 研究中心城区空间增长的边界，提出建设用地规模和建设用地范围		• 基于低碳生态发展理念的空间布局，提出中心城区空间增长的边界、建设用地规模和建设用地范围
7. 提出交通发展战略及主要对外交通设施布局原则		• 提出绿色交通发展目标
8. 提出重大基础设施和公共服务设施的发展目标		• 提出城市新能源（包括可再生能源与清洁能源资源）与建设目标； • 提出水资源综合利用管理目标； • 提出绿色建筑与绿色生态城区建设目标； • 提出城市生态绿地与碳汇建设目标； • 提出城市废弃物管理与资源化目标； • 提出环境污染治理目标
9. 提出建立综合防灾体系的原则和建设方针		• 提出相关能源、水资源、废弃物、环境污染治理原则

市域城镇体系规划文本：低碳生态内容框架   表8.19

《城市规划编制办法》 市域城镇体系规划内容	建议： 主要低碳生态规划内容
提出市域城乡统筹的发展战略。其中位于人口、经济、建设高度聚集的城镇密集地区的中心城市，应当根据需要，提出与相邻行政区域在空间发展布局、重大基础设施和公共服务设施建设、生态环境保护、城乡统筹发展等方面进行协调的建议	· 市域低碳城镇化综合战略与目标
确定生态环境、土地和水资源、能源、自然和历史文化遗产等方面的保护与利用的综合目标和要求，提出空间管制原则和措施	· 市域建设限制分区（划定禁建区、限建区、适建区和已建区）； · 市域绿色生态空间与碳汇规划； · 生态保护红线划定
预测市域总人口及城镇化水平，确定各城镇人口规模、职能分工、空间布局和建设标准	· 市域城镇低碳生态空间布局战略； · 市域温室气体排总量控制战略、排放源头空间分布与规划情景； · 市域城镇低碳产业空间布局； · 市域可再生能源资源保护与利用原则和措施； · 市域生态农业、生态旅游发展空间布局； · 绿色建筑与绿色生态城区
提出重点城镇的发展定位、用地规模和建设用地控制范围	· 重点城镇的温室气体排总量控制战略
确定市域交通发展策略；原则确定市域交通、通信、能源、供水、排水、防洪、垃圾处理等重大基础设施、重要社会服务设施、危险品生产储存设施的布局	· 市域绿色交通与公交优先发展空间战略； · 市域可再生能源与清洁能源利用战略； · 市域水资源综合管理战略； · 市域废弃物处理战略； · 市域环境污染综合治理战略
根据城市建设、发展和资源管理的需要划定城市规划区。城市规划区的范围应当位于城市的行政管辖范围内	· 根据市域低碳城镇化综合战略划定城市规划区

市域城镇体系规划文本中的关于低碳生态规划的主要内容提出市域低碳城镇化综合战略，即通过市域城镇体系的空间布局与建设原则，达到低碳生态的建设目标。表8.19根据《城市规划编制办法》，把建议的规划文本内的低碳生态规划内容与市域城镇体系规划阶段的适合内容对应起来，提供规划文本编写过程中考虑的内容清单，作为参考。

8.4.5 中心城规划文本：低碳生态内容框架

在城市整体的范围内，中心城是整个市域的政治、经济和文化中心。从功能来说，中心城区总体上应以现代商务和行政服务为主体功能。考虑到各城市的情况的不同，在功能定位上可以体现出

中心城区规划：低碳生态内容框架 表8.20

《城市规划编制办法》 中心城区规划内容	建议： 主要低碳生态规划内容
分析确定城市性质、职能和发展目标	• 中心城区低碳综合发展战略与指标
预测城市人口规模	• 中心城温室气体排放总量控制战略、排放源头空间分布与规划人口情景
划定禁建区、限建区、适建区和已建区，并制定空间管制措施。 研究中心城区空间增长边界，确定建设用地规模，划定建设用地范围	• 中心城建设限制分区（划定禁建区、限建区、适建区和已建区）； • 生态保护红线
确定村镇发展与控制的原则和措施；确定需要发展、限制发展和不再保留的村庄，提出村镇建设控制标准	• 村镇发展的低碳生态发展标准
安排建设用地、农业用地、生态用地和其他用地	• 生态保护红线划定以及低碳产业空间规划； • 生态农业、生态旅游发展规划
确定建设用地的空间布局，提出土地使用强度管制区划和相应的控制指标（建筑密度、建筑高度、容积率、人口容量等）	• 建筑节能与绿色建筑规划； • 绿色生态城区规划
确定交通发展战略和城市公共交通的总体布局，落实公交优先政策，确定主要对外交通设施和主要道路交通设施布局	• 中心城绿色交通； • 公交优先发展空间规划； • 慢行系统与自行车规划
确定绿地系统的发展目标及总体布局，划定各种功能绿地的保护范围（绿线），划定河湖水面的保护范围（蓝线），确定岸线使用原则	• 中心城绿色生态空间与碳汇规划； • 城市"绿线、蓝线"划定
确定历史文化保护及地方传统特色保护的内容和要求，划定历史文化街区、历史建筑保护范围（紫线），确定各级文物保护单位的范围；研究确定特色风貌保护重点区域及保护措施	• 城市"紫线"划定
确定电信、供水、排水、供电、燃气、供热、环卫发展目标及重大设施总体布局	• 水资源综合管理规划； • 废弃物处理规划； • 可再生能源利用规划
确定生态环境保护与建设目标，提出污染控制与治理措施	• 环境污染综合治理规划

一定的差异性和多元化。中心城的主导产业重点通常是发展高增值的第三产业，特别是现代服务业，这是城市经济社会发展需要的空间资源和中心城区优势的理想结合。由于第三产业主要的活动集中在商业、贸易、服务、科研、行政、娱乐、教育等部门，因此主要的低碳生态影响在于建筑能耗、交通出行、供热、城市市政设施（水、污水、垃圾、排水、洪水处理）、城市绿地等方面。

中心城区低碳城镇化综合战略与指标，即利用中心城区的空间布局与建设原则，来达到低碳生态的建设目标。表8.20把建议的低碳生态规划内容根据《城市规划编制办法》在中心城区规划的适合内容对应起来，提供了规划编制过程中考虑的内容清单，作为参考。

第9章 低碳生态城市与控制性详细规划编制

控制性详细规划是我国城乡规划管理体制中体现具体实施的重要法定工具，它是城乡规划主管部门做出规划行政许可、实施规划管理的依据，国有土地使用权的划拨、出让也应当符合控制性详细规划。目前具法律效力的低碳生态城市政策手段是通过《城乡规划法》法定城市规划管理体系内实施控制碳排放和生态资源使用的目标，其中特别具备操作性和法定权力的手段是控制性详细规划指标及在土地使用权出让合同中的规划条件等。

正如本书在前面讨论总体规划编制时已指出，由城乡规划来促进低碳生态目标的实现，需要在规划编制中体现低碳生态目标政策的明确性和管理手段的实质内容，从而提高规划作为公共政策的政策效率。控制性详细规划在目前我国的城乡规划编制与管理体制中提供了一个十分重要的实施平台。

然而，目前在城市规划编制办法的指引文件中并没有具体技术流程或标准对如何把低碳生态城市规划建设要求在法定详细规划编制流程中体现进行说明。本章的目的是补充这一方面的空缺，提供一个低碳生态城市控制性详细规划编制路线图，供控规编制的规划工作者和地方规划管理部门参考。

本章讨论的低碳生态城市控制性详细规划编制的路线图内容包括：

- 控制性详细规划体系与低碳生态城市内容要求；
- 绿色生态城区与控制性详细规划；
- 低碳生态控制性详细规划指标体系；
- 控制性详细规划的低碳生态内容编制：技术路线图。

9.1 控制性详细规划编制与低碳生态内容要求

9.1.1 目前法定控制性详细规划内容的不足

要在法定控制性详细规划中加入低碳生态规划建设要求，需要把低碳生态内容纳入控规文本与图则。从现有的法定规划体制看，主要的低碳生态规划建设要求如能源利用、绿色建筑、水资源管理、废物处理、绿色交通等在控规编制办法内并非为强制性内容。目前的控规编制内容包括各类绿地范围的控制线和地表水体保护和控制线，这些都是在空间划分方面的要求，并没有反映出城市内资源利用循环、能源节约和减低碳排放量等重要的低碳生态规划指标。下面对相关的法定条文做出解读。

根据于2005年10月28日发布、自2006年4月1日起施行的《城市规划编制办法》第四十一条，控制性详细规划应当包括下列内容[1]：

[1] 中华人民共和国建设部. 城市规划编制办法[S]（中华人民共和国建设部令第146号,于2005年10月28日通过,自2006年4月1日起施行）

（1）确定规划范围内不同性质用地的界线，确定各类用地内适建、不适建或者有条件地允许建设的建筑类型。

（2）确定各地块建筑高度、建筑密度、容积率、绿地率等控制指标；确定公共设施配套要求、交通出入口方位、停车泊位、建筑后退红线距离等要求。

（3）提出各地块的建筑体量、体型、色彩等城市设计指导原则。

（4）根据交通需求分析，确定地块出入口位置、停车泊位、公共交通场站用地范围和站点位置、步行交通以及其他交通设施。规定各级道路的红线、断面、交叉口形式及渠化措施、控制点坐标和标高。

（5）根据规划建设容量，确定市政工程管线位置、管径和工程设施的用地界线，进行管线综合。确定地下空间开发利用具体要求。

（6）制定相应的土地使用与建筑管理规定。

《城市规划编制办法》第四十二条规定控制性详细规划确定的各地块的主要用途、建筑密度、建筑高度、容积率、绿地率、基础设施和公共服务设施配套规定应当作为强制性内容。

根据自2010年12月1日由住房和城乡建设部颁布、于2011年1月1日起施行的《城市、镇控制性详细规划编制审批办法》，控制性详细规划编制的基本内容包括[2]：

[2] 中华人民共和国建设部. 城市、镇控制性详细规划编制审批办法[S]（中华人民共和国建设部令第7号,于2010年12月1日颁布,自2011年1月1日起施行）

（1）土地使用性质及其兼容性等用地功能控制要求；

（2）容积率、建筑高度、建筑密度、绿地率等用地指标；

（3）基础设施、公共服务设施、公共安全设施的用地规模、范围及具体控制要求，地下管线控制要求；

（4）基础设施用地的控制界线（黄线）、各类绿地范围的控制线（绿线）、历史文化街区和历史建筑的保护范围界线（紫线）、地表水体保护和控制的地域界线（蓝线）等"四线"及控制要求。

根据《城乡规划法》第三十八条的规定[3]，在城市内国有土地使用权出让前，地方部门需要依据控制性详细规划提出规划条件，作为国有土地使用权出让合同的一部分，使控规内的要求除了是法定要求外，更可以获得合同的法律保障。同时，根据《城市国有土地使用权出让转让管理办法》第五条和第六条[4]，出让城市国有土地使用权，出让前应当制定控制性详细规划，而出让的地块必须具有城市规划行政主管部门提出的规划设计条件及附图。规划设计条件应当包括：地块面积，土地使用性质，容积率，建筑密度，建筑高度，停车泊位，主要出入口，绿地比例，须配置的公共设施、工程设施，建筑界线，开发期限以及其他要求。

从上面的解读可以看出，目前的控规编制办法并没有把低碳生态内容定位为强制性要求，也没有对相关内容做出明确的说明，但将低碳生态内容纳入控规作为国有土地使用权出让规划条件是符合城乡规划法赋予地方管理部门的法定权力的，属于"其他要求"的范畴。然而，当前控制性详细规划编制办法对低碳生态规划建设内容的定位不明确，视为非强制性要求，这对于推动我国建设低碳生态城市的目标来说是不足的。

叶祖达指出在把总体规划的低碳生态指标落实到地块开发规划条件时，面对的来自现有体制的挑战是：部分生态城市规划指标要求不能有效地通过控制性规划管理得以实施。目前控规编制办法中指定的强制性指标只集中在对空间形态方面的控制，而未针对能源、生态、资源和节能减排等"非空间形态"类的规划建设要求，有关方面的指标只能通过引导性指标进行推动。要全面有效地把低碳生态城市的可持续发展理念及目标在规划管理过程中实施，体制和法规方面的创新有其必要性[5]。

耿宏兵等分析了传统控规的要素并提出了存在的不足与改善途径，指出目前部分项目尝试在控制性详细规划中建立低碳生态指标体系，但对"评价性"的指标与"管理性"的指标没有清晰的区分；同时有些指标如社会经济指标并没有和节能减排、生态资源利用等要求相关联。他们总结了控制性详细规划控制性要素的内容与不足（表9.1）[6]。

事实上，有关以控制性详细规划作为实施低碳生态城市目标的案例，近期在不同城市已有所开

[3] 全国人民代表大会常务委员会. 中华人民共和国城乡规划法[S]（中华人民共和国主席令第74号，于2007年10月28日通过，自2008年1月1日起施行）

[4] 中华人民共和国建设部. 城市国有土地使用权出让转让规划管理办法[S]（中华人民共和国建设部令第22号，于1992年11月6日经第17次部常务会议通过，自1993年1月1日起施行）

[5] 叶祖达. 生态城市规划发展：可持续发展指标在城市规划管理应用问题 [M]// 2008中国城市规划年会论文集，2008

[6] 耿宏兵，郭春英，袁壮兵. 新区控规低碳生态指标体系构建探索[J]. 城市发展研究. 2014（增刊2）

展，并会日益普及[7-8]。张泉提出控制性详细规划是对城市总体规划内容的深化和细化，在控制性详细规划的编制过程中要实施低碳生态发展理念，要纳入六方面的内容，即要在空间布局、交通组织、生态建设、资源利用、节能减排等方面深化、细化总体规划确定的要求，分解落实城市总体规划确定的各项低碳生态目标，并转化为地块的控制性或引导性指标，以具体指导地块的开发建设（表9.2）[9]。

因此，从规划编制方法上来说，要把低碳生态内容纳入法定控制性详细规划，首先要考虑对控规管理体制的深化，这方面对于我国未来城乡规划体制的改革有着极其重要的启发意义。

9.1.2 确定低碳生态内容在控制性详细规划体制内的定位

把低碳生态内容纳入法定控制性详细规划，深化控规管理体制，需要明确低碳生态控制性详细规划的定位，在法定规划编制与管理体制内把一些基本制度原则予以确立。这里提出五方面的考虑：

- 低碳生态规划建设要求与法定控规内容是兼容的，可以通过深化控规内容实施；
- 总体规划要作为上层次法定依据把低碳生态规划建设内容包括在控规中；
- 低碳生态规划建设内容要得到有关标准和技术规范的支撑；
- 控规内单元规划为低碳生态城区提供适当的空间规划管理平台；
- 以低碳生态控规为基础，通过建立地方法规与指令加强保障实施机制。

（1）低碳生态规划建设要求与法定控规内容是兼容的，可以通过深化控规内容实施

虽然低碳生态规划建设要求目前在相关的编制办法内并非为控规的强制性内容，但低碳生态要求是可以通过深化现有控规管理体制得以实施的。

现有控制性详细规划的强制性内容只包括各地块的主要用途、建筑密度、建筑高度、容积率、绿地率、基础设施和公共服务设施配套等七项。发改委与住房和城乡建设部于2013年公布了《绿色建筑行动方案的通知》（国办发[2013]1号）[10]，要求把"包括绿色建筑比例、生态环保、公共交通、可再生能源利用、土地集约利用、再生水利用、废弃物回收利用等内容的指标体系，纳入总体规划、控制性详细规划、修建性详细规划和专项规划，并落实到具体项目"。这些低碳生态建设设计与管理手段与《城市规划编制办法》及《城市、镇控制性详细规划编制审批办法》的条文是兼容的，地方城市人民政府城乡规划主管部门在组织编制控制性详细规划时，可以把有关的内容纳入控规，使其成为法定控规内容的一部分，然后再根据《城乡规划法》第三十八条与《城市

[7] 叶祖达, 施卫良. 北京长辛店低碳社区控制性详细规划[M] // 中国城市科学研究会. 低碳生态城市发展报告2010. 北京: 中国建筑工业出版社, 2010

[8] 周银波, 黄耀志. 低碳化城乡建设发展为目标的控规指标体系探析[J]. 现代城市研究, 2011 (7)：77~81

[9] 张泉等. 低碳生态与城乡规划[M]. 北京: 中国建筑工业出版社, 2011

[10] 国务院办公厅. 关于转发发展改革委住房城乡建设部《绿色建筑行动方案》的通知（国办发[2013]1号）[EB/OL]. (2013-01-01) [2013-2-1]. http://www.gov.cn/zwgk/2013-01/06/content_2305793.htm

控制性详细规划控制要素与不足　　　　　　　　　　　　　　　　　　　　　　　　表9.1

	控制内容	传统控规控制要素	存在不足及改进途径
1	土地使用控制	包括用地性质、边界范围（包括代征道路和绿地的范围）和用地面积，以及多功能用地，混合用地的设置	缺少对用地混合使用的引导。为减少机动车出行，低碳城市倡导在步行范围内混合布置办公、服务业、零售业、文化娱乐、休闲以及住房
2	使用强度控制	包括总建筑面积、人口容量、容积率、建筑密度、绿地率、空地率、建筑控制高度等	一般从经济效益上确定容积率，从日照通风方面确定建筑密度，而对低碳生态环境改善考虑不足，比如减少热岛效应的通风廊道设置等
3	建筑建造控制	建筑退让"四线"，即退让道路红线、城市绿线、河道蓝线、历史街区和历史建筑保护紫线；建筑间距包括防火间距、视觉卫生间距、日照间距等；地块中拟建建筑要协调与周边用地和相邻建筑的关系	对建筑节能、绿色建筑等方面缺少控制要求，导致下一步土地出让乃至建设时，缺少相关指标要求
4	道路交通设施控制	包括对于道路开口位置、交通路线组织、主要出入口、与城市交通设施的衔接、地面和地下停车场（库）的配置及停车位数量和比例的规定	缺少对提高公交分担率、鼓励慢行交通、提高公共空间与设施的可达性的引导，对于鼓励居民使用公共交通无缝换乘等措施没有考虑
5	绿地规划控制	规定绿地位置及比例	缺少对植被配置以及立体绿化的控制要求，仅规定绿地比例，尚不能反映减碳效果，为增加碳汇，需增加值林率及增加本地林木种类，提倡立体绿化，布局应考虑居民公园绿地步行可达性
6	公共管理与公共服务设施控制	对于地块配套设施的规定体现了总体规划中基础设施和公共服务设施用地合理配置的原则	在布局、使用方便程度上缺乏控制与引导，为减少私人小汽车出行，有必要考量公共服务设施可达性，如日常使用的幼托、小学、社区中心等步行到达的方便程度等
7	市政基础设施规划控制	这部分内容一般不在地块上反映，而在规划单元或系统上进行控制，考虑市政基础设施仅是满足基本需要	对于能源使用、给水、排水、雨水利用、污水处理、废物处理等方面，缺少从节约资源、降低碳排放的角度进行引导和控制
8	城市设计引导	确定建筑形态、尺度、色彩、风貌、景观、绿化以及公共开放空间（公共绿地、河流、水面等的利用）和城市雕塑环境景观等要求	其中公共开放空间应该评估居民可达性，尽可能吸引大多数居民步行或乘公交到达，而公园绿地中草坪与植林的比例以及公园性质也影响碳汇效果，通风廊道设置要求等

（来源：耿宏兵、郭春英、袁壮兵，2014）

控制性详细规划的低碳生态任务　　　　　　　　　　　　　　　　　　　　　　　　表9.2

规划内容	规划任务
空间布局优化	优化用地布局，设置混合用地，促进交通减量
交通组织	发展绿色交通，落实公交优先和慢行友好，引导低碳出行
生态建设	落实和优化总体规划确定的生态建设内容
资源利用	分解落实总体规划确定的资源利用目标，提出切实可行的资源利用方案
节能减排	分解落实总体规划的节能减排目标，采取行之有效的节能减排措施
地块开发建设引导	因地制宜地确定地块开发建设容量指标和各项强制性、引导性内容，指导规划实施管理

（来源：张泉，2011）

国有土地使用权出让转让管理办法》第五条和第六条的规定，出让城市国有土地使用权，以土地使用权出让合同给予额外的法律实施保障。

（2）总体规划要作为上层次法定依据把低碳生态规划建设内容包括在控规中

《城市规划编制办法》明确指出"编制城市控制性详细规划，应当依据已经依法批准的城市总体规划或分区规划，考虑相关专项规划的要求，对具体地块的土地利用和建设提出控制指标，作为建设主管部门（城乡规划主管部门）做出建设项目规划许可的依据"。这一条文要求总体规划作为"上层次规划"为在控规中包括低碳生态规划建设内容提供法定依据，正如本书前面讨论总体规划时指出：控制性详细规划是规划管理直接的实施平台，也是落实总体规划的重要管理工具。作为控制性详细规划的上位规划，总体规划文本内要确立低碳生态内容为控规提供整体控制的定量条件（如规模总量控制、人均单项控制、能耗与碳排放量控制以及执行标准等量化等要求）。同时，总体规划在这些法定的框架性内容下，需要具体说明详细规划编制时要细化的具体内容。这两个层次规划的对接对低碳生态规划实施提供重要的和完整的法定依据。

（3）低碳生态规划建设内容要得到有关标准和技术规范的支撑

《城市、镇控制性详细规划编制审批办法》[11]内说明了"编制控制性详细规划，应当……遵守国家有关标准和技术规范，采用符合国家有关规定的基础资料"。这一条文要求控制性详细规划内的低碳生态规划建设内容要符合一定的国家标准和技术规范，建立一套可以管理的机制。控规内提出的低碳生态建设要求如绿色建筑比例、生态建设、公共交通设施、可再生能源利用、水资源管理、再生水利用、废弃物回收利用等内容都要得到相关技术规范的支撑，才可以普遍地推广。这些相关技术规范的编制实际上是推动我国低碳生态城市建设发展的重要基础要素。

（4）控规内单元规划为低碳生态城区提供适当的规划管理平台

《城市、镇控制性详细规划编制审批办法》还指出："编制大城市和特大城市的控制性详细规划，可以根据本地实际情况，结合城市空间布局、规划管理要求，以及社区边界、城乡建设要求等，将建设地区划分为若干规划控制单元，组织编制单元规划"。这一安排是针对大城市和特大城市的具体情况的，毕竟它们的地域范围大，空间层次复杂，地块的控规很难在城市总体规划批准后，一次性在合理的时间内编制完成。然而城市基础设施与公共服务设施等建设工程，在总体规划层面受到规划编制深度的限制，很难直接转化为项目实施，需要通过控规确定具体相关控制要求，保证合理建设实施。为了解决这个事实上的问题，我国部分大城市如上海、深圳、南京等探讨了单元规划的编制工作[12][13][14]，作为对上承接总规、对下控制地块开发具体要求的一个中间层次的规划。在总规批准后，将总规确定的建设用地划分为若干规划控制单元，组织编制单元规

[11] 中华人民共和国建设部. 《城市、镇控制性详细规划编制审批办法》[S]. (中华人民共和国建设部令第7号，于2010年12月1日颁布，自2011年1月1日起施行)

[12] 姚凯. 上海控制性编制单元规划的探索和实践——适应特大城市规划管理需要的一种新途径[J]. 城市规划，2007（8）：52~57

[13] 罗彦，杜枫，许路曦. 基于深圳城市发展单元规划的规划转型与创新[J]. 城市发展研究，2013（8）：101~107

[14] 嵇玮，叶如海. 南京市鼓楼片区慢行单元规划[J]. 规划师，2012（4）：74~77

划，然后在单元规划的基础上，有计划地推进地块层面控规的编制工作。这一安排在《城市、镇控制性详细规划编制审批办法》中被确定，既保证了总规确定的城市运行基础保障工程及时有效地得以深化落实，又可以指导地块层面控规编制的有序进行。

这一规划控制单元安排提供了一个有效的低碳生态详细规划管理平台。住房和城乡建设部《"十二五"绿色建筑和绿色生态城区发展规划的通知》指出，"十二五"时期会选择100个城市新建区域（规划新区、经济技术开发、高新技术产业开发区、生态工业示范园区等）按照绿色生态城区标准规划、建设和运行。在推进100个绿色生态城区建设方面具体要求之一是城区不小于1.5平方公里规划面积，而城市新区要按照绿色生态城区的标准进行规划建设[15]。绿色生态城区可以是1.5平方公里到5平方公里的面积，是编制单元规划的适合空间尺度。建议：

a. 在这一单元规划的尺度上，确定有完整的低碳生态建设目标和实施管理方法，可以针对单元的客观生态资源和开发条件制定低碳生态控规指标体系与总量控制目标；

b. 利用单元规划作为绿色生态城区的法定规划平台，可以跨越单体绿色建筑的限制，在城区的空间尺度实施低碳生态公共设施，如城区能源中心、道路低冲击雨水管理控制、城区生态水资源管理等。单元规划可以配对绿色生态城区作为控规编制的一个有法定依据的工作层次；

c. 单元规划的具体审定程序和形式指导地块发展的具体管理，并由城市人民政府根据实际管理体制要求确定。本书会在下面控规的低碳生态指标体系部分再对相关考虑事项展开讨论。

（5）以低碳生态控规为基础，通过建立地方法规与指令加强保障实施机制

法定控制性详细规划提供了基于我国《城乡规划法》的管理平台，实践低碳生态城市建设，通过土地使用权出让合同实施低碳生态规划条件。但在近年地方政府的实践经验中，也有政府通过额外的法律手段提供对低碳生态控规的实施保障。这个政策的具体实践可以从无锡市对太湖新城与天津市对中新生态城的立法经验中看到。有关地方法令的参考案例分析见本书后面第10章。

无锡市太湖新城控制性详细规划把低碳生态建设要求纳入了法定控规文件，但同时人民政府也通过了《无锡市太湖新城生态城条例》，说明"生态城建设用地使用权的出让遵循生态优先的原则，土地使用权出让合同应当明确具体的生态建设指标和违约责任"[16]。根据太湖新城的低碳生态控制性详细规划指标，《无锡市太湖新城生态城条例》进一步明确协调各部门的配合，要求"市发展和改革主管部门负责做好生态城经济和社会发展的宏观指导和管理，在项目管理过程中加强对生态城建设项目落实生态建设要求的审核。市城乡规划主管部门负责做好生态城有关规划的编制和管理工作；市建设主管部门负责做好生态城项目建设的监督管理工作；市环境保护主管部门负责做好生态城环境质量监测、项目环评审查和生态城环境执法工作；市国土资源主管部门负

[15] 住房和城乡建设部.关于印发"十二五"绿色建筑和绿色生态城区发展规划的通知(建科[2013]53号) [EB/OL].（2013-04-03）[2013-4-11].http://www.mohurd.gov.cn/zcfg/jsbwj_0/jsb-wjjskj/201304/t20130412_213405.html

[16] 无锡市人民政府.无锡市太湖新城生态城条例（2011年10月27日无锡市第十四届人民代表大会常务委员会第三十次会议制定，2011年11月26日江苏省第十一届人民代表大会常务委员会第二十五次会议批准）

责做好生态城土地开发利用工作，对土地利用过程中落实生态建设要求的执行情况进行监督。市城市管理、水利、市政园林、农业、交通运输等主管部门应当按照各自职责，做好本条例的实施工作"。无锡市政府通过地方法令支持低碳生态城市项目建设，统筹不同部门的协作，确定地方政府的目标等，给低碳生态控规的实施提供了额外的保障。有关地方法令本书会再进行详细的讨论。

中新生态城立法是滨海新区立法体系的重要组成部分，是地方政府为了推动生态城市建设而立法活动的创新。《中新天津生态城管理规定》于2008年9月28日正式施行[17]，新颁布的管理规定肯定了生态城全新的开发模式、集中统一的行政管理体制和吸收借鉴新加坡管理经验的成果内容。管理规定确定的立法指导思想着重明确生态城的发展定位和建设任务，将生态城体制机制的创新法定化，在推广绿色建筑体系、废弃物循环利用等方面都提出了新规定，包括三方面的内容[18]：

a. 管理规定始终贯穿生态的核心价值，即节能、环保、和谐、以人为本的科学发展观和循环经济理念；通过规定保证生态目标的实现，确保生态城始终处于节能环保科技的前列。管理规定明确生态城管委会组织制定生态城绿色建筑标准、绿色施工标准及相应的管理规定，建立评价体系。生态城内的建筑应当按照生态城绿色建筑标准和绿色施工标准进行建设，并鼓励研发、推广和应用生态环保节能的新技术、新设备、新材料、新工艺。

b. 确立集中统一的行政管理体制：为了使生态城的管理体制体现两国政府协议对管理机构设置的要求，更好地转变政府职能、提高行政效率，保证国际合作项目的顺利实施，管理规定赋予生态城管委会集中统一行使行政管理权，并赋予其八项行政职责，其中之一包括集中统一管理生态城的规划、土地、建设、环保、交通、房屋、工商、公安、财政、劳动、民政、市容环卫、市政、园林绿化、文化、教育、卫生等管理工作。

c. 创新生态城的开发经营体制：为了创新开发经营体制，实现政企分开，理顺生态城的管理主体和开发主体的关系，管理规定将天津生态城投资开发有限公司开发经营主体资格法定化，对其土地收购整理储备权以及基础设施的开发权、使用权、经营权和收益权予以合法保护。这是重要的立法保障，将生态城的建设现状和今后责、权、利关系固定化。

[17] 天津市人民政府法制办公室. 中新天津生态城管理立法对国外经验的借鉴与创新 [J]. 港口经济，2010(9)：5～8

[18] 天津市人民政府. 中新天津生态城管理规定（于2008年9月8日通过，自2008年9月28日起施行）

9.1.3 参考案例： 江苏省控制性详细规划编制导则

江苏省住房和城乡建设厅总结对低碳生态规划的实践，在编制发表的《江苏省控制性详细规划编制导则》文件中独立提出4方面的低碳生态的内容要求节录如下[19]：

[19] 江苏省住房和城乡建设厅. 江苏省控制性详细规划编制导则（2012年修订）[S]. 南京：江苏人民出版社，2012

（1）布局原则

a. 职居平衡：分析现状就业岗位与居住容量的关系，通过调整用地类别和布局，优化职居平衡关系，缩短通勤交通出行距离，促进交通减量。

b. 紧凑开发：以公共交通引导城市用地开发，合理提高公交枢纽、站点和走廊周边土地开发强度，形成较高的居住人口密度、就业岗位密度和公共设施集聚度，促进提高公交出行比例。

c. 功能复合：鼓励可兼容用地适度混合开发，构建级配合理、布局均衡的公共服务设施和开放空间体系，形成有利于慢行交通的用地布局，减少机动交通出行。

（2）生态建设

a. 生态格局：依据城市总体规划，落实生态空间保护与控制要求，完善生态空间格局，构建生态空间体系。

b. 绿地规模：从有利于提高碳氧平衡、吸污降噪等生态效益出发，落实城市总体规划、绿地系统等相关专项规划要求，合理确定绿地总量和人均公园绿地面积、绿地率等控制指标。

c. 绿地布局：从有利于扩大公共绿地服务范围、优化水生态环境、合理设置通风廊道、缓解热岛效应等方面综合分析，优化绿地布局，注重均好性、可达性和生态系统完整性。

d. 绿化配置：优先保护原生态环境，重视绿化品种及其养护的经济性，明确本地物种比例、单位绿地面积乔木量、物种多样性等控制要求，有效提高生态效益。

e. 立体绿化：节约用地，提升有效绿化空间，兼顾增加碳汇、建筑节能等功能要求，确定可上人屋面绿化比例等控制指标及墙面绿化等控制要求。

（3）资源利用

a. 再生水利用：明确再生水水源和水质标准，确定再生水用户、需求量、供水范围、供水方式及管网布局。

b. 雨水利用：综合考虑用地性质、建筑密度、雨水利用能力等因素，结合本地区降雨强度与密度，引导下凹式绿地、雨水塘、地下雨水池等雨水留蓄设施建设，收集的雨水主要用于绿地浇洒与道路场地清洁。提高硬质地面透水面积比例，以便雨水下渗，补充地下水。

c. 垃圾分类及回收利用：遵循"减量化、资源化、无害化"的原则，完善垃圾分类、回收、利用与处置设施布局，明确相关防护要求。

（4）建筑节能和新能源利用

a. 建筑节能：根据《居住建筑节能设计标准》JGJ134、《公共建筑节能设计标准》GB50189、《绿色建筑评价标准》GB/T50378等相关要求，确定建筑节能标准、绿色建筑比例、节能照明普及率等控制指标和相应实施措施。

b. 新能源利用：结合地方资源条件，明确太阳能、地（水）热能等新能源利用方式和设施布置要求，确定集中式太阳能热水普及率、太阳能光板覆盖率等控制指标以及地（水）热能利用区域等引导性要求。

9.2 绿色生态城区与控制性详细规划

要了解如何在控制性详细规划内的单元规划层次上实施低碳生态建设管理，需要先了解目前我国在这个空间尺度上引导低碳生态城市发展的 "绿色生态城区" 理念。

9.2.1 绿色生态城区通过控制性详细规划的实施

2012年4月27日，《关于加快推动我国绿色建筑发展的实施意见》国家绿色建筑财建[167号文]发布[20]，指出要推进绿色生态城区建设，规模化发展绿色建筑，对满足条件的绿色生态城区给予资金定额补助。结合低碳生态试点建设情况，为规范低碳生态试点申报工作，2011年6月4日公布的《住房和城乡建设部低碳生态试点城（镇）申报管理暂行办法》（建规[2011]78号）[21]指出，申报低碳生态试点城（镇）应有的基本条件中包括规划建设控制范围原则上应在3平方公里以上。2012年9月，为了进一步加强对低碳生态试点城（镇）的支持力度，住房城乡建设部对低碳生态试点城(镇)和绿色生态城区工作进行了整合，并联合财政部鼓励、支持绿色生态示范城区建设。

2013年4月，住房城乡建设部发布《 "十二五" 绿色建筑和绿色生态城区发展规划》[22]，提出的要求包括确定100个城市新区按照绿色生态城区的标准因地制宜进行规划建设，并要结合城镇体系规划和城市总体规划，制定绿色生态城区和绿色建筑发展规划，因地制宜确定发展目标、路径及相关措施。推进绿色生态城区的建设要切实从规划、标准、政策、技术、能力等方面，加大力度，创新机制，全面推进。具体工作包括：

- 一是结合城镇体系规划和城市总体规划，制定绿色生态城区和绿色建筑发展规划，因地制宜确定发展目标、路径及相关措施。
- 二是建立并完善适应绿色生态城区规划、建设、运行、监管的体制机制和政策制度以及参考评价体系。
- 三是建立并完善绿色生态城区标准体系。
- 四是加大激励力度，形成财政补贴、税收优惠和贷款贴息等多样化的激励模式。

正如在本书前面篇章指出，绿色生态城区需要在总体规划体系中的市域城镇体系规划和中心城规划提出，然后作为上次规划指导详细规划编制和管理。绿色生态城区是编制单元规划的适合空间尺度。因此， "绿色生态城区" 的理念和实施的结合是地方规划管理部门的任务。但要留意绿色生态城区的规划不同于一般传统城市规划，它不是单体建筑绿色技术应用问题，而是要在城区的空间尺度实现低碳生态的建设模式，这与本章提出的低碳生态控制性详细规划编制需求是一致的。

[20] 财政部，住房和城乡建设部. 关于加快推动我国绿色建筑发展的实施意见（国家绿色建筑财建[167号文]）. [EB/OL]. (2012-04-27) [2012-5-1]. http://www.mohurd.gov.cn/zcfg/xgbwgz/201205/t20120510_209831.html

[21] 住房和城乡建设部. 住房和城乡建设部低碳生态试点城（镇）申报管理暂行办法（建规[2011]78号）[EB/OL]. (2011-06-04) [2011-7-1]. http://www.mohurd.gov.cn/zcfg/jsbwj_0/jsbwjcsgh/201107/t20110711_203738.html

[22] 住房和城乡建设部. "十二五" 绿色建筑和绿色生态城区发展规划（建科[2013]53号）[EB/OL]. (2013-04-03) [2013-5-1]. http://www.mohurd.gov.cn/zcfg/jsbwj_0/jsbwjjskj/201304/t20130412_213405.html

在国家政策的推动下，地方政府与建设单位积极展开绿色生态城区的规划和建设工作。2012年至今，根据住房城乡建设部的公告和地方政府发报的消息，目前共有三批19个城区满足国家绿色生态示范城区等要求（表9.3），其中包括国际合作的项目如天津中新生态城和无锡太湖新城等生态城项目。

我国建设绿色生态城区的发展会继续提速，住房和城乡建设部于2013年公布的《"十二五"绿色建筑和绿色生态城区发展规划》[23]提出要在"'十二五'期末，新建绿色建筑10亿平方米，建设一批绿色生态城区、绿色农房，引导农村建筑按绿色建筑的原则进行设计和建造。选择100个城市新建区域（规划新区、经济技术开发区、高新技术产业开发区、生态工业示范园区等）按照绿色生态城区标准规划、建设和运行"，并指出要"确定100个左右不小于1.5平方公里的城市新区按照绿色生态城区的标准因地制宜进行规划建设"。

[23] 住房和城乡建设部. 关于印发"十二五"绿色建筑和绿色生态城区发展规划的通知（建科[2013]53号）[EB/OL]. (2013-04-03) [2013-12-04]. http://www.mohurd.gov.cn/zcfg/jsbwj_0/jsbwjjskj/201304/t20130412_213405.html

在新型城镇化的国家战略目标推动下，这些绿色生态城区的低碳生态控制性详细规划的实践过程展示了其十分重要的意义：通过实践创新政策编制低碳生态控制性详细规划会对我国规划建设管理体制产生深远的影响。

主要绿色生态示范区项目（2014年底公告项目）　　　　　表9.3

序号	项目	规划面积(km²)	公告与资料来源
1	中新天津生态城	31	
2	唐山湾生态城	74.3	
3	无锡太湖新城	150	
4	长沙梅溪湖新城	32	http://www.mohurd.gov.cn/zxydt/201304/t20130412_213403.html
5	深圳光明新区	156.1	
6	重庆悦来绿色生态城区	3.44	
7	贵阳中天未来方舟生态新区	9.53	
8	昆明呈贡新区	122.87	
9	北京丰台长辛店生态城	5	
10	上海虹桥商务核心区	4.76	
11	上海南桥新城	84	http://news.dichan.sina.com.cn/2014/03/31/1067050_2.html
12	南宁五象新区核心区	8	
13	青岛中德生态园	70	
14	浙江海盐县滨海新城	13.4	
15	南京河西新城	94	http://www.newtown.gov.cn/21871/21883/21886/201309/t20130905_1220953.html
16	西安浐灞生态区	129	http://news.cnwest.com/content/2014-09/12/content_11597405.htm
17	株洲云龙新城	105.8	http://yq.rednet.cn/c/2013/09/16/3145440.htm
18	肇庆新区中央绿轴生态城	8.8	http://www.zqxq.gov.cn/xwzh/xqyw/201309/t20130902_214338.html
19	池州天堂湖新区	1.5	http://news.cz.xafc.com/show-528-3811-1.html

9.2.2　参考案例：北京市绿色生态示范区规划

北京市绿色生态示范区规划的实施有其绿色建筑建设的发展基础，在编制绿色建筑设计标准时与规划管理相结合，探讨实施途径。同时，绿色生态示范区项目还可以提高业界与公众的绿色意识，带动市场推进机制。

北京市绿色生态示范区的实施阶段是从总体规划到控制性详细规划的。2013年6月，北京市公布《北京市人民政府办公厅关于转发市住房城乡建设委等部门绿色建筑行动实施方案的通知》（京政办发[2013]32号）[24]，其中明确说明要发展推动绿色生态城市建设实施："在新城建设、重要功能区建设、旧城功能疏解和棚户区改造中，以集约、绿色、低碳、智能为指导思想，优化布局，坚持集约紧凑式空间发展模式，实施最严格的土地管理制度。在城市总体规划阶段合理考虑各区域产业规划布局，努力实现职住平衡，减少交通潮汐现象，降低社会综合能耗。积极引导建设绿色生态示范区、绿色居住区、绿色生态村镇，以区域绿色生态控制性详细规划为统筹，以建筑单体、建筑群绿色节能设计为支撑，以绿色基础设施建设为依托，全面推进区域绿色建筑规模化发展。"

叶大华解读《北京市发展绿色建筑推动生态城市建设实施方案》认为，北京按照"首善意识、首都标准"提出四个"率先"：率先实现居住建筑75%节能标准；率先要求编制和实施绿色生态规划；率先将绿色生态指标纳入土地招拍挂；率先新建建筑执行绿色建筑标准。"十二五"期间，创建10个绿色生态示范区和10个5万m²以上的绿色住区。北京市绿色生态示范区规划展开实施后，在全市选取了14个功能区作为绿色生态示范试点区域，制定了《北京市绿色生态示范区评价标准》和《北京市绿色生态示范区规划设计导则》，并推进试点区域的规划建设工作。表9.4是这14个绿色生态示范试点区域的选址。绿色生态示范区的基本规划设计要求包括[25]：

- 绿色生态城区的评价以城区为评价对象，城区的规模不小于3km²，城市更新地区可适当放宽；
- 城区选址靠近轨道交通站点或公交站点等公共交通节点，或者已规划便捷的公共交通系统；
- 城区内新建建筑全面执行现行国家标准《绿色建筑评价标准》中的一星级及以上的评价标准，其中二星级及以上绿色建筑达到40%以上；
- 城区内新建建筑全面执行现行《北京市绿色建筑设计标准》。

在功能区别方面，对北京市四类重点功能区的生态发展目标进行了梳理。图9.1为北京不同功能区的分类。规划不同功能的绿色生态示范区，提供了全面的示范推动作用，其中包括绿色生产示范与绿色生活示范的四类功能区：

[24] 北京市人民政府办公厅.北京市人民政府办公厅关于转发市住房城乡建设委等部门绿色建筑行动实施方案的通知（京政办发[2013]32号）[EB/OL].（2013-07-23）[2013-8-1]. http://zhengwu.beijing.gov.cn/gzdt/gggs/t1317344.htm 7/

[25] 叶大华.北京市发展绿色生态示范区实践与探索（于第十届国际绿色建筑与节能大会分论坛之一"绿色生态城区与绿色建筑分论坛"发言).2014

- 现代商务服务类功能区；
- 高新科技研发类功能区；
- 新型制造产业类功能区；
- 综合居住生活类功能区。

在管理实施体系上，将低碳生态详细规划设计指标纳入北京城市功能区土地出让、项目审批、竣工验收等建设管理全过程的应用技术要求（表9.5），并通过制定"强制、指导、引导、鼓励"等政策和措施，调动建设主体执行和维护规划指标体系的积极性，确保功能区低碳生态发展目标的实现。北京市绿色生态示范区的规划指标框架包括四类共17个指标，为下层次详细规划提供了具体的指导。

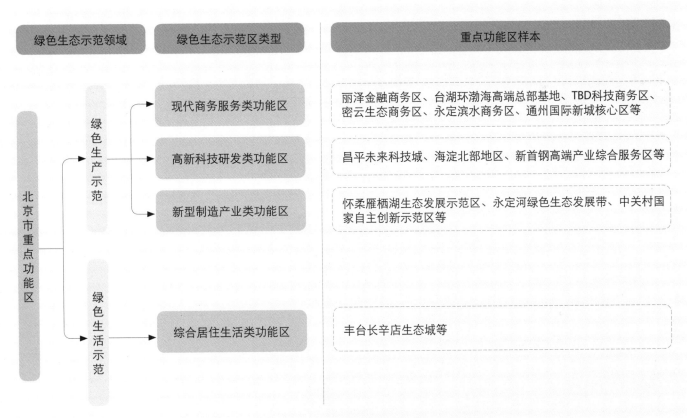

图9.1 北京市绿色生产示范与绿色生活示范的四类功能区

（来源：叶大华，2014；作者整理）

北京市绿色生态示范试点区域选址   表9.4

序号	示范区名称	所属区县
1	未来科技城	昌平
2	丽泽金融商务区	丰台
3	长辛店生态城	丰台
4	昌平北京科技商务区（TBD）	昌平
5	雁栖湖生态发展示范区	怀柔
6	密云生态商务区	密云
7	海淀北部地区	海淀
8	永定河绿色生态发展带（丰台段）	丰台
9	永定滨水商务区	门头沟
10	新首钢高端产业综合服务区	石景山
11	运河核心区	通州
12	北京商务中心区（CBD）	朝阳
13	北京台湖环渤海高端总部基地	通州
14	中关村国家自主创新示范区（一区十六园）	16区县

北京市绿色生态示范区的规划指标框架   表9.5

指标分类		指标编号	指标项
用地规划	紧凑开发	1	地块尺度
		2	公共服务设施可达性
		3	混合功能用地比例
交通组织	路网设计	4	步行和自行车路网密度
		5	地块开放度
	场站设计	6	万人（岗位）公交首末站用地规划
资源利用	能源	7	绿色建筑比例
		8	可再生能源贡献率
		9	公共建筑节能设计水平
	水资源	10	非传统水资源利用率
		11	雨水径流外排量
生态景观环境	微气候环境	12	屋顶绿化率
		13	通风廊道宽度
	景观环境	14	下凹式绿地率
		15	雨水调蓄设施配建指标
		16	开放空间可达性
		17	植林地比例

（来源：叶大华，2014）

9.2.3　参考案例：
重庆市《重庆市绿色低碳生态城区评价指标体系》

重庆市城乡建设委员会于2012年5月发布《重庆市绿色低碳生态城区评价指标体系（试行）》（后简称《指标体系》）的通知[26]，对重庆市行政区域内拟新建、扩建和改建的绿色低碳生态城区，要求严格按照《指标体系》进行规划、设计、建设和管理，充分体现资源节约、环境保护的要求，高水平建设具有地方特色的绿色低碳生态城区。同时，委员会还鼓励其他新建、扩建和改建城区参照《指标体系》的要求，以绿色、生态、低碳理念指导城乡建设。

指标体系包括59个指标项，分别在土地利用与空间、能源与建筑、交通、产业、城市运营管理等共六个部分提出了要求。指标有引导性指标与控制性指标之分，还有设计阶段指标和运营阶段指标之分。

评价指标建议的主要绿色低碳城区建设要求包括：

- 新建建筑必须100%是2012年后获得国家、地方绿色建筑标识的建筑；
- 其中三星和二星绿色建筑要达到30%；
- 在绿色低碳生态城区，包括公共建筑、道路车站、文教医疗、园林广场等，必须100%配置无障碍设施；
- 可再生能源利用率达5%；
- 非传统水利用率达20%；
- 生活垃圾全部要进行分类收集，并作填埋、焚烧等无害化处理；
- 90%的生活污水也要经过集中化处理；
- 公共建筑要安装能耗监测器；
- 城区内新建的政府办公建筑和大型公共建筑，要全部纳入城区能耗实测监控系统；
- 使用清洁能源的车辆至少要占所有公交车的80%；
- 鼓励绿色低碳生态小区利用地下空间。

重庆市城乡建设委员会于2015年1月开始实施《绿色低碳生态城区评价标准》DBJ50/T-203-2014，该标准为重庆市工程建设推荐性标准[27]。

[26] 重庆市城乡建设委员会. 关于发布《重庆市绿色低碳生态城区评价指标体系（试行）》的通知 (渝建发[2012]73号) [EB/OL]. (2012-5-24) [2012-7-1]. http://www.ccc.gov.cn/xxgk/wjtz/2012-05-24-621019.html

[27] 重庆市城乡建设委员会. 关于发布《绿色低碳生态城区评价标准》的通知 (渝建发[2014]86号) [EB/OL]. (2014-10-14) [2014-12-1]. http://www.ccc.gov.cn/xxgk/wjtz/2014-10-14-6023731.html

9.3 低碳生态控制性详细规划指标体系

为了明确控制性详细规划中的低碳生态管理内容和目标，需要建立一套指标体系，并包括可以通过土地使用权出让与管理过程中以规划管理手段和建设技术而达到的指标。近年来有关低碳生态控规指标的研究也反映了地方探索低碳生态规划和绿色生态城区建设的经验。

本章先对低碳生态控制性详细规划指标体系的基本理念与框架进行讨论，然后对低碳生态控制性详细规划指标体系提出一个基本的建议。

9.3.1 低碳生态控制性详细规划的指标框架

中国城市科学研究会调研了国外绿色生态城区的评价方法，并开展了适应我国评价方法的研究：调研我国现有绿色生态城区的评价方法；结合国内外的相关评价方法开展适应性研究，建立我国绿色生态城区的评价方法和评价框架。中国城会科学研究会提出的《绿色生态城区评价标准》所涉及的内容不仅有绿色建筑本身，同时还要充分考虑绿色生态城区的特点以及绿色生态城区今后的发展方向。绿色生态城区评价指标体系分为九类指标[28]，每类指标均包括控制项和评分项，且每类指标的评分项总分为100分：

- 规划；
- 绿色建筑；
- 生态环境；
- 交通；
- 能源；
- 水资源；
- 信息化；
- 碳排放；
- 人文。

耿宏兵等在分析我国新区的低碳生态控规编制办法时，指出目前的控规指标体系未能与低碳生态规划建设管理要求接轨。他们提出了一个以碳排放清单和排放源头为基础的指标体系框架与建议指标值（图9.2，表9.6）[29]。

[28] 王有为，王清勤，赵海等.学会标准《绿色生态城区评价标准》编制[J].建设科技，2013（6）：79~81

[29] 耿宏兵，郭春英，袁壮兵.新区控规低碳生态指标体系构建探索[J].城市发展研究，2014（增刊2）

低碳指标框架与建议指标值　　表9.6

分类	序号	指标名称	指标赋值建议
生态环境	1	城市绿地率	建成区绿地率提升项不小于35%
	2	每100m²绿地乔木量	每100m²绿地中的乔木株数不少于3株
	3	本地水本植物比例	本地水本植物比例不小于80%
	4	可上人屋面绿化面积比例	新建公共建筑和住宅建筑可上人屋面绿化面积比例不低于50%
	5	下凹绿地率	下凹绿地面积约占总绿地面积的比例不小于20%
	6	硬质地面透水面积比例	地上及地下建筑密度越高的地块透水地面比例低，反之则高；未建地块达到《绿色建筑评价标准》所规定的透水地面比不小于45%的要求
绿色交通	1	公交线路网密度	在市中心区规划的公共交通线路网的密度，应达到3~4km/km²；在城市边缘地区应达到2~2.5km/km²
	2	路网密度	国标规范规定大城市3~4km/km²；中等城市3~4km/km²；小城市3~8km/km²，低碳城市指标取上限
	3	公交站点可达性	以5分钟步行为可接受时间，1m/s速度计，居民步行到达公交站点合适距离为300m
	4	公共绿地可达性	步行500m可达公共绿地
	5	公共设施可达性	步行500m可达中小学、幼托、社区中心
建筑能源	1	建筑节能率	公共建筑节能率达到65%；居住建筑节能率达到65%
	2	绿色建筑设计达标率	绿色建筑设计达标率为100%
	3	可再生能源比例	可再生能源在建筑领域能源消耗比例达到15%以上
市政工程与资源节约利用	1	供水管网漏损率	供水管网漏损率控制在10%以下
	2	雨水利用能力	雨水蓄存设施容积≥150m³/hm²
	3	集中供热率	集中供热率达到95%
	4	环境水质达标率	达到地表水环境质量Ⅲ类标准的水环境面积≥80%
	5	污水收纳率	污水收纳达到100%
	6	燃气化率	燃气化率达到100%
	7	垃圾清运率	垃圾清运率达到100%，每天收运2次

(来源：耿宏兵、郭春英、袁壮兵，2014)

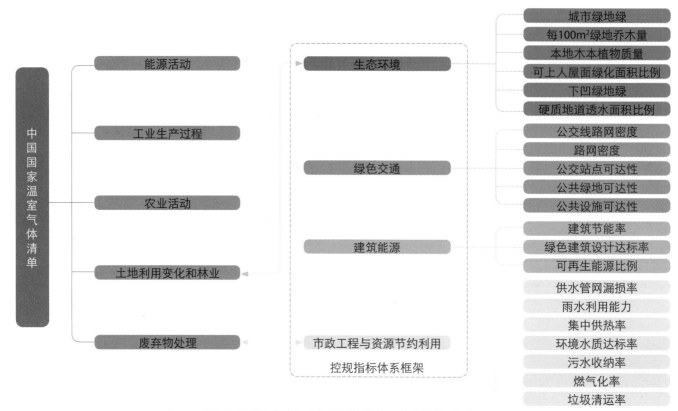

图9.2 以碳排放清单和排放源头为基础的指标体系框架

(来源：耿宏兵、郭春英、袁壮兵，2014)

9.3.2 低碳生态控制性详细规划指标体系研究参考

为了建立一个可以通过法定控制性详细规划管理体制实施的低碳生态规划建设内容框架，本书在此对国内外不同国家、地区和城市探索低碳生态城市规划指标的研究进行梳理，以针对在控制性详细规划中应该纳入哪些低碳生态建设内容和指标这一问题提出参考。我国目前有关低碳生态控规指标体系的研究大部分源于个别低碳生态建设项目的实践成果，这些项目的规模一般处于城区的层次，要通过控规指导具体项目的建设。

本书作者分析比较了六类共九个不同空间尺度的可持续城市建设发展指标体系的主要内涵（图9.3），包括：

- 欧盟的可持续发展地区合作项目（RSC）低碳指标体系；
- 中国城市科学研究会：中国低碳生态城市发展战略指标；
- 以上海市为例的城市在节能减排、生态城市建设方面的政策指标；

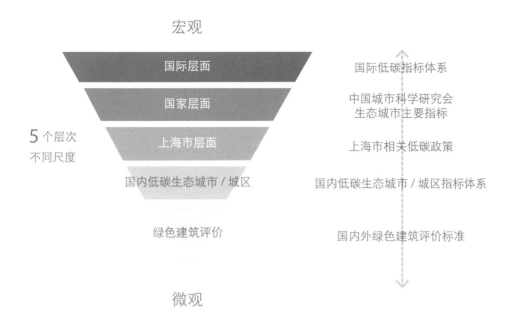

图9.3 不同空间尺度的可持续城市建设发展指标体系比较

- 中新天津生态城总体规划指标；
- 北京丰台区长辛店生态城控规指标；
- 无锡太湖新城生态控规指标；
- 上海虹桥商务区低碳指标；
- 美国LEED-ND绿色社区开发认证体系；
- 绿色建筑评价标准/上海市绿色建筑评价标准。

（1）欧盟的可持续发展地区合作项目（RSC）提出的低碳指标体系[30]

欧盟的可持续发展地区合作项目（Region for Sustainable Change Low Carbon Indicators Toolkit）是 2008年至2011年欧盟中8个国家的12个国际机构合作完成的可持续发展地区合作项目，该项目通过区域性合作，意在共同推进低碳经济的发展。该项目完成了一套低碳指标体系的数据库，总结了不同国际机构、国家行业和企业等共50个指标体系。这50个指标可被分为两个大类和七个小类，两个大类分别为低碳技术指标与制度指标。

[30] European Commission Region for Sustainable Change Low Carbon Indicators Toolkit (EB/OL). [2012.1.30] (2013.2.24). http://www.rscproject.org/indicators/index.php?page=the-rsc-low-carbon-indicators-toolkit-measuring-progress-towards-climate-friendly-economic-development

a.低碳技术指标包括：

- 温室气体排放；
- 可再生能源使用；
- 产业可持续发展。

b. 制度指标包括：

- 政策框架；
- 制度与能力；
- 社会认知；
- 财务融资。

（2）中国城市科学研究会：中国低碳生态城市发展战略指标[31]

中国城市科学研究会是在住房和城乡建设部及中国科协领导下，由全国城市科学研究方面的专家、学者、实际工作者、城市发展和建设的相关部门及单位组成的。中国城市科学研究会《中国低碳生态城市发展战略指标》提出的生态城市指标体系，是针对中国城市发展现状在一定时期内对生态城市最基本目标的确立。该生态城市指标的时限为2020年。

（3）城市政府节能减排、生态城市建设的政策指标（以上海市为例）

这部分的分析收集了上海市近年在节能减排、生态建设与应对气候变化等方面的政策目标，归纳作为城市整体指标参考（表9.7）。

（4）国内低碳生态城低碳指标体系

本书国内低碳生态城低碳指标体系分析主要收集了四个绿色生态城区的低碳生态规划指标，包括：中新天津生态城总体规划[32]、北京丰台区长辛店生态城控规 [33]、无锡太湖新城生态控规[34]和上海虹桥商务区低碳指标[35]（图9.4～图9.7）。

[31] 中国城市科学研究会.中国低碳生态城市发展战略[M].北京：中国城市出版社，2009

[32] 中新天津生态城门户网站.http://www.eco-city.gov.cn/

[33] 北京市丰台区人民政府.北京市丰台区长辛店生态城"绿色生态示范城区"申报材料.2013

[34] 无锡市规划局.无锡太湖新城－国家低碳生态城示范区规划指标体系及实施导则(2010-2020) [EB/OL].http://www.doc88.com/p-985356043971.html

[35] 闫整，房文娟，肖华斌.上海低碳生态城市的规划实践进展与启示[J].山东建筑大学学报 2011（3）：267～275

上海市近年在节能减排、生态建设与应对气候变化等方面的主要政策　　表9.7

编号	政策名称	颁布时间	颁布部门
1	《上海市节能和应对气候变化"十二五"规划》	2012年3月23日	上海市政府
2	2012全市节能减排和应对气候变化暨产业结构调整工作会议	2012年03月	市政府及各部门
3	《关于组织申报2012年上海市建筑节能示范项目的通知》	2012年02月	上海市建筑节能办公室
4	《上海市能源发展"十二五"规划》	2011年12月	上海市政府
5	《上海市交通运输节能减排"十二五"规划》	2011年12月	上海市交通节能减排联席会议办
6	《上海市"十二五"节能减排工作主要思路与制度措施》	2011年06月	上海市发改委
7	《上海城乡建设交通"十二五"发展规划纲要》	2011年02月	上海市城乡建设和交通委员会
8	《上海市建筑节能条例》	2010年10月	上海市城乡建设和交通委员会
9	《上海市绿化条例》	2007年05月	上海市绿化和市容管理局
10	《上海市建筑节能管理办法》	2005年06月	上海市政府
11	《上海市节约用水规划》	2003年05月	上海市水务局
12	上海市《公共建筑节能设计标准》	2003年05月	上海市建设和管理委员会

3大类、共8个主要指标层、22项具体指标

生态环境健康

a.自然环境良好

1. 区内环境空气质量
2. 区内地表水环境质量
3. 水喉水达标率
4. 功能区噪声达标率
5. 单位GDP碳排放强度
6. 自然湿地净损失

b.人工环境协调

7. 绿色建筑比例
8. 本地植物指数
9. 人均公共绿地

社区和谐进步

c.生活模式健康

10. 日人均生活耗水量
11. 日人均垃圾产生量
12. 绿色出行所占比例

d.基础设施完善

13. 垃圾回收利用率
14. 步行500m范围内有免费文体设施的居住区比例
15. 危废与生活垃圾（无害化）处理率
16. 无障碍设施率
17. 市政管网普及率

e.管理机制健全

18. 经济适用房、廉租房占本区住宅总量的比例

经济蓬勃高效

f.经济发展持续

19. 可再生能源使用率
20. 非传统水资源利用率

g.科技创新活跃

21. 每万劳动力中R&D科学家和工程师全时当量

h.就业综合平衡

22. 就业住房平衡指数

图9.4 中新天津生态城总体规划指标体系
（来源：中新天津生态城门户网站 http://www.eco-city.gov.cn/；作者整理）

25项具体指标

生态空间	能源	水资源	废弃物	绿色交通	低碳社会经济
1. 绿地率 2. 人均公共绿地面积 3. 本土植物指数	4. 节能指标 5. 可再生能源使用率 6. 碳排放减少量	7. 日人均生活耗水量 8. 单位面积公建用水定额 9. 再生水资源利用率 10. 雨水收集设施率	11. 垃圾分类收集率 12. 可再循环材料使用重量占所使用建筑材料总重量 13. 可在利用建筑材料使用率 14. 施工现场500km以内生产的建筑材料重量占建筑材料总重量	15. 开放空间可达性 16. 邻里中心可达性 17. 公交出行比例 18. 公交站点可达性	19. 人口毛密度 20. 无障碍住房套数指数 21. 无障碍设施率 22. 村庄拆迁安置率 23. 保障性用房比例 24. 中小企业用方比例 25. SOHO用房比例

图9.5 北京丰台区长辛店生态城控规指标体系

(来源: 北京市丰台区人民政府, 北京市丰台区长辛店生态城"绿色生态示范城区"申报材料.2013; 作者整理)

6大类、62项指标

城市功能	绿色交通	能源与资源	生态环境	绿色建筑	社会和谐
1. 建设用地综合容积率 2. 拥有混合使用功能的街坊比例 3. 公共活动中心与公共交通枢纽调和度 4. 地下空间开发与公共活动中心结合度 5. 500m范围内可达基本公共服务设施的比例	6. 公交线路网密度 7. 慢行交通路网密度 8. 500m范围内可达公交站点比例 9. 公交平均车速 10. 清洁能源公共交通工具的比例 11. 绿色出行比例	12. 新建居住和公共建筑设施节能率 13. 单位面积建筑能耗 14. 可再生能源比例 15. 区域供冷供热覆盖率 16. 日人均生活水耗 17. 供水管网漏损率 18. 节水器具普及率 19. 节水灌溉普及率 20. 用水分项计量普及率 21. 非传统水源利用率 22. 城市污水处理率 23. 工业废水排放达标率 24. 日人均垃圾排放量 25. 建筑垃圾排放量 26. 生活垃圾分类收集率 27. 垃圾回收再利用率 28. 生活垃圾无害化处理率	29. 空气质量好于或等于二级标准的天数 30. 区内地表水环境质量 31. 环境噪声达标区覆盖率 32. 湿地、水系比例 33. 人行区风速 34. 住区日照达标覆盖率 35. 住区室外日平均热岛强度 36. 本地植物指数 37. 植物种类 38. 建成区绿地率 39. 建成区绿化覆盖率 40. 植林率 41. 人均公共绿地 42. 每个居住区公园面积 43. 慢行道路的遮荫率 44. 透水地面比例	45. 绿色建筑比例 46. 绿色环保材料比例 47. 本地建材比例 48. 绿色施工比例 49. 物业管理通过ISO14001的比例 50. 住宅智能化系统普及率	51. 通过ISO14001认证的企业比例 52. 单位GDP能耗 53. 单位GDP水耗 54. 单位GDP固体废弃物排放量 55. 单位GDP碳排放量 56. 绿色社区创建率 57. 绿色学校创建率 58. 绿色环保医院 59. 无障碍设施率 60. 安适房 61. 就业住房平衡指数 62. 公众对环境和社会服务的满意度

图9.6 无锡太湖新城生态控规指标体系

(来源: 《无锡太湖新城——国家低碳生态城示范区规划指标体系及实施导则 (2010~2020) 》http://www.doc88.com/p-985356043971.html; 作者整理)

图9.7 上海虹桥商务区低碳指标体系
(来源: 闫整、房文娟、肖华斌, 2011; 作者整理)

（5）美国LEED-ND绿色社区开发认证体系[36]

LEED-ND （Leadership in Energy and Environmental Design – Neighborhood Development）是全世界第一个集精明增长、城市规划和绿色建筑原则于一体的国际评估系统。ND（邻里社区）是由美国绿色建筑委员会(USGBC)、新城市规划协会(CNU)和自然资源防御委员会(NRDC)共同开发的评估体系。LEED-ND为高标准的环境负责和可持续设计提供独立的第三方认证（图9.8）。

（6）绿色建筑评价标准/上海市绿色建筑评价标准

国家绿色建筑评价标准GB/T50378[37]在本书前面第4章已有介绍，这里不再复述。上海市绿色建筑评价标准DG/TJ 08-2090-2012[38]是上海市的地方标准，内容和架构与国家标准相似（图9.9）。

[36] USGBC Leadership in Energy & Environmental Design. LEED for Neighborhood Development v2009, http://www.usgbc.org/resources/leed-neighborhood-development-v2009-current-version

[37] 中华人民共和国住房和城乡建设部. 绿色建筑评价标准GB/T50378-2014[S] (发布时间: 2014-04-1, 实施日期: 2015-01-01)

[38] 上海市城乡建设和交通委员会. 上海市绿色建筑评价标准 (DG/TJ 08-2090-2012) [S]. 2012

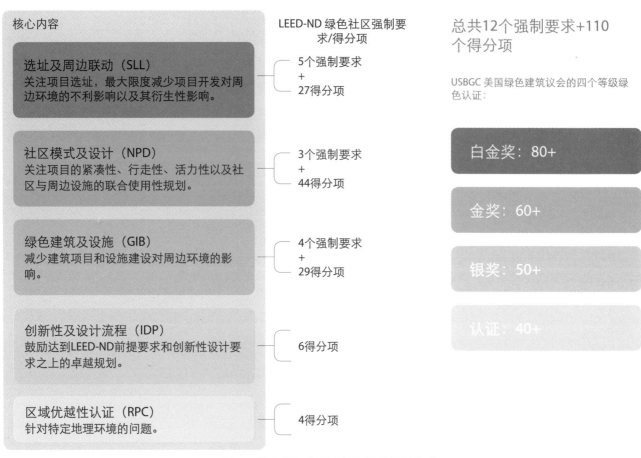

图9.8 美国LEED-ND绿色社区开发认证体系
(来源：USGBC Leadership in Energy & Environmental Design，2009；作者整理)

分为6大类、15项具体指标					
节地与室外环境	**节能与能源利用**	**节水与水资源利用**	**节材与材料资源利用**	**室内环境质量**	**运营管理**
1. 到达公交站点步行距离 2. 包含乔、灌、草等多种植物 3. 建筑周围人行区风速	4. 空调采暖系统比上海市现行建筑节能相关标准的规定高一个等级 5. 建筑外窗可开启面积率 6. 可再生能源热水占热水消耗量比例；或发电占用电量比例	7. 非传统水利用率 8. 绿化、景观等用水非传统水源采用率 9. 室外透水地面面积比≥40%	10. 可再循环+可再利用建筑材料质量之和占建筑材料总重量比例 11. 以废弃物生产的建筑材料占同类型材料比例 12. 500km以内生产的建材质量占总用量比例	13. 办公、宾馆类建筑室内要求	14. 物业管理部门通过ISO-14001认证 15. 办公商场类建筑的耗电、冷热量实行计量收费

图 9.9 上海市绿色建筑评价标准指标体系
(来源：上海市城乡建设和交通委员会.上海市绿色建筑评价标准（DG/TJ 08-2090-2012），2012年3月1日；作者整理)

对以上六类共九个不同空间尺度的城市建设发展指标内涵的比较归纳于表9.8中。比较的指标包括技术指标（交通、建筑节能、可再生/清洁能源使用、水资源、生态空间、废物利用、建筑节材、微气候、场地、室内环境、社区等）及碳排放、能源、经济、社会、运营、其他指标等共17项。

不同空间尺度的城市建设发展指标内涵比较 表9.8

空间尺度	指标体系	城市规划设计技术内容											城市宏观政策/体制内容					
		交通	建筑节能	可再生/清洁能源使用	水能源	生态空间	废物利用	建筑节能	微气候	场地	室内环境	社区	碳排放	能源	经济	社会	运营	其他
国家层面	中国城市科学研究会生态城市主要指标	●	●	—	●	●	●	—	—	—	—	—	●	●	●	●	●	—
城市层面	上海有关低碳生态相应政策	●	●	●	●	●	●	—	—	—	—	—	●	●	●	●	—	—
低碳生态城市／城区	中新天津生态城	●	●	●	●	●	●	●	—	—	—	—	●	●	●	●	●	●
	北京丰台区长辛店生态城	●	●	●	●	●	●	●	—	—	—	—	—	—	●	●	●	—
	无锡太湖新城	●	●	●	●	●	●	●	—	—	—	●	●	●	●	●	●	●
	上海虹桥商务区	●	●	●	●	●	●	●	—	●	—	—	—	—	—	—	●	—
	LEED-ND	●	●	●	●	—	—	—	—	—	●	●	—	—	—	—	—	—
绿色建筑	《绿色建筑评价标准》	●	●	●	●	●	●	●	●	—	●	—	—	—	—	—	—	—
	上海市《绿色建筑评价标准》	●	●	●	●	●	●	●	●	—	●	—	—	—	—	—	—	●

从表9.8的分析中可以得出以下几点结论：

- 所有的指标体系都包含基本城市建设设计技术指标：交通、建筑节能、可再生/清洁能源使用、水资源、生态空间、废物利用和微气候等要求；
- 国际低碳指标体系突出低碳制度环境：政策框架、制度与能力、社会认知以及财务融资等"软实力"方面的指标；
- 区域城市指标关注低碳规划和覆盖宏观经济社会内容：城市规划建设、能源及碳排放、清洁能源、经济、社会等宏观层面的指标；
- 绿色建筑指标关注具体技术应用：LEED-ND、绿色建筑评价标准等评估标准则侧重于场地、室内环境等较微观层面的指标。

9.3.3 对低碳生态控制性规划指标基本框架的建议

从上述分析中可以看出：目前的指标体系内容主要集中于技术方面，主要控制管理的环节是项目的设计阶段，相对而言有关运营、体制、政策方面的指标内容是缺乏的。

从控制性详细规划的单元规划尺度层面，低碳生态指标体系可以按不同城市的经济、社会、环境条件而定，反映地方的特殊性与特点。本章就基本的低碳生态控制性规划指标框架提出了建议，它除了包含技术内容外，还强调政策、运营与最终整体减排成效的指标，以此作为构建具体指标体系的参考。建议的指标体系框架包含了四类不同功能的指标（图9.10）。

分为4大类、41项具体指标

地方政策2项	低碳建设25项	运营管理11项	低碳成效3项
· 地方应对气候变化政策 · 地方绿色建筑评价标准	**建筑节能** · 新建建筑节能率 · 既有建筑节能率 · 绿色建筑比例 **可再生能源使用** · 可再生能源员使用率 **能源供应** · 清洁能源使用比例 **水资源** · 节水器具普及率 · 非传统水源利用率 · 雨水渗透 · 地表水环境质量 **生态绿地** · 植林率 · 本地植物指数 **交通** · 公交出行比例 · 慢行系统 · 步行遮荫 · 无障碍设施	**废物利用** · 生活垃圾分类收集率 · 建筑垃圾回收利用率 **建筑节材** · 可再循环材料占建筑材料总重量比例 · 可再利用建筑材料使用率 · 500km以内生产的建材质量占总用量比例 **微气候** · 热岛效应 **社区** · 社区服务设施数量 · 开放空间可达性 · 公交站点可达性 · 公共服务设施可达性	**低碳园区管理** · 编制低碳专项规划 · 土地开发指标 · 碳排放监测体系 · 园区能源管理 · 碳交易机制 · 教育推广计划 **低碳企业运营** · 企业碳排放报告 · 企业员工低碳守则 · 节能减排激励机制 **低碳市民生活** · 居民低碳守则 · 居民低碳生活推广计划	· 总碳排放量 · 单位建筑面积碳排放 · 单位建筑面积能耗

图9.10 低碳生态控制性规划指标基本框架

9.3.4 参考案例：
北京市长辛店生态城：控制性详细规划指标体系

（1）项目基本情况

长辛店生态城位于北京市丰台区永定河西岸的长辛店镇，在长辛店镇的东北部、长辛店老镇以北3km处，是丰台河西地区除长辛店和王佐两个镇区之外的综合城市功能新区，集居住区、产业区、商业中心、生态公园和旅游景点于一体。长辛店生态城紧邻园博园及永定河，是河西地区与河东地区连接的重要枢纽，处于北京市域范围内的西部次区域以及"永定河绿色生态发展带"上，与中心城以及其他新城的快速交通联系便捷，是城市未来的重要发展地区（图9.11）。

项目规划范围面积：东至永定河西堤路和规划京周公路新线，南至规划梅市口路，西侧由北向南以规划芦辛路、郭庄路为界，北至规划长辛店北一路，总用地面积约500hm²，规划总建筑面积约为327万m²。项目规划人口：长辛店生态城未来规划人口数量将达到2.65万人。

长辛店生态城是我国第一个将低碳生态规划指标纳入法定控制性详细规划的项目，有着极大的示范作用。该项目于2013年获得国家"绿色生态示范城区"的称号。

图9.11 北京长辛店生态城土地利用规划图

（来源：北京市规划委员会、丰台区人民政府.
《北京市丰台区长辛店生态城"绿色生态示范城区"申报材料》. 2013）

（2）低碳生态规划建设技术性要求：指标体系

2007年初，奥雅纳工程咨询有限公司进行长辛店生态城概念规划，制定了总体生态战略。2008年以后，丰台规划分局及长辛店镇政府委托北京市城市规划设计院及奥雅纳共同开展长辛店生态城5km²的控规深化优化编制工作[39][40]。

在规划过程的第二阶段，需要有一系列可持续发展的城市规划导则为街区和地块明确现场工程、建筑、环境、生态、水资源、能源系统、废弃物、能源节约和再生能源需求等方面的设计要求。长辛店低碳社区规划项目的挑战在于在现有的法定规划体系内实现低碳规划的控制与管理，这不仅需要运用创新的规划方式，还需要充分考虑和北京市现有规划管理要求的结合。

在现有的法定规划体系中，明确的用地规划条件是在控规层面制定的，控规的强制性指标保障了具体建设地块对上位规划即总体规划制定的战略要求的落实。然而现有的法定控制规划只是在以下方面提出了控制性要求：土地使用性质、建筑密度、建筑高度、容积率、绿地率、机动车出入口、停车位数量等，从表述低碳建设要求方面考虑，这些强制性规划指标在深度和广度上都有所欠缺，无法保障低碳规划目标的完全实现，如控制减少能源使用、利用可再生能源、雨水回收利用、暴雨管理最佳方法、废弃物管理与水治理等。

因此，长辛店低碳社区规划设计的核心在于制定低碳城市控制性导则。低碳规划控制要求与常规控规有很大不同，但是脱离现有的管理平台又无法执行，因此规划坚持采用以可操作管理为目的的控制手段。根据管理和一、二级开发要求采用分级控制，形成街区和地块两个层面的控制内容。街区层面的控制要点突出结构性与系统性的低碳要求，由政府主导的一级开发落实；地块层面在常规控规指标基础上增加低碳控制体系，由二级开发建设主体采用具体的低碳措施来进行落实。

将低碳规划要求编制成法定控制规划的重点在于结合各地块提出低碳规划条件：在制定低碳规划控制导则的过程中，所有的绩效目标和技术要求均在各街区和地块上进行模拟，以保证在各个地块中落实可强制的低碳规划指标，并最终可以在整个区域实现可持续发展的总体目标。规划将非传统的低碳控制体系与法定控制规则相结合，为每个地块制定了一系列法定控制指标，包括能源减少标准、可再生能源使用标准、暴雨渗透标准、绿色屋顶要求、绿色开放空间、微气候环境要求、水资源利用等。

[39] 叶祖达.生态城市：从概念到规划管理实施——上海崇明岛东滩和北京丰台长辛店[J].城市规划，2008（8）：15～27

[40] 北京市城市规划设计研究院，奥雅纳工程咨询（上海）有限公司.丰台区长辛店生态城规划.2010

通过对资源条件、技术应用、经济成本等的详细分析与专题研究，控制性详细规划方案从环境、资源、经济、社会四个方面提出19项具体目标，具体指标体系见（表9.9）[41]。

[41] 北京市规划委员会丰台分局.丰台区长辛店镇北部地区居住区项目（一期）南区生态控制与引导. 2011

（3）低碳生态控制性详细规划指标的意义

在控规层面提出低碳建设要求对当前规划编制而言是一种创新，因此，长辛店低碳社区规划作为北京城市生态建设的试点项目，在规划手段上为低碳控制性详细规划探索了制度上的解决方案，对促进北京市低碳规划具有重大意义。该项目将能源、水和废弃物等参数的低碳控制要求结合到法定规划体系中，这在国内尚属首次。该项目是先锋性的个案研究，这将大大增强国内实施低碳建设理念的可行性和执行力，确保低碳发展模型可以在中国实施、执行和复制。长辛店低碳社区规划有三方面的意义[42]：

[42] 叶祖达,施卫良.北京长辛店低碳社区控制性详细规划[M] // 中国城市科学研究会.低碳生态城市年度报告2010，北京：中国建工出版社，2010

a. 提出适于在控规层面操作的指标体系

目前国内低碳社区规划提出的指标体系基本都处于总规层面，在控规层面适用的指标体系研究尚处于探索之中。本规划领先性地提出19项可持续发展的具体指标，对于国内相关技术标准的研究具有借鉴意义。

b. 解决低碳发展目标在控规层面落地的问题

低碳规划的理念和目标从总体规划向控规深化落实存在很大的难度，本规划以一体化的资源管理系统模型分析为基础，通过要素提取、指标量化、评估修正工作，有效地解决了上述问题，对于控规层面的低碳规划编制具有示范意义。

c. 制定与北京规划管理相适应的低碳规划控制性导则

本规划在法定控规指标的基础上，提出了街区层面的控制要点和地块层面的低碳控制性指标，对于在控规层面实现低碳规划的可管理、可推广具有重要的示范意义。

9.3.5 参考案例：长沙市梅溪湖新城控制性详细规划指标体系

梅溪湖新城是湖南省长沙市重点新城建设项目，位于长沙大河西先导区的梅溪湖片区，距市政府6km，距市中心约8km，交通便利。梅溪湖片区总规划面积约14.8km²，而梅溪湖新城处于梅

长辛店生态城控规指标体系　　　　　　　　　　　　　　　　　　表9.9

生态目标			准则内容
环境建设	1	密度	人口毛密度：600人/hm²居住用地。
	2	绿化环境	绿地率：整个地区>50%。
			人均公共绿地：>40m²/人。
	3	本土植物	本土植物比例：本土植物指数在整个地区达80%。
	4	开放空间	开放空间可达性：100%人口至公共开放空间（公共广场和公园）步行距离为400m以内。
	5	邻里中心	邻里中心可达性：100%人口至邻里中心步行距离为500m以内。
	6	公交出行	公交出行比例（不包括步行）：M14开通后公交出行比例（晚高峰）达到2020年北京市中心城规划公交出行目标。绿色交通（步行、自行车、公共交通）比例大于65%。
	7	交通便捷性	公交站点可达性：100%的人口至区内公交专线站点<500m，100%的人口至公交站点<500m。
			街区尺度为150~220m。平均通勤距离小于3km。
			所有道路两侧均设置自行车道。
			本地居民在本地就业的比例大于50%。
节约利用资源	8	能源节约使用	节能指标：减少20%的能源使用（相对于现有的规范）。
	9	可再生能源使用	可再生能源使用率：可再生能源的使用量占建筑总能耗的比例大于20%。
	10	减少碳排放	碳排放减少量：二氧化碳排放比常规方案至少减少50%，通过植林地比率指标，达到碳中和35%（尚未包括公交使用比率的增加令二氧化碳排放减低的估算）。
	11	水资源消耗	日人均生活耗水量：居民室内生活用水量不高于110升/人/天。单位面积公建用水定额：以供定需、强化节水措施，按照比北京市平均水平降低10%控制。
	12	再生水资源利用	再生水资源利用率：90%。
			城市污水处理率达到100%。
	13	雨水收集利用	雨水收集设施率：一年一遇（59mm）径流实现零排放。
	14	生活垃圾治理	垃圾分类收集率：原生垃圾规范收集率达到100%，垃圾密闭式运输率达到100%。
			垃圾回收利用率：生活垃圾资源化率70%，生活垃圾无害化处置率达到99%。
	15	建筑材料使用	绿色建筑比例100%，其中二星级绿建比例达60%以上。
			可再循环材料使用重量占所用建筑材料总重量10%以上。
			可再利用建筑材料使用率>5%。施工现场500km以内生产的建筑材料重量占建筑材料总重量70%以上。
经济发展社会保障	16	中小企业创业	中小企业用房比例：产业发展总建筑面积的20%。
			SOHO用房比例：总住宅建筑面积的3%。
	17	旧村改造	村庄拆迁安置率：拆迁旧村100%在规划范围内安置。
	18	无障碍	无障碍住房套型指数：20%的住宅建设为符合乘轮椅者居住的无障碍住房套型。
			无障碍设施率：公共建筑、道路车站、园林广场等公共设施中无障碍设施建设率达100%。
	19	保障性用房	保障性用房比例：住宅建筑总量的15%作为保障性用房。

（来源：北京市规划委员会，丰台区人民政府.北京市丰台区长辛店生态城"绿色生态示范城区"申报材料.2013）

溪湖片区的核心位置，占地面积为7.6km²。片区内包括湖面和5A级岳麓山风景名胜区中的桃花岭景区，其中约4240亩经营性用地包括约3934亩住宅及商业公建用地、306亩研发及配套用地，约1032万m²总建筑面积。梅溪湖新城于2012年10月获得了国家首批"绿色生态示范城区"的称号。

马素真与孙大明在分析梅溪湖新城绿色生态城区规划建设模式和项目实践的研究中提出：生态城区建设框架应全面体现城市发展的各领域，主要包括资源、环境、社会和经济四大类。资源节约是指绿色城区应注重采取综合性措施，提高资源利用效率，以最少的资源消耗获得最大的经济和社会收益。在控规层面，绿色生态城控制性详细规划应遵循绿色、生态、低碳理念，并落实总体规划理念和要求，需要编制各地块规划落实强制性要求的生态指标，同时结合各生态城特点明确引导性指标要求[43]（表9.10）。梅溪湖新城低碳生态规划指标体系按照"总量控制+平行规划"的原则，以人均碳排放为总控制目标[≤4.3t/(人·年)]，按照城区规划、建筑规划、能源规划、水资源规划、生态环境规划、交通规划、固体废弃物规划、绿色人文规划的平行规划分解落实[44]。

[43] 马素真，孙大明.绿色生态城区规划建设模式和项目实践[J].建设科技，2013（16）：42—45

[44] 向群，董海文，陈豪.梅溪湖新城——正在崛起的绿色生态城[J].建设科技，2013（24）：61—63

9.3.6　参考案例：
上海世博会城市最佳实践区后续发展——低碳生态建设指标体系

（1）项目背景

上海世博会城市最佳实践区位于世博园区黄浦江北面，占地面积15.08hm²，是2010年上海世博会主题的重要分区之一（图9.12）。

根据城市最佳实践区在2010年上海世博会的低碳发展技术实践和其后续开发使用的定位，结合国内外低碳发展经验，奥雅纳工程咨询有限公司被委托对实践区的低碳建设及运营提出可量化的低碳指标体系，并编制低碳建设导则和实施监控措施，为实践区的低碳建设与发展提供科学依据。本章根据蔡放鸣发表的论文节录为读者提供参考[45]。

（2）上海世博会城市最佳实践区低碳生态建设指标

根据修建性详细规划，城市最佳实践区的功能定位是文化创意产业的集聚区、世博文化遗产的承

图9.12 上海世博会城市最佳实践区后续发展规划
（来源：蔡放鸣，2014）

[45] 蔡放鸣.上海世博会城市最佳实践区后续发展低碳生态规划与实践[J].上海城市规划，2014（3）：112~117

长沙梅溪湖新城控制性详细规划生态控制性详细规划　　　　表9.10

八项指标类	详细指标值
1.城区规划指标	• 拥有混合使用功能的街坊比例（≥70%） • 地下空间开发利用率（≥35%） • 街区尺度达标率（≥80%） • 街道中临街建筑高度与街宽比大于1:2的比例（≥40%） • 市政管网普及率（100%） • 无障碍设施设置率（100%）
2.建筑规划指标	• 绿色建筑比例（一星级以上100%，二星级及以上≥30%） • 全装修住宅比例（≥50%） • 本地建材比例（≥70%） • 绿色施工比例（100%） • 建筑智能化普及率（100%）
3.能源规划指标	• 建筑设计节能率（综合平均≥65%） • 单位面积建筑能耗（公建≤100kWh/m²·a、居建≤40kWh/m²·a） • 公建能耗监测覆盖率（100%） • 可再生能源利用率（平均综合≥10%） • 公建区域供冷供热覆盖率（≥55%） • 公建智能电网覆盖率（≥29%）
3.水资源规划	• 非传统水源利用率（≥10%） • 场地综合径流系数（≤0.54） • 建筑节水率（公建≥10%、居建≥9%） • 供水管网漏损率（≤8%） • 用水分项计量普及率（100%）
5.生态环境规划	• 原有生态保持率（100%） • 环境噪声达标区覆盖率（100%） • 地表水域质量（III类水质） • 人行区风速（≤5m/s） • 室外日平均热岛强度（≤1.3℃） • 本地植物指数（≥0.8） • 清凉屋面覆盖率（≥50%） • 慢行道路遮荫率（≥80%）
6.交通规划指标	• 300米范围内可达公交站点比例（≥90%） • 慢行道路宽度（≥2m） • 自行车停车位数量（公建≥0.1、居建≥0.3） • 清洁能源公交比例（≥30%） • 优先停车位比例（≥10%）
7.固体废弃物规划指标	• 日人均生活垃圾排放量（≤.8kg/人·d） • 建筑垃圾排放量（≤350t/万m²） • 生活垃圾分类收集设施达标率（100%） • 垃圾回收再利用率（生活垃圾≥50%、建筑垃圾≥30%） • 垃圾无害化处理率（100%）
8.绿色人文规划指标	• 管理和服务信息化的社区比例（100%） • 绿色社区创建率（100%） • 绿色感受度（≥80%） • 绿色学校（小学、中学）创建数（7所） • 绿色出行比例（公共≥40%、慢行交通≥40%） • 居住与就业平衡指数（≥15%） • 碳排放计量覆盖率（100%）

（来源：向群、董海文、陈豪，2011）

载区、低碳生态发展的最佳实践区。据此，城市最佳实践区低碳发展的总体目标和定位如下：

- 延续世博会低碳、绿色、生态理念，大力发展绿色建筑，成为全国绿色建筑综合示范工程；
- 建成高标准的国家级低碳示范区；
- 申报LEED-ND铂金级认证，成为国际低碳实践交流平台的典范。

城市最佳实践区低碳指标体系的构建首先借鉴国内外的参考标杆指标体系，从场地、室内环境等较微观层面选取低碳技术应用方面的指标，再通过技术与成本分析论证，建立城市最佳实践区后续发展的低碳指标体系。

城市最佳实践区的后续发展规划应延用世博会期间适用的低碳技术，包括可再生能源和新能源、节能技术、低碳交通、水处理技术和固体废弃物处理等。城市最佳实践区主要针对建筑层面，其应用的低碳技术同样涉及可再生能源、建筑节能、水资源和废弃物处理等类别的指标。城市最佳实践区后续发展的低碳指标体系又分为低碳建设指标和运营管理指标两大类、22项具体指标。在实践区建设阶段主要实现19项低碳建设指标的实施与管理，三项运营管理指标则将在实践区建成后的运营过程中，对低碳企业进行约束管理（表9.11）。

(3) 城市最佳实践区后续发展低碳建设导则

城市最佳实践区后续发展绿色低碳专项规划主要针对不同类别的建筑及场区环境提出有针对性的低碳建设导则，具体对使用者和建造单位都提出了技术要求。整体场地建设的开发主体和单体建筑的开发主体不尽相同，因此要将指标值落实到场地和单体建筑两个层面，以确保实践区达到低碳发展的总目标。

建设导则主要关注两方面：建筑节能与场地的建设导则。城市最佳实践区将延续世博会期间的基本建筑格局，并对部分建筑进行改造和新建。确定后的建筑类型主要分为四种：整体新建建筑，外观更新、内部改造建筑，外观保留、内部改造建筑和基本保留建筑。对不同建筑的节能要求按具体技术分析定位于不同的水平（表9.12，表9.13）。

(4) B2馆低碳生态建设条件

城市最佳实践区内包括新建、改建和保留建筑共22栋，分别应用了不同的低碳技术。其中，B2馆是率先建设的项目，位于城市最佳实践区的中部，其后续发展定位为文化创意产业办公写字楼，建筑面积为12390m²。改造后将采用江水源热泵系统供暖制冷，设计将满足绿色建筑设计评价标识一星级标准的要求（图9.13）。依据以上要求，将低碳指标体系落实到B2展馆，形成建筑层面的建设条件见（表9.14）。

城市最佳实践区会后发展低碳指标体系　　　　　　　　　　　　　　　表9.11

类别		编号	指标内容	指标值
低碳建设指标	周边社区规划	1	社区服务设施种类	住区步行范围400m内的社区服务设施种类≥10种
				公共建筑、道路、车站、园林广场等
		2	无障碍设施比例	公共设施中无障碍设施建设比例达到100%
	区域能源供应	3	清洁能源使用比例	≥20%
	交通出行	4	步行遮荫	步行道路长度的40%以上设有树荫或遮荫设施
	建筑节能	5	新建建筑节能率	公共建筑：70%
		6	既有建筑节能率	公共建筑：55%
		7	绿色建筑比例	100%
	可再生能源使用	8	可再生能源使用率	≥20%
	水资源	9	节水器具普及率	100%
		10	非传统水源利用率	≥15%
		11	雨水渗透及利用	≥90%
		12	地表水环境质量	区内地表水环境质量不低于Ⅲ类水质
	生态绿地	13	植林率	40%
		14	本地木本植物指数	≥0.9
	废物利用	15	生活垃圾分类收集率	100%
		16	建筑垃圾回收利用率	≥50%
	建筑节材	17	可再生循环材料占建筑材料总重量比例	≥10%
		18	可再利用建筑材料使用率	≥5%
		19	500km以内生产的建材质量占总用量比例	≥70%
运营管理指标	企业碳排放报告	20	编制企业碳排放报告	完成
	企业员工低碳守则	21	制定企业员工低碳守则	完成
	节能减排激励机制	22	制定节能减排激励机制	完成

（来源：蔡放鸣，2014）

建筑节能建设导则 表9.12

建筑类型	整体新建建筑	外观更新、内部改造建筑	外观保留、内部改造建筑	基本保留建筑
新建建筑节能率	≥70%	—	—	—
既有建筑节能率	—	≥55%	≥55%	—
绿色建筑要求	两栋新建办公楼达到绿色建筑三星级标准	达到绿色建筑一星级标准	达到绿色建筑一星级标准	—
可再生能源利用率	≥24%	≥18%	≥21%	≥20%
清洁能源使用比例	≥24%	≥18%	≥21%	≥20%
节水器具普及率	100%			
非传统水资源利用	北部新建办公楼达到35%	—	—	—
绿色屋顶比例	≥20%	≥20%	—	—
生活垃圾分类收集率	100%			
建筑垃圾回收利用率	≥50%			
可再循环材料占建筑材料总质量比例	≥10%			
可再利用建筑材料使用率	≥5%			
500km以内生产的建材质量占总用量比例	≥70%		—	

（来源：蔡放鸣，2014）

图9.13　城市最佳实践区B2馆
（来源：蔡放鸣，2014）

场地建设导则 表9.13

场地类型		绿地	道路广场	其他
社区服务设施种类		—		住区步行范围400m内的社区服务设施种类≥10种
无障碍设施比例（%）		100%		—
步行遮荫		—	步行道路长度的40%以上设有树荫或遮荫设施	—
地表水环境质量		区内地表水环境质量不低于III类水质		
植林率（%）		≥40%		
本地木本植物指数		≥0.9		
雨水渗透及利用	干塘占绿地面积比例（%）	≥10%	—	—
	透水铺装比例（%）	—	≥80%	—

（来源：蔡放鸣，2014）

城市最佳实践区B2馆建设条件　　　　　　　　　　表9.14

	指标类型	建议低碳指标值	指标解释
1	新建建筑节能率	不适用	—
2	既有建筑节能率	≥55%	既有公共建筑在现有规范标准节能50%的基础上，再减低10%能源需求，达到节能55%的标准
3	绿色建筑要求	达到绿色建筑一星级标准	建筑应达到《绿色建筑评价标准》设计评价标识的一星级标准
4	可再生能源利用率	≥21%	可再生能源（包括江水源热泵、太阳能光热和光伏发电等）提供的非化石能源量占建筑总能源需求的比例
5	清洁能源使用比例	≥21%	清洁能源（包括可再生能源和天然气等）提供的能源量占建筑总能源需求的比例
6	节水器具普及率	100%	建筑设计需要采用符合《节水型生活用水器具》标准的节水器具
7	非传统水源利用率	不适用	—
8	绿色屋顶比例	不适用	—
9	生活垃圾分类收集率	100%	在建筑内设置生活垃圾分类收集设施，其数量、外观色彩及标志应符合垃圾分类收集的要求
10	建筑垃圾回收利用率	≥50%	建筑施工、旧建筑拆除和场地清理产生的固体废弃物回收利用率不低于50%
11	可再循环材料占建筑材料总重量的比例	≥10%	在建筑设计选材时考虑材料的可循环使用性能，在保证安全和不污染环境的情况下，可再循环材料（对无法进行再利用的材料通过改变物质形态，生成另一种材料，实现多次循环利用的材料）使用重量占所用建筑材料总重量的10%以上
12	可再利用建筑材料使用率	≥5%	可再利用建筑材料（基本不需要改变旧建筑材料或制品的原貌，仅需要对其进行适当清洁或修整等简单工序后经过性能检测合格，可直接回用于建筑工程的建筑材料）的使用率大于5%
13	500km以内生产的建材质量占总用量的比例	≥70%	施工现场500km以内生产的建筑材料质量占建筑材料总质量的比例应大于70%

值得留意的是：城市最佳实践区低碳实践方案建立了贯穿规划、设计、施工、验收、运营全过程的动态监管机制，并对碳交易的相关机制进行了研究，从低碳运营管理指标和实施操作策略层面强化实践区的示范性。项目是我国第一个获得LEED-ND铂金级预认证项目的项目，是体现国际标准与我国国情的绿色生态城区实施项目。预计项目实施后，该区域将实现建筑节水40%，灌溉节水50%，雨水收集回用90%；新建建筑平均节能26%，已有建筑平均节能22%；每年减少CO_2排放26.2%。

9.3.7 国家绿色生态城区评价标准的编制工作

根据住房和城乡建设部《关于印发2014年工程建设标准规范制订修订计划的通知》(建标[2013]169号)的要求,中国城市科学研究会会同有关单位共同制订了国家标准《绿色生态城区评价标准》。至本书截稿之日国家《绿色生态城区评价标准》尚未发布,但相关工作内容已见诸报端。《标准》编制组第一次工作会议于2014年3月3日在北京召开,住房和城乡建设部在会议上提出了相关编制的重点。

- 标准适用范围:适用于新建城区的整体性能绿色评价,不适用于老旧城区、老旧新建城区混合的绿色改造评价指标体系;
- 根据绿色生态城区的特点与专家建议,指标体系调整为土地利用与生态、能源与资源、交通运输、管理与信息化、产业与经济五类指标和技术创新。
- 为提高《标准》的科学性和合理性,编制组将针对风道、热岛效应、绿色出行、PM2.5环境污染控制、水资源利用、碳排放和人文七方面进行专题研究[46]。

虽然本书截稿之日有关标准还未有公布,但根据2014年提出的建议(绿色生态城区评价标准草稿),可以看出标准的基本内容。建议标准的主要内容是:总则、术语、基本规定、土地利用、生态环境、绿色建筑管理、能源与资源、绿色交通、管理与信息化、产业与经济、人文、技术创新。

(1)基本要求

绿色生态城区的评价应以城区为评价对象,城区的规模不应小于3km²,并且具有明确的规划用地范围。绿色生态城区的评价应分为规划设计评价、运营管理评价两个阶段。

绿色生态城区规划设计评价阶段应满足以下条件:

- 城区已按绿色、生态、低碳理念编制完成总体规划、控制性详细规划以及建筑、市政、交通、能源、水资源利用等专项规划,并建立相应的指标体系;
- 城区内两年内绿色建筑开工建设规模不少于200万m²。

绿色生态城区运营管理评价阶段应满足以下条件:

[46] 国家工程建设标准化信息网.《绿色生态城区评价标准》召开编制组第一次工作会议 [EB/OL] (2014-3-20) [2014-4-2]. http://www.standard-cn.com/article/show.asp?id=53117

- 城区内主要道路、管线、水体等建成并投入使用；
- 城区内主要城市设施建成并投入使用；
- 城区内不少于200万m²建筑建成并投入使用一年及以上。

申请评价方应对城区进行全寿命期技术和经济分析，合理确定城区规模，选用适当的技术、设备和材料，对规划、设计、施工、运营阶段进行全程控制，并提交相应分析、测试报告和相关文档。评价机构应按本标准的有关要求，对申请评价方提交的报告、文档进行审查，并进行现场考察，出具评价报告，确定评价等级。

（2）评价与等级划分

绿色生态城区评价指标体系建议由土地利用、生态环境、绿色建筑管理、能源与资源、绿色交通、管理与信息化、产业与经济和人文八类指标组成。每类指标均应包括控制项和评分项。每类指标的评分项总分为100分。为鼓励绿色生态城区的技术创新和提高，评价指标体系还统一设置技术创新项。控制项的评定结果应为满足或不满足。评分项的评定结果应为根据条款规定确定得分值或不得分。创新项的评定结果应为某得分值或不得分。绿色生态城区评价应按总得分确定评价等级。总得分率应为八类指标评分项的加权得分与创新项的附加得分之和。绿色生态城区评价等级应分为一星级、二星级、三星级三个等级。三个等级的绿色生态城区均应满足本标准所有控制项的要求，且一星级、二星级、三星级绿色生态城区的最低总得分率分别为50%、65%、80%。

9.4　控制性详细规划的低碳生态内容编制：技术路线图

城市编制控制性详细规划时也需要按城区本身的特点与条件进行。同时，要考虑把低碳生态的内容纳入法定控制性详细规划，在编制方法上可以提出一个参考的技术路线图作为框架建议，使规划编制工作者可以按部就班，与控制性详细规划整体的编制工作接轨，并根据实际情况和条件调整制定最后的编制工作计划与相关内容。作者根据分析多个生态城区的规划建设实践调研，归纳出低碳生态控制性详细规划技术路线的基本步骤（图9.14）：

- 基础调研与基线建立；
- 地方低碳生态规划建设目标；
- 低碳生态控规专项研究与规划；
- 低碳生态规划建设方案；

- 低碳生态控制性详细规划指标体系；
- 低碳生态控规指标分解；
- 低碳生态详细规划成果文本和图则编制；
- 建设实施保障机制。

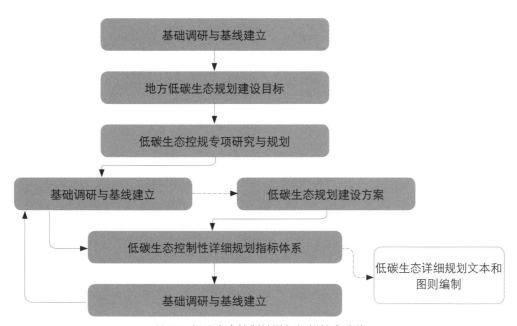

图9.14 低碳生态控制性详细规划技术路线

9.4.1　低碳生态控制性详细规划编制主要阶段

（1）基础调研与基线建立

在常规控制性详细规划编制程序中，基础调研与现场踏勘是重要的工作，以便为接下来的控规提供科学客观的依据。一般的基本要求包括实地考察规划地区的自然条件、现状土地的使用情况、土地权属占有情况、现状基础设施状况(道路交通、市政公用设施等)和建筑状况(建筑性质、建筑质量、建筑高度等)。基础调研也包括走访有关市政部门，了解有关市政规划内容情况，如地区河流水系分布、洪水水位数据、相关排水措施、区域供电设施、高压走廊的位置等级和现有电信设施布局等。

在进行调研等基础性工作的同时，低碳生态控规还需要规划编制工作人员针对低碳生态内容建立基线。基线可以为接下来的控规提供基准，作为制定规划目标与指标的依据。低碳生态控制性详细规划可以建立以下基线（表9.15）：

- 温室气体/碳排放；
- 水资源利用；
- 能源消耗（建筑耗能、交通耗能、工业耗能）；
- 水资源消耗；
- 生态空间；
- 环境承载能力。

（2）地方低碳生态规划建设目标

在上述调研的工作基础上，对现有省、市政府对城区层次低碳生态建设的相关政策目标和要求进行梳理，同时可以对国家政策方向和示范项目的目标、国内外参考案等做出分析，然后以此为基础进一步确定影响低碳生态城区的相关指标。

相关的地方低碳生态规划建设政策目标可以包括（但不限于）以下政策范畴：

- 应对气候变化；
- 碳排放控制目标；
- 能源发展；
- 建筑节能目标、条例；
- 建筑能耗定额；
- 绿色建筑建设；
- 建筑可再生能源利用；
- 产业结构调整；
- 交通运输节能减排；
- 城市绿化；
- 节约用水；
- 废物处理。

（3）低碳生态控规专项研究与规划

通过指标体系提出的目标，进行有关专项研究、规划与技术分析。综合前面的分析和整理，控制

低碳生态控制性详细规划：基础调研与基线框架 表9.15

低碳生态控规 主要基础调研范围	主要数据收集与基线内容
1.建筑节能/绿色建筑	· 新建/既有建筑（居住、公建）面积
	· 单位面积能耗
	· 建筑能耗结构
	· 建筑可再生/清洁能源利用率
	· 现有绿色建筑
2.绿色交通	· 交通出行频率
	· 不同出行方式出行分担率
	· 不同交通工具平均载客量
	· 平均出行距离
	· 燃料能耗方式
	· 单位出行距离能耗
3.水资源管理	· 人均综合用水量/总用水量
	· 中水供应使用率
	· 非传统水使用
	· 污水处理量
	· 雨水量、暴雨强度
	· 城市水体水质
4.城市绿地空间	· 各类城市公共绿地面积
	· 绿地率
	· 绿地空间植林率
	· 本土植物品种
	· 城市现有湿地
5.废物处理	· 居住人口人均生活垃圾产生量
	· 就业人口人均垃圾产生量
	· 生活垃圾处理方式比例
6.新能源	· 可再生能源使用量
	· 清洁能源使用量
	· 城市能源供应结构
	· 建筑一体化新能源利用
7.低碳产业	· 产业结构
	· 产业用地面积
	· 工业增加值
	· 单位工业增加值
	· 工业能耗
	· 工业可再生能源使用
8.温室气体排放	· 现有活动量带来的温室气体排放量与源头

性详细规划中低碳生态专项规划的基本内容可以包括：

a. 城区空间规划

- 混合用地
- 公交引导(TOD)用地与容积率布局
- 社区服务设施可达性
- 开放空间可达性
- 公交站点可达性
- 公共服务设施可达性

b. 建筑节能/绿色建筑

- 新建建筑节能
- 既有建筑节能
- 绿色建筑认证

c. 可再生/清洁能源使用

- 可再生能源使用
- 清洁能源使用

d. 水资源管理

- 节水
- 非传统水源利用
- 雨水渗透
- 地表水环境

e. 生态绿地

- 绿地覆盖
- 屋顶绿化与立体绿化
- 植林与碳汇
- 本地植物/植被多样性

f. 绿色交通

- 公交出行
- 慢行系统
- 步行遮荫
- 无障碍设施

建立低碳生态规划建设方案（例）　表9.16

排放源头		低碳规划建设手段	规划方案			低碳规划方案		
			2015年	2020年	2030年	2015年	2020年	2030年
A	新建建筑	建筑节能率	住宅75%；公建50%			住宅80%；公建65%		
B	既有建筑	建筑节能率	住宅50%；公建50%			住宅75%；公建65%		
		既有建筑节能改造比例	—			5年改造25%		
C	交通	公交出行率	20%	30%	50%	30%	40%	50%
D	工业	单位工业产值能耗降幅	—			4.50%		
E	水资源	综合节水率	3.70%	3.40%	3%	15%		
F	废弃物	垃圾综合利用率	—			90%		
G	道路设施	路灯节能率	—			20%		
H	绿色空间	绿地率	13.50%	18%	30%	38%	38%	38%
I	可再生能源	可再生能源使用率	1%	1%	2.20%	1%	1%	2.80%

g. 废物处理

· 生活垃圾分类收集

· 建筑垃圾回收利用

h. 碳排放评估

将现况、基准和不同的控规低碳生态技术手段产生的碳排放量测算，编制排放清单。

（4）低碳生态规划建设方案

低碳生态控制性详细规划方案阶段需要经过方案比选的过程，而不同的方案代表不同低碳生态建设目标和手段的组合。编制控规的工作人员可根据上述低碳生态目标分析、专项研究或规划提出的技术支撑，建立不同的方案。表9.16是不同低碳生态控规方案的例子。

根据项目的不同，建立方案所要反复的次数也不同，具体工作可以包括：

· 方案比较：方案编制初期要对至少两个以上的方案进行比较和技术经济论证。

· 方案交流：方案提出后要与有关专业技术人员交流、听取建设单位和规划管理部门的意见，进行专家认证，并就一些规划原则问题做深入的技术分析。

· 方案修改：考虑不同意见，如必要则对低碳生态目标进行调整，并进行方案修改，必要时进行补充调研，最后再转入成果编制阶段。

（5）低碳生态控制性详细规划指标体系

根据专项研究与方案的建立，构建低碳生态控规指标体系以引导绿色规划。制定指标体系时，应考量城区控规目标如何可以通过定量指标体现，应统筹兼顾，控制详细规划、设计、建设和运营各个阶段的内容。

可参考9.3.3节考虑设置三类指标：

- 针对整体资源利用减排效果的控制性指标：主要包括单位GDP二氧化碳排放强度、建筑/交通节能效果、节水量和废物填埋量等；
- 针对技术手段的控制性或引导性指标：建筑节能设计/运营标准、路网密度、绿色交通出行率、供水管网漏水率、绿色建筑比例、建筑垃圾回收利用率等；
- 针对体制和政策保障的指标：如总体规划内是否已有绿色生态城区的依据，法定控制性详细规划内是否具有低碳生态指标内容、地方政府应对气候变化的政策以及绿色建筑与节能减排的经济激励政策等。

（6）低碳生态控规指标分解

低碳生态城市指标应落实到地块层面，建立和法定详细规划/地块开发（控制性详细规划、规划意见书、土地出让合同规划条件）之间的明确操作关系。在规划编制和管理过程中，需要把不同土地用途甚至个别地块的再生能源使用要求转化为可量度、可审批的详细规划指标，以法定和行政手段予以实施。

指标体系内有关城区整体基础设施的控制指标可以分解到一级开发的城市基础设施、管线、公共设施等建设内容，明确要求一级开发主体负责实施。指标体系内有关地块层面的控制指标可以分解到二级开发的个别地块控制性内容，通过规划许可或土地使用权出让合同要求建设单位主体负责实施。

对低碳生态城市详细规划的指标分解基本上把低碳生态目标具体化，分解到土地开发流程中的一级开发和二级开发阶段，从而提供了一套建设单位、设计师、管理人员和市民共同遵守的基线，提供了控规在实施阶段的监控和反馈方法。同时，低碳生态控规指标能够将有关指标任务明确分工，由不同部门承担审批与问责，再由规划管理部门负责统筹汇报每年的达标进展，从而有效提高低碳生态城市理念在建设阶段的可操作性。

（7）低碳生态详细规划成果文本和图则编制

低碳生态控制性详细规划的编制工作包括文本与图册两部分内容。把适合的指标纳入控规图则内容，作为控制指标与规划条件，指导一级开发和二级开发。同时可以考虑把主要的低碳生态专项研究或规划编制为附件，作为技术参考（图9.15）。

（8）建设实施保障机制

实践低碳生态城区的目标，要将低碳生态城区的具体要求落实到土地招、拍、挂的规划条件中，在土地使用权出让合同中落实绿色生态城区的指标体系和相应的违约责任。建议可以在控规文本中对实施机制做出明确的解释。

城乡规划、建设、环境保护等主管部门应当在项目审批、建设管理、竣工验收等环节加强落实土地使用权出让合同中的生态建设指标。未进行相关指标审查或者未通过审查的项目，城乡规划主管部门不予核发建设工程规划许可证，施工图设计文件审查机构不得颁发施工图设计文件审查合格书，建设主管部门不予核发建设工程施工许可证，以此保证城区内项目在设计规划阶段的具体落地。

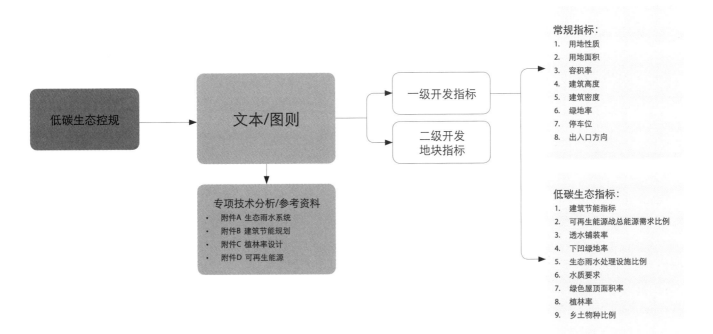

图9.15 低碳生态详细规划成果文本和图则编制

(图内低碳生态指标只是举例，具体指标数目与内容按不同项目而定)

9.4.2 参考案例：石家庄市正定新区低碳专题研究与控规指标

（1）项目背景

正定新区位于河北省石家庄市（图9.16），新区面积108km²，东面以规划的京珠高速公路为界，西邻现有的京珠高速，南面是滹沱河，北面界线则为规划的张石高速支线（图9.17）。石家庄市正定新区低碳控制性详细规划编制研究的目标是：通过建立法定详细规划管理手段，为正定新区提供实施建设低碳生态新区的管理体制基础。

图9.16 河北省石家庄市正定新区地理位置
（来源：叶祖达，2013）

图9.17 正定新区规划研究范围
（来源：叶祖达，2013）

研究工作在现有《正定新区总体规划》的基础上，进行了低碳生态规划专题分析。项目的研究内容包括：对现有石家庄市正定新区（108km²）总体规划提供低碳生态城市战略；对正定新区起步区现有控制性详细规划（30km²）进行评估分析，并提出低碳生态控规指标以及指标的实施手段和法定控规规划要求。

（2）进行技术专题研究，制定低碳生态指标要求

通过参考现有政策和法规，分析相关案例，调研当地具体情况，进行技术评估和研究，建议提出六个低碳控制性详细规划技术要求，通过空间规划管理予以实施，包括：绿色空间、环境污染控制、绿色交通、新能源、水资源、废弃物[47]。

[47] 叶祖达.低碳控制性详细规划编制办法探讨——以石家庄市正定新区低碳规划研究为例[J].北京规划建设，2013（6）：54～59

a.　绿色空间：为了全面提升绿化空间的植被碳汇能力，通过植物本身可把大气中的二氧化碳固定，规划建议提高新区的植林率，增加单位绿化面积的碳汇能力。具体实施方法：把正定新区内各类绿化面积用地的平均植林率定于不小于50%，每年提升的碳汇量约50%～60%（图9.18）。

b.　绿色交通：鼓励绿色出行，建议以步行为主，减少乘车需要；其次，推动乘坐公共交通工具出行，控制小汽车出行率。建议制订绿色交通的战略目标为使公共交通分担率控制在不小于70%的水平，而控规的空间布局调整能够把公交站点、公共绿地、小学和幼托机构的位置布

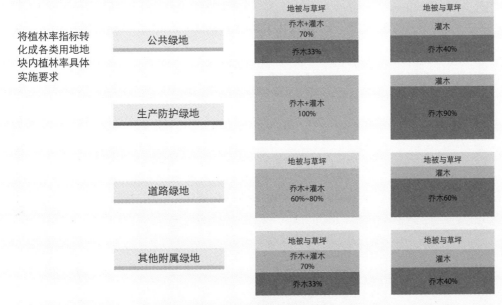

图9.18 增加单位绿化面积的碳汇能力

（来源：叶祖达，2013）

局于所有居住用地的500m范围内（步行即可到达）（图9.19）。

c. 新能源：正定新区的能源战略规划建议一共有三方面。第一，建筑节能：建议正定新区所有住宅建筑在原有65%的节能标准上提升，达到节能接近75%，而所有公共建筑则从原有50%的节能标准提升到65%的节能标准。第二，可再生能源：通过利用太阳能热水、光伏发电、地热能、生物质能、污水源热泵等提高可再生能源的使用。正定新区的能源需求约有15%由可再生能源提供。第三，绿色建筑：正定新区内最少有50%的建筑物要获得绿色建筑标识，其中包括所有政府建筑物及大型公共建筑（图9.20）。

d. 水资源：规划要求生活耗水量控制在不大于120升/人·日，非传统水资源（如雨水、中水）的利用率不小于45%，并达到100%的污水处理率。对正定新区的水资源要求还包括100%的管网普及率，节水器具的普及率达100%，而管网漏损率不大于5%。为了保持水资源系统的生态循环，规划要求实现雨水高渗透水平。整个地区的雨水渗透率在新区开发前为75%，于开放后仍然要保持在75%，也就是零影响（图9.21）。

e. 废弃物：新区的垃圾回收利用率要不小于60%，垃圾产生量要控制在不大于0.8千克/人·日，而垃圾资源化利用率要不小于90%。同时，针对建筑修建过程中产生的垃圾，新区内所有建造工程都要使用不小于10%的可再循环材料（重量），而以废弃物为原料生产的建筑材料占同类建材比例要不小于30%，可再利用建筑材料使用率要不小于5%。

f. 环境污染控：在环境污染控制方面，建议水环境功能区水质达标率及功能区噪声达标率为100%。同时，建议所有公共水系水质不低于Ⅲ类标准（也就是可以适用于集中式生活饮用水地表水源的功能，是可以安全接触的水质）。要想达到此水质要求，需要在建设过程中用滞留塘和湿地处理雨水径流，在需要的地点加设处理设备，使流入公共水系的水能够达标。

图9.22是根据技术分析后建立的低碳生态指标体系。

（3）低碳控制性详细规划图则

在正定新区低碳生态规划研究中，建议上述有关指标要求由一级开发和二级开发主体实施，并在法定控规图则与文本（用地性质调整、城市设计要求、建筑设计要求等）中明确规定。可以看到，低碳生态指标由总体规划战略层面落实到控规层面，可以成为十分具体的规划建设手段，而不同的主体如政府、一级开发建设单位、二级开发建设单位在法律上都有责任去实施有关的控制手段。

可达性分析方法

目标可达性分析
是实现其服务功
能社会公平性的
重要手段，反映
区域内不同用地
到达目标的远近
程度

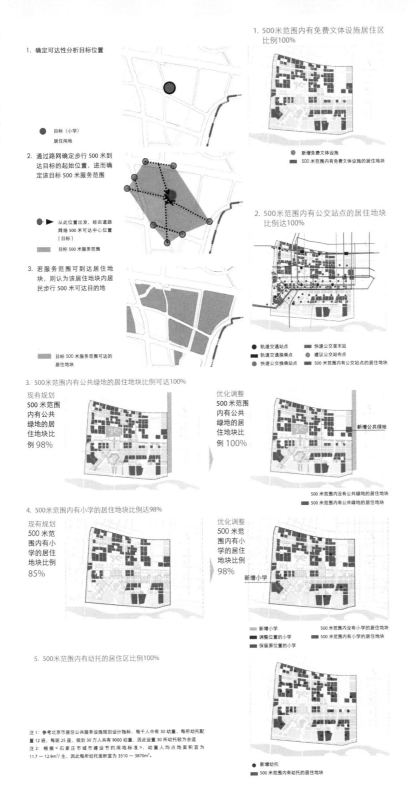

1. 确定可达性分析目标位置

● 目标（小学）
　 居住用地

2. 通过路网确定步行 500 米到
　 达目标的起始位置，进而确
　 定该目标 500 米服务范围

●▶ 从此位置出发，经由道路
　 网络 500 米可达中心位置
　 （目标）
　 目标 500 米服务范围

3. 若服务范围可到达居住地
　 块，则认为该居住地块内居
　 民步行 500 米可达目的地

　 目标 500 米服务范围可达的
　 居住地块

3. 500米范围内有公共绿地的居住地块比例可达100%

现有规划
500 米范围
内有公共
绿地的居
住地块比
例98%

优化调整
500 米范
围内有公
共绿地的
居住地块
比例 100%

　 新增公共绿地

　 500 米范围内没有公共绿地的居住地块
　 500 米范围内有公共绿地的居住地块

4. 500米范围内有小学的居住地块比例达98%

现有规划
500 米范
围内有小
学的居住
地块比例
85%

优化调整
500 米范
围内有小
学的居住
地块比例
98%

　 新增小学

　 新增小学　　　　　500 米范围内没有小学的居住地块
　 调整位置的小学　　500 米范围内有小学的居住地块
　 保留原位置的小学

5. 500米范围内有幼托的居住区比例100%

注1：参考北京市居住公共服务设施规划设计指标，每千人中有 30 幼童，每所幼托配
置 12 班，每班 25 座，规划 30 万人共有 9000 幼童，因此设置 30 所幼托较为合适。
注2：根据《石家庄市城市建设节约用地标准》，幼童人均占地面积宜为
11.7～12.9m²/生，因此每所幼托面积宜为 3510～3870m²。

1. 500米范围内有免费文体设施居住区
　 比例100%

● 新增免费文体设施
　 500 米范围内有免费文体设施的居住地块

2. 500米范围内有公交站点的居住地块
　 比例达100%

● 轨道交通站点　　　■ 快速公交首末站
■ 轨道交通换乘站点　● 建议公交布点
● 快速公交换乘站点　　500 米范围内有公交站点的居住地块

● 新增幼托
　 500 米范围内有幼托的居住地块

图9.19 控规空间布局调整：提高公共设施步行可达性

（来源：叶祖达，2013）

能源

控规指标	
可直接落实的指标	
绿色建筑比例	绿色建筑比例达到100%
需深化评估的指标	
建筑节能	在现有规划指标的基础上再节能30%
可再生能源利用比例	可再生能源利用比例≥15%

注：石家庄市区新建住宅建筑全部执行节能65%设计标准，公共建筑全部执行节能50%设计标准
现有规范是指：河北省《居住建筑节能设计标准》（DB13(J)63-2007）和河北省《公共建筑节能设计标准》（DB13(J)81-2009）

· 绿色建筑比例达到100%（经济适用房除外）
· 在现有规划指标的基础上再节能30%

动态能耗模拟软件输入和输出界面

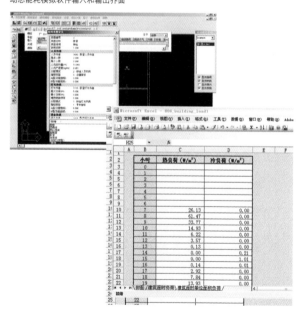

可再生能源利用比例≥15%

30km²应用的可再生能源主要包括
A. 太阳能热水
B. 光伏发电
C. 地源热泵

太阳能	较丰富，全年辐射总量5270~56511MJ/（m²·a）
光伏发电	较丰富，全年辐射总量5270~56511MJ/（m²·a）
地源热泵	地热资源较丰富，重点开发浅层地热

九类建筑具有不同的能耗特点(在现行规范节能要求基础上进一步降低能耗)

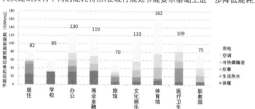

九类建筑具有不同的能耗特点(满足现行规范节能要求)

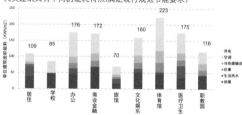

太阳能热水系统　　　光伏发电

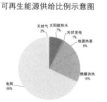

可再生能源供给比例示意图　　　地源热泵

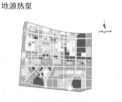

图9.20 通过控规管理实施绿色建筑与可再生能源战略
（来源：叶祖达，2013）

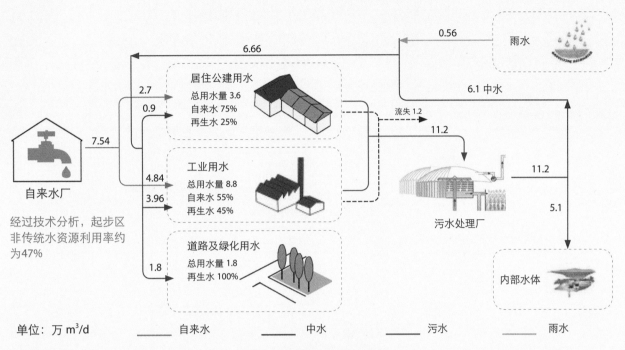

图9.21 低碳控规的水资源管理

(来源：叶祖达，2013)

控制性详细规划指标

建议：共31项控规指标

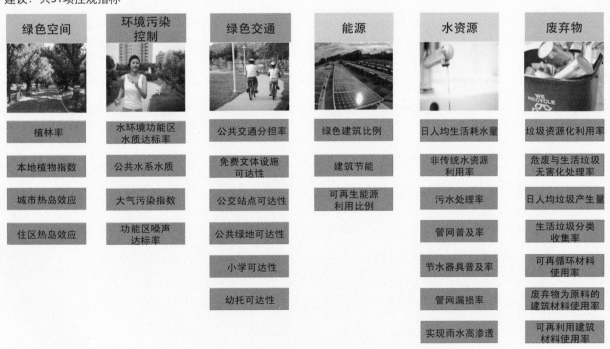

图9.22 低碳生态指标体系

(来源：叶祖达，2013)

本项目建议以法定控制性详细规划图则作为管理工具和依据，把主要的地块发展建设指标在控规图上列明，使政府管理审批单位、一级开发建设单位、二级开发建设单位和设计单位都能按同一张图则实施。图9.23是低碳生态控规图则的示范图例，内容具体指标是示范数据。

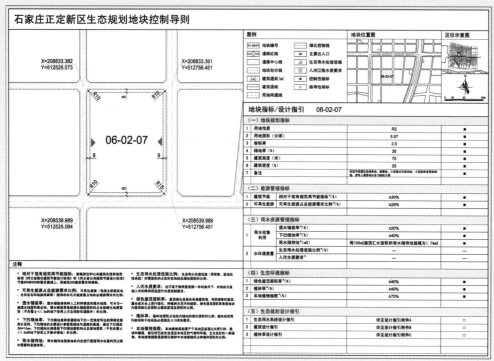

图9.23 低碳生态控规图则的示范图例
(来源：叶祖达，2013)

9.4.3 参考案例：无锡中瑞低碳生态城示范区控规图则

无锡太湖新城是住房和城乡建设部授予的"国家低碳生态城示范区"。太湖新城位于无锡市南部，总面积约150km²，是一个开放式、生态型的现代化新城，其主要功能定位为商务商贸中心、科教创意中心和休闲宜居中心，是无锡高端商务、金融机构、企业总部和专业服务的集聚区。无锡建设中瑞低碳生态城时，与具有生态城市建设经验的瑞典方面进行了合作[48]。

中瑞低碳生态城位于无锡新的城市中心太湖新城的核心区，北至震泽路部分已建成投用的国际博览中心，南至干城路纵深约1km的环太湖湿地保护区，西至尚贤东路，紧邻贯穿整个核心区的湿地公园，东至南湖大道，总面积约2.4km²，其中启动区0.3km²。针对2.4km²的总面积，中瑞低碳生态城制定了无锡中瑞低碳生态城建设指标体系及实施导则，主要侧重可持续城市功能、可持续绿色交通、可持续能源利用、可持续水资源利用、可持续固废处理、可持续绿色交通和可持续建

[48] 王波，尤志斌.低碳生态城规划实现途径与创新实践研究——以无锡中瑞低碳生态城示范区的规划和建设为例[C] // 第九届城市发展与规划大会论文集.北京：2014

筑设计七个大类、26个小类，提出了47项指标。各类指标项的名称及选取的指标值主要针对建设实施引导和管控方面，并且部分指标值较之太湖新城的指标适当提高，以体现中瑞低碳生态城的引领性和示范性。两套指标体系相应的实施导则对各项指标进行了细化分解，并提出了部分技术措施，为生态城的管理者和建设者提供了明确而详尽的实施指导。

地方规划部门围绕整个太湖新城150km²的用地启动了控规图则更新工作，将生态规划指标落实至控制性详细规划的法定图则中。首先，在管理单元控制导则里加入生态控制内容，主要包括生态环境、能源利用、水资源利用、固废处理、绿色交通和建筑设计六大类控制引导通则。

规划加强了地块指标的控制和引导，进行了技术专题研究，包括地下空间利用、生态环境、资源利用等方面，新增建筑节能标准、硬质地面透水面积比例、再生水设施配建方式等控制性指标和停车调控系数、直饮水净化设施布局引导、可再生能源利用占比等引导性指标（表9.18），通过地块控制性详细规划图则和城市设计图则双控，指导地块建设[49]。

[49] 叶兴平. 低碳生态引领下的无锡生态城示范区控规及城市设计实践[J]. 上海城市规划，2013（2）：49～54

在本次中瑞生态城示范区控规修编中，规划将生态要求直接渗透到图则中，从土地管理、建筑管理、交通控制、生态环境、资源利用和地下空间利用几个方面加入具体的生态指标及控制引导要求（图9.24）。

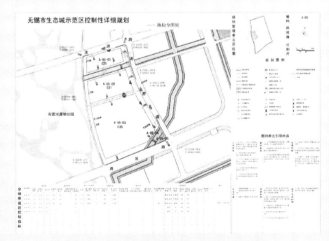

图9.24 无锡太湖新城低碳生态控规图则
（来源：王波，尤志斌，2014）

中瑞生态城示范区控规指标一览表 表9.18

类别	控制性指标		引导性指标
土地管理	用地性质	——	街区开发方式建议功能兼容指引
	用地面积	——	
	容积率	上限控制	
	绿地率	下限控制	
	建筑密度	上限控制	建筑风格指引
	建筑高度	上限控制	
建筑管理	建筑后退红线、绿线或蓝线距离	下限控制	
	建筑后退用地边界距离	下限控制	
	建筑节能标准	下限控制	
	绿色建筑标准	——	
地下空间利用	用地性质	——	跨地块地下通道建设引导功能兼容引导
	建筑层数	上限控制	
交通控制	机动车停车位总数	下限控制	慢行线路出入口方位引导停车调控系数
	机动车地下停车位比例	下限控制	慢行过街设施间距引导交通设施建设引导
	地块禁止交通出入口方位	——	
	地块禁止开口路段	——	
生态环境	每100m²绿地乔木数量	下限控制	
	可上人层面绿化面积比例	下限控制	
	硬质地面透水面积比例	下限控制	
	本地植物比例	下限控制	
	地块绿化物种数	下限控制	
资源利用	雨水留蓄设施容量	下限控制	再生水占总用水量比例及用途引导
	再生水设施配建方式	——	雨水利用占总用水量比例及用途引导
	直饮水配建要求	——	雨水留蓄利用设施布局引导
	初期雨水弃流装置配建	——	可再生能源使用占建筑总能耗比例
	生活垃圾分类收集率	下限控制	
	垃圾真空管道收集覆盖率	下限控制	
	太阳能集热器面积	下限控制	
	光伏发电面积	下限控制	
	地热	——	
服务配套	公益性公共设施及市政公用设施	——	

(来源：叶兴平，2013)

第七篇：
低碳生态城市治理机制与经济成本

低碳生态城市规划建设要达到可有效全面推广，城市治理机制与经济成本效益考虑必须有相关在政策层面的支持。目前我国主要的低碳生态规划实践还是通过于示范项目控制性详细规划实施，停留在技术应用讨论和设计审批，对管理体制与市场环境要求有关的分析研究基本缺乏。以上种种问题都导致生态示范城区的建设推进相对缓慢。

本篇关注除了技术应用和指标制定外，以低碳生态为规划驱动力的城区建设必须要通过一个有效的地方规划治理体制，再加上对经济成本效益的评估，才可以建立在制度上的保障，从而得到广泛的实施。

图10.1 介绍了本篇有关低碳生态城市治理机制与经济成本内容。

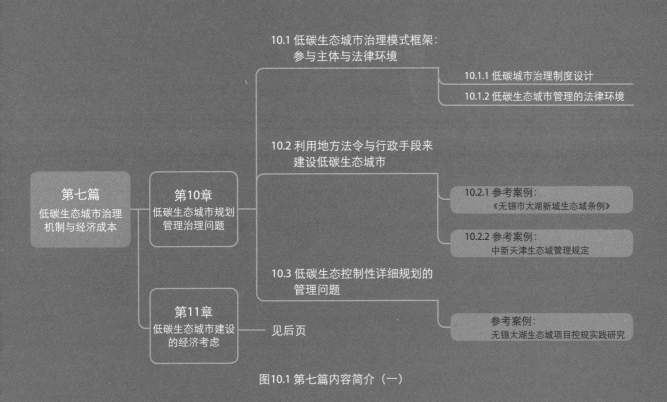

图10.1 第七篇内容简介（一）

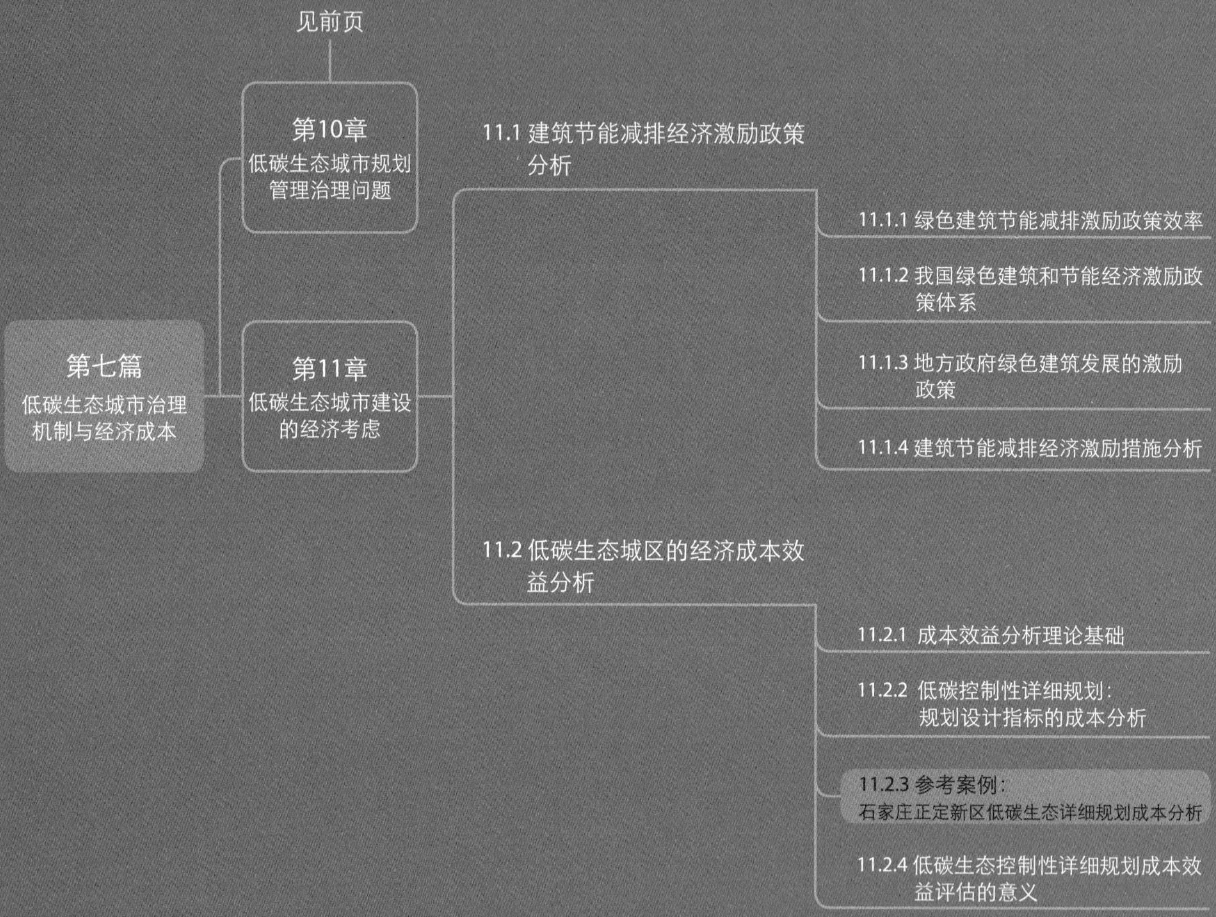

见前页

第10章
低碳生态城市规划
管理治理问题

11.1 建筑节能减排经济激励政策
分析

11.1.1 绿色建筑节能减排激励政策效率

11.1.2 我国绿色建筑和节能经济激励政
策体系

11.1.3 地方政府绿色建筑发展的激励
政策

11.1.4 建筑节能减排经济激励措施分析

第七篇
低碳生态城市治理
机制与经济成本

第11章
低碳生态城市建设
的经济考虑

11.2 低碳生态城区的经济成本效
益分析

11.2.1 成本效益分析理论基础

11.2.2 低碳控制性详细规划：
规划设计指标的成本分析

11.2.3 参考案例：
石家庄正定新区低碳生态详细规划成本分析

11.2.4 低碳生态控制性详细规划成本效
益评估的意义

图10.1 第七篇内容简介（二）

第10章　低碳生态城市规划管理治理问题

低碳生态城市规划建设管理是使我国达到生态文明建设的公共政策手段，而政策的效率是治理机制效率问题。要在城乡规划中体现生态文明建设，需要考虑如何构建有效率的治理机制，来保证有关政策可以有效实施。

政策的实施依靠治理机制，而治理机制一般是指在政府主导下，利用不同类型的经济、法律、制度组合手段来推动实施的特定政策目标。政府希望通过在市场中介入不同的政策手段，可以推动市场和改变企业或个人的行为。城市管理决策者或者建设投资者都要科学地认识有关政策手段的效率性。然而，目前在这个领域内，有关政策制定的讨论都主要环绕在技术应用问题上，具体对政策体系的分析与效率研究并不多。本章从法律与治理的角度，讨论政策框架和体系的实施，希望可以带动进一步的探讨和研究。

本章讨论内容重点包括3方面：

- 低碳生态城市治理模式框架；
- 地方实施低碳生态城市建设法令与法规；
- 低碳生态控制性详细规划的管理问题。

10.1 低碳生态城市治理模式框架：参与主体与法律环境

10.1.1 低碳城市治理制度设计

在城乡规划管理体系内推进生态文明建设，目前具体的措施反映在不同法律、法规、政策文件、规范等方面，这都是自上而下的传统模式。但近年已有不同学者从城市治理的角度探索更进一步的模式，其中自下而上分别是公民、社区、非政府机构、专业团体等角色。城市规划决策者应该关注和留意这方面的发展，以及如何通过新模式提高我们实施生态文明建设的治理效率。

国外学者于20世纪90年代开始对有关低碳城市的建设治理机制展开研究，有关研究主要是针对当时国际上关注的碳排放减缓政策如何影响到政府的治理模式，以及探讨传统的政府主导管治模式的局限性。白思（Betsill）研究了气候保护政策对美国城市治理的影响和城市改变体制应对的方法[1]。布克勒（Bulkeley）和克恩（Kern）对德国与英国地方政府如何治理与气候变化有关问题的经验与手段做出比较[2]。耿白格（Granberg）、易兰德（Elander）和克恩（Kern）先后对瑞典和德国进行类似的分析[3]。阿尔伯（Alber）与克恩（Kern）整合以上的讨论，分析经济合作与发展

[1] Betsill, M., Bulkeley, H. Cities and the Multilevel Governance of Global Climate Change [J], Global Governance, （2006/12），141-150

[2] Bulkeley, H., Kern, K. Local Government and the Governing of Climate Change in Germany and the UK [J], Urban Studies , (2006/12), 2237-2259

[3] Granberg, M., Elander, I. Local Governance and Climate Change: Reflections on the Swedish Experience [J], Local Environment, (2007/5), 537-548

组织（Organization for Economic Co-operation and Development-OECD）内国家与城市控制碳排放量的政策、手段、治理模式[4]，指出政府要有效控制碳排放，需要全面发挥不同治理手段的作用，建立一套多元化、多维度，能够使政府、企业和社区共同协作的治理机制。

[4] Alber, G., Kern, K. Governing Climate Change in Cities: Modes of Urban Climate Governance in Multi-level Systems. Conference on Competitive Cities and Climate Change Conference, Milan 9-10 October 2008. www.oecd.org

基于我国城市关于应对气候变化、控制碳排放的低碳城市发展政策主要在近年才受到地方政府的关注，因此国内在低碳生态城市建设的治理体制保障要求方面的研究只是刚起步。

戴亦欣指出低碳城市治理模式基本原则包含三个参与主体：政府、市场和公民。政府治理的最新发展情况是摒弃了政府作为解决公共问题的单一主体的认识，转而强调政府、市场和公民之间形成的三角型关系，即政府需要依靠市场机制以及公民社会的合作来共同解决公共问题。这样的治理架构可以动员更多的资源，争取更多的支持。新的三方合作治理架构适用于低碳城市的治理模式。三方共同为低碳城市目标而努力，这种努力既来自于各方主体本身的功能调整，也来自于各个主体之间相互作用的调整（图10.1）。

戴亦欣[5]指出低碳城市是政府、公民、市场共同协作的新发展模式。低碳城市既不同于自由市场经济模式,也不同于政府高度掌控的环境治理模式，而是一种政府同市场和公众三方共同参与、相互作用、相互影响的发展模式：

[5] 戴亦欣. 中国低碳城市发展的必要性和治理模式分析[J]. 中国人资源与环境，2009（3）：12-17

（1）政府：政府在低碳城市的建设中起到领导、指导、引导的作用。在考虑城市现状的基础上，政府需要制定低碳发展的目标，从而展开相应的城市规划，并同本地的企业和公众合作,同上级政府、其他城市合作，甚至同国外相关机构和政府部门建立多方合作，顺利执行并监管低碳城市的建设。

（2）市场：低碳城市的发展离不开市场的形成和良好运行。低碳产业和与其相关的环保产业形成了低碳城市新的经济增长点。如何将现有的市场体系引至低碳方向，完成产业节能技术的升级，提升减排能力，形成低碳技术开发的大环境，并积极开发低碳产品，积极引导低碳的消费，在市场的运作机制中嵌入低碳因素，是建立低碳城市不可或缺的方面。

（3）市民：低碳城市的核心和可持续的动力是拥有低碳理念的城市居民。进行低碳消费引导、低碳理念教育和低碳生活宣传是提升公民低碳意识的基本手段，也是未来建立低碳决策的全民参与及设立低碳的全民监测体系的基础。

10.1.2 低碳生态城市管理的法律环境

夏晓云指出，良好的生态文明城市只有在良好的法制环境中才能形成和发展，因此，每个公民、

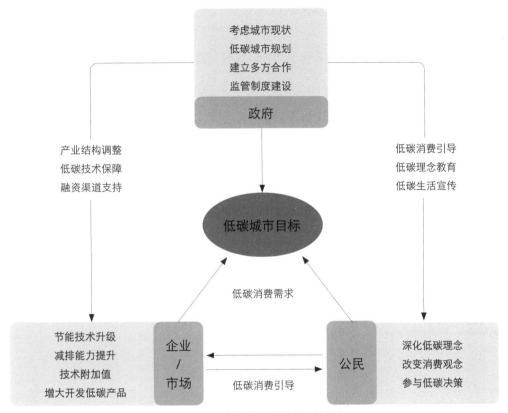

图10.1 低碳城市治理和制度设计框架
（来源：戴亦欣，2009年）

社会组织、各级党政机关都肩负着维护法律尊严、保障法律实施、推进生态文明城市法治建设进程的重要使命。生态文明城市建设法律监督体系主要指的是由国家机关、社会组织和公民，通过各种形式对生态文明城市建设规划的全过程进行监督，主要分为国家监督和社会监督两大类[6]。

[6] 夏晓云.生态文明城市建设的法律监督体系研究[J].人民论坛，2011(24)：90-91

- 国家监督。国家监督主要是以国家各级机关及其公务人员为主体，以国家的名义，根据法定的职权和程序进行的具有法律效力的监督。主要包括权力机关的监督、行政机关的监督和司法机关的监督。
- 社会监督。社会监督是指国家权力机关以外的公民及其他社会团体行使的一种没有法律效力的监督。其主体范围广泛，民主性突出。虽然不具有法律效力，但却发挥着极其重要的作用。

目前支撑生态城市建设的法律与法律监督的法律法规分为三个层面：

(1) 宪法：我国《宪法》为根本大法，确立了人民代表大会、公众及人民检察院的监督职责，是生态文明城市建设法律监督的指导思想，是法律监督体系最重要的组成部分。

（2）全国人大及其常委会、国务院颁布的法律、法规：这类法律法规包括对城乡建设和生态保护各方面的行为进行规范的《城乡规划法》《环境保护法》《水法》《循环经济法》《节约能源法》《食品安全法》等；保障公众监督的《最高人民检察院关于实行人民监督员制度的规定（试行）》《最高人民检察院关于人民监督员监督"五种情形"的实施规则（试行）》及《环境影响评价公众参与暂行办法》等。这些法律法规构筑了我国生态文明城市建设法律监督体系的基本框架，为法律监督的实施提供了依据。

（3）地方性法律法规及行政规章：地方性法规在我国生态文明城市建设的发展初期发挥了重要作用，尤其是一些法律监督的措施，为保障生态文明城市建设的顺利进行提供了现实依据。如《贵阳市促进生态文明建设条例》《无锡市太湖新城生态城条例》等，对行政分工行为进行了明确的定义，并拟定了责任条款。

邓小云提出生态文明城市建设不仅需要政府的宏观调控，还要有广大的社会组织和公众的参与，如果不赋予他们监督的权利，必然难以调动其积极性，难以激发其主人翁意识，另外，也会导致政府执行决策的偏差[7]。然而，法律、政策等外在条件决定着公众参与生态城市建设的渠道和机会的多寡，公民生态可持续性行为习惯的培养则决定着公众参与生态城市建设的深度和广度，并奠定城市生态化的根基。

作者认为城市公众在生态城市建设中是最重要的主体，因为城市规划建设管理只是手段，而目的是改变社会行为。市民的角色体现在两方面：

- 市民有责任选择绿色生活方式。在家庭层面，城市公众可以主动节约能源，选购环保产品；在社区层面，城市公众应积极组织或参加环保公益活动；在社会层面，城市公众应关心本市的环境状况，自觉配合城市管理部门实行的低碳生态生活措施。
- 城市公众应通过自己的绿色消费行为促进绿色生产。诚然，消费品都是企业制造的，消费者处在经济链条的末端，但这一末端也可以影响和引导生产环节。

夏晓云再次指出我国对于生态文明城市建设的法律监督存在的问题。他认为部分生态文明城市建设的地方性法规并不够科学、具体，一些法规在确定权限职责时没有明确具体的职责主体，缺乏较强的操作性，致使监督对象缺失，难以有效进行监督；此外，生态文明城市建设法律监督的公开性不够，我国涉及生态文明城市建设法律监督的范围、措施、监督处理的事件及结果，都应形成完整且透明的公示制度。

市民们无法知晓生态文明城市建设的进程，也无法知晓低碳生态城市建设的成果，无法明确自己的职责和权力，因而就难以积极参与其中。因此，要健全生态文明城市建设的法律监督体系，必须进一步加大信息的公开力度，普及生态文明城市建设的法律知识，促进各界的了解和参与。同时，要加强培养公民的监督意识，实现全民监督的效果，为共同建设低碳生态城市同心协力。

[7] 邓小云. 公众参与：生态城市建设的有效路径[J]. 东岳论丛，2010 (2): 168

10.2 利用地方法令与行政手段来建设低碳生态城市

目前我国城市在低碳生态城市的规划建设管理中，最主要的法令是特定为了协调低碳生态城区建设而通过的地方法令。本章下面利用参考案例来说明这方面的进展。

10.2.1 参考案例：《无锡市太湖新城生态城条例》

《无锡市太湖新城生态城条例》（简称《条例》）[8]由无锡市第十四届人民代表大会常务委员会第30次会议于2011年10月27日制定，经江苏省第十一届人民代表大会常务委员会第25次会议于2011年11月26日批准，现予公布，自2012年2月1日起施行。根据太湖新城生态城建设的实际情况，借鉴国内外生态城建设经验，从能源资源利用、建筑节能与环保、废弃物收集利用、市政基础设施建设与维护、公交优先、环境保护、生态保持等七个方面明确了生态城建设的标准和要求。

无锡太湖新城生态城总面积约为150km²，功能定位为无锡新的城市中心。2010年7月3日，被国家住房城乡建设部授予国家低碳生态城示范区的牌子，要求整个新城要按照低碳生态城的标准来建设。为了推进太湖新城生态城建设，促进生态文明建设和经济社会可持续发展，无锡市政府提请市人大常委会制定了该《条例》。《条例》规定，生态城建设和发展要坚持生态优先、示范引领、科学创新、统筹协调的原则，依法实行严格的规划控制、建设标准和管理规范。

《条例》主要内容包括四方面：

（1）严格控制生态城建设和发展规划

- 明确规划的内容。《条例》规定，市城乡规划主管部门应当根据国民经济与社会发展规划、功能区规划、城市总体规划、土地利用总体规划，编制生态城规划、控制性详细规划和指标体系，报市人民政府批准后实施；市城乡规划主管部门应当会同市建设、民防主管部门依据城市总体规划，组织编制生态城地下空间开发利用规划，经征求发展和改革、国土资源、文化（文物）等主管部门的意见后，报市人民政府批准；市水利、交通运输、市政园林等主管部门应当会同市城乡规划主管部门编制生态城河湖水系、综合交通、市政管线和绿地系统等专项规划，报市人民政府批准后实施。
- 明确功能区的建设目标。《条例》规定，太湖新城生态城分为东、中、西三个功能区。东区建设成为自主研发创业区、循环经济示范区、高科技产业集聚区。中区建设成为行政文化中心、金融商务中心、宜居休闲中心。西区建设成为产学研资一体化示范区、旅游度假休闲基地、影视文化拍摄基地。

[8] 无锡市人民政府. 无锡市太湖新城生态城条例（第23号）[NB/OL]. (2011-12-20)[2012-1-16]. http://www.wxrd.gov.cn/web101/cwhhy/s14jcwh/d20chy/d31chy/6313442.shtml

- 明确低碳生态规划建设的基本要求。《条例》规定，生态城应当依据有关法律、法规，采用先进的规划理念、建设标准、生态技术和城市管理模式建设中瑞低碳生态城，优先试验新能源使用、水资源循环利用、建筑节能、废弃物综合利用和处置等低碳生态技术的最新政策和技术成果；应当按照环境承载能力和主体功能区要求，确定合理的开发强度、人口规模和排污总量等。

（2）提出明确的、具体的生态城建设标准

《条例》从12个方面为生态城建设的标准提供了法律依据：

- 一是构建集约、低碳的能源利用系统。《条例》规定，生态城应当充分利用太阳能、地热能等可再生能源，减少能源消耗，降低碳排放；无锡中瑞低碳生态城和其他有条件区域推广采用区域供能；生态城应当使用天然气、液化气等清洁能源，禁止使用各类以煤、油为燃料的锅炉；生态城推广使用天然气分布式能源系统、传感控制的太阳能公共照明系统，以及太阳能采暖制冷等系统；新建居住建筑应当采用太阳能热水系统与建筑一体化设计。生态城新建居住建筑和公共建筑的建筑节能率不得低于65%，其中无锡中瑞低碳生态城应当执行更高的建筑节能标准。
- 二是开发利用再生水和雨水，逐步实行分质供水和循环利用。《条例》规定，鼓励安装净水处理设施，其中无锡中瑞低碳生态城的住宅建筑和公共服务设施应当供应直饮水。
- 三是按照减量化、资源化、无害化的要求，建立废弃物分类收集和回收利用系统，对废弃物的产生、收集、运输、储存、处置、利用实行全过程控制。
- 四是新建建筑应当使用环保建筑材料，执行绿色施工规范，达到国家规定的绿色建筑星级标准。新建建筑及其附属设施应当与生态城整体风格相协调。
- 五是加强道路、桥梁、给排水、供电、通信、供热、燃气、照明、环卫等市政设施的建设和维护，确保设施完好、整洁，标识齐全、规范，运行安全、高效。城市道路与建筑物应当按照国家规定落实无障碍要求；排水应当雨污分离；地下管线推广采用管线共同沟。
- 六是推行公共交通优先政策，积极发展轨道交通、常规公交等多方式协调、绿色环保、换乘便捷的公共交通体系。生态城采用环保节能型公共汽车；建设步行、自行车专用慢行系统；在符合条件的主干路、次干路设立公交专用道。
- 七是控制污染物排放总量，建设区域性清水常流体系，确保生态城水面率有效增加。生态城主要河道控制断面的水质和地表水环境质量应当优于水环境功能区水质的要求。
- 八是实施严于国家规定的大气污染物排放标准以及控制和管理措施，逐步淘汰超标排放大气污染物的生产工艺和设备，不断削减区域内大气污染物的排放总量。
- 九是加强噪声污染防治和监督管理，设置噪声自动监测和显示设施。

- 十是采用先进的绿化建设和养护技术，建立布局合理、绿量充沛、景观优美的城市绿地系统；充分利用各类土地资源和空间资源，在建筑屋顶、阳台、墙面和立交桥、河湖岸等进行垂直绿化，提高绿化覆盖率。
- 十一是推广采用透水材料和透水结构铺装绿地、停车场、广场和步行道。
- 十二是采取水土保持措施，防止水土流失，保护湿地生态系统结构和功能的完整性，明确湿地界限，禁止破坏、非法占用和改变用途。生态城应当加强生物多样性的保护，恢复和重建城市物种多样性；加强外来物种和转基因物种的监控和管理，防止外来物种的入侵；加强土壤修复，积极提倡使用乡土植物。加强野生动物保护，禁止任何单位和个人非法猎捕野生动物。

（3）严格管理生态城的建设和发展

《条例》明确，市发展和改革主管部门负责做好生态城经济和社会发展的宏观指导和管理，在项目管理过程中加强对生态城建设项目落实生态建设要求的审核：

- 市城乡规划主管部门负责做好生态城有关规划的编制和管理工作；
- 市建设主管部门负责做好生态城项目建设的监督管理工作；
- 市环境保护主管部门负责做好生态城环境质量监测、项目环评审查和生态城环境执法工作；
- 市国土资源主管部门负责做好生态城土地开发利用工作，对土地利用过程中落实生态建设要求的执行情况进行监督；
- 市城市管理、水利、市政园林、农业、交通运输等主管部门应当按照各自职责，做好本条例的实施工作。

《条例》明确，市人民政府在生态城设立的管理机构，根据市人民政府及有关部门的委托，负责相关管理工作；应当制定政策措施，倡导绿色环保、文明健康的生活方式和消费模式，提升生态文明水平；应当采取有效措施实施生态城指标体系，加强监测、监督检查和实施评估。有关区人民政府依照法定职责，履行生态城相关的管理职能。

在鼓励生态城依法进行体制创新方面，《条例》规定：

- 有关行政主管部门应当规范生态城行政审批程序，提高审批效率；应当建立和完善的投融资体制，保障生态城开发、建设、运营和城市管理资金的良性循环；
- 应当定期公布产业导向目录，明确鼓励、限制、禁止发展的产业内容，建立项目评估机制，制定产业项目准入标准；

- 建设用地使用权的出让遵循生态优先的原则，土地使用权出让合同应当明确具体的生态建设指标和违约责任；
- 市发展和改革、城乡规划、建设、环境保护等主管部门应当在项目审批、建设管理、竣工验收等环节加强落实土地使用权出让合同中的生态建设指标；
- 土地收益优先用于生态城基础设施和公共服务设施建设，鼓励社会资金投入生态基础设施和公共服务设施建设。

（4）严格化生态城建设和发展的法律责任

一是有关行政主管部门、机构和区人民政府未按照生态城规划、建设、管理要求履行职责的，对责任单位给予通报批评；对直接负责的主管人员和其他责任人员，依照有关规定给予行政处分；构成犯罪的，依法追究刑事责任。

10.2.2 参考案例：《中新天津生态城管理规定》

《中新天津生态城管理规定》[9]（简称《规定》）已于2008年9月8日于市人民政府第14次常务会议通过，自2008年9月28日起施行。

[9] 天津是人民政府。中新天津生态城管理规定（第13号）[NB/OL]. (2008-10-13)[2008-12-6]. http://www.gov.cn/flfg/200810/13/content_1116804.htm

《规定》为落实中国与新加坡共同推动的中新天津生态城的建设和发展，通过两国政府在城市规划建设、生态环境保护、资源节约利用等方面的合作，建设成为经济蓬勃、社会和谐、环境友好、资源节约、可持续发展的生态新城。生态城的发展坚持体制机制创新、先行先试，推进综合配套改革试验，成为新型城市发展和城市管理模式的示范区。生态城的开发建设实行规划控制、指标约束、企业运作、政府监管的模式。《规定》指出生态城总体规划、控制性详细规划、各专项规划和指标体系，是生态城规划、建设和管理的依据，应当严格执行，未经法定程序不得擅自更改。

《规定》给予中新天津生态城管理委员会的权利与职责包括：

（1）组织编制生态城总体规划，经市人民政府批准后组织实施；

（2）组织编制生态城控制性详细规划、各专项规划，经批准后组织实施；

（3）组织编制生态城产业发展目录，对投资项目进行审批、核准和备案；

（4）根据市人民政府授权或有关部门委托，集中行使行政许可、行政处罚等行政管理权；

（5）统一管理生态城的规划、土地、建设、环保、交通、房屋、工商、公安、财政、劳动、民政、市容环卫、市政、园林绿化、文化、教育、卫生等公共管理工作；

（6）在行政管理体制和运行机制创新上先行先试，制定相应的行政管理规定，检查各类规定的执行情况；

（7）协调配合税务、外汇等有关管理部门的管理工作；

（8）履行市人民政府确定的其他行政管理职责。

《规定》对生态城的建设管理有明确的工作政策与要求，与规划建设管理有关的要求主要包括：

- 生态城管委会根据相关法律的规定，减少建设项目审批程序，调整审批流程，提高审批效率；
- 生态城管委会组织制定生态城绿色建筑标准、绿色施工标准及相应的管理规定，建立评价体系；
- 生态城内的建筑应当按照生态城绿色建筑标准和绿色施工标准进行建设。

《规定》要求成立天津生态城投资开发有限公司，其主体是生态城土地整理储备的主体，负责对生态城内的土地进行收购、整理和储备，并说明天津生态城投资开发有限公司是生态城基础设施和公共设施的投资、建设、运营、维护主体，按照生态城管委会的计划要求负责相关设施的建设、运营和维护，并享有相应的投资权、经营权和收益权。《规定》指出生态城的财政保障政策值得留意：市政公用设施配套费用和土地出让金政府净收益，应当用于前述设施的建设与维护方面。

在城市建设管理方面，《规定》提出了基本的主要技术要求，包括：

- 生态城应当发挥城市管理体制机制的创新性，形成社会参与、市场运作、政府监管的城市管理运行模式，以及网格化、数字化的管理方式；
- 生态城对废弃物的产生、收集、储存、运输、利用、处置实行全过程控制。采取社会化服务方式，建立废弃物分类收集和回收利用系统，鼓励在生态城内采用管道运输等方式收集废弃物，实现废弃物的减量化、资源化、无害化；
- 建设工程废弃物经适当处理后应当予以回用；
- 生态城应当按照建设国际生态城市的要求，采用先进技术，努力提升生态城的园林绿化建设水平和养护水平，丰富城市景观，提升生态城的环境质量；
- 生态城应当推进水资源的优化配置和综合利用，构建节约、高效、健康、和谐的城市水系统；

- 生态城鼓励开发污水再生、海水淡化和雨水集存等水源，实行分质供水和循环利用，禁止将饮用水用于绿化、清厕、道路清扫和补充景观用水；
- 生态城应当加强道路、桥梁、排水、景观河道等市政设施的维护，确保设施完好、整洁，标识齐全、规范，运行安全、有效，提高使用效能；生态城道路照明设施应与城市景观相协调，普遍采用节能环保的照明设备；
- 生态城推行公共交通优先政策，积极发展绿色环保、方便快捷的公共交通体系，使公共交通成为生态城居民的主要出行方式；
- 生态城积极倡导绿色环保、文明健康的生活方式和消费模式，提升生态文明水平；社区居民应当遵守生态城关于城市管理和社会公共行为规范的规定。

10.3 低碳生态控制性详细规划的管理问题

低碳生态城市规划建设要达到有效的全面推广，管理机构设置与管理模式必须有体制层面的支持，目前我国主要的低碳生态规划实践还是通过控制性详细规划来实施，但还是停留在技术应用讨论和设计审批层次，对管理体制的环境要求也处于探索阶段中，有关的分析研究基本缺乏。以上种种问题都导致生态示范城区的建设推进较缓慢。适合的绿色设计技术是实践低碳生态城区建设的主要考虑因素，但要在我国目前高速的城市化过程中推广低碳生态城区建设，必须要建立一个有效的规划建设治理体制，以提供法制和制度上的保障。

叶祖达建议建立一个低碳生态城控制性详细规划体制实施环境的分析框架[10]，面对包括低碳生态技术要求的控规，规划管理体制的运作可能比常规情况多出额外的保障要求，因此分析与其相适应的技术保障体系，特别是控规编制技术体系优化后与相关法规和规划管理的衔接，成为重要的规划实施体制研究课题。本章根据"外部环境"和"内部环境"的划分提出一个控制性详细规划体制实施环境分析框架（图10.2），它由4个体制组成：①管理平台与技术能力环境；②控制性指标的实施与审批流程；③外部政策环境；④建设单位与开发商的参与。图中也显示了这4个体制组成部分之间的运作关系。

[10] 叶祖达. 低碳生态城区控制型详细规划管理体制分析框架[J]. 城市发展研，2014(7)：91-99

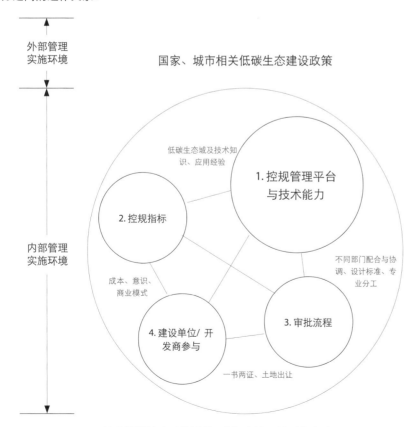

图 10.2 控制性详细规划体制组成与实施环境分析框架

参考案例：无锡太湖生态城项目控规实践研究

无锡太湖新城位于无锡市区南部，定位为无锡的行政商务中心、科研创意中心和休闲居住中心。"太湖新城生态城"项目的规划范围面积共150km²，在新城范围内又再划定2.4km²的"中瑞低碳生态城（无锡生态城示范区）"。从项目的规划人口来看，整个太湖新城常住人口为80万，其中，中瑞低碳生态城人口规模为2万。太湖新城生态城的建设由2007年开始。2013年1月，无锡中瑞低碳生态城获批国家住房城乡建设部首批的国家绿色示范区，成为全国首批启动实施的八个绿色生态城区之一。

太湖新城生态城的规划建设治理特点是作为全国第一个生态城项目由地方市政府以特设法令推动，它在政策方面由《无锡市太湖新城生态城条例》提供具体的法律保障，并为各部门配合生态城的建设提供了法定的推动力量。太湖新城进一步把低碳生态规划要求纳入控制性详细规划，并给予相关的规划指标法定的实施基础。

通过资料的收集和整理，与地方管理单位、审批单位和开发商座谈，作者对项目的管理模式特色、实施管理路线和经验作出梳理。对控制性详细规划管理实施过程分析的内容主要包括：管理平台与能力、控制指标的实施与审批流程、政策环境，以及建设单位与开发商的参与。

对无锡市太湖新城的实施管理路线和经验可以总结如下：

（1）管理平台与技术能力环境

地方政府的权限与管理主体的技术能力对一个规划体制的实施效率有着很大的影响。太湖新城建设由无锡市人民政府成立委任的太湖新城建设指挥部负责执行。指挥部是一个以无锡市市委书记和市长挂帅的临时机构，具有部分管理权限，但主导上述生态城规划实施的责任仍在无锡市规划局。生态城的建设管理分工可以总括为4个主体。

a. 太湖新城建设指挥部下设有太湖新城发展集团有限公司，公司的主要职责是负责投资、融资及资金管理。

b. 规划部（市规划局新城分局）负责统筹、协调太湖新城各区总体用地和重大基础设施建设规划，各类规划的编制和报批，以及各类建设项目规划的实施管理工作。

c. 工程技术中心负责研究国家、省内的相关政策要求，以及指标在技术实施上的协调与审查，作为生态城管理的一个统筹协调机构和技术支撑单位。

　d. 生态城办公室负责中瑞生态城的策划推广、招商合作、对外交流等协调管理工作。

（2）外部政策环境

控规的内部实施环境主要是按照《城乡规划法》既定内容与相关政法规、办法等划定。一个地方规划管理部门在实施低碳生态控规时的效率也受到其他规划体制外的政策支撑力度的影响。新城生态城的实施得到多方面的支持。2010年7月，太湖新城被国家住房城乡建设部评为"国家低碳生态示范区"。其后无锡市委市政府出台了《关于加快"太湖新城——国家低碳生态城示范区"建设的决定》，保障各部门分工合作，推进生态城的实施管理。2011年10月，无锡市人大常委会通过《无锡市太湖新城生态城条例》，自2012年2月1日起实施。该条例是推进生态城建设的法定依据，是国内第一部地方性生态城条例，极具参考价值。

（3）控制指标的实施与审批流程

太湖新城低碳生态的控规指标的实施，具体是在用地层面规划图则中说明指标，在建设实施过程中，再针对每个开发地块的前期讨论，调整最后实施的建设设计要求。低碳生态控规实施的体制考虑包括两方面：一是控规指标落地后是否可以全面地得到法定保障，二是在审批过程中不同部门的配合、协调及专业分工。

在应用于无锡太湖新城的建设管理时，新城分成10个编制单元，并编制控制性详细规划，定期进行动态更新。各地块最后落实的控制指标有所不同，而其中绿色建筑、节能率、可再生能源、中水回用则作为必须控制的4个指标，图10.3是其中两个单元的实施图则更新。在太湖新城的中瑞低碳生态城示范项目内的地块，地块控制性详细规划图纸和城市设计图则进行双控，来指导地块的低碳生态建设，图10.4是其中一个地块的图则[11][12]。

[11] 中国建筑科学研究院，江苏省建设科技推广中心，无锡市规划设计研究院，奥雅纳工程咨询（上海）有限公司.无锡太湖新城——国家低碳生态城示范区规划指标体系及实施导则（2010-2020）.2010

[12] 赵毅，叶兴平.低碳生态引领下的无锡生态城示范区控规及城市设计实践[J].上海城市规划，2013(2):46-54

新城的规划建设管理审批流程为一书两证，在具体应用时，对每个地块做出评估，并且结合各方的意见，把重点生态指标作为土地出让条件的附件。太湖新城建设指挥部办公室为牵头汇总、跟踪管理单位，各项目地块业主为具体实施建设单位，市建设局、审图中心为技术审核、验收审批的负责单位，形成政府管理与行业推动的良性联动机制（图10.5）。通过两个主要环节把关。

- 初步设计审查阶段：无锡市建设局在初步设计审查阶段要求有公建配套专篇、节能设计专篇和绿色建筑专篇。
- 施工图审批阶段：施工图报无锡市建设局审批之前，工程技术中心会对施工图进行初审。

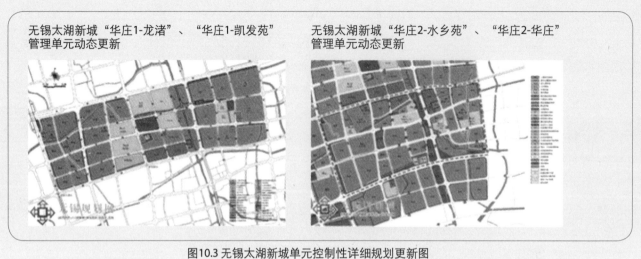

图10.3 无锡太湖新城单元控制性详细规划更新图

（来源：1.无锡规划网 http://www.wxgh.gov.cn/ghcg/kzgh.asp；2.无锡太湖新城规划分局网站 http://www.wxgh.gov.cn/xcgh/gggs/phgs.asp）

图10.4 中瑞低碳生态城控制性详细规划更新图

（来源：赵毅、叶兴平，2010年）

（4）建设单位与开发商的参与

在低碳生态规划的实施过程中，建设单位与开发商的配合、积极性、专业能力是十分重要的。从体制角度来看，建设单位的利益与义务是通过规划许可与土地出让条件来制定，但在商业市场角度，体制的效率也受到成本（低碳生态指标的增量成本）、意识（企业的社会责任文化）、商业模式（房地产开发运作模式）等影响。太湖新城生态城按照法定程序，采用市场竞争方式出让土地使用权，在土地使用权出让合同中加入了相关的建设要求。建设管理与验收是保障规划得以落实极为重要的环节。

然而，不同开发商的技术力量可能参差不齐，参与低碳生态建设意愿高低也不同。事实上由于目前我国的低碳生态城市建设刚起步，建设单位与开发商对低碳生态指标增量成本效益的理解深度、企业意识以及社会责任的水平高低、不同的商业模式等都带来不稳定的体制环境，对能否全面实施低碳生态指标需要在管理过程中进一步实践。

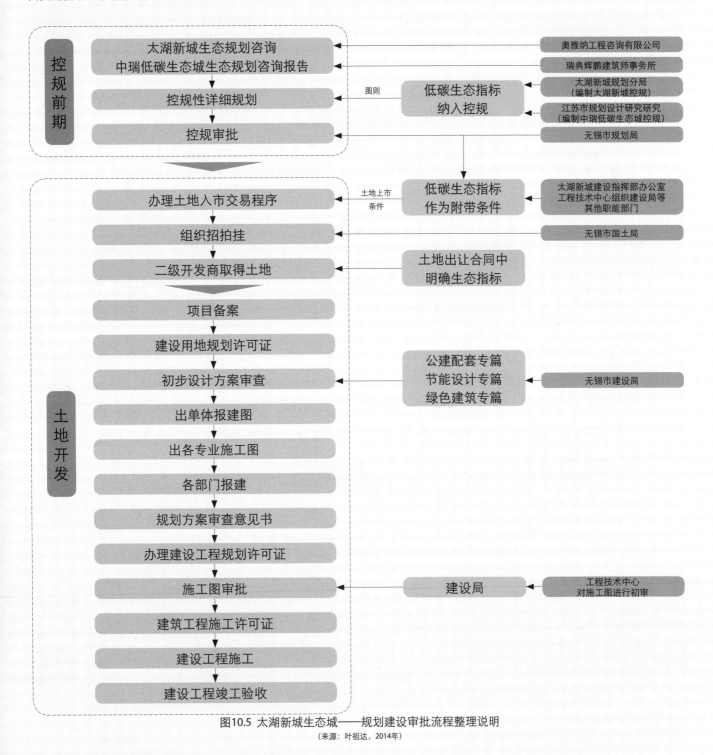

图10.5 太湖新城生态城——规划建设审批流程整理说明

（来源：叶祖达，2014年）

第11章 低碳生态城市建设的经济考虑

在低碳生态城市建设过程中，市场与政府都有资源的投入，前者通过土地与房地产开发投入，根据政府的低碳生态规划要求和建设标准建造，后者通过运用公共资源（包括补贴、减税、减费、贷款、容积率激励、土地出让金减收等）的公共政策手段推动市场节能减排，是政府介入市场的干预行动。

从公共资源的利用与市场效率来看，我们都要避免政策导致社会整体经济资源的低效率使用。目前在低碳生态城市规划建设的领域内，有关的讨论主要环绕在技术应用问题上，具体对经济效率的分析与效率研究并不多。本章带出两个问题并做出讨论：

- 建筑节能减排经济激励政策分析；
- 低碳生态城区的经济成本效益分析。

11.1 建筑节能减排经济激励政策分析

11.1.1 绿色建筑节能减排激励政策效率

公共政策是社会资源的运用和分配，而社会资源特别是经济财政资源是十分稀缺的。政策体系和手段的效率在经济学方面一直都是主要的研究领域，古典经济学、现代制度经济学、产权理论和交易成本等具体理论都提出了对该问题的见解，有关的基础理论与成本效益分析方法，作者已在其他文献有较详细的论述[1-2]。

在"十二五"期间，我国加强了在绿色建筑和建筑节能减排方面的激励政策力度。国务院办公厅发布的《绿色建筑行动方案》（国办发〔2013〕1号）[3]，制定了"十二五"期间进一步推广绿色建筑的具体计划。行动方案提出"政府引导，市场推动"的基本原则，"以政策、规划、标准等手段规范市场主体行为，综合运用价格、财税、金融等经济手段，发挥市场配置资源的基础性作用，营造有利于绿色建筑发展的市场环境，激发市场主体设计、建造、使用绿色建筑的内生动力"，明确把经济手段定位为推动绿色建筑发展的主要力量。未来，投放在绿色建筑建设方面的人力、物力、资源等都会不断增加，有关的政策体系因此必须考虑和充分发挥社会整体资源运用的有效性。

[1] 叶祖达，李宏军，宋凌.中国绿色建筑技术经济成本效益分析[M].北京：中国建工出版社，2013

[2] 叶祖达.低碳绿色建筑：从政策到经济成本效益分析[M].北京：中国建工出版社，2013

[3] 国务院办公厅.绿色建筑行动方案（国办发〔2013〕1号），2013

在绿色建筑和建筑节能减排方面的激励政策是政府面对"市场失灵"现象而以政策手段干预市场的体现，因此需要对"手段"与"目标"有明确界定。我国目前的绿色建筑建设政策体系包括主要以由上而下的方式引导市场内企业与个人的行为，防止不符合整体社会利益的"市场失灵"。而城市规划建设政策通过公共政策手段来矫正市场失灵的情况，这类手段有它的重要作用，已有大量文献解释，不在此复述[4][5]。

但本章要指出，要使公共政策有效，特别是运用公共资源（包括补贴、减税、减费、贷款、容积率激励、土地出让金减收等）的激励政策，政府有责任也有必要避免导致社会整体经济资源的低效率使用情况的发生[6]。要了解城市建设政策的有效性，可以先从市场失灵的基本原因入手，再推论出以哪些"手段"去调控或引导市场内哪些"目标"。从经济效率的角度去考虑节能减排和绿色建筑建设方面的激励政策，可以对这些"手段"与"目标"有更明确的界定。在这种情况下，分析当前我国在推动节能减排和绿色建筑建设激励政策方面的框架与内容是有必要的。

11.1.2 我国绿色建筑和节能经济激励政策体系

我国在建筑节能经济政策上的研究随着我国在这方面的政策发展而受到关注。不同学者都开始对这一问题的发展进行分析，包括对税收、财政手段、不同主体博弈、国内外经验等的研究[7]，但这方面的研究主要集中在某一个政策手段的讨论上，对整体政策体系的分析比较缺乏[8][9]。本章尝试填补这方面的空缺，先把我国的绿色建筑和建筑节能减排激励政策体系作整体表述，然后再针对受惠对象与手段措施作分析，从而了解整个政策体系的倾斜重点和特性，包括措施手段和受惠主体两方面[10]。

表11.1把由1981年到2014年国家发布的与建筑节能减排相关的主要经济政策手段列出，选集了45个主要文件。这45个和经济手段有关的政策文件以不同的形式颁布，包括通知、条例、办法、规定、技术目录、意见、方案、实施细则等。表中又列明相应的颁布年份、主要受惠对象、主要经济手段类型和颁布部门。这个政策体系内涵共有60项主要的个别经济措施手段（有些政策文件内包含多个手段，统计共有60项主要手段）。

11.1.3 地方政府绿色建筑发展的激励政策

马欣伯、宫玮、宋凌等总结了到2013年底为止，根据国家《绿色建筑行动方案》的要求，各地方政府出台了推进绿色建筑发展的激励政策（表11.2）[11]。其中，山东省、江苏省、北京市、陕

[4] Hardin G. The Tragedy of the Commons [J]. Science,1968-12-13

[5] Musgrave R A. Cost - Benefit Analysis and the Theory of Public Finance [J]. Journal of Economic Literature, 1969:797-806

[6] 仇保兴. 中国城市化进程中城市规划改革[M]. 同济大学出版社，2005

[7] 中国城市科学研究会.绿色建筑2008[M]. 北京：中国建筑工业出版社, 2008.

[8] 倪红日. 运用税收政策促进我国节约能源的研究[J].税务研究, 2005(9):3-6

[9] 庄辛. 国外建立节能和可再生能源发展基金的经验[J]. 宏观经济研究, 2005(3):56-59

[10] 叶祖达. 我国建筑节能减排经济激励政策体系分析[J]. 生态城市与绿色建筑, 2012(4):18-23

[11] 马欣伯，宫玮，宋凌.2013年度我国绿色建筑政策总汇[J], 建设科技, 2014（6）：36-44

西省、上海市出台了财政激励政策，山东省明确，获得"设计标识"的项目可获相应星级30%奖金，竣工后经现场核实与设计一致的可再获相应星级30%奖金，获得"绿色建筑评价标识"后获剩余40%奖金；江苏省对获得绿色建筑运行标识的项目，在设计标识奖励基础上增加奖励；陕西省明确，对公益性建筑、商业性公共建筑、保障性住房等奖励资金兑付给建设单位或投资方，对商业性住宅项目，奖励资金30%兑付给建设单位或投资方，70%兑付给购房者。青海省、海南省和内蒙古自治区提出返还城市配套费的激励政策。安徽省提出金融机构对绿色建筑的消费贷款利率和开发贷款利率下浮的激励政策。此外，诸多省市提出行政审批程序简化、建筑奖项优先参评、企业评级加分、表彰奖励等激励措施，充分调动各方建设绿色建筑的积极性。

另外，根据国办1号文件的要求，省级地方政府基本明确了将绿色建筑指标和标准作为约束性条件纳入总体规划、控制性详细规划、修建性详细规划和专项规划，并落实到具体项目。在国有土地使用权依法出让转让时，要求规划部门提出绿色建筑比例等相关绿色发展指标和明确执行的绿色建筑标准要求[12]。鉴于激励政策分析的经济适应性和地区间的可借鉴性，徐振强根据不同省份的经济水平，参照国家统计局的标准进行划分，通过分析我国近25个省份/直辖市的绿色建筑实施意见、规划和行动方案，归纳了省级地方在绿色建筑推广方面采取的政策情况[13]。在绿色建筑激励方面，激励政策主要包括：土地转让、土地规划、财政补贴、税收、信贷、容积率、城市配套费、审批、评奖、企业资质、科研、消费引导和其他，约13类。不同省份/直辖市颁布的激励政策总类型数量和直接执行的政策见表11.3。其中包括可能尚缺乏落地性或可操作性的激励政策，以及具有落地性或可操作性的激励政策。

针对低碳生态城市规划建设而言，本书作者认为财政补贴、容积率奖励、绿色审批、城市基础设施配套费4方面相对重要。下面讲述他对地方的激励政策的进一步分析。

（1）财政补贴（表11.4）

绿色建筑的财政补贴主要基于星级标准、建筑面积、项目类型和项目上限等组合方式予以设计政策，有9个省份（直辖市）明确了对星级绿色建筑的财政补贴额度，不仅包含沿海地区，也有位于黄河中游和长江中游的省份，资助范围为10~60元/m²（上海对预制装配率达到25%的，资助提高到100元/m²），北京、上海和广东从二星级开始资助，有利于引导当地绿色建筑的星级结构水平。

江苏省和福建省对一星级绿色建筑的激励提出了明确的奖励标准，但关于二星和三星的奖励标准未发布；陕西省作为黄河中游的经济欠发达地区，在发展星级绿色建筑方面，提出了阶梯式量化财政补贴政策，奖励从10~20元/m²。

[12] 国务院办公厅关于转发发展改革委住房城乡建设部绿色建筑行动方案的通知（国办发[2013]1号）2013-1-1.

[13] 徐振强.我国省级地方政府绿色建筑激励政策研究与顶层政策设计建议[J]，建设科技，2014（2）：56-64

我国建筑节能减排经济激励政策

表11.1

颁布时间（年）	政策	主要受惠对象	主要手段类型	颁布部门
1981	《关于使用中国人民银行节能中短期专项贷款有关事项的通知》	消费者（企业）	贷款优惠	国家计划委员会国家经济委员会中国人民银行
1986	《对节约能源管理有关税收问题的通知》	设备制造商/进口商	税收优惠（增值税、进口税、奖金税）	财政部
1989	《关于鼓励发展小型热电联产和严格限制凝汽式小火电建设的若干规定》	基建建设单位	贷款优惠	国家发展和改革委员会
1991	《中华人民共和国固定资产投资方向调节税暂行条例》	建筑项目建设单位/开发商	税收优惠(固定资产投资方向调节税)，2000年停征	国务院
1992	《关于加快墙体材料革新和推广节能建筑意见的通知》	设备制造商	税收优惠（增值税）	国家建材局等部门
1993	《关于北方节能住宅投资征收固定资产投资方向调节税暂行管理办法》	建筑项目建设单位/开发商	税收优惠（固定资产投资方向调节税），2000年停征	国家计委税务局
1994	《关于企业所得税若干优惠政策的通知》	设备制造商	税收优惠（所得税）	财政部国家税务总局
1994	《城市区域锅炉供热管理办法》	基建建设单位	贷款优惠	建设部
1995	《关于对部分资源综合利用产品免征增值税的通知》	设备制造商	税收优惠（增值税）	财政部税务局
1997	《国务院关于调整进口设备税收政策的通知》	进口商	税收优惠（增值税）	国务院
1998	《关于发展热电联产的规定》	设备制造商	财政补贴/费用免收	国家计划委员会国家经济贸易委员会电力工业部建设部
2000	《当前国家重点鼓励发展的产业产品和技术目录》（2000修订）	基建建设单位/建筑项目建设单位/开发商	税收优惠（所得税）	财政部税务局
2001	《关于部分资源综合利用及其他产品增值税政策问题的通知》	设备制造商	税收优惠（增值税）	财政部国家税务总局

续表

颁布时间（年）	政策	主要受惠对象	主要手段类型	颁布部门
2003	《夏热冬暖地区居住建筑节能设计标准》	建筑项目建设单位/开发商	财政补贴（基金免收）	建设部
2003	《关于城镇供热体制改革试点工作的指导意见》	消费者（企业/个人）	热价政策	建设部等八部委
2004	《关于部分资源综合利用及其他产品增值税政策的补充通知》	设备制造商	税收优惠（增值税）	财政部国家税务总局
2004	《全国绿色建筑创新奖实施细则（试行）》	建筑项目建设单位/开发商	财政补贴（奖金）	建设部
2005	《关于进一步推进城镇供热体制改革的意见》	消费者（企业/个人）	热价政策	建设部等八部委
2006	《建筑节能管理条例》	设备制造商	优惠贷款	建设部
		建筑项目建设单位/开发商	优惠贷款	建设部
		建筑项目建设单位/开发商	税收优惠	建设部
2006	《可再生能源发展专项资金管理暂行办法》	建筑项目建设单位/开发商	财政补贴	财政部
		建筑项目建设单位/开发商	贷款优惠	财政部
2006	《"十一五"十大重点节能工程实施意见》	设备制造商	税收优惠	国家发改委科技部财政部建设部国家质检总局国家环保总局国管局中直管理局
		消费者（企业/个人）	价格机制	国家发改委科技部财政部建设部国家质检总局国家环保总局国管局中直管理局

续表

颁布时间（年）	政策	主要受惠对象	主要手段类型	颁布部门
2006	《"十一五"十大重点节能工程实施意见》	消费者（企业/个人）	热价政策	国家发改委 科技部 财政部 建设部 国家质检总局 国家环保总局 国管局 中直管理局
2006	《可再生能源建筑应用专项资金管理暂行办法》	建筑项目建设单位/开发商	财政补贴	财政部 建设部
2007	《关于改进和加强节能环保领域金融服务工作的指导意见》	设备制造商	贷款优惠	中国人民银行
2007	《国家机关办公建筑和大型公共建筑节能专项资金管理暂行办法》	建筑项目建设单位/开发商	贷款优惠	财政部
2007	《热电联产和煤矸石综合利用发电项目建设管理暂行规定》	基建建设单位	财政补贴	国家发改委 建设部
2007	《热电联产和煤矸石综合利用发电项目建设管理暂行规定》	基建建设单位	税收优惠	国家发改委 建设部
2007	《国务院关于印发节能减排综合性工作方案的通知》	消费者（企业/个人）	惩罚性税收	国务院
2007	《国务院关于印发节能减排综合性工作方案的通知》	消费者（企业/个人）	价格机制	国务院
2007	《国务院关于印发节能减排综合性工作方案的通知》	企业、建筑项目建设单位/开发商	税收优惠	国务院
2007	《节能技术改造财政奖励资金管理暂行办法》	建筑项目建设单位/开发商	财政补贴（奖金）	财政部 国家发改委
2007	《北方采暖区既有居住建筑供热计量及节能改造奖励资金管理暂行办法》	建筑项目建设单位/开发商	财政补贴（奖金）	财政部
2007	《新型墙体材料专项基金征收使用管理办法》	建筑项目建设单位/开发商	财政补贴（免收基金征收费）	财政部 国家发改委
2007	《高效照明产品推广财政补贴资金管理暂行办法》	消费者（企业/个人）	财政补贴	财政部 国家发改委

续表

颁布时间（年）	政策	主要受惠对象	主要手段类型	颁布部门
2008	《国务院关于进一步加强节油节电工作的通知》	消费者（企业/个人）	财政补贴	国务院
2008	《民用建筑节能条例》	建筑项目建设单位/开发商	财政补贴	国务院
		建筑项目建设单位/开发商	贷款优惠	
		建筑项目建设单位/开发商	税收优惠	
		消费者（企业/个人）	热价政策	
		消费者（企业/个人）	财政补贴（奖金）	
		建筑项目建设单位/开发商	违反条例罚款	
2008	《再生节能建筑材料财政补助资金管理暂行办法》	建材生产商	贷款优惠	财政部
2009	"太阳能屋顶计划"：《太阳能光电建筑应用财政补助资金管理暂行办法》	建筑项目建设单位/开发商	财政补贴	财政部
		设备制造商	财政补贴	
2009	《可再生能源建筑应用城市示范实施方案》	城市政府	财政补贴	财政部 住房城乡建设部
2009	《加快推进农村地区可再生能源建筑应用的实施方案》	县政府	财政补贴	财政部 住房城乡建设部
2009	《金太阳示范工程财政补助资金管理暂行办法》	建筑项目建设单位/开发商	财政补贴	财政部 科技部 国家能源局
2009	《"节能产品惠民工程"高效节能房间空调器推广实施细则》	消费者（企业/个人）	财政补贴	财政部 国家发改委
2009	《高效节能产品推广财政补助资金管理暂行办法》	消费者（企业/个人）	财政补贴	财政部 国家发改委
2010	《关于加强金太阳示范工程和太阳能光电建筑应用示范工程建设管理通知》	建筑项目建设单位/开发商	财政补贴	财政部 住房城乡建设部
2011	《关于组织实施太阳能光电建筑应用一体化示范的通知》	建筑项目建设单位/开发商	财政补贴	财政部 住房城乡建设部
2011	《节能技术改造财政奖励资金管理办法》	项目承担单位	奖金	财政部 国家发改委

续表

颁布时间（年）	政策	主要受惠对象	主要手段类型	颁布部门
2012	《"十二五"建筑节能专项规划》	消费者（个人/企业）/建筑项目承担单位	财政补贴/税收优惠/购房贷款利率优惠	住房城乡建设部建筑节能与科技司
2012	《关于加快推动我国绿色建筑发展的实施意见》（财建〔2012〕167号）	建筑项目建设单位/开发商	绿色建筑给予奖励	财政部住房城乡建设部
2013	《绿色建筑行动方案》（国办发〔2013〕1号）	建筑项目建设单位/开发商/消费者	财政资金奖励；税收方面的优惠政策；土地转让方面的政策以及容积率奖励方面的政策；消费者在购房贷款利率上给予适当优惠	国家发展改革委住房城乡建设部

（来源：住房和城乡建设部网站http://www.mohurd.gov.cn；笔者从不同国家部门网站收集整理）

针对单个绿色建筑项目，部分省市规定了资助额或上限，从500万到600万元，其中东部沿海地区的上海，针对保障性住房，将补贴上限提高到1000万元，有利于绿色建筑规模化申报和绿色建筑发展向保障性住房倾斜的公共策略。

（2）容积率奖励（表11.5）

容积率是有效控制建筑密度的约束性手段，适当提高容积率有利于开发商获取更大的商业价值。徐振强列出了调研的25个省份（直辖市）在容积率激励方面的量化政策。激励手段举例包括：

· 基于绿色建筑星级给予不超过3%的容积率奖励（福建和贵州）；
· 对实施绿色建筑而增加的建筑面积不纳入建筑面积（山西）；
· 为避免二次装修造成的污染浪费，就全装修住宅和全装修集成住宅的容积率奖励幅度分别为3%~5%和4%~6%（长沙）；
· 对单体10000m²以上的建筑，符合国家节能标准的，给予0.1~0.2的容积率的奖励（南京）。

地方绿色建筑发展的经济激励政策 表11.2

序号	省市	激励政策
1	湖南省	· 对省绿色建筑创建计划项目，纳入绿色审批通道； · 对因绿色建筑技术而增加的建筑面积，不纳入建筑容积率核算； · 在"鲁班奖""广厦奖"等评优活动中，将获得绿色建筑标识作为民用房屋建筑项目入选的必备条件
2	山东省	· 对实施绿色建筑的相关企业，在企业资质年检、企业资质升级中给予优先考虑或加分； · 对已获得国家绿色建筑评价标识的单体绿色建筑项目，省级根据项目所获的星级给予奖励，2013年奖励标准为：一星15元/m²，二星30元/m²，三星50元/m²。获"设计标识"后可获相应星级30%奖金；竣工后，经现场核实与设计一致的，可再获相应星级30%奖金；获"绿色建筑评价标识"后，获剩余40%奖金[山东省财政厅，山东省住房城乡建设厅《关于印发<山东省省级建筑节能与绿色建筑发展专项资金管理办法>的通知》（鲁财建[2013]22号）]； · 在国家、省级评选活动及各类示范工程评选中，绿色建筑项目优先推荐、优先入选或适当加分
3	河北省	· 对新建绿色大型公共建筑，优先落实高效照明产品推广补贴政策
4	江苏省	· 对财政部、住房城乡建设部确定的二星、三星奖励项目，按一定比例给予配套奖励；对获得一星级设计标识的项目，按15元/m²的标准给予奖励；对获得绿色建筑运行标识的项目，在设计标识奖励基础上增加10元/m²的奖励
5	青海省	· 取得一星级绿色建筑评价标识的项目返还30%的城市配套费；取得二星级绿色建筑评价标识的项目返还50%的城市基础设施配套费；取得三星级绿色建筑评价标识的项目返还70%的城市基础设施配套费
6	海南省	· 对达到二星级运行标识的绿色建筑返还20%的城市基础设施配套费；对达到三星级运行标识的绿色建筑返还40%的城市基础设施配套费
7	北京市	· 对达到国家或北京市绿色建筑评价标准二、三星级的绿色建筑运行标识项目分别给予每m²22.5元和40元的财政资金奖励
8	陕西省	· 达到二、三星级绿色建筑标准的，除享受国家奖励资金补助外，省财政给予配套奖励：一星10元/m²，二星15元/m²，三星20元/m²。对公益性建筑、商业性公共建筑、保障性住房等，奖励资金兑付给建设单位或投资方；对商业性住宅项目，奖励资金的30%兑付给建设单位或投资方，70%兑付给购房者
9	山西省	· 对因实施外墙外保温、遮阳、太阳能光伏幕墙等绿色建筑技术而增加的建筑面积，可不纳入建筑容积率计算； · 鼓励项目实施立体绿化，其屋顶绿化面积的20%可计入该项目绿化用地面积，也可计入当地绿化面积

续表

序号	省市	激励政策
10	安徽省	• 金融机构对绿色建筑的消费贷款利率可下浮0.5%，开发贷款利率可下浮1%；省有关部门在组织"黄山杯"、"鲁班奖"、勘察设计奖、科技进步奖等评选时，对取得绿色建筑评价标识的项目应优先入选或优先推荐
11	江西省	• 在"鲁班奖""广厦奖""华夏奖""杜鹃花奖""全国绿色建筑创新奖"等评优活动及各类示范工程评选中，实行绿色建筑优先入选或优先推荐上报的制度
12	广西壮族自治区	• 在"鲁班奖""广厦奖""华夏奖"等评优活动及各类示范工程评选中，对获得绿色建筑标识的项目，实行优先入选或优先推荐上报
13	福建省	• 对绿色建筑项目各地纳入绿色审批通道；在"鲁班奖""闽江杯""优秀勘察设计奖"等评优活动中，优先推荐绿色建筑项目
14	贵州省	• 对经营性营利项目要以容积率奖励为主，除争取国家绿色建筑奖励资金外，在获得星级绿色建筑设计标识后，按实施绿色建筑项目计容建筑面积的3%以内给予奖励
15	宁夏回族自治区	• 对达到绿色建筑标准的民用建筑，在国家和自治区"鲁班奖""广厦奖""西夏杯""优秀设计奖"建筑业新技术应用及可再生能源建筑应用示范工程的评审中增加一定分值； • 对在推动绿色建筑工作中成绩突出的单位和个人，自治区人民政府给予表彰奖励
16	黑龙江省	• 对取得绿色建筑标识项目并继续开展绿色建筑业务的相关企业，在资质升级、优惠贷款等方面予以优先考虑或加分；在国家、省级评优活动及各类示范工程评选中，绿色建筑项目优先推荐，优先入选或适当加分
17	上海市	• 对获得二星级或三星级绿色建筑标识的新建居住建筑和公共建筑给予60元/m²的补贴。要求二星级居住建筑的建筑面积2.5万m²以上；三星级居住建筑的建筑面积1万m²以上；二星级公共建筑单体建筑面积1万m²以上，三星级公共建筑单体建筑面积5000m²以上。且公共建筑必须实施建筑用能分项计量，与本市国家机关办公建筑和大型公共建筑能耗监测平台数据联网
18	内蒙古自治区	• 对于取得三星级绿色建筑评价标识的城市配套费减免100%，取得二星级绿色建筑评价标识的城市配套费减免70%，取得一星级绿色建筑评价标识的城市配套费减免50%； • 在"鲁班奖"、"广厦奖"、"华夏奖"、"草原杯"、自治区优质样板工程等评优活动及各类示范工程评选中，对获得绿色建筑标识的项目，实行优先入选或优先推荐上报；在企业资质年检、企业资质升级时给予优先考虑或加分等

（来源：马欣伯、宫玮、宋凌，2014年）

不同省份/直辖市颁布的绿色建筑激励政策 表11.3

地区	省份	类别												
		土地转让	土地规划	财政补贴	税收	信贷	容积率	城市配套费	审批	评奖	企业资质	科研	消费引导	其他
东北	吉林	○	●	○	○	○	○				●		○	○
北部沿海	北京	○		●			○				○		○	
	天津			●										
	河北			○										
	山东			●	○	○	○	○		●			○	
东部沿海	上海	○	○	●	○	○			○					○
	江苏	○		●	○		○	○						○
	浙江			○	○		●							○
南部沿海	福建			●		○	●		●					●
	广东		●	●			○					○		○
	海南								●					
黄河中游	山西	●		○	○		●						○	●
	内蒙古							●	●	●	●			
	河南	○	●	○	○		○			○				
	陕西	○	●	●			○			●				
长江中游	安徽	○		●		●	○	○		●		○	●	
	江西	○		○	○	○				●				○
	湖北			○					●	●	●		○	
	湖南			○	○	○	○		●	●	○	○		
西南	广西	●	●	○		○	○	○		●			○	○
	重庆				○					●				
	四川	○	●	○		○								
	贵州	○	●				○	●		●			○	●
大西北	青海	○	●	○			○							●
	宁夏			○	●	○			●	●		○		○
	新疆	○		○									○	○

（来源：徐振强，2014）

注：吉林、黑龙江、云南、甘肃、台湾、香港、澳门和西藏目前缺乏相关政策资料，暂未纳入本研究。○ 表示参考文献中提到相关类型的激励政策，但是尚缺乏落地性或可操作性；
● 表示参考文献中提到相关类型的激励政策，具有落地性或可操作性。

（3）绿色审批通道

在绿色建筑项目审批方面，约20%的省份（福建、内蒙古、湖北、湖南、青海和宁夏等，如表11.2所示）明确提出建立审批绿色通道，该激励政策对于鼓励企业参与绿色建筑实施、监督工程管理、有效评估效果和开展财税、信贷等其他激励具有良好的管道作用。该激励政策不会对公共财政造成压力，不受地区经济约束条件的影响，对推进全国范围内不同规模城市中绿色建筑项目的评价具有中枢价值，因此，应考虑在全国范围内推广实施。

（4）城市基础设施配套费（表11.6）

在城市基础设施配套费方面，按城市总体规划要求，为筹集城市市政公用基础设施建设资金所收取的费用，按建设项目的建筑面积计算征收，其专项用于城市基础设施和城市共用设施建设。例如：内蒙古地级市在30元/m²以上，如呼和浩特和鄂尔多斯的城市配套费分别在50~80元/m²；青海西宁市的城市配套费规定为60元/m²。

11.1.4 建筑节能减排经济激励措施分析

由上面的数据整理可得知，在当前的经济手段及政府的激励政策中，最主要的是由政府直接向不同经济主体提供财政补贴，以鼓励他们进行节能减排。这也是直接减少主体的成本，以期提升有关的生产、建造、消费行为总量的方法。财政补贴包括减免费用、津贴及奖金，这些都是相对直接的优惠。税收优惠是比较重要的经济手段，也是一种减少经济主体生产成本的手段，这里包括了所得税、进口税、增值税和所得税等。虽然税收优惠带来的成本影响不及补贴直接，但亦不失为一种有影响力的手段。

因而，我国目前的财政补贴和税收优惠主要针对建设单位和建材设备制造商及进口商。从地方政府的激励政策分析来看，绿色建筑目前的经济激励也主要是针对开发商和建设单位，通过奖励推动设计单位。对消费者来说并没有直接的税收优惠政策，这方面对终端消费方来说是相对缺乏的。相反，消费者面对的最主要经济政策手段是近年一直被推动的价格机制改革和热价政策，这方面在我国未来的建筑节能减排的政策发展空间是比较突出的。

根据以上对绿色建筑和建筑节能减排政策体系的分析，作者从经济效率的角度给予4点建议。

绿色建筑激励政策 —— 财政补贴　　　　　　　　　　　　　　　表11.4

地区	省份	一星	二星	三星	资助上限（万元）	政策内容	可考虑借鉴的地区或省份
北部沿海	北京		22.5	40	—	达到国家或本市绿色建筑运行标识，根据技术进步、成本变化等情况适时调整奖励	河北
	天津	—	—	—	5	该资金分两次拨付，签署任务合同书。第一次拨付3万元，待项目验收合格后，第二次拨付2万元。2007年绿色建筑试点项目给予建筑节能专项基金补助100万元	—
	山东	15	30	50	—	按建筑面积计算，将根据技术进步、成本变化等因素调整年度奖励标准	—
东部沿海	上海	—	60	60	600（保障性住房项目最高可获补贴1000万元）	获得绿色建筑标识的新建居住建筑和公共建筑，其中，整体装配式住宅示范项目，对预制装配率达到25%及以上的，每平方米补贴100元	浙江
	江苏	15	—	—		获得绿色建筑一星级设计标识，对获得绿色建筑运行标识的项目，在设计标识基础上增加10元/m²奖励	—
南部沿海	福建	10	—	—		按建筑面积计算	海南
	广东	—	25	45	150（二星级）	—	—
					200（三星级）	—	—
黄河中游	陕西	10	15	20		—	山西、内蒙古
长江中游	安徽	—	—	—		计划每年安排2000万元专项资金	江西、湖北、湖南

（来源：徐振强，2014年）

绿色建筑激励政策 —— 容积率奖励

表11.5

地区	省份	一星	二星	三星	激励细则	可考虑借鉴的地区或省份
南部沿海	福建	1%	2%	3%	对于房地产开放企业开发星际绿色建筑住宅小区项目	北部沿海、广东、海南
西南地区	贵州		<3%		对经营性营利项目要以容积率奖励为主。在获得星级绿色建筑设计标识后，按实际绿色建筑项目计算建筑面积的3%以内给予奖励	广西、重庆、四川、云南
黄河中游	陕西		—		对因实施外墙外保温、遮阳、太阳能光伏幕墙等绿色建筑技术而增加的建筑面积，可不纳入建筑容积率计算	东北、长江中游、内蒙古、河南、陕西

（来源：徐振强，2014）

（1）我国建筑节能减排政策的基本政策理论要建立在社会整体经济效率最优化的基础上。要实施政策，就要动用公共财政资源来支持建筑节能工作，各级地方政府会安排专项资金（包括财政补贴、税收优惠、贷款利息优惠等手段）。但使用公共财政资源是有竞争性的，在落实具体工作上，政府要进行政策的成本效益分析和评估。政府在制定经济激励手段时，要对不同的政策手段体系作出客观的经济分析和比较，选择成本效益效率最高的政策方案组合实施。

（2）当加大对建筑节能减排的财政拨款支持力度时，国家和地方政府还要扩大有关的经济激励手段，特别是针对下游消费者在需求端的激励，以终端市场需求带动供应。从前面提到的对我国目前的财政手段包括补贴、税收优惠和贷款优惠等的分析中我们可以看到，当前的政策手段相对集中在对中上游供应方的支持（建材设备供应商、建设单位/开发商）方面。然而，经济激励手段效率取决于是否有主要面对的收益对象，而引发对象受到激励的效率则取决于他们是否拥有价值链中最终的需求权。目前我国的经济激励政策集中在生产—供应—采购环节的推动上，但要提高整体在生产供应链上的节能减排行为效率，作者认为主要的驱动力在于终端的需求方，也就是消费者的经济行为。

（3）推动经济激励，面向消费者，把目前的税收激励手段扩大并面向消费者（个人及企业），引入使消费者（商品房购买、租赁和使用者）直接受惠的税收优惠。

在这个方向下，可以考虑在契税和物业税两个环节着手。契税是地方税种，幅度在3%~5%，是房产产权转移时向承受人征取的财产税，个人或企业在消费购买房产的交易

绿色建筑激励政策 —— 城市基础设施配套费   表11.6

地区	省份	一星	二星	三星	激励细则	可考虑借鉴的地区或省份
黄河中游	内蒙古	50%	70%	100%	针对绿色建筑评价标识，给予城市配套费减免	东北地区、山西、河南、陕西
大西北地区	青海	30%	50%	70%	针对绿色建筑评价标识，给予城市配套费返还	西南地区、西藏、甘肃、宁夏、新疆
南部沿海	海南	——	20%	40%	针对绿色建筑运行标识，给予城市配套费返还	北部沿海、东部沿海、广东、福建

（来源：徐振强，2014）

中要支付契税，如果在此环节引入对有节能建筑测评标识的商品房交易减免契约税收的办法，可以使节能建筑的购买者直接享受经济利益，对节能建筑的需求有带动作用。

（4）建立长期的有效财政来源来支持建筑节能减排政策。长期以公共财政支持市场竞争的政策不一定有可持续性，因为公共财政和社会资源永远是稀缺的。因此对现有的扩大经济激励政策及重视鼓励终端消费者市场行为的经济手段要有稳定、长期的支持，特别是建筑节能减排财政资源的机制和本源。地方政府在这方面需要由配套政策支持。考虑到政策发行债券是有效且成熟的公共财政手段，未来的支持建筑节能减排财政支出专项基金可以通过国家政府发行长期债券支撑，或者在债券集资的资金中有专项部分指定用于实施建筑节能减排政策。再进一步可考虑在条件成熟时，地方政府可以有法定权力发行债券，成立建筑节能减排专项基金，加大整体财政投入力度。

11.2   低碳生态城区的经济成本效益分析

我国各地政府都要建设低碳生态城市，保障城市规划建设管理手段得到实施，地方规划管理部门探讨管理体制下制定的低碳规划建设控制指标，通过法定管理程序实施。然而，公共政策手段必然有其成本，低碳生态城市规划政策也不例外。政策手段带来的成本与效益需要有科学性及客观的分析，才会帮助在制定政策及建设项目时提高社会整体经济效率，达到优化经济资源的目的。

本章需要对低碳城市规划方案和节能减排管理手段进行成本效益分析，要从科学客观的角度分析低碳城市成本效益理论和方法，评估低碳城市规划建设政策和投资决定[14]。本章针对控制性详细规划管理手段，提出在实施低碳生态城市控制指标时要考虑产生的经济成本与效益，并辅以参考案例说明。

[14] 叶祖达.低碳城市发展：成本效益分析[M]//中国城市科学研究会，低碳生态城市发展报告2010.中国建筑工业出版社，2010

11.2.1 成本效益分析理论基础

（1）成本效益分析

成本效益分析（COBA）的主要理论基础是：以微观经济学的价值理论来评估政策、规划方案、建设投资决定的成本和效益（包括低碳城市建设政策和手段），对有关的外在成本（和效益）进行内在化计算，从而提供比较客观的政策评估工具和方法。

国际上对成本效益分析的理论基础假设已有比较全面的描述[15]~[18]，这里只作简单综述：

· 效益（Benefit）指使人类福利增加，而成本（Cost）是指使人类福利减少；
· 对于某一项政策或某一项目而言，从成本效益角度来评估，其"社会效益"必须比"社会成本"高；
· "社会"一般指所有大众（小众之和）；成本效益分析对象的地理边界可以是国家，但也可以是比国家更宽的范围。

在评估政策或项目时，使用成本效益分析要考虑三方面的合成计量：①要把不同社会阶层团体、国家的成本和效益合成总量计算；②在评估成本效益时，可以考虑把社会上弱势群体的成本和效益以不同的权重修正再合成计算；③要在某一段时间内把成本效益合成计算，最常用的方法是通过计算其净现值。成本效益分析方法的主要理论是要解决外部性的问题。外部性表现为第三方的受损或受益无法以市场价格确定。成本效益分析方法就是要尽可能地把所有的成本和效益以经济（价格）来量度表现，把外部性内部化计算。

随着我国高速度的经济增长及发展，城市化带来的环境问题日益严重，环境保护作为可持续发展的主要内容，与成本分析和效益建议一起受到了关注。宋蕾指出，在环境经济学中，"环境成本"是指在生产活动中，要处理所有环境污染及生态破坏修复的全部费用[19]，并指出要把环境成本内在化。李国斌等开展了对污染物排放问题费用效益分析方法理论的讨论[20]。林丰岩在讨论环境成本的投资项目财务分析问题时指出，现有企业生产性投资分析都是建立在传统财务收支计量基础上的，没有考虑企业行为产生的环境成本[21]。另外一方面，在循环经济发展模式研究中，张继提议对环保项目的环境成本和效益进行分析，以经济评价为决策工具[22]。他指出可以根据"费用/效益"分析原理（费用和利益就是成本和收入的价格表现），对项目的不同方案进行比较。

从上述回顾可以看到，成本效益分析在环境管理政策分析方面已被接纳为重要的分析工具。然而，在低碳生态城市规划建设政策领域，目前成本效益分析的应用是缺乏的。

[15] Pearce D, Atkinson G, Mourato S. Cost-Benefit Analysis and the Environment - Recent Developments[M]. OECD Publishing，2006

[16] Hicks J R. Foundations of Welfare Economics [J]. Economic Journal，1939(49): 696-712

[17] Hicks J R. The Four Consumer's Surpluses [J]. Review of Economic Studies, 1943(1): 31-41

[18] Kaldor N. Welfare Propositions of Economics and Interpersonal Comparisons of Utility [J]. Economic Journal, 1939(49): 549-552

[19] 宋蕾.略论可持续发展中的环境成本[J]. 云南环境科学，2000，19(1): 1-8

[20] 李国斌，刘卓，欧阳宪.环境影响评价中费用效益分析的方法[J]. 环境科学与技术，2002，25(3): 32-37

[21] 林丰岩.考虑环境成本的投资项目财务分析[J]. 价值工程，2008(6): 159-161

[22] 张继.基于循环经济模式下的环保项目经济评价方法探讨[J]. 冶金经济与管理，2009(1): 22-24

（2）低碳生态城成本效益分析计算框架

低碳生态城市建设政策（包括规划方案、设计、保障政策）手段必然有其成本。政策手段带来的成本与效益需要有科学性及客观的分析，才会帮助在制定政策及建设项目时提高手段的社会整体经济效率，达到优化经济资源的目的。参考传统成本效益分析方法的经济概念，针对低碳生态城市规划建设政策的一般成本效益模型如下。

基本现值计算公式为：

$$PV_C = \sum_{t=1}^{n} \frac{C_t}{(1+r)^t} \qquad (1)$$

$$PV_B = \sum_{t=1}^{n} \frac{B_t}{(1+r)^t} \qquad (2)$$

其中，

PV_C：低碳生态城政策的总成本现值；

PV_B：低碳生态城政策的总效益现值；

C_t：第 t 年的成本；

B_t：第 t 年的效益；

r：贴现率；

t：时间（年）。

在分析政策时，成本和效益可以分为"常规规划"和"低碳生态规划"两类，同时可以用净现值（NPV）来表述：

$$NPV = \sum_{t}^{n} \left(B_{jt} - C_{jt} + B_{et} - C_{et} \right) (1+r)^{-t} \qquad (3)$$

其中，

NPV：低碳生态城政策实施产生的净现值；

B_{jt}：第 t 年的常规规划政策效益；

C_{jt}：第 t 年的常规规划政策成本；

B_{et}：第 t 年的低碳生态政策效益；

C_{et}：第 t 年的低碳生态政策成本；

r：贴现率；

t：时间（年）。

如果用每一年的净效益（NB）代表总成本和总效益之和，方程式（3）可以再写为：

$$NPV = \sum_{t}^{n} NB_t \cdot (1+r)^{-1} \qquad (4)$$

其中，

NB_t：政策第 t 年的净效益。

（3）低碳生态城：不同主体的成本效益

有关以控制性详细规划作为实施低碳生态城市目标的案例，近期在不同城市已有所展开，并会日益普[23][24]。按照低碳生态城市规划条件要求，这些技术指标的成本和效益会在土地开发和房产投资开发过程中体现。低碳生态城市规划建设的潜在增量成本，建议可以按政府（代表社会整体）、建设单位/开发商（包括一级和二级开发主体）、消费者/使用者三个不同经济主体面对的成本效益作为分析框架[25]。

a. 政府（也代表社会整体）：由于低碳生态城市整体资源和能耗降低，常规能源开发投资需要也会降低，对公共财政整体来说是有益的；低碳城市建设应用的新建造技术、建材和设备会提高城市生产总值并创造就业机会。社会的环境效益很重要，这种参数目前主要是以政策可以降低的碳排放量为测量的单位。政府的成本包括所有政策提供的经济成本（激励政策的公共财政成本），也可以考虑包括政策实施管理的行政成本、政府的信息成本。

b. 建设单位/开发商：建设单位/开发商面对的成本是要符合低碳生态城市规划建设政策要求的生产成本：增量成本。"增量成本"是指按低碳城市规划建设政策要求而应用的生产技术所需的总成本与基准建筑成本之间的差值。建设单位/开发商的效益是可以从政府得到的经济激励效益（各种财政政策补贴、优惠等）、从消费者（愿意付出额外支出去享受低碳的经济利益）得到的额外售价/租金。

c. 消费者/使用者：消费者/使用者的最大效益是通过节能节省的能源费用，一般最主要为电费。如果政府提供直接经济激励给终端消费主体，他们也可能有费税减免的效益。消费者/使用者要支付新建材/设备带来的额外运营维修成本（反映在物业管理费递增上）。如果市场推动，低碳建设给使用者带来的经济效益信息很明确，消费者可能会愿意额外支出去享受低碳的经济利益。

以上的成本效益分析框架的基本目的是：城市中无数的主体（企业、个人、政府）都在追求他们的净利益（或价值），分析不同主体能否在低碳生态城市规划政策手段实施的回报率，可以了解

[23] 叶祖达，施卫良.北京长辛店低碳社区控制性详细规划[M]//中国城市科学研究会.低碳生态城市发展报告2010，中国建筑工业出版社，2010

[24] 周银波，黄耀志.低碳化城乡建设发展为目标的控规指标体系探析[J].现代城市研究，2011(7): 77-81

[25] 叶祖达.低碳城市规划建设：成本效益分析[J].城市规划，2010(8): 18-28

不同主体的主动性，然后调整政策，使其能够产生有效的管制与激励效用。如果主体不能达到基本回报率，政府的财政政策可以按具体经济影响提供补贴，推动政策实施。所以，客观的成本效益分析可以协助决策者建立具有经济效率的政策手段和体系。

11.2.2 低碳控制性详细规划：规划设计指标的成本分析

在通过低碳生态城市规划建设管理达到节能减排、生态资源合理使用的效果，最主要的目标往往是需要项目满足政府（代表社会整体利益）订立的减排（或生态资源使用上限）规划设计指标，反映了"基本保护底线"技术要求。控制性详细规划的土地开发指标也可以通过规划许可证与土地使用权出让条件来实施，有明确的法定程序和保障机制。但同样重要的是：具体落实的刚性指标体现出的成本是政策（控制、激励）的实施对不同经济主体（政府、企业/开发商/投资者、消费者）造成的成本。

在应用控制性详细规划指标的手段政策来分析某低碳项目或某政策的成本利益时，前面的基本成本效益决策准则量化计算一般模型[方程式(1)~(4)]要进一步深化，由程式(5)、(6)、(7)重整表述：

$$\left\{\sum_t B_t\left(1+r\right)^{-1} - \sum_t C_t\left(1+r\right)^{-1}\right\} > 0 \qquad (5)$$

或

$$\sum_t \left(B_t - C_t\right)\cdot\left(1+r\right)^{-1} > 0 \qquad (6)$$

其中，

C_t：第 t 年的成本；

B_t：第 t 年的效益；

r：贴现率；

t：时间（年）。

再代入达到控制性详细规划指标的效益（$B_t{}'$）：

$$\sum_t \left(B_t{}' - C_t\right)\cdot\left(1+r\right)^{-1} > 0 \qquad (7)$$

其中，

B_t'：控制性详细规划指标的经济效益（第 t 年之效益表示）；

C_t：政策或项目第 t 年的成本。

以上的决策准则和模型深化有其重要意义。在建立低碳生态城市规划政策措施时，可以按照既定的低碳生态城市目标的控制性详细规划指标，在预设贴现率（政策的回报率）下，推算要达到此指标的经济成本（C）值。根据此成本利益分析工具，决策者能够了解某项低碳生态规划政策手段指标实施时，其相对产生的成本水平。本文的后面章节会以实证研究案例详细论述。

11.2.3 参考案例：
石家庄正定新区低碳生态详细规划成本分析

（1）项目背景和位置

石家庄市正定新区位于河北省石家庄市，距离火车站和机场15km，离老城区中心车程约20min，西侧为国家历史文化名城正定古城，南面为东部产业区（见图9.16）。新区面积108km²，东面以规划的京珠高速公路为界，西临现有的京珠高速，南面是滹沱河，而北面界线则为规划的张石高速支线（见图9.17）。规划研究的目标是利用详细的规划管理手段将正定新区建设为一个低碳生态新区[26][27]。

研究工作在现有《正定新区总体规划》的基础上，进行低碳生态规划的专题分析，项目的研究内容包括：①对现有石家庄市正定新区（108km²）总体规划提供低碳生态城市战略；②对正定新区起步区现有控制性详细规划（30km²）进行评估分析并且提出低碳生态控规指标，以及指标的实施手段和导则；③对低碳生态规划建设手段作经济成本和效益分析。

（2）   低碳生态城市规划建设措施

通过参考现有政策和法规，分析相关案例，调研当地具体情况，进行技术评估和研究，建议提出6个低碳生态战略的技术要求，针对108km²予以实施，包括：绿色空间建设、环境污染控制、绿色交通、能源、水资源、废弃物。以下是控制性详细规划的低碳生态指标。

a. 绿色空间建设

建议在正定新区108km²的范围内，全面提升绿化空间的植被碳汇能力。植物本身可以把大气中的二氧化碳固定，从而减少其在大气中的浓度。建议把正定新区的植林率提高，有利于提高单位绿化面积的碳汇能力。具体实施方法是把正定新区内各类绿化面积用地的平均植林率定在不小于50%，据测算，可以每年增加约50%~60%的碳汇量。

b. 环境污染控制

在环境污染控制方面，建议水环境功能区水质达标率及功能区噪声达标率为100%。同时，建议

[26] 奥雅纳工程咨询公司.石家庄正定新区生态规划研究——第二、三阶段成果简本[M]. 2010/12

[27] 叶祖达.低碳生态控制性详细规划的成本效益分析[J].城市发展研究，2012（1）：58-65

所有公共水系水质不低于Ⅲ类标准，也就是可以适用于集中式生活饮用水地表水源的功能，是可以安全接触的水质。想达到此水质要求，要在建设过程中以滞留塘和湿地来处理雨水径流，在需要的地点加设处理设备，使流入公共水系的水能够达标。

c. 绿色交通

为了降低由于交通出行而产生的碳排放量，最主要的方法是鼓励绿色出行，以步行为主，减少乘车的需要，然后再推动乘坐公共交通工具，控制不必要的小汽车出行率。建议绿色交通的战略是要把公共交通分担率控制在不小于70%的水平，而把公交站点、公共绿地、小学和幼托的位置布局安排到所有居住用地的500m范围内，可以步行到达有关的设施。

d. 能源

河北省在"十一五"期间的节能目标已定在把单位GDP能耗控制在1.56t标准煤的水平。建筑节能包括新建公共建筑达到节能50%的标准，居住建筑达65%的标准，而省内节能建筑比例达25%。石家庄市的总体规划亦有明确方向，在2020年全市一次能源需求量控制在5816万t标准煤，大力发展可再生能源如垃圾发电、秸秆发电、太阳能及沼气利用等。本规划建议正定新区的能源战略要包含三方面：①建筑节能：建议正定新区所有住宅建筑在原有65%的节能标准上提升，达到接近75%，而所有公共建筑则将原有50%的节能标准提升到65%的节能标准；②可再生能源：通过利用太阳能热水、光伏发电、地热能、生物质能、污水源热泵等可再生能源，正定新区的能源需求约有15%由可再生能源提供；③绿色建筑：正定新区内最少有50%的建筑物要获得绿色建筑标识，其中包括所有政府建筑物及大型公共建筑。

e. 水资源

总体规划要求生活耗水量不大于120升/（人·日），达到节水要求，而非传统水资源（如雨水、中水）的利用率不小于45%，并有100%的污水处理率。建议正定新区的水资源战略还要包括管网普及率达100%，节水器具的普及率达100%，且管网漏损率不大于5%。最后，为了保持水资源系统的生态循环，规划要求雨水实现高渗透水平，整个地区的雨水渗透率在新区开发前为75%，于开放后要仍然保持该水准，也就是零影响。

f. 废弃物

建议正定新区的垃圾回收利用率不小于60%，垃圾产生量要控制在不大于0.8千克/（人·日），而垃圾资源化利用率不小于90%。同时针对建筑过程产生的垃圾，新区内所有建造工程都要使用不小于10%的可再循环材料（重量），而以废弃物为原料生产的建筑材料占同类建材比例不小于30%，可再利用建筑材料使用率不小于5%。

在正定新区低碳生态规划研究中，建议上述低碳生态城市规划建设战略的指标有一部分会直接通过控规管理实施，新区108km²范围内的30km²的起步区在个别地块层面以法定规划条件落实。

（3）正定新区低碳生态控制性详细规划：成本效益分析

根据控规的建设设计指标，对有关的实施控制性措施对不同经济主体（政府、一级开发商、二级开发商、消费者）的经济成本效益的影响做出分析。经济成本分析主要是计算控制性低碳生态措施在30km²内的起步区的影响。在计算成本时，一级和二级开发的"增量成本"是分析的对象。经济增量成本是指为了满足低碳生态指标要求设计的额外建造成本，而额外成本是指在常规设计建造水平之外的增量成本：

增量成本＝满足低碳生态指标的建造成本－常规建造成本

另外，最终端的消费者（使用者）会享有在建筑及设施生命周期中带来的电费和水费节省，但亦有由于非常规设备的应用而导致的额外维护管理费用的增加。至于政府方面，通过现有中央政府的财政激励政策，政府要给开发商支付有关的补贴（在这个项目中，主要是中央财政对建筑一体化太阳能光伏发电系统50%的成本补贴），但同时，新区整体的节电节水使投资在水厂、污水厂和电力厂的基建成本有相对节省。图11.1表述了本案例采用的成本效益分析框架及所有主体的主要成本效益关系。

针对一级开发和二级开发的各类增量成本单价及总投入（2010年价格），根据不同的主要控规指标计算的建造成本增量、政府补贴（主要是建筑一体化光伏发电系统）、消费者节省费用、增加的设备维护成本等测算。

假设项目基准年为2010年，项目（新区开发和运营）年期为20年，每年的折现率为6%（代表经济资源合理的回报率），而民用水费和电费按每年增长率按3%计算，根据本文上面的方程式计算，得到净现值（NPV）数据。总结所有被考虑的成本和效益为（成本或效益的净现值）：

政府：-11.5亿元；

一级开发：2.7亿元；

二级开发：-54.7亿元；

使用者：165亿元。

图11.2把增量成本和效益分解到每个经济主体中（按20年开发周期6%折现率的现价值）。

如果建筑设计标准达到控规的节能和可再生能源要求后，可以在运营期间节省电费169.9亿元，节省水费1.5亿元。额外维护管理费用则为6.4亿元。

分析正定新区整体项目的成本效益，采用以下公式：

$$\text{NPV} = \sum_{t=1}^{n} B_t / (1+r)^t - \sum_{t=1}^{n} C_t / (1+r)^t \qquad (8)$$

其中：

NPV：正定新区项目的经济净现值；

t：年；

n：项目开发运营周期20年；

B_t：第 t 年的效益；

C_t：第 t 年的承包；

r：贴现率6%（按银行长期存款息率）。

正定新区整体项目的成本效益研究将四个主体的净现值合一考虑，把个别的成本或效益的净现值累加后为96.1亿，代表了项目的低碳生态城市规划建设战略，通过控规管理方法的政策手段实施对社会整体进行回报。此回报率证明了实施低碳生态规划建设政策为社会（正定新区）带来的社会整体经济回报，亦代表了量度社会资源配置（按规划配置排放权安达产权界定）效率的方法。

11.2.4 低碳生态控制性详细规划成本效益评估的意义

从本章对低碳生态控制性详细规划的成本效益讨论和以石家庄正定新区低碳生态规划的案例分析中可以得出总结，如下。

（1）以成本效益分析方法去评估政策手段对社会整体产生的经济后果。

通过成本效益分析，用统一的市场经济价格代表不同主体的成本和效益，从中可以了解及比较它们的决策环境、经济激励和制约因素。同时，以整体的成本效益分析框架可以量度社会整体（各主体之和）的资源使用效率（政策内部回报率）。这个分析框架可以进一步用于比较不同控制手段对社会整体资源产生的回报率，因而对政策制定有实际的应用意义。

（2）不同主体的成本效益在同一政策手段下会有差异，而要达到推动低碳生态城市规划建设政策的目标，必须通过创新的实施机制，有效地把外部成本效益内部化。

从经济成本效益角度去分析建议的政策明确说明，在市场中，不同经济主体在同一组公共政策下的成本效益并不是一样的。但如果要达到每人都能主动实施节能的目标，必须建立把外部性内部化的机制。在案例中，成本效益分析说明了二级开发商为了遵守控规的规划条件要求，要额外支付建造的增量成本，但由于低碳规划建设带来的省电省水的经济回报是由使用者享受的，建设单位的投入不会对自身带来回报，可能会导致"偷懒"倾向。需要把初始增量成本投入和未来运营期中使用者的省电省水回报（两个不同主体的成本效益）合并，通过适合的制度安排（第三方的能源管理合同），额外的投资是完全可以由节省的电费和水费收回，并带来合理的市场回报。

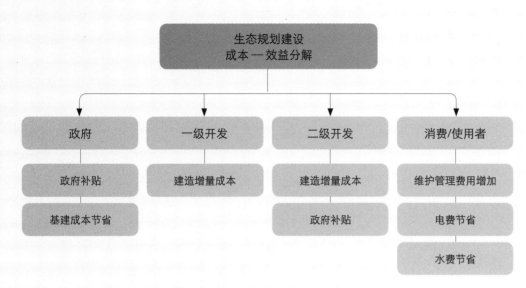

图11.1 低碳生态城：不同主体的成本效益分析框架
(来源：叶祖达，2012年)

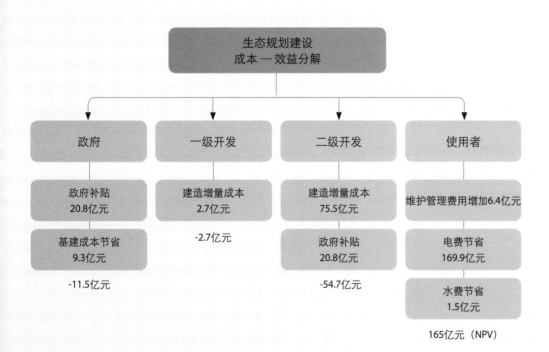

图11.2 不同主体增量成本和效益分解
(来源：叶祖达，2012年)

总结

我国于2014年11月向全球作出承诺，在2030年左右达到二氧化碳排放峰值，又在2015年12月于巴黎举行的联合国气候变化大会上提出中国是从人类命运共同体的高度来认识大会达成的协议。在我国要承担国际责任，以及要大力推动低碳城镇化的政策环境下，规划师需要立足于现有法定城乡规划体制赋予的责任和任务，面对低碳生态城市建设带来的新挑战。低碳生态城市规划建设无疑已对我们城乡规划体制与专业知识的未来发展带来挑战和机遇：挑战是规划师对许多非传统规划课程内的技术知识感到陌生，需要通过持续教育和培训来提升自我能力；另外一方面我们又看到，通过低碳生态理念的实践，规划专业可以推动人类历史中规模最大和速度最快的城镇化历程以可持续的模式前行，使城市建设公共政策的制定与决策过程更具有科学的内涵与客观的准则，因而提高城市规划专业在社会和公民心中的认知水平。

在这个大历史的机遇与环境中，地方的城市规划管理者近年在编制和管理低碳生态城市建设的过程中，做出不少关于能力提升与体制深化的诉求。本书尝试建立一套基础知识体系，对当前我国低碳生态规划建设理念和实践作出梳理，对于规划师应有的基础知识、规划管理相关的问题、编制办法、规划任务书内容、规划成果、技术路线等提出一个基本框架，并在现有公开与可以获得的资料中选出参考资料和案例。

全书的总结在于强调核心内容"如何做"，务求可以给城市规划工作者一本编制低碳生态城市规划的参考资料。

附件：
有关低碳生态城市规划培训与教材内容需求调查、
教材内容大纲意见调查问卷分析

1. 调查背景

中国低碳生态城市大学联盟、中国城市规划学会、能源基金会与东南大学建筑学院于2015年4月在南京市东南大学建筑学院联合举办了"第二期中国低碳生态城市规划建设高级培训班"。培训班的目的是通过课堂培训、专业考察、案例解剖、互动交流等形式开展教学，提升一线规划技术骨干和高校青年教师的低碳生态规划教学与实践能力。参与这次为期一周的培训活动的人员为来自全国不同城市的规划院、规划管理部门、教研机构的规划师。

本书作者联同中国城市规划学会在培训班期间发放问卷，对22位参与的规划师进行意见调查。问卷针对低碳城市规划领域中7个从理论到实践范畴内的25个专题，来征求培训班学员意见。这些低碳生态城市规划知识范畴和专题都是目前在学术与专业界经常被提出的课题。作者把它们梳理为7个范畴，以建立一个低碳生态城市规划基本知识体系。

学员对每个专题专业知识的参考价值，做出相对高、中、低的评价。有关的范畴和专题见（表A.1）。调查于2015年6月24日总共收回22张问卷。

教材内容大纲意见调查问卷的分析　表A.1

范畴	专题内容	参考价值			问卷回答总数
		高	中	低	
1. 低碳生态城市理念与法定城市规划体系	低碳生态城市的理论基础	12	7	3	22
	低碳生态规划建设技术研究综述	11	10	1	22
	法定城市规划体制与低碳生态规划	12	7	3	22
2. 低碳生态城市专题研究与专项规划	低碳生态城市空间结构	16	6	0	22
	低碳产业/循环经济	13	9	0	22
	生态承载力	19	3	0	22
	生态空间安全格局	15	7	0	22
	建筑节能与绿色建筑	13	7	2	22
	绿色交通	18	4	0	22
	水资源管理	16	6	0	22
	绿色市政	12	10	0	22
	新能源应用	10	12	0	22
	区域建筑能源规划	10	9	3	22
3. 城市温室气体排放清单/碳排放量化评估	总体规划：温室气体排放清单	14	8	0	22
	绿色生态城区：详细规划碳排放评估	16	5	1	22
4. 低碳生态城市规划编制：总体规划	低碳生态城市总体规划目标	11	10	1	22
	总体规划的低碳生态规划内容	10	12	0	22
	总体规划的低碳生态规划指标体系	12	9	1	22
5. 低碳生态城市规划编制：控制性详细规划	控制性详细规划与低碳生态内容要求	13	8	1	22
	低碳生态控制性详细规划指标	17	4	1	22
	低碳生态控制性详细规划内容深化	16	6	0	22
	控规图则与土地出让合同规划条件	20	1	1	22
6. 低碳生态城市治理机制与经济成本	低碳生态城市规划治理机制	14	7	1	22
	低碳生态控规的成本分析	18	3	1	22
7. 绿色生态城区规划详细案例	绿色生态城区规划详细案例	14	7	0	21

2. 调查数据统计

表A.1显示了在22个回复的问卷中，最受关注和被认为最有参考价值的5个专题是（括号内是回应"高"参考价值的问卷数目）：

- 控规图则与土地出让合同规划条件（20）；
- 生态承载力（19）；
- 低碳生态控规的成本分析（18）；
- 绿色交通（18）；
- 低碳生态控制性详细规划指标（17）。

从所有的"高、中、低"评估回应作统计分析，可以进一步比较不同专题受关注程度的比例高低。图A.1显示了对不同专题的参考价值进行的百分比分析，而图A.2则把专题按得到"高参考价值"回复的百分比排列。

图A.1和表A.2中，达到占比70%或以上的回复、被认为有高参考价值的专题有9个，按百分比排列为：

- 控规图则与土地出让合同规划条件（91%）；
- 生态承载力（86%）；
- 绿色交通（82%）；
- 低碳生态控规的成本分析（82%）；
- 低碳生态控制性详细规划指标（77%）；
- 低碳生态城市空间结构（73%）；
- 水资源管理（73%）；
- 绿色生态城区：详细规划碳排放评估（73%）；
- 低碳生态控制性详细规划内容深化（73%）。

从统计数据分析的另外一端看，相对而言下面的专题受关注的百分比比较低：
- 低碳生态规划建设技术研究综述（50%）；
- 低碳生态城市总体规划目标（50%）；
- 新能源应用（45%）；
- 区域建筑能源规划（45%）；
- 总体规划的低碳生态规划内容（45%）。

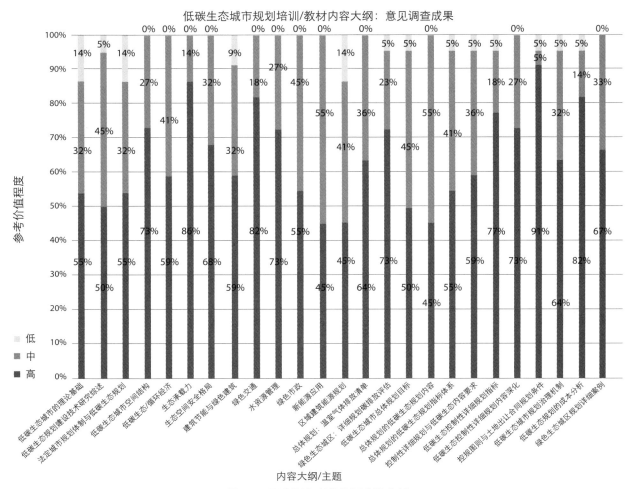

图A.1 不同专题参考价值百分比分析

3. 调查数据统分析

整体而言，绝大部分专题都被认为是重要的，有22个专题被认为是有"高"或"中"等参考价值（表A.2）。

上面的统计分析指出，参与这次培训班的规划师在低碳生态城市规划的知识方面，对如何实践低碳生态城市目标的手段和具体落实的问题最为关注。他们对低碳生态控制性详细规划阶段的编制工作（控规内容）、管理工具（控规图则）、实施手段与保障（土地出让合同、成本分析）相对较为关注。在技术领域方面，他们认为绿色交通、水资源与碳排放评估方法具有比较高的参考价值。

另外，学员也有提出一些对教材应该包含内容的建议，由于篇幅关系，本书对这些建议已有一定的讨论，但基于资料收集和编写时间的限制，有部分内容难以有较深入讨论，但这些意见对未来

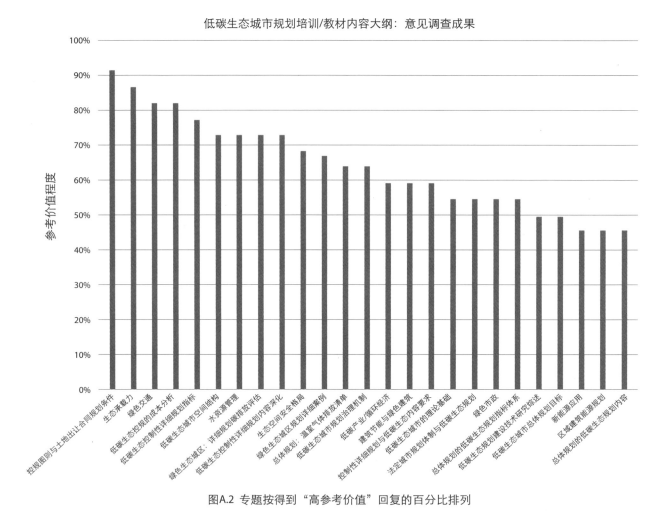

图A.2 专题按得到"高参考价值"回复的百分比排列

低碳生态城市规划培训和教育课程的发展很有参考意义，这里整理提出7个方向如下。

- 经济发展水平相对低的城市如何实施低碳生态建设模式？考虑地方经济发展条件不同，选择一些经济发展水平比较落后地区的案例作分析。
- 如何从体制改革角度，定位低碳生态城市，并说明如何纳入现有法定规划体系。
- 讨论以城市空间结构为基础角度来发展低碳城市的经验，低碳生态城市不只是建立指标体系。
- 除了总体规划和控制性详细规划外，建议增加有关区域层面的低碳生态建设内容。
- 具体规划编制与管理问题，如排放清单量化对设计提出的具体要求，总规指标与控规指标的关系性梳理方式。
- 如何结合低碳生态城市的实施与管理操作？
- 除了新城区外，如何在已建成地区与旧城区推动低碳生态规划建设？

感谢语　I

本　书是作者在低碳生态城市与绿色建筑方面的第五本书，写这一系列书的工作开始于2009年，当时没有想到会有第五本著作的出现，可以说在这个历程中如果没有身边各位的鼓励与协助，这是不可能的。

本书一如既往，是在我一边全职上班工作，一边在晚上、飞机上和周末的时间内断断续续完成的。从本书的内容挑选到撰写过程，得到不少的帮助和支持。

感谢我接触过的所有参与低碳生态城市规划工作的同业、朋友、老师与我的学生，他们的热诚（与提出的问题和困惑）是本书最重要的贡献，他们曾提出的问题，及对我一些观点的不一定认同，对于本书的体系整合和思路提供了很大的启发。

多谢中国城市规划学会秘书长石楠先生一直以来对作者的鼓励，使我可以有一个愿意在百忙间聆听我一些不成熟想法的朋友，同时要特别感谢中国城市规划学会曲长虹副秘书长与张国彪先生，他们对我延误本书出版日期的容忍我要再说一声十分抱歉，在此再次感谢。

要感谢美国能源基金会可持续城市计划对本书编写与出版的支持，没有他们的资助，本书作者不可能有能力完成本书。

要多谢陈洁、岳晨、房磊和张昕焱在本书的编辑方面的帮助，没有他们的参与和耐心，本书文稿不可能会顺利完成。

还有要感谢龙惟定教授，我记起我于2003年年中与他提出邀请他协助本书的编著工作，他马上答应，使我们有机会合作，最重要的是过程中我从龙老师处学到不少知识，我一直以他为我师相待。

正如和我以前写的书一样，我要感谢我太太对我的忍耐包容，她深明写书过程中我难免面对的沉闷、困惑与失落，感谢她的鼓励。

当然，本书内容如有错误与遗漏的地方，全是作者个人的责任。

叶祖达
2016年夏
上海华山路

感谢语　Ⅱ

我的背景是暖通空调专业，近10年来一直在从事城区能源规划研究，致力于基于需求侧的能源规划体系和方法论的建立。此间得到很多规划界学者专家的帮助和指导，使我获益匪浅。这次受中国规划学会委托，与国内外知名的叶祖达博士一起，承担能源基金会的项目，为规划师提供这本《低碳生态城市规划编制：总体规划与控制性详细规划》的培训教材，对我来说既是一个学习机会，也是一个挑战。

首先，要"换位"，即换位思考，对我而言要理解规划师的需求，从规划师的视角研究城市能源问题。

其次，要"定位"，要立足总规和控规的高度研究城市能源问题。不讲求技术细节和具体做法，但又要让读者对技术有系统的理解，特别是对技术的正面和负面影响的全面理解，并符合科学原理。

再次，要"对位"，城市规划的方向是多规合一，能源是城市规划关注重点之一，但不是全部。要力图在空间规划中融入节能和可再生能源应用的理念，而不是喧宾夺主或形成"两张皮"。

我在向这方面努力，并得到叶祖达博士的悉心帮助。也在参与中国规划学会培训讲课过程中通过与工作在一线的规划师们的接触获得很多新鲜的知识。

本书的策划、定位、确定内容、统稿、直至出版细节倾注了叶祖达博士大量心血。叶博士不像我，有比较多的自由支配时间，他还承担着十分繁重的工作任务，都是牺牲大量的休息时间来从事本书的编写，其敬业和认真精神，令人钦佩。

我要感谢叶博士，邀请我参加本书的编写工作，给我这么好的提高机会。同时我也深感与叶博士、与中国城市规划学会的合作非常愉快，希望今后有更多的跨界交流和合作。

龙惟定

2015年7月11日

作者简介

叶祖达

博士从事城市规划、城市设计和土地经济研究30年，其间在中国、中国香港特区、北美等地统筹规划研究大型城市开发和基础设施建设计划，目前在亚洲与中国内地负责多个重点低碳生态城市规划建设项目。

叶祖达毕业于香港大学地理系，此后又在英国利物浦大学取得城市设计硕士学位，并在北京大学取得理学博士学位。他是英国皇家城市规划学会会员、加拿大规划学会会员及香港规划师学会资深会员。

他是香港规划师学会的前会长，曾担任香港特区政府中央政策组政策顾问。在中国内地，曾担任江苏省建设厅顾问、哈尔滨市规划委员会高级顾问、北京市城市规划设计研究院高级顾问以及深圳市国土资源局光明分局顾问。

他目前是北京大学深圳研究生院城市规划与设计学院兼职教授、香港中文大学亚太研究所荣誉兼职教授，在两所大学率先设立气候变化与城市规划研究生课程。

他同时于北京大学城市规划设计中心进行低碳城市规划建设、绿色建筑、生态城市发展等方面的学术研究，并领导多个低碳城市绿色建筑经济研究课题。近期完成研究包括：《中国绿色建筑技术经济成本效益研究》（住房和城乡建设部科技发展促进中心）；《低碳生态城市详细规划实施指引研究》（中国城市规划学会）；《北京市绿色生态示范区规划建设碳排放评估方法研究》（北京市规划委员会）。

他近年在境内外各城市进行规划和实践以可持续发展为驱动原则的低碳城市、气候变化应对规划项目，并经常被邀请在海内外不同国际研讨会发言，近年于学术期刊发表过40多篇有关低碳经济、低碳城市建设、生态城市与可持续发展战略的研究论文。近期著作对气候变化与城市规划建设相关的书有：《低碳生态空间：跨维度规划的再思考》（2011初版，2014第二版）、《低碳绿色建筑：从政策到经济成本效益分析》（2013）、《绿色建筑技术经济成本效益分析》（2013）、《中国绿色生态城区规划建设：碳排放评估方法、数据、评价指南》（2015）。

他直接指导编制的规划项目多次获得国际规划奖项，包括：四年获得国际城市与区域规划学会（ISOCARP）2009、2010、2013、2015全球规划大奖；香港绿色建筑议会2008、2010最高大奖与2012、2014优异奖（研究规划）；香港规划师学会2007、2009、2012、2013、2015最高银奖。

他的著作《低碳生态空间：跨维度规划的再思考》被国际城市与区域规划学会颁发了2013年度的"葛德·阿尔伯斯奖"（Gerd Albers Award），该奖是颁发给规划专业研究著作的最高荣誉，用以表彰会员国际上出色而有影响力的城市规划著作。

他目前在香港与北京工作和居住。

他的联系电邮地址是：stanley. yip@163.com

作者简介

龙惟定

教授为同济大学中德工程学院教授（2011年退休返聘）、同济大学中英可持续研究院副院长、同济大学高密度智能城镇化协同创新中心特聘教授。中国制冷学会常务理事、中国建筑学会暖通空调分会常务理事、上海市制冷学会副理事长，还担任国际制冷学会（IIR）科技理事会副主席、空调/热泵/热回收学部主席。

龙惟定教授1970年毕业于清华大学，1981年在中国建筑科学研究院原空调所完成研究生学业，1983年在同济大学获工学硕士学位。

龙惟定教授在国内外期刊和学术会议上发表过200余篇论文，有10余部专著、译著、主编和参编教材出版。包括《建筑节能与建筑能效管理》、《低碳城市区域建筑能源规划》和《能源管理与节能——建筑合同能源管理导论》等。

主要研究方向是建筑节能、建筑能源系统、区域能源规划、建筑能效管理、智能建筑、设施管理、绿色建筑以及低碳城市等。

现担任多家研究机构和能源企业顾问，以及世界银行项目顾问等职。